多源空谱遥感图像融合机理与变分方法

肖 亮 刘鹏飞 著

科 学 出 版 社
北 京

内 容 简 介

多源遥感图像融合是遥感领域的核心研究内容。本书以多光谱与全色图像融合、高光谱与全色图像融合以及高光谱与多光谱图像融合等机理建模与新方法为主线，系统介绍了多源空谱遥感图像融合的国内外进展，以及空谱遥感成像传感器及其数据获取和融合质量评估方法。集中论述了空谱图像融合的代表性方法体系，包括空域细节注入体系、多分辨率方法的细节注入体系、贝叶斯融合的统计建模体系、变分计算融合体系。

本书可作为遥感、图像处理、计算机视觉、模式识别与人工智能等领域研究人员的专业参考书，也可作为相关领域高年级本科生和研究生的专业教材。

图书在版编目（CIP）数据

多源空谱遥感图像融合机理与变分方法 / 肖亮，刘鹏飞著. —北京：科学出版社，2020.6

ISBN 978-7-03-065401-4

Ⅰ. ①多…　Ⅱ. ①肖…　②刘…　Ⅲ. ①遥感图像-图像处理-研究　Ⅳ. ①TP751

中国版本图书馆 CIP 数据核字（2020）第 093996 号

责任编辑：陈　静　高慧元 / 责任校对：王萌萌
责任印制：师艳茹 / 封面设计：迷底书装

科学出版社 出版
北京东黄城根北街 16 号
邮政编码：100717
http://www.sciencep.com
天津文林印务有限公司 印刷
科学出版社发行　各地新华书店经销
*
2020 年 6 月第　一　版　开本：720 × 1 000　1/16
2020 年 6 月第一次印刷　印张：17 1/2　插页：8
字数：335 000

定价：169.00 元

（如有印装质量问题，我社负责调换）

前　言

多源空谱遥感探测是当今国际遥感技术发展的前沿，属于我国《国家中长期科学和技术发展规划纲要(2006—2020 年)》的重点领域和优先主题。以多光谱和高光谱图像为代表的高分辨遥感探测和数据智能分析对于国家社会和经济发展至关重要。例如，2016 年发射的“天宫二号”卫星、2018 年发射的“高分五号”卫星都搭载了先进的高光谱成像仪，表明我国在高光谱探测硬件研发方面取得重大突破，并已经形成以全色、多光谱、高光谱传感器相机为基础的空-天-地一体化遥感探测体系，并已经在环境监测、国土资源利用、精准农业、城市规划、军事侦察等关键领域得到重要应用。

目前成像探测的发展趋势是不断朝高光谱分辨率、高空间分辨率和高时间分辨率等方向发展。遥感数据获取已经进入多平台、多传感器、多时相、多角度观测发展阶段，遥感数据获取能力进一步提升。遥感数据越来越明显地呈现大体量(Volume)、精确性(Veracity)、多变性(Variety)和高速性(Velocity)等大数据“4V”特征。每个特征代表不同的研究挑战，如大体量意味着需要可伸缩的算法；精确性要求对有噪声、不完整和/或不一致的数据提供鲁棒性和可预测性的算法；多变性要求对不同数据类型进行融合；高速性要求对大数据流进行近乎实时的处理。遥感应用的日新月异彰显遥感社会已经迈入一个大数据的时代。然而受限于传感器本身的光学系统特性和复杂的成像条件，遥感图像的采集在时-空-谱三个维度的分辨率不可能同时达到。这样迫切需要建立多源图像互补信息融合体系，并研发高性能的融合方法和信息处理软件。

多源空谱遥感图像融合属于遥感数据融合领域的分支，包括像素级、特征级和决策级三个层次。多源空谱遥感图像融合是针对同一场景并具有互补信息的多幅遥感图像，充分挖掘内在的互补的相关空间几何结构、纹理、光谱和其他遥感特征信息等，通过对它们的处理、分析和利用，实现互补信息的综合集成。在像素级层次，图像融合可以缓解空间分辨率、时间分辨率、光谱分辨率之间的固有矛盾，获得更优的时-空-谱分辨率，获取更高质量数据；在特征级和决策级层面融合，可以获得更精细的特征，以及更完备的高层识别信息和知识。

本书主要集中论述像素级空谱遥感图像融合，主要探讨三大类空谱遥感图像的融合：低分辨率多光谱(Multispectral，MS)图像与高分辨率全色(Panchromatic，PAN)图像融合——Pansharpening(简称 MS+PAN 融合)问题，低分辨率高光谱(Hyperspectrum，HS)图像与高分辨率全色图像融合——Hypersharpening(简称 HS+PAN 融合)问题，以及低分辨率高光谱与高分辨率多光谱图像的融合(简称 HS+MS 融合)问题。

虽然多源空谱遥感融合方法已经取得很大进展，但是依然存在很多挑战，具体如下。

(1) 空谱遥感图像融合在数学上可以看作不完全互补观测多通道数据的融合计算重建反问题。由于融合过程补充信息不足和数学问题的欠定性，如何克服模糊降质、坏像素、条带噪声等病态性，是一个挑战。

(2) 空谱遥感图像融合的关键是需要增强和保持光谱高分辨率，然而将多光谱或高光谱图像的高分辨率空间几何细节注入的同时，容易引起光谱失真。如何最大可能融合图像的空间几何特征并保持精细的光谱信息，从而达到优化平衡是一个挑战。

(3) 与传统彩色图像相比，多光谱和高光谱图像具有高维光谱通道、数据量大等特点，迫切需要针对光谱图像海量数据的特点，发展高效快速融合处理方法。

为应对上述挑战，人们发展了系列融合方法，其建模的核心是，图像简洁和高效的表示建模以及互补测量信息的有效融合。多源遥感融合的研究涉及多学科的交叉，并取得了许多研究成果，系列新型融合模型和算法层出不穷。但是这些成果的学术思想脉络和背后的机理很少有系统性的中文专著。本书试图通过对国际遥感界近 20 年的代表性方法进行系统整理和归纳，抽丝剥茧，将代表性方法背后的机理进行相对系统的阐述。

我们充分注意到，正是由于空谱图像融合(或者超分辨增强)过程补充信息不足和数学问题的欠定性，在过去计算机视觉和图像处理的大量算法中折射出一个基本认知，即建立兼顾“简洁性”和“结构性”的高效图像表示和先验模型至关重要。“如无必要，勿增实体”，图像简洁而有效的表示本质上折射一种“最短描述语言(Minimum Description Language，MDL)”或者所谓的“奥卡姆剃刀”原理。从贝叶斯概率推理来看，由缺失和污染的观测数据空间到潜在数据空间，需要架起一座桥梁，而数据表示或先验建模是这座桥梁的基石。而从正则化观点来看，合理的先验模型(或正则化项)有助于缩小候选解的求解空间。图像的边缘、纹理和噪声等奇异性结构表征是非常复杂的，而空谱图像内在的“空谱合一”数据更具挑战。随着深度学习方法的兴起，研究者认为通过数据驱动的模式或许可以学习到物理和数学方法难以建模的复杂关系和模式，而深度学习确实在图像和语音识别等计算机视觉领域取得了巨大成功和广泛关注。然而依赖于大数据和强大计算能力，也让研究者对于暴力式大数据深度学习和“黑盒性”深感忧虑。为此，很多学者认为结合物理模型和数据混合驱动的建模方式或许是一个有前途的方向。即便如此，图像表示和建模仍然任重而道远，“可解释性”数学物理建模方式和数据驱动方式是广大研究者的学术焦点。

本书系统介绍了多源空谱遥感图像融合的国内外进展，以及空谱遥感成像传感器及其数据获取方法，论述了融合质量评估和空谱图像融合的代表性方法体系，包括空域细节注入体系、多分辨率方法的细节注入体系、贝叶斯统计建模体系、变分计算融合体系。全书包括十章。第1～3章为融合问题引论、空谱遥感成像传感器及其数据获取、质量评估协议与评测指标等融合基础。第4～6为经典融合方法体系。在此基础之上，本书着重探索了一类基于变分模型的融合方法，这些方法背后的建模动机是将空谱图像融合建模为两路不完整(或欠采样)互补测量数据重建潜在图像的过程。为此，我们在第7～10章重点论述变分融合计算体系与方法。其脉络涵盖由低阶到高阶正则化、由整数阶到分数阶正则化、由局部到非局部正则化等方法。我们愿意相信，这样的安排有助于研究者对变分融合计算方法给予足够的重视，并由此对研发更为高性能的融合模型有所启发和裨益。

本书所论述方法自成体系，从空谱遥感成像和数学建模的角度揭示融合的机理和系列新方法。并提供了大量全色与多光谱、全色与高光谱、多光谱与高光谱图像融合的实例。本书不仅是近20年国际遥感界融合方法的系统性整理，同时很大一部分工作是本书作者先后承担的科技部重大科学仪器设备开发重点专项(2012 YQ 05025004)、国家自然科学基金重点项目(11431015)、国家自然科学基金面上项目(61871226, 61571230)、国家自然科学基金青年科学基金项目(61802202)、国家重点研发计划项目(2016YF0103604)、江苏省重点研发计划项目(BE2018727)、江苏省自然科学基金项目(BK20161500, BK20170905)和中央高校基本科研业务费项目(30918011104)等项目的成果的结晶，作者试图将理论机理揭示清楚，厘清学术脉络，并给出变分融合方法的系统性阐述。

全书由肖亮构思、系统性整理和撰写，第1～7章由肖亮撰写，第8～10章主要由刘鹏飞和肖亮联合撰写。博士研究生刘启超、黄楠、黄伟、相志康等参与本书插图和部分文字整理，硕士研究生张玉飞进行了大量实验和插图的工作，在此致谢。本书的完成，也特别感谢南京理工大学韦志辉教授的全程指导。没有他们的激励和帮助，本书不能与读者见面。在撰写本书过程中，得到诸多同行的支持，并给予许多建设性意见，在此向他们表示诚挚的谢意。

由于作者水平有限，疏漏之处在所难免，不当之处，欢迎斧正。

肖　亮

2019年6月于南京

目　　录

第 1 章　空谱遥感图像融合引论

“尺有所短，寸有所长”，中国古人深谙“博众之所长，补己之所短”的道理，他们往往通过言简意赅但意蕴深远的诗词揭示“取长补短”的理念。“梅须逊雪三分白，雪却输梅一段香”(见宋代诗人卢梅坡《雪梅》)，多么巧妙地启示我们人和事物一样各有长短的不争事实。而苏轼的《题西林壁》有这样一句诗，“横看成岭侧成峰，远近高低各不同”，生动形象地阐述多角度和多视角观察才不至于以偏概全的哲理。孔子在《论语 · 述而》中留下的千古名言“三人行，必有我师焉；择其善者而从之，其不善者而改之。”不仅是伟大的人生哲学，也可以看作“专家场”或者数据融合的科学观。

如果我们考察不同的成像传感器，则由于各个传感器特定的成像波段不同、观测几何关系相异(如角度、高度与焦距等)和空间-光谱-时间(后面简称空-谱-时)多维度分辨率差别等，针对同一幅场景获取的不同图像源之间总是应验“尺有所短，寸有所长”这一现象。那么一个很自然的问题是如何充分挖掘多个传感器数据中的冗余(包含共享部分)信息和互补信息，实现“数据共赢”呢？这将是本书解决的关键科学问题——图像融合。

1.1　图像融合基本概念

1.1.1　图像融合概念

图像融合是数据融合领域的分支，旨在将两幅或多幅图像的信息聚合形成一幅比任何单个图像信息量更丰富和更完整的图像，使其更有利于人类和机器感知。

下面以两个传感器成像图像源为例(图 1.1)来说明图像融合问题。传感器 A 和传感器 B 所获得的图像之间往往存在两类信息：冗余信息(集合交的部分 $A\cap B$)和互补信息($A-A\cap B$ 和 $B-A\cap B$ 两个部分)。冗余信息本身对于两个传感器而言蕴含了共享信息和重复测量，有助于改善信息的可靠性(Reliability)；而互补信息则有助于改善信息的完整性(Completeness)。

因此，图像融合的基本目标至少包括如下三个方面:

(1) 融合算法必须从所有源图像中抽取尽可能多的(所有)有用的信息；

(2) 尽可能减少不利于后续图像处理和模式识别的人工失真(或瑕疵)或者不一致性；

(3) 对于噪声、图像配准(Registration)误差和其他信息残缺的鲁棒性。

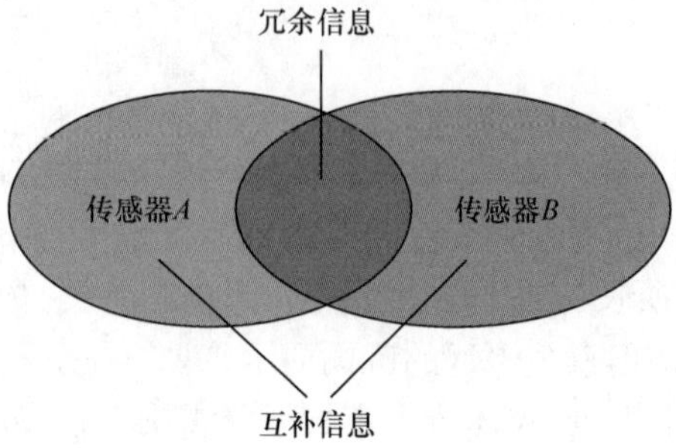

图 1.1 图像融合：冗余信息与互补信息集合概念图

1.1.2 图像融合的价值

多源图像融合在实际应用中将带来下列优点[1]，本书在文献[1]的基础上做出进一步的解释。

(1) 扩大系统的工作范围。一般而言，多个传感器或工作时段不同(如可见光与微光、红外传感器的组合)，或观测波段不同(如全色与多光谱传感器的组合)，或角度不同，或成像机理不同(如合成孔径雷达(Synthetic Aperture Radar，SAR)与光学传感器的组合)等，将极大地扩大整个观测系统的工作范围，图像融合将为全天候、宽谱段的感知提供保证。

(2) 提高系统的可靠性。由于多个传感器所采集图像信息是同一场景的感知信息，本身蕴含了更为冗余的测量信息，从而为稳健的潜在图像复原、特征提取和决策带来更多的测量，可提供更可靠的描述和决策判别。从数据似然的角度看，可以降低信息获取中的不确定性。从系统工程的角度看，即使单个传感器失灵，仍然有其他传感器正常工作，从而提高系统的可靠性。

(3) 获取信息的更高效表示形式。多个传感器获取图像进行融合后，其像素级融合图像通过冗余信息的重新估计和互补信息的融合，更高效地记录了图像信息，在很多应用中不再需要单独存储各个传感器获取的图像。而对于特征级和决策级融合，其融合结果为各类应用提供高效特征和决策信息。

(4) 提高系统的性价比。多平台、多传感器、多时相和多角度观测，高空-谱-时分辨率观测将是如今及未来感知探测与识别的发展趋势。单一传感器系统在硬件上往往很难实现，即使能实现造价也极其昂贵。因此，多传感器协同工作和图像融合将为系统高性价比实现带来可能。

1.1.3 图像融合的层次体系：像素级-特征级-决策级

在一般的多源图像融合系统中，其数据处理框架中通常蕴含四个关键模块：

图像配准、融合、特征提取以及决策判决模块等。其中，图像配准主要解决多幅图像的时-空对齐，是图像融合系统中必需的关键预处理模块，配准误差对最终的融合结果有直接的影响。虽然如此，但是本书并不阐述各类配准方法。

依据融合模块在信息处理过程中所处的阶段不同、所利用的图像抽象信息(直接像素信息、特征信息还是识别与决策信息)不同，图像融合可以分为：像素级图像融合、特征级图像融合和决策级图像融合。为阐述上述不同层次融合的概念，下面以三个传感器获取的图像为例，给出多源图像融合概念框架图。图 1.2(a)、(b)和(c)分别对应像素级、特征级和决策级图像融合框架。若源图像集{A, B, C}经过配准后得到对齐的图像集合{A', B', C'}，则数据级融合将产生一幅新图像I_{new}，然后进行后续处理，这样的处理模式对应图 1.2(a)的像素级图像融合过程。若各自对配准好的图像集合{A', B', C'}进行独立的特征抽取，得到特征域集合{F_A, F_B, F_C}，然后在特征域进行融合，则称为特征级图像融合(图 1.2(b))。对于决策级图像融合，如图 1.2(c)所示，一般是利用各个传感器图像提取的图像特征得到$F_A \to D_A$，$F_B \to D_B$，$F_C \to D_C$，然后对单模决策信息集合{D_A, D_B, D_C}进行决策融合得到D_{new}。

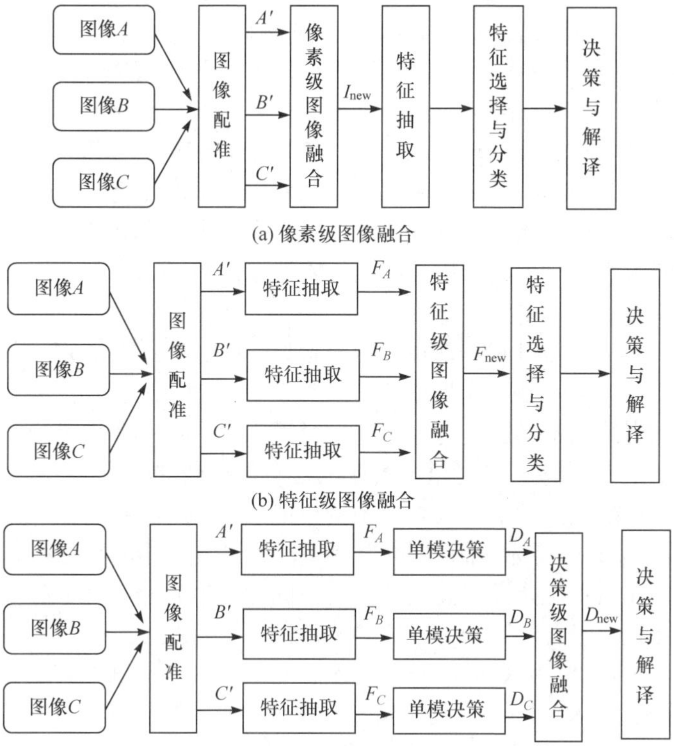

(a) 像素级图像融合

(b) 特征级图像融合

(c) 决策级图像融合

图 1.2　多源图像融合概念框图

(1) 像素级图像融合。也称为原始数据级(Raw Data Level)融合，是原始基础数据层融合，属于低层次融合，其主要任务是直接在严格配准的多幅图像源进行数据融合，以期产生信息量更丰富的图像，突出更锐利边缘、更精细纹理和细节等。由于通常是像素级处理，其数据处理量大。

(2) 特征级(Feature Level)图像融合。特征级图像融合是多幅图像特征抽取后，在特征数据层面上的信息综合、特征汇聚和处理。特征级图像融合是中间层次的融合，旨在抽取和汇聚各个传感器图像特征，形成更丰富的特征描述。例如，对于遥感图像，既可包括空间维的纹理、形状、边缘等特征，也可包括光谱维和空谱联合的遥感特征。特征级图像融合结果是后续决策级运算的输入。一种简单直接的方式是将各个图像源的抽取特征级联或堆叠，输入分类器或专家决策支持系统，形成判决结果。

(3) 决策级(Decision Level)图像融合。决策级图像融合是根据一定的准则对各个决策信息的可信度进行辨识、高层聚合和认知判别。一般是在对各个传感器数据进行特征提取和分类识别之后，对各路传感器信息处理通道所获得的识别或符号信息的可信度进行决策融合，提高决策的鲁棒性和可信度，属于高层信息处理。决策级融合往往和认知模型计算、证据推理和专家群智决策方法等关联。

本书将聚焦于像素级图像融合，并不试图探讨特征级和决策级图像融合方法。具体而言，本书将针对遥感图像中低分辨率多光谱(Multispectral，MS)图像与高分辨率全色(Panchromatic，PAN)图像融合——Pansharpening(简称 MS+PAN 融合)、低分辨率高光谱(Hyperspectrum，HS)图像与高分辨率全色图像融合——Hypersharpening(简称 HS+PAN 融合)，以及低分辨率高光谱与高分辨率多光谱图像的融合(简称 HS+MS 融合)问题进行讨论。我们将重点从图像人工先验建模、数据驱动学习先验和计算重建的机理出发，阐述多源遥感图像融合的方法与技术。

1.2 问题聚集——空谱遥感图像融合

随着对地观测技术发展，对地遥感已经进入多平台、多传感器、多角度观测发展阶段，高空间分辨率、高光谱分辨率的遥感数据获取能力进一步提升。然而，由于光学遥感系统受光学衍射极限、调制传递函数(Modulation Transfer Function，MTF)和信噪比等成像指标限制，同时获得空间维和光谱维的高分辨率成像十分困难。全色和多光谱相机能提供高空间分辨率图像，但光谱分辨率低且波段少。而高光谱相机能获取蕴含丰富的立方体“图谱合一”数据，在可见光-近红外(Visible and Near Infrared，V-NIR)、短波红外(Short-Wave Infrared，SWIR)甚至中红外(Middle Infrared，MIR)和热红外(Thermal Infrared，TIR)波段范围内可具有纳米(nm)级光谱分辨率，具有多达上百个的高光谱分辨率的连续、窄波段的光谱波段图像，广泛应用于军事侦察、环境监测、地质勘探和深空探测领域[2-4]。然而，由于载荷平台颤振，成像光学系统调制传递函数引起的模糊降质、系统噪声，大气辐射和云层覆盖效应等，高光谱图像辐射信息质量下降、空间分辨率低、混合像素严重等现象成为高光谱图像分析、理解和模式识别应用突出问题。因此，有必要发展高性能软件后处理的方法，充分融合不同传感器光谱数据在空间维、光谱维的信息，实现互补特征融合，提高图像的空间和光谱分辨率。

遥感图像融合属于遥感数据融合领域的分支，张良培和沈焕锋系统总结和归纳了遥感数据融合，他们认为：遥感数据融合划分为同质遥感数据融合、异质遥感数据融合、遥感与站点数据融合、遥感与非观测数据融合 4 大类[5]。按照他们的观点，空谱遥感图像融合大致可以划分为以下两类。

(1) 同质遥感图像融合指同一成像手段观测图像数据之间的融合，主要目的是缓解空间分辨率、时间分辨率、光谱分辨率之间的固有矛盾，获得最优的时、空、谱分辨率。多源空谱图像融合通常包含 MS+PAN 融合问题[6]、HS+PAN 融合问题[7]以及 HS+MS 融合问题[8]。

(2) 异质遥感图像融合指不同成像手段观测数据之间的融合，如光学与红外(Infrared，IR)数据融合，以及光学与雷达数据融合。虽然，异质图像数据也可以用于像素级的融合，但由于其成像机理差异太大，很难将它们融合成一幅满足物理属性(如没有光谱畸变)的数据，往往是满足视觉判读和一些特定的应用需求。因此，异质图像数据更适用于进行特征级、决策级的图像融合，如利用不同传感器数据进行地物分类和参量反演等。

本书主要阐述同质遥感图像融合，特别是聚焦于多源空谱图像融合问题。

1.3　空谱遥感图像融合的代表性方法体系

早期的研究者关注 MS+PAN 的 Pansharpening 问题，即利用高空间分辨率的全色图像来提高多光谱图像的空间分辨率。图 1.3 给出了一个 Pansharpening 示例。作为数据融合和图像空间分辨率增强领域中一项重要且具有挑战性的任务，Pansharpening 已经被广泛应用于各种遥感研究领域，如特征检测、目标识别、灾害预测、植被分类与植被制图等。

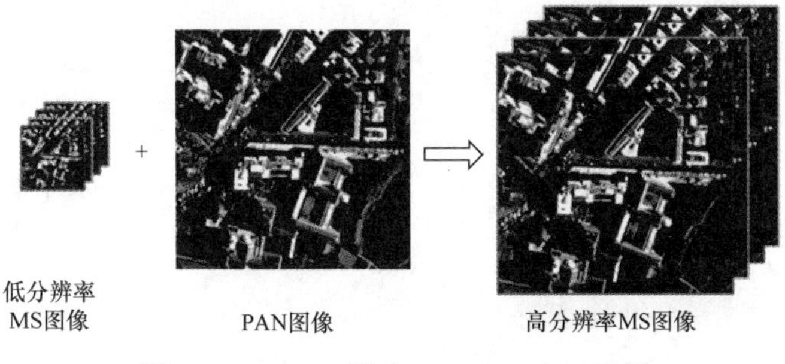

图 1.3　MS+PAN 融合(Pansharpening)示例

大量方法已经应用于 IKONOS、GeoEye、OrbView、Landsat、SPOT、QuickBird、WorldView 以及 Pléiades 等全色和多光谱数据(第 2 章将给出各类传感器及其数据特性)。传统的 MS+PAN 融合体系包括成分替代(Component Substitution, CS)方法，如亮度-色调-饱和度(Intensity-Hue-Saturation, IHS)变换、广义 IHS(Generalized HIS, GIHS)变换、自适应 IHS(Adaptive HIS，AIHS)变化及其变种[9,10]、主成分分析(Principal Component Analysis，PCA)[11,12]、基于 Gram-Schmidt 变换(GS)及其自适应 GS(GS Adaptive，GSA))[13]和多分辨率分析(Multiresolution Analysis，MRA)方法及其变种(如小波融合及变种[14])。新型融合方法包括变分融合、基于表示学习的方法(含稀疏融合、低秩融合和张量融合)等。文献[6]基于广义成分替代格式给出了 19 种 MS-PAN 融合算法的综合性能评测。HS+PAN 融合是推广的 Pansharpening 方法，典型方法见文献[7]。HS+MS 融合是 MS+PAN 和 HS+PAN 的推广(图 1.4 给

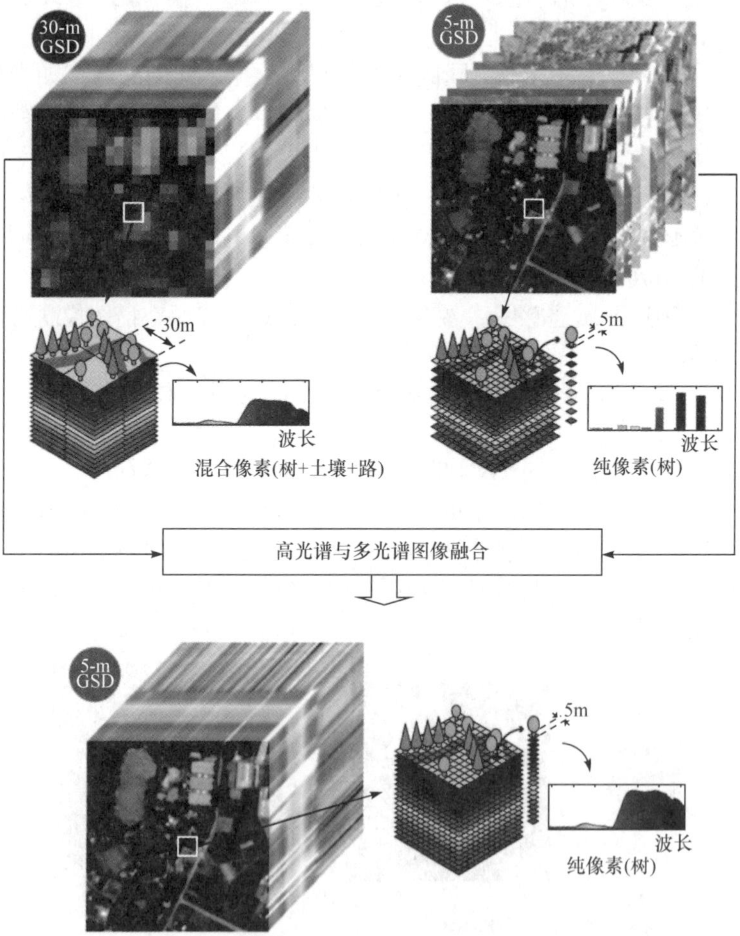

图 1.4 高光谱与多光谱图像融合(见彩图)

出了其融合过程的基本示意图，图中 GSD 为地面采样距离(Ground Sampling Distance))，涉及多源多通道互补光谱数据融合，成为高光谱图像定量化精细遥感的前瞻性问题，其核心问题是尽可能融合高分辨 MS 图像结构细节提升 HS 空间分辨率的同时，尽可能减小光谱失真。文献[8]回顾了 HS+MS 融合的基本方法和综合评测，但基本沿用推广 Pansharpening 体系。

1.3.1　空域细节注入体系

令 $\boldsymbol{M}_L=\{\boldsymbol{M}_{L,1},\boldsymbol{M}_{L,2},\cdots,\boldsymbol{M}_{L,N}\}$ 表示观测的低分辨率多光谱图像(Low resolution MS，LMS)，其中，$\boldsymbol{M}_{L,i}=\left[M_{L,i}(m,n)\right]_{s_1H\times s_2W}\in\mathbf{R}^{s_1H\times s_2W}$ 表示第 i 个波段的图像，$s_1<1$，$s_2<1$ 分别表示空间维水平和垂直方向的下采样率；$\boldsymbol{M}=\{\boldsymbol{M}_1,\boldsymbol{M}_2,\cdots,\boldsymbol{M}_N\}$ 表示插值至 PAN 图像大小的 LMS 图像，$\boldsymbol{M}_i=\left[M_i(m,n)\right]_{H\times W}\in\mathbf{R}^{H\times W}$。标量矩阵 $\boldsymbol{I}=\left[I(m,n)\right]_{H\times W}\in\mathbf{R}^{H\times W}$ 表示由 $\boldsymbol{M}$ 中各波段图像计算得到的平均亮度图像。标量矩阵 $\boldsymbol{P}_H=\left[P_H(m,n)\right]_{H\times W}\in\mathbf{R}^{H\times W}$ 表示原始高分辨率全色(PAN)图像，其中图像空间分辨率与参考图像相同。标量矩阵 $\boldsymbol{P}\in\mathbf{R}^{H\times W}$ 表示由原始 PAN 图像 $\boldsymbol{P}_H$ 参照平均亮度图像 $\boldsymbol{I}$ 进行直方图匹配处理后的 PAN 图像。$\hat{\boldsymbol{U}}=\{\hat{\boldsymbol{u}}_1,\hat{\boldsymbol{u}}_2,\cdots,\hat{\boldsymbol{u}}_N\}$ 表示融合的高分辨率多光谱图像(High resolution MS，HMS)，其中，$\hat{\boldsymbol{u}}_i=\left[\hat{u}_i(m,n)\right]_{H\times W}\in\mathbf{R}^{H\times W}$ 表示第 i 个波段的图像，图像大小为 $H\times W$。

成分替代方法和多分辨率方法，往往可以归结为一种广义的细节注入格式：

$$\hat{\boldsymbol{u}}_k=\boldsymbol{M}_k+g_k(\boldsymbol{P}-\boldsymbol{I}),\quad 1\leqslant k\leqslant N \tag{1.1}$$

其中，$\boldsymbol{g}=[g_1,g_2,\cdots,g_N]^{\mathrm{T}}$ 表示各波段细节注入增益向量；若令 $\boldsymbol{\delta}=\boldsymbol{P}-\boldsymbol{I}$，则该部分本质上是空间细节残差图像。其中，$\boldsymbol{I}$ 表示平均亮度图像：

$$\boldsymbol{I}=\sum_k w_k\boldsymbol{M}_k \tag{1.2}$$

其中，$\boldsymbol{w}=[w_1,w_2,\cdots,w_N]^{\mathrm{T}}$ 一般为非负的权重向量。该权重向量的确定，各种算法有所不同，有的方法根据 MS 图像和 PAN 图像光谱覆盖范围的相对光谱响应计算得到。有的方法根据数学原理(如 PCA[11,12]、GSA 及其变种[13]等)确定平均亮度图像。因此，不同的细节注入增益向量和平均亮度图像定义，将对应不同的方法。

广泛使用的 GS 方法[13]中 $\boldsymbol{I}=\dfrac{1}{N}\sum_{i=1}^{N}\boldsymbol{M}_i$，而细节注入形式为

$$\hat{\boldsymbol{u}}_k=\boldsymbol{M}_k+\frac{\operatorname{cov}(\boldsymbol{M}_k,\boldsymbol{I})}{\operatorname{var}(\boldsymbol{I})}(\boldsymbol{P}-\boldsymbol{I}),\quad 1\leqslant k\leqslant N \tag{1.3}$$

其中，$\operatorname{cov}(\cdot,\cdot)$ 和 $\operatorname{var}(\cdot)$ 表示协方差和方差。在 PCA 方法中，$\boldsymbol{I}$ 采取第一主成分 $\mathbf{PC}_1$，

注入细节为 PAN 图像和第一主成分的残差，而增益正比于各波段与第一主成分的相关系数，对应如下格式：

$$\hat{\boldsymbol{u}}_k = \boldsymbol{M}_k + \frac{\mathrm{cov}(\boldsymbol{M}_k, \mathbf{PC}_1)}{\mathrm{var}(\mathbf{PC}_1)}(\boldsymbol{P} - \mathbf{PC}_1), \quad 1 \leqslant k \leqslant N \tag{1.4}$$

而熟知的 Brovey 变换(Brovey Transform，BT)融合方法，采取：

$$\hat{\boldsymbol{u}}_k = \boldsymbol{M}_k + \frac{\boldsymbol{M}_k}{\boldsymbol{I}}(\boldsymbol{P} - \boldsymbol{I}), \quad 1 \leqslant k \leqslant N \tag{1.5}$$

可见 Brovey 变换融合细节注入图像为 $\boldsymbol{\delta} = \boldsymbol{P} - \boldsymbol{I}$，而细节注入增益是 $\boldsymbol{M}_k / \boldsymbol{I}$。

关于空域细节注入格式方法的机理和系列方法，本书将在第 5 章予以详细阐述。尽管基于细节注入格式的成分替代方法得到的融合光谱质量可以满足大部分应用需求，但是人们还在继续寻求更好地解决光谱失真问题的方法。

1.3.2 多分辨率分析方法的细节注入体系

多分辨率分析(MRA)方法概念的引入，产生了系列图像融合方法，同时也构成 MS+PAN 和 HS+PAN 等融合问题一个代表性体系[7-9,14]。MRA 往往采取了采样离散小波变换(Discrete Wavelet Transform，DWT)、非抽取或过采样离散小波变换(Undicimated or oversampled DWT，UDWT)、基于非抽取的多孔小波(à trous Wavelet，ATW)、拉普拉斯金字塔(Laplacian Pyramids，LP)和广义拉普拉斯金字塔(Generalized Laplacian Pyramids，GLP)。MRA 一般采取高通细节注入方法，可以看作一个信号到另一个信号的空间频率谱置换问题，文献[15]在 MRA 框架下给出了 MRA 的等效滤波器组匹配传感器调制传递函数的合理性解释。形式上，MRA 也可归结为等效的细节注入形式：

$$\hat{\boldsymbol{u}}_k = \boldsymbol{M}_k + g_k(\boldsymbol{P} - \boldsymbol{P}_L), \quad 1 \leqslant k \leqslant N \tag{1.6}$$

其中，$\boldsymbol{P}_L$ 为全色图像的低通滤波版本。

Tu 等提出的广义 GIHS 框架[16]，较早地将小波融合方法等效为上述框架，不同的是如何计算 $\boldsymbol{P}_L$ 以各波段细节注入增益向量 $\boldsymbol{g} = [g_1, g_2, \cdots, g_N]^{\mathrm{T}}$。

(1) 低通滤波图像 $\boldsymbol{P}_L$ 的计算。通过级联分解方案(即 MRA)来获得 $\boldsymbol{P}_L$，其目的在于通过重复应用一些分析算子来构造信息逐渐减少的 2D 信号序列。MRA 是一种多尺度空间频率分解，可以不断增加采样步长构造金字塔分解结构。分解的类型构成了各种 MRA 的第一个显著特征。可以利用 MRA 从基于简单的低通滤波的单级分解到更复杂的多尺度分解来实现。

(2) 增益向量 $\boldsymbol{g} = [g_1, g_2, \cdots, g_N]^{\mathrm{T}}$ 的计算。MRA 体系各种方法中关于 $\boldsymbol{g}$ 的计算思路有所不同。在高通调制(High-Pass Modulation，HPM)方法中[17,18]，采取比例

调制形式，简单记为 $g_k = \dfrac{\boldsymbol{M}_k}{\boldsymbol{P}_L}(1 \leqslant k \leqslant N)$，即各个空间位置 $\boldsymbol{M}_k$ 像素值与对应位置 $\boldsymbol{P}_L$ 的像素值之比。

DWT、UDWT、ATW 和 GLP 等属于 MRA 融合的经典方法[15]。采用 DWT 方法采样会导致频谱混叠和平移可变性，而 MRA 经常采取非抽取或冗余小波变换(非严格子采样分解)以克服频谱混叠，形式平移不变融合方案。例如，Nunez 等提出冗余小波分解的 MRA 融合方法[19]，文献[20]提出的基于多孔小波的 ATW 方法，被认为是图像融合中非常有效的 MRA。

此外，对于注入细节增益参数 $\{g_k\}$，可以综合考虑 $\boldsymbol{P}_L$ 和 $\boldsymbol{M}_k$ 的全局内容特性和局部上下文信息进一步优化融合图像的质量[21]，也可以综合图像融合的一些质量指标优化注入细节增益参数。

1.3.3　贝叶斯融合的统计建模体系

空谱遥感图像融合本质可以建模为数学反问题，一些文献在图像复原框架下进行建模和算法设计，而一些文献将其看作多幅图像的超分辨问题。这是因为，低空间分辨率的多光谱图像(或者高光谱图像)，借助高空间分辨率全色图像，试图重建高空间分辨率的多光谱图像(或者高光谱图像)。观测图像在空谱信息上的不完整性，使得其为一个数学欠定的病态反问题。从统计学的观点来看，可以通过建模为贝叶斯推断体系的最大后验问题进行求解[22]。

建立贝叶斯推断模型，需要解决两个关键问题：其一是数据似然模型；其二是潜在高空间分辨率的先验模型。为简单起见，我们以 MS+PAN 或 HS+PAN 的融合问题为例，简要概述文献[23]中贝叶斯融合的机理。在建立贝叶斯模型之前，首先根据光谱图像的退化机理，建立如下观测模型假设。

(1) 观测低分辨率光谱图像 $\boldsymbol{M}_L$ 与高分辨率光谱图像 $\boldsymbol{U}$ 的退化关系：

$$\boldsymbol{M}_L = S(B(\boldsymbol{U})) + \boldsymbol{N} \tag{1.7}$$

其中，$B(\cdot)$ 表示空间模糊退化算子，如果空间模糊为平移不变，则对应为各通道图像与其点扩散函数(Point Spread Function，PSF)的卷积；$S(\cdot)$ 表示下采样算子；$\boldsymbol{N}$ 表示光谱图像噪声，往往假设各波段的噪声是独立的，且各通道噪声服从多变量高斯分布。

(2) 全色图像 $\boldsymbol{P}$ 与高分辨率光谱图像 $\boldsymbol{U}$ 的退化关系：

$$\boldsymbol{P} = R(\boldsymbol{U}) + \boldsymbol{Z} \tag{1.8}$$

其中，$R(\cdot)$ 表示与全色传感器的光谱响应函数相关的退化算子，连续情况下，表现为光谱维数据与光谱响应函数在光谱波段内的积分；离散情况下，体现为光谱响应波段的加权组合，其权重需要通过光谱响应函数进行计算。$\boldsymbol{Z}$ 表示全色图像与光谱图像退化关系中建模误差噪声，目前已有文献基本假设其为多变量高斯分布。

基于上述退化关系(或者观测模型)，可以建立最大后验概率(Maximum a Posteriori Probability，MAP)模型：

$$\hat{\boldsymbol{U}} = \arg\max_{\boldsymbol{U}} p(\boldsymbol{U}|\boldsymbol{M}_L,\boldsymbol{P}) = \arg\max_{\boldsymbol{U}} p(\boldsymbol{M}_L|\boldsymbol{U})p(\boldsymbol{P}|\boldsymbol{U})p(\boldsymbol{U}) \tag{1.9}$$

下面的工作主要是对数据似然 $p(\boldsymbol{M}_L|\boldsymbol{U})$、$p(\boldsymbol{P}|\boldsymbol{U})$ 和数据先验 $p(\boldsymbol{U})$ 分别进行模型假设，数据似然依赖于观测退化过程的建模，而数据先验取决于人工先验的认知和构造。根据式(1.7)的假设，则有

$$p(\boldsymbol{M}_L|\boldsymbol{U}) \propto \exp\left\{-\frac{1}{2}\sum_{i=1}^{N}\left\|\boldsymbol{\Lambda}_{N_i}^{-\frac{1}{2}}\left(\boldsymbol{M}_{L,i} - S(B(\boldsymbol{u}_i))\right)\right\|_{\mathrm{F}}^2\right\} \tag{1.10}$$

以及

$$p(\boldsymbol{P}|\boldsymbol{U}) \propto \exp\left\{-\frac{1}{2}\sum_{i=1}^{N}\left\|\boldsymbol{\Lambda}_{\boldsymbol{Z}}^{-\frac{1}{2}}\left(\boldsymbol{P} - R(\boldsymbol{U})\right)\right\|_{\mathrm{F}}^2\right\} \tag{1.11}$$

其中，$\boldsymbol{\Lambda}_{N_i}$ 表示第 i 个波段的噪声的协方差矩阵；$\boldsymbol{u}_i$ 表示第 i 个光谱通道图像；$\boldsymbol{\Lambda}_{\boldsymbol{Z}}$ 表示全色图像与光谱图像退化关系中建模误差噪声的协方差矩阵；$\|\boldsymbol{X}\|_{\mathrm{F}} = \sqrt{\mathrm{Tr}(\boldsymbol{X}\boldsymbol{X}^{\mathrm{T}})}$ 为矩阵 $\boldsymbol{X}$ 的 Frobenius 范数；而对于数据先验 $p(\boldsymbol{U})$，研究者经常采用 Gibbs 概率形式描述为

$$p(\boldsymbol{U}) \propto \exp\left\{-\frac{1}{T}\Phi(\boldsymbol{U})\right\} \tag{1.12}$$

其中，T 表示控制参数。将上述概率模型代入 MAP 模型，通过最小化负对数 MAP 方式得到最优化模型：

$$\begin{aligned}\hat{\boldsymbol{U}} &= \arg\min_{\boldsymbol{U}}(-\ln p(\boldsymbol{U}|\boldsymbol{M}_L,\boldsymbol{P}))\\ &= \arg\min_{\boldsymbol{U}}(-\ln p(\boldsymbol{M}_L|\boldsymbol{U})p(\boldsymbol{P}|\boldsymbol{U})p(\boldsymbol{U}))\\ &= \arg\min_{\boldsymbol{U}}\left[\sum_{i=1}^{N}\left\|\boldsymbol{\Lambda}_{N_i}^{-\frac{1}{2}}\left(\boldsymbol{M}_{L,i} - S(B(\boldsymbol{u}_i))\right)\right\|_{\mathrm{F}}^2 + \sum_{i=1}^{N}\left\|\boldsymbol{\Lambda}_{\boldsymbol{Z}}^{-\frac{1}{2}}\left(\boldsymbol{P} - R(\boldsymbol{U})\right)\right\|_{\mathrm{F}}^2 + \lambda\Phi(\boldsymbol{U})\right]\end{aligned} \tag{1.13}$$

目前的贝叶斯融合方法中，其基本框架与上述建模思路一致。显然，研发优异的贝叶斯空谱融合方法需要更为合理的数据似然假设、潜在光谱图像先验的假设以及其他数据约束(如非负性，局部和非局部相似性等)。文献[24]在贝叶斯融合框架下，引入 3 种不同的假设，该文献认为式(1.7)和式(1.8)在多阶微分梯度域建立数据约束关系更为合理，而式(1.12)可以利用局部邻域的多阶马尔可夫性进行建

模，从而建立了一种新型的贝叶斯融合方法。贝叶斯融合方法依赖于数据和先验的建模，进一步引入超参数假设建立分层贝叶斯或者变分贝叶斯融合模型可能是进一步发展的方向。然而实际过程中贝叶斯假设很难做到精准建模，或者模型复杂导致计算是不可达的，因此基于数据驱动相结合的方法，如深度先验的结合，应该是值得关注的方向。

1.3.4　模型优化融合的体系：由正则化到深度先验

基于模型优化的方法是空谱融合中非常有活力的研究方向。一种常见的方法是将成分替代或者 MRA 中的各波段细节注入增益向量 $\boldsymbol{g}=[g_1,g_2,\cdots,g_N]^{\mathrm{T}}$ 和非负的谱响应权重向量 $\boldsymbol{w}=[w_1,w_2,\cdots,w_N]^{\mathrm{T}}$ 看作待估计的自由变量(或者部分自由)，这样可以建立多变量回归模型估计最优的参数向量。代表性方法包括文献[25]提出的一种光谱响应权重参数和细节注入增益的联合优化估计方法，称为波段相关空间细节(Band-Dependent Spatial-Detail，BDSD)注入模型，以及文献[26]提出的一种部分更换的自适应成分替代(Partial Replacement Adaptive Component Substitution，PRACS)方法。

另外，上面我们提到贝叶斯融合方法，在最小化负对数 MAP 框架下可以转化为最优化模型。在图像融合方法中，另外一类方法并不是直接从贝叶斯推断出发，而是直接建立最优化模型。这类方法可以不必满足特定的概率分布形式，而是结合各类物理和数学约束条件，其形式可以归结为

$$\hat{\boldsymbol{U}}=\arg\min_{\boldsymbol{U}}\mathrm{Data}\left(\boldsymbol{M}_L,\boldsymbol{U}\right)+\mathrm{Data}(\boldsymbol{P},\boldsymbol{U})+\lambda\varPhi(\boldsymbol{U}) \tag{1.14}$$

其中，等号右边前两项为数据依赖项(或者保真项)，体现潜在待恢复高分辨光谱图像与辅助源数据之间的依赖关系；$\varPhi(\boldsymbol{U})$ 是潜在高分辨光谱图像的先验项，在反问题理论中 $\varPhi(\boldsymbol{U})$ 通常也称为正则化项。

模型优化融合体系基本沿用上述形式,其与贝叶斯融合体系相互印证和解释。依据先验构造方法，融合优化模型的构建具有以下途径。

(1) 按照贝叶斯方法构建正则化模型。在此框架下，数据似然项和先验正则化项都将从服从特定统计分布假设而导出。

(2) 人工解析先验正则化模型。$\varPhi(\boldsymbol{U})$ 不一定是类似 Gibbs 概率分布形式导出，因此可以采取更广泛的先验，包括非自然的先验。

多源空谱图像融合在数学上可建模为不完全互补观测数据的融合计算重建反问题，贝叶斯融合是一个基本方法，关键是数据似然保真和高光谱图像先验建模。图像先验正则化是解决融合反问题病态性的有效途径，从而形成一类变分融合方法。早期代表性工作针对的是MS+PAN融合问题。例如，Ballester 等提出了 P+XS 方法[27]，其基于两点假设：①全色图像可由高空间分辨率多光谱图像的每个波段线性组合生

成；②PAN 图像与多光谱图像应共享几乎一致的水平线(Level Line)几何结构信息。

后续变分融合方法大都基于 P+XS 方法进行改进，如小波变分融合方法[28]、梯度保真变分融合方法等[29]。从先验建模来看，包括采取动态全变差(Total Variation，TV)、非局部全变差(Non-Local TV，NLTV)[30]，以及本书作者前期提出的 Hessian 正则化[31]和分数阶正则化[32]的 MS+PAN 融合方法。这些研究表明，高阶甚至分数阶正则化先验有助于提升融合过程的细节注入和减少光谱失真。然而，与多光谱图像融合相比，光谱保真对高光谱图像融合问题更为重要。文献[33]从“局部点态”、“非局部点态”、“局部多点”和“非局部多点”等 4 个方面系统总结和评述了不同的图像先验模型。这启发我们需要进一步充分挖掘多通道光谱图像的立方体数据特性，并利用其空谱联合通道相关性以及非局部上下文相关性，建立更为合适的多通道图像非局部先验模型。

(3) 数据驱动的学习先验正则化模型。在此框架下，并不一定具有显式的先验形式。例如，深层神经网络框架下，可以按照退化过程构造大量的训练样本对 $\left\{\boldsymbol{X}_L^i,\boldsymbol{Y}_H^i\right\}_{i=1}^K$，基于深度网络的生成模型 $\boldsymbol{Y}_H^i=f\left(\boldsymbol{X}_L^i,\varTheta\right)$，$\varTheta$ 为网络参数集合，则可以通过最小化损失函数，如 $\min\limits_{\varTheta}\sum\limits_{i=1}^K\left\|\boldsymbol{Y}_H^i-f\left(\boldsymbol{X}_L^i,\varTheta\right)\right\|$，求得深度先验表达模型。

总之，研究者给出了不同的先验构造形式，目前研究进展为低阶向高阶甚至非局部先验正则化，以及由稀疏、结构化低秩先验向深度表示先验发展的趋势。关于此方面的论述，在此不再赘述。

1.4　本书内容结构安排

本章主要以空谱遥感图像融合的代表性建模方法为主线，对空谱遥感图像融合问题进行了相对完整的勾画，评述了空谱遥感图像的发展现状和应用前景，并指出了这一领域研究的若干代表性方法体系，包括空域细节注入体系、多分辨率分析方法的细节注入体系和贝叶斯模型优化融合的体系。

本书第 1～3 章为融合问题引论、空谱遥感成像传感器及其数据获取、质量评估协议与评测指标等融合基础。第 4～6 章为经典融合方法体系。在此基础之上，本书着重探索了一类基于变分模型的融合方法，我们将以空谱图像融合建模为两路不完整(或欠采样)互补测量数据重建潜在图像这一数学反问题为建模主线，具体在第 7～10 章重点论述变分融合计算体系与方法。其脉络涵盖由低阶到高阶正则化、由整数阶到分数阶正则化、由局部到非局部正则化等方法。

参 考 文 献

[1] 敬忠良, 肖刚, 李振华. 图像融合——理论与应用. 北京: 高等教育出版社, 2007.

[2] 李德仁, 童庆禧, 李荣兴, 等. 高分辨率对地观测的若干前沿科学问题. 中国科学: 地球科学, 2012, 42(6): 805-813.

[3] Bioucas-Dias J M, Plaza A, Camps-Valls G, et al. Hyperspectral remote sensing data analysis and future challenges. IEEE Geoscience and Remote Sensing Magazine, 2013, 1(2): 6-36.

[4] Tong Q X, Xue Y Q, Zhang L F. Progress in Hyperspectral remote sensing science and technology in China over the past three decades. IEEE Journal of Selected Topics in Applied Earth Observations and Remote Sensing, 2014, 7(1): 70-91.

[5] 张良培, 沈焕锋. 遥感数据融合的进展与前瞻. 遥感学报, 2016, 20(5): 1050-1061.

[6] Vivone G, Alparone L, Chanussot J, et al. A critical comparison among Pansharpening algorithms. IEEE Transactions on Geoscience and Remote Sensing, 2015, 53(5): 2565-2586.

[7] Loncan L, de Almeida L B, Bioucas-Dias J M, et al. Hyperspectral Pansharpening: A review. IEEE Geoscience and Remote Sensing Magazine, 2015, 3(3): 27-46.

[8] Naoto Y, Claas G, Jocelyn C. Hyperspectral and multispectral data fusion: A comparative review of the recent literature. IEEE Geoscience and Remote Sensing Magazine, 2017, 5(2): 29-56.

[9] Carper W, Lillesand T, Kiefer R. The use of intensity-hue-saturation transformations for merging SPOT Panchromatic and multispectral image data. Photogrammetric Engineering and Remote Sensing, 1990, 56(4): 459-467.

[10] Rahmani S, Strait M, Merkurjev D, et al. An adaptive IHS PAN-sharpening method. IEEE Geoscience and Remote Sensing Letters, 2010, 7(4): 746-750.

[11] Chavez P S Jr, Kwarteng A W. Extracting spectral contrast in Landsat thematic mapper image data using selective principal component analysis. Photogrammetric Engineering and Remote Sensing, 1989, 55(3): 339-348.

[12] Shettigara V K. A generalized component substitution technique for spatial enhancement of multispectral images using a higher resolution data set. Photogrammetric Engineering and Remote Sensing, 1992, 58(5): 561-567.

[13] Laben C A, Brower B V. Process for enhancing the spatial resolution of multispectral imagery using PAN-sharpening: 6011875. 2000-01-04.

[14] Alparone L, Baronti S, Aiazzi B, et al. Spatial methods for multispectral Pansharpening: Multiresolution analysis demystified. IEEE Transactions on Geoscience and Remote Sensing, 2016, 54(5): 2563-2576.

[15] Aiazzi B, Alparone L, Baronti S, et al. MTF-tailored multiscale fusion of high-resolution MS and PAN imagery. Photogrammetric Engineering and Remote Sensing, 2006, 72(5): 591-596.

[16] Tu T M, Su S C, Shyu H C, et al. A new look at IHS-like image fusion methods. Information Fusion, 2001, 2(3): 177-186.

[17] Chavez P S Jr, Sides S C, Anderson J A. Comparison of three different methods to merge multiresolution and multispectral data: Landsat TM and SPOT Panchromatic. Photogrammetric Engineering and Remote Sensing, 1991, 57(3): 295-303.

[18] Schowengerdt R A. Remote Sensing: Models and Methods for Image Processing. 3rd ed. Amsterdam: Elsevier, 2007.

[19] Nunez J, Otazu X, Fors O, et al. Multiresolution-based image fusion with additive wavelet decomposition. IEEE Transactions on Geoscience and Remote Sensing, 1999, 37(3): 1204-1211.

[20] González-Audícana M, Otazu X, Fors O, et al. Comparison between Mallat's and the "à trous" discrete wavelet transform based algorithms for the fusion of multispectral and Panchromatic images. International Journal of Remote Sensing, 2005, 26(3): 595-614.

[21] Aiazzi B, Baronti S, Lotti F, et al. A comparison between global and context-adaptive Pansharpening of multispectral images. IEEE Geoscience and Remote Sensing Letters, 2009, 6(2): 302-306.

[22] Fasbender D, Radoux J, Bogaert P. Bayesian data fusion for adaptable image Pansharpening. IEEE Transactions on Geoscience and Remote Sensing, 2008, 46(6): 1847-1857.

[23] Wei Q, Dobigeon N, Tourneret J Y. Bayesian fusion of multiband images. IEEE Journal of Selected Topics in Signal Processing, 2013, 9 (6): 1117-1127.

[24] Wang T T, Fang F M, Li F, et al. High-quality Bayesian Pansharpening. IEEE Transactions on Image Processing, 2019, 28(1): 227-239.

[25] Garzelli A, Nencini F, Capobianco L. Optimal MMSE PAN sharpening of very high resolution multispectral images. IEEE Transactions on Geoscience and Remote Sensing, 2008, 46(1): 228-236.

[26] Choi J, Yu K, Kim Y. A new adaptive component-substitution based satellite image fusion by using partial replacement. IEEE Transactions on Geoscience and Remote Sensing, 2011, 49(1): 295-309.

[27] Ballester C, Caselles V, Igual L, et al. A variational model for P+XS image fusion. International Journal of Computer Vision, 2006, 69(1): 43-58.

[28] Moller M, Wittman T, Bertozzi A L, et al. A variational approach for sharpening high dimensional images. SIAM Journal on Imaging Sciences, 2012, 5(1): 150-178.

[29] Fang F M, Li F, Shen C M, et al. A variational approach for PAN-sharpening. IEEE Transactions on Image Processing, 2013, 22(7): 2822-2834.

[30] Duran J, Buades A, Coll B, et al. A nonlocal variational model for Pansharpening image fusion. SIAM Journal on Imaging Sciences, 2014, 7(2): 761-796.

[31] Liu P F, Xiao L, Zhang J, et al. Spatial-Hessian-feature-guided variational model for PAN-sharpening. IEEE Transactions on Geoscience and Remote Sensing, 2016, 54(4): 2235-2253.

[32] Liu P F, Xiao L, Li T. A variational PAN-sharpening method based on spatial fractional-order geometry and spectral-spatial low-rank priors. IEEE Transactions on Geoscience and Remote Sensing, 2018, 56(3):1799-1802.

[33] Katkovnik V, Foi A, Egiazarian K, et al. From local kernel to nonlocal multiple-model image denoising. International Journal of Computer Vision, 2010, 86:1-32.

第 2 章　空谱遥感成像传感器及其数据获取

2.1　引　　言

对于多源数据的融合问题，提出融合模型和设计高性能方法时需要考虑数据采集的模式和方法，特别是光谱成像方法，平台轨道及其参数、传感器类型和参数以及数据本身特性等，以高效利用互补特征进行融合。本章通过搜集和整理空谱遥感成像传感器及其数据获取的方法[1-6]，旨在为读者提供一个初步的遥感数据获取的知识框架。

本章首先概述了遥感及其遥感数据获取的基本概念；其次介绍了空谱图像分辨率的相关概念，包括空间分辨率、光谱分辨率、辐射分辨率和时间分辨率；再次介绍了遥感影像的数学表示；从次介绍了传感器的成像模式，集中介绍了摆扫式和推扫式两种成像方法；进而分析和介绍了目前常用的星载和亚轨道(机载)传感器及其遥感数据；最后介绍了高光谱数据常用的存储和读取格式。

2.2　遥感与遥感数据获取

2.2.1　遥感的概念

美国摄影测量与遥感学会(American Society for Photogrammetry and Remote Sensing，ASPRS)把遥感定义为：在不直接接触研究目标和现象的情况下，利用记录装置观测或获取目标或现象的某些特征信息。

1998 年，ASPRS 将摄影测量和遥感相结合，提出一个更为广泛的定义：对使用非接触传感系统获得的影像和数字图像进行记录、量测和解译，从而获得自然物体和环境的可靠信息的一门艺术、科学和技术。

上述定义一方面强调遥感可以通过科学方法和思维规则进行研究(具有科学属性)，另一方面也强调遥感是一种技术手段，可以和其他空间采集技术、地理信息系统、制图技术等相结合为人类认识世界提供技术手段；同时，它指出了遥感作为对所记录数据的量测和解译的过程与遥感专家或专业人士的学识背景、科学认知、实地考察、旅游经历等相关。基于知识驱动和经验驱动的协同方法有助于提高对测量数据的理解和解译能力，从而遥感也具有艺术属性[1]。

2.2.2　遥感数据获取

1. 电磁辐射与电磁波谱

电磁波辐射，又称电磁辐射，由同相振荡且互相垂直的电场与磁场在空间中以波的形式传递能量和动量,其传播方向垂直于电场与磁场构成的平面(图 2.1)。

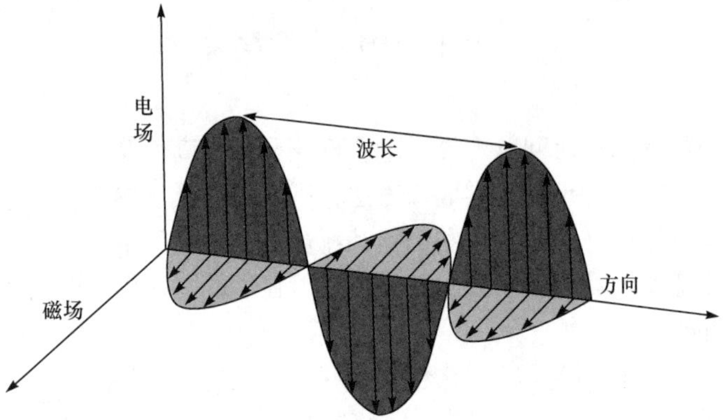

图 2.1　电磁辐射原理图

电磁辐射的载体为光子,不需要依靠介质传播,在真空中的传播速度为光速。电磁辐射可按照频率分类，从低频率到高频率，主要包括无线电波(Radio Wave)、微波(Microwave，MW)、红外(IR)、可见光、X 射线和伽马(γ)射线，构成电磁波谱图(图 2.2)。图中，LWIR 为长波红外(Long-Wave Infrared)，NIR 为近红外(Near Infrared), FM 为调频(Frequency Modulation), AM 为调幅(Amplitude Modulation)，UV 为紫外线(Ultraviolet)，MWIR 为中波红外(Mid-Wave Infrared)，VLWIR 为甚长波红外(Very Long Wave Infrared)。

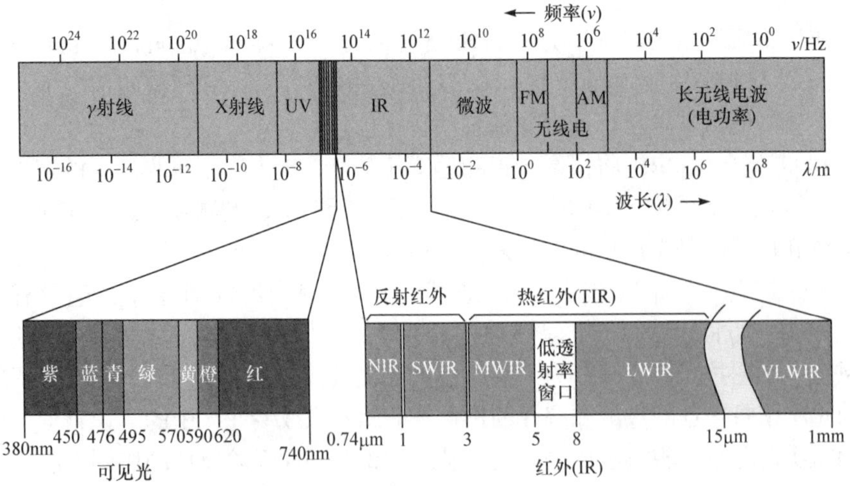

图 2.2　电磁波谱图

2. 电磁波谱

人眼可接收到的电磁辐射，波长在 380～780nm，称为可见光。只要是自身温度大于 0K 的物体，都可以发射电磁辐射，而世界上并不存在温度等于或低于 0K 的物体。因此，人们周边所有的物体时刻都在进行电磁辐射。尽管如此，只有处于可见光频域以内的电磁波，才可以被人们肉眼看到。

3. 遥感数据采集形式及其表达

一般而言，目前具有两类遥感数据获取系统：被动式和主动式。被动式传感器记录来自地面反射或发射的电磁波辐射，形成测量数据或者影像信息。例如，一般的数码相机可以记录目标表面反射至传感器后可见光波段的辐射能量，而多光谱或者高光谱传感器可以记录可见光-近红外、短波红外等波段的辐射能量。而主动式传感器往往是通过激光、微波、声呐等向感知场景或目标发射电磁波，传感器接收到目标后散射能量而记录的数据。

假设光学遥感系统的瞬时视场(Instantaneous Field of View，IFOV)内的电磁波辐射能量记为 L，其单位是：瓦特每球面度每平方米($\mathrm{W\cdot m^{-2}\cdot sr^{-1}}$)，则其表达式为

$$L = f\left(\lambda, s_{x,y,z}, t, \theta, P, \Omega\right) \tag{2.1}$$

其中，λ 为波长参量及其与波长相关的相对光谱响应；$s_{x,y,z}$ 为像素的位置参数 (x, y, z) 及其大小；t 为获取数据的时间；θ 为描述辐射源与场景目标之间的角度集合，对应成像系统和观测目标的几何关系；P 为传感器记录的后向散射能量的极化度；Ω 为遥感数据(如反射、发射和后向散射辐射)的辐射分辨率。

2.3　空谱图像相关的分辨率基础概念

2.3.1　空间分辨率

从物理本质上讲，空间分辨率是指分辨两个相邻目标最小距离的尺度，或指图像中一个像素点所代表的目标实际尺寸的大小。如果我们聚焦于讨论光学成像传感器，则空间分辨率与成像传感器的 IFOV 紧密相关。遥感装置在传感器系统的 IFOV 内收集目标或现象的信息。

那么什么是 IFOV 呢？IFOV 是指传感器内单个探测元件的受光角度或观测视野，它决定了在给定高度上瞬间观测的地表面积，这个面积就是传感器所能分辨的最小单元。IFOV 越小，最小可分辨单元越小，图像空间分辨率越高。IFOV 取决于传感器光学系统和探测器的大小。对星载系统而言，瞬时视场投影到地面

上的圆的直径(D)和瞬时视场角(β)与传感器距离地面高度(H)满足：

$$D = \beta H \tag{2.2}$$

即通过将 IFOV 乘以仪器距地面的距离而获得的地球表面上的线段长度称为空间分辨率或空间 IFOV，如图 2.3 所示。

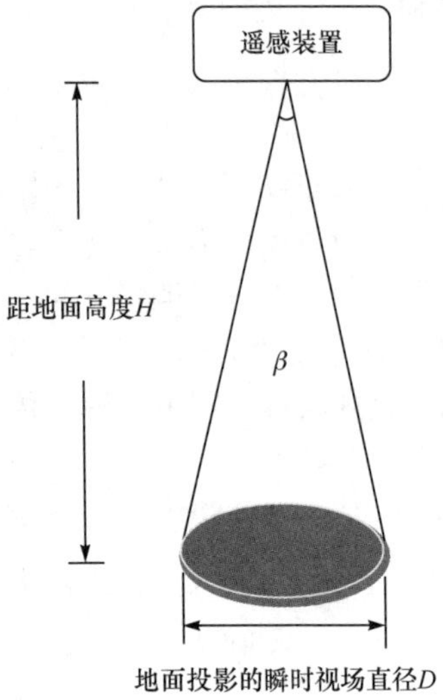

图 2.3　遥感装置传感器系统的瞬时视场角 β 示意图

IFOV 定义了基本分辨单元，同时更重要的是利用 IFOV，可以定义仪器的视场(Field of View，FOV)，传感装置的全视场角度是传感器能够观察场景的总角度。FOV 被划分为所有 IFOV 的集合。对于摆扫式成像传感器(见 2.3.2 节)，FOV 实际上等于 IFOV 乘以探测器元件的数量，进而可以相应地定义空间 FOV。对于摆扫式成像传感器，跨轨道方向上的空间 FOV 可表示为刈幅宽。

应该注意的是，空间 IFOV 取决于载荷平台的高度和摄影几何关系：不同位置场景单元的 FOV 将表现出不同的空间分辨率。通常而言，对于机载平台，由于具有较大的 FOV，因此视场参数对于空间分辨率是很重要的，需要大视场的机载成像仪；对于卫星传感器，FOV 一般较小，对空间分辨率的影响有限。

角度 IFOV 主要依赖于仪器，并且独立于平台的高度，因此比空间 IFOV 更适合定义分辨率。通常在实践中，往往采用空间 IFOV 来定义传感器的空间分辨率。特别是对给定轨道星载平台传感器而言，因为可以假定高度几乎是稳定的，FOV 很小，所以空间分辨率实际上几乎是恒定的。

如 2.3.2 节所示，沿飞行方向的空间分辨率通常不同于跨飞行方向上的分辨率。因此，需要考虑两个方向的 IFOV：一个是沿着飞行方向的 IFOV，另一个是跨飞行方向的 IFOV。

应该注意的是，空间分辨率与像素相关，但是像素大小不应该与空间分辨率相混淆。在实际应用中，术语“像素”往往与图像采集系统最终输出图像相关，而输出图像经常采取几何校正和重采样方式，因此像素并不能直接反映空间分辨率。

遥感中常用的另一个概念是尺度。它表达了场景的地图与场景本身之间的比例。对于一幅比例尺为 1 : 1000 的地图，可以通过地图上的度量单位乘以 1000 来获得场景目标的真实尺寸。虽然尺度可以与分辨率相关，但这两个概念不能混淆。例如，具有给定分辨率的图像可以以任意比例尺表示。一种典型的做法是图像的金字塔表示方法，可以形成图像的多尺度表示，较粗尺度代表图像的平滑版本，而精细尺度往往蕴含图像更多的细节信息。

基于摄影几何关系考虑，采用 IFOV 定义空间分辨率是相当直接和直观的，但没有考虑成像传感器采集系统的其他光学特性。一般而言，空间分辨率不仅与 IFOV 有关，也与传感器成像系统的空间和空间频率域特征有关，包括空间点扩散函数(PSF)或者调制传递函数(Modulation Transfer Function，MTF)。光学系统的传递函数特性甚至超出了分辨率的概念，对于图像的像质有深刻影响；同时对于图像融合或者空谱图像融合锐化的算法设计也有重要影响。例如，对于一类图像融合方法，可以在多分辨率分析框架下综合考虑 MTF 的影响。

1. 点扩散函数

点扩散函数是刻画光学系统成像像质的一个重要性质，反映成像的空间清晰度和锐利度。遥感装置中输入场景被探测器所感知，并在焦平面成像。

利用 PSF 刻画光学系统，其基本假设为系统是线性的。从数学上讲，系统可以定义为一个线性算子。假定 o 是一个由图像到图像的信号系统(算子)。令 f 是一幅图像，$o(f)$ 是 o 作用于 f 后的结果。称 o 是线性的，如果

$$o(af+bg)=ao(f)+bo(g),\quad \forall a,b \tag{2.3}$$

成像系统的 PSF 可以定义系统对点目标(光源)成像的结果：

$$o(\text{点光源})=\text{点扩散函数}$$

或者

$$o(\delta(x-m,y-n))=\mathrm{PSF}(x,m,y,n) \tag{2.4}$$

其中，$\delta(x-m,y-n)$ 为 Dirac delta 函数，表示中心在点 (m,n) 且亮度值为 1 的点目标。如果成像系统是线性的，则点目标的亮度值是原来的 a 倍，结果也将是原来的 a 倍。图像可以看作具有自身亮度值点目标集合成像的结果，如果输入图像是 f，则用点扩散函数作用的输出图像可以表达为

$$g(x,y)=\sum_m\sum_n f(m,n)\mathrm{PSF}(x,m,y,n) \tag{2.5}$$

进一步，往往假设成像系统具有平移不变的(Shift Invariant)点扩散函数，即假设

$$\mathrm{PSF}(x,m,y,n)=\mathrm{PSF}(x-m,y-n) \tag{2.6}$$

则式(2.5)可以表示为卷积形式：

$$g(x,y)=\sum_{m}\sum_{n}f(m,n)\mathrm{PSF}(x-m,y-n)\triangleq f*\mathrm{PSF} \tag{2.7}$$

2. 调制传递函数

下面介绍光学系统的调制传递函数。调制传递函数是系统光学传递函数(Optical Transfer Function，OTF)的模值。而 OTF 是成像系统 PSF 的傅里叶变换。在大多数情况下，如果 PSF 是对称函数，则成像系统的 OTF 是实函数，此时 OTF 与 MTF 等价。因此，在空域中用 PSF 刻画成像系统的成像性质和在傅里叶域中用 OTF(实际中常常是 MTF)表征是完全相同的。前面我们提到归于线性平移不变性质，点扩散函数的作用可以描述为卷积形式；而基于信号系统的卷积定理，空域卷积运算可以转化为傅里叶变换域的乘积运算，从而利用 MTF 表述光学系统性质的优势快速傅里叶变换(Fast Fourier Transform，FFT)实现快速计算。另外，由于实际成像结果往往基于香农采样(Shannon Sampling)理论进行，因此系统的 MTF 性质以及采样频率(2 倍于奈奎斯特频率)将刻画光学系统的成像特性。当采样频率过低(低于 2 倍奈奎斯特率)，则将由欠采样导致频谱混叠。

下面，通过图 2.4 来说明传感器 MTF。为简单起见，假设传感器所感知场景辐射的傅里叶谱是平坦的，并归一化为 1。图 2.4(a)为一个准理想的 MTF 图形。对于该 MTF，对辐射信号的二维采样会得到两个谱信息：一个沿轨道方向，另一个垂直于轨道方向(跨轨道方向)。两个频谱在奈奎斯特频谱幅值等于 0.5 的位置处(奈奎斯特率的 1/2)交叠。然而，在奈奎斯特频谱幅度为 0.5 处时，不具有足够的选择性，所以需要在采样信号的最大空间分辨率和最小频谱混叠之间进行折中。这样，实际的探测器系统，由于方向的选择性，为避免频谱混叠，奈奎斯特率往往选择在相应 MTF 幅值为 0.2 左右的位置。图 2.4(b)给出了这种情况下一个多光谱波段的 MTF。

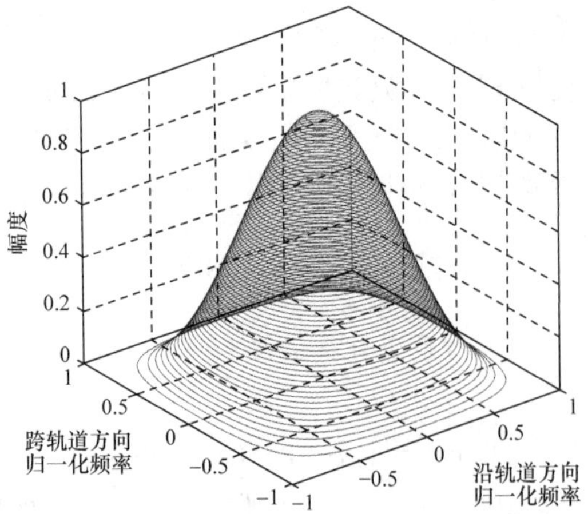

(a) 传感器理想的各向同性MTF，
在奈奎斯特截止频率处的幅度为0.5

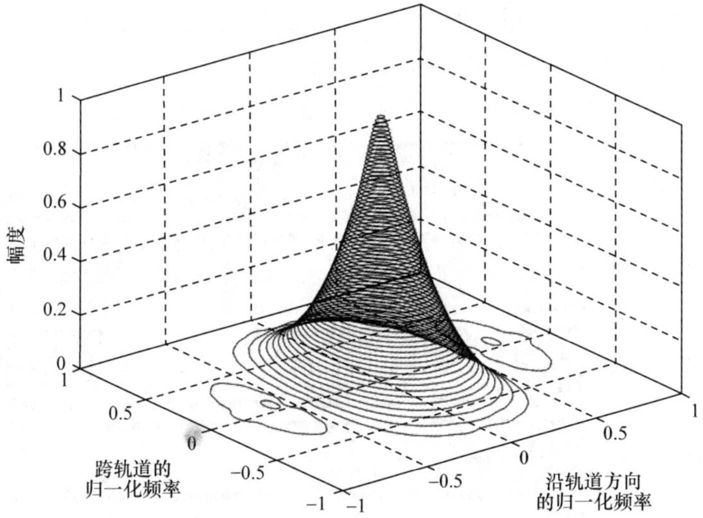

(b) 实际传感器的各向异性MTF，跨轨道方向的奈奎斯特截止频率处的幅度为0.2

图 2.4　传感器 MTF[2]

所有的频率尺度按照采样频率(2 倍于奈奎斯特截止频率)进行归一化

对于实际的光学系统，系统的 MTF 依赖于一些系统参数，如光学系统组件、平台运动、大气影响及观察角度等。因此，系统 MTF 需要考虑各个环节(子系统)的 MTF，包括光学镜头 MTF、探测器 MTF、电子学子系统 MTF、平台运动 MTF、大气效应 MTF 等。在傅里叶域，可以表达为 MTF 链的乘积[5]，即

$$\mathrm{MTF}_{\mathrm{sys}} = \prod_{i=1}^{N} \mathrm{MTF}_i = \mathrm{MTF}_1 \mathrm{MTF}_2 \cdots \mathrm{MTF}_N \tag{2.8}$$

一般而言，各个子系统 MTF 的乘积将进一步降低系统 MTF 的值。若对输入场景按照奈奎斯特频率进行采样，则 MTF 的值将由对应的奈奎斯特频率决定。如果 MTF 值过高(如>0.4)，将出现频谱混叠；当需要高分辨率时，MTF 值必须足够小(如<0.2)。

一旦我们能够得到整个系统的 $\mathrm{MTF}_{\mathrm{sys}}$，则利用傅里叶逆变换，可以得到系统的 PSF。

在多源遥感图像融合中，特别是全色锐化方法中考虑系统的 MTF 特性可以显著提升图像的融合质量。

2.3.2　光谱分辨率

光谱分辨率是指传感器能感应到的电磁频谱中特定波长间隔的大小，或者对应特定电磁波段内光谱波段数或通道数。一般而言，遥感系统记录了电磁波谱中

多个波段的能量。根据对电磁波谱信号的感知分辨能力，遥感传感器系统可以分为全色(Panchromatic)探测器、多光谱(Multispectral)探测器、高光谱(Hyperspectrum)探测器和超光谱(Ultraspectral)探测器等多种类型，如图 2.5 所示。

图 2.5　根据光谱分辨率或光谱带宽的探测器分类

(1) 全色探测器。全色探测器是在较宽谱段内不作波段划分感知的探测器，一般获取的是宽谱段范围光谱响应积分的灰度图像。例如，代表性传感器是可见光-近红外波段内的电磁光谱辐射积分获取的图像，因此全色图像几乎没有光谱分辨能力。但是，全色图像可以达到很高的空间分辨率，甚至可以达到分米级的分辨率。例如，一些商用卫星可以获取空间分辨率达到 50cm 的全色图像。全色图像由于分辨率高，蕴含了地面场景和目标精细的几何形状、边界、纹理和细节信息，可以广泛应用于场景的分割、目标区域精细提取以及几何特性测量(如长度、周长、面积、形状特性)等。

(2) 多光谱探测器。多光谱探测器是可以在若干特定波长范围(波段)分别进行感知的传感器。传统的多光谱探测器在可见光-近红外波段具有 3 个或 4 个波段，每个波段覆盖特定的波长范围(带宽)。以 Landsat 多光谱扫描仪(Multispectral Scanner，MSS)为例，其四个波段的带宽分别为：第 1 波段带宽为 500～600nm；第 2 波段带宽为 600～700nm；第 3 波段带宽为 700～800nm；第 4 波段带宽为 800～1100nm。前面三个波段分辨率较高，带宽为 100nm；第 4 个波段光谱分辨率较低，带宽为 300nm。

一般而言，从傅里叶光学来看光谱探测器类似于带通滤波器，但是我们很难研制具有严格陡峭或频率垂直截止的光谱探测器。实际中，探测器对于光谱的感知是具有类似高斯函数的灵敏度响应形式，在中心波长附近具有最大的响应强度，而中心波长两侧具有缓慢变化的旁瓣。因此，需要根据探测器的光谱响应曲线的半峰全宽(Full Width at Half Maximum，FWHM)确定波段的带宽。其原理示意图如

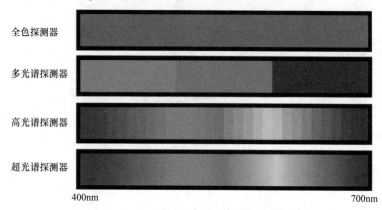

图 2.6 所示，若中心波长为 750nm，50%强度的覆盖区域[700nm,800nm]为探测器光谱响应敏感的带宽。

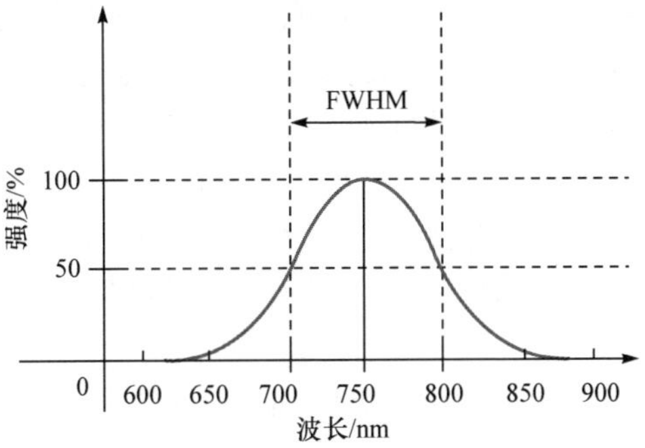

图 2.6　基于半峰全宽原理的探测器带宽计算方法

(3) 高光谱探测器。高光谱探测器在一个较宽波段范围内能够以很窄的光谱带宽连续采集物质的光谱信息，从而形成数百个光谱波段的数据。例如，机载可见光-红外成像光谱仪(Airborne Visible/Infrared Imaging Spectrometer，AVIRIS)在 400～2500nm 范围内有 224 个波段，基于 FWHM 的光谱带宽测量原理，其光谱分辨率可达 10nm。如果探测器的光谱分辨率可以达到 1nm 甚至更少，则成为超光谱探测器。

2.3.3　辐射分辨率

辐射分辨率定义为遥感探测器记录地面反射、发射或后向散射的辐射通量对信号强度的敏感性，表征恰好可分辨的信号水平。在传统图像处理中，辐射分辨率对应为模/数转换时的量化等级，因此辐射分辨率越高可以理解为量化等级越高或者更多的比特(bit)数，这样高辐射分辨率增加了所记录遥感辐射通量的精细表征，减少了因量化引起的失真。例如，早期的 Landsat-4 专题制图仪(Thematic Mapper，TM)和 Landsat-5 TM 以 8bit 表达一个波段图像的像素值精度为[0～255]；后面提到的 IKONOS、QuickBird 等卫星遥感数据以 11bit 来表示观测值的数据范围；后续的新的遥感传感器系统的辐射分辨率可达 12bit。

2.3.4　时间分辨率

对于遥感系统而言，时间分辨率是指遥感系统采集同一个特定区域遥感影像的频率或时间周期。换言之，时间分辨率是指遥感系统对某个区域的重访时间(Revisit Time)。对于星载系统而言，重访时间主要取决于轨道参数和卫星平台的指向能力。

对于许多遥感应用而言，获取高时间分辨率的遥感影像是非常重要的。多时相影像分析可以提供监测场景遥感参量随时间变化的信息，高时间分辨率遥感影像为精细变化检测提供可能。例如，美国国家海洋与大气局(National Oceanic and Atmospheric Administration，NOAA)的地球静止业务环境卫星(Geostationary Operational Environmental Satellite，GOES)运行于地球同步轨道，以公里量级的空间分辨率观测同一场景，并每隔半小时发射一次新观测，使气象学家能够每小时更新一次锋系和飓风的位置，并综合其他信息预测风暴的路径。而典型的 SPOT、IKONOS、QuickBird 等卫星传感系统，具有指向可调性，即不但能够获取星下点区域的影像，也能获取一定角度远离星下点区域的影像，从而可以在紧急监测任务下获取相关区域的影像。

随着动态视频光谱成像仪的出现，时间分辨率含义与传统视频概念相同，即相邻两个多光谱/高光谱立方体数据的测量时间，体现为“帧频”。不过此处的“帧”，需要理解为某个时刻的图谱立方体。

2.4 遥感影像的数学表示

多光谱和高光谱图像可以看作普通彩色图像的广义形式，均属于多通道图像。特别是对于高光谱图像而言，其蕴含了丰富的空间、辐射和光谱三重信息。其主要特点是“图谱合一”立方体数据，即将传统的图像信息和光谱信息融合一体，在获取观测场景表面空间图像的同时，得到每个地物的连续光谱信息，它由图像的两个空间方向维和光谱维等三个维度组成。这样，每一个高光谱像素将对应一条“连续”的光谱曲线。

从连续函数的观点看，模拟高光谱图像可以表征为一个三元函数 $f(x,y,\lambda)$，其中 (x,y) 为空间维坐标变量，λ 为与电磁光谱波长位置相关的变量。对于光谱视频序列，可以进一步引入时间维，描述为 $f(x,y,\lambda,t)$。前面已经提到遥感数据是光学遥感系统 IFOV 内的电磁波辐射能量，因此，$f(x,y,\lambda)$ 记录了与场景中各个空间位置和该点材质性质(反射、吸收、辐射)等相关的电磁波辐射能量(与波长相关)。

另一种形式是通过向量值函数来表征多波段图像，具体如下：

$$\boldsymbol{F}(x,y)=\begin{bmatrix} f_{\lambda_1}(x,y) \\ f_{\lambda_2}(x,y) \\ \vdots \\ f_{\lambda_N}(x,y) \end{bmatrix} \tag{2.9}$$

其中，$f_{\lambda_k}(x,y)$ 表示第 k $(k=1,2,\cdots,N)$ 个波段的辐亮度函数。图 2.7 给出了高光谱与多光谱图像的比较示意图，可见高光谱图像光谱曲线相对连续，而多光谱图像波段数较少，但波段成像光谱区间较宽，并不能形成连续光谱曲线。

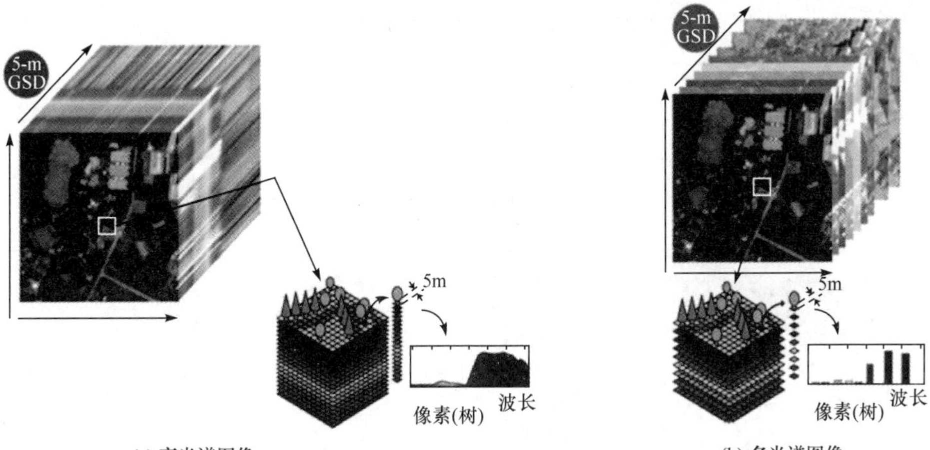

(a) 高光谱图像　　(b) 多光谱图像

图 2.7　多光谱与高光谱图像的比较

通过对传感器感知获取的辐射能量进行采样和量化等，可以得到各个波段的数字遥感光谱图像。各波段数字光谱图像采用数字矩阵或二维数组，矩阵中的行和列对应元素称为某波段的像素(Pixel，来自术语 Picture Element)，其值对应该波段的像素值(数字计数值，简称 DN)；不同波段相同行和列位置的像素值可以形成一个向量，称为一个光谱像素。光谱像素本质上反映了该位置的物质身份信息。

下面，考虑各波段图像的离散形式，令图像宽度为 W，高度为 H，则其基本形式为

$$\boldsymbol{f}_i=\left[f_i(m,n)\right]_{H\times W}=\begin{bmatrix} f_i(0,0) & f_i(0,1) & \cdots & f_i(0,W-1) \\ f_i(1,0) & f_i(1,1) & \cdots & f_i(1,W-1) \\ \vdots & \vdots & & \vdots \\ f_i(H-1,0) & f_i(H-1,1) & \cdots & f_i(H-1,W-1) \end{bmatrix} \tag{2.10}$$

其中，$f_i(m,n)$ 为 (m,n) 像素的值。当以 8bit 表达一个波段图像的像素值精度时，$0\leqslant f_i(m,n)\leqslant 255$。然而，现有的几种遥感传感器系统往往采集 10bit、11bit 或 12bit 的数据。

2.5　传感器成像模式

数字光谱成像模式较多，代表性的成像方式有 6 类(图 2.8)，具体而言，包括：①传统的航空摄影测量；②使用扫描镜和离散探测器的“摆扫式”多光谱成像；③线阵列“摆扫式”成像；④线阵列“推扫式”光谱成像；⑤线阵列+面阵列“推

扫式”光谱成像；⑥基于面阵列的框幅式相机成像。

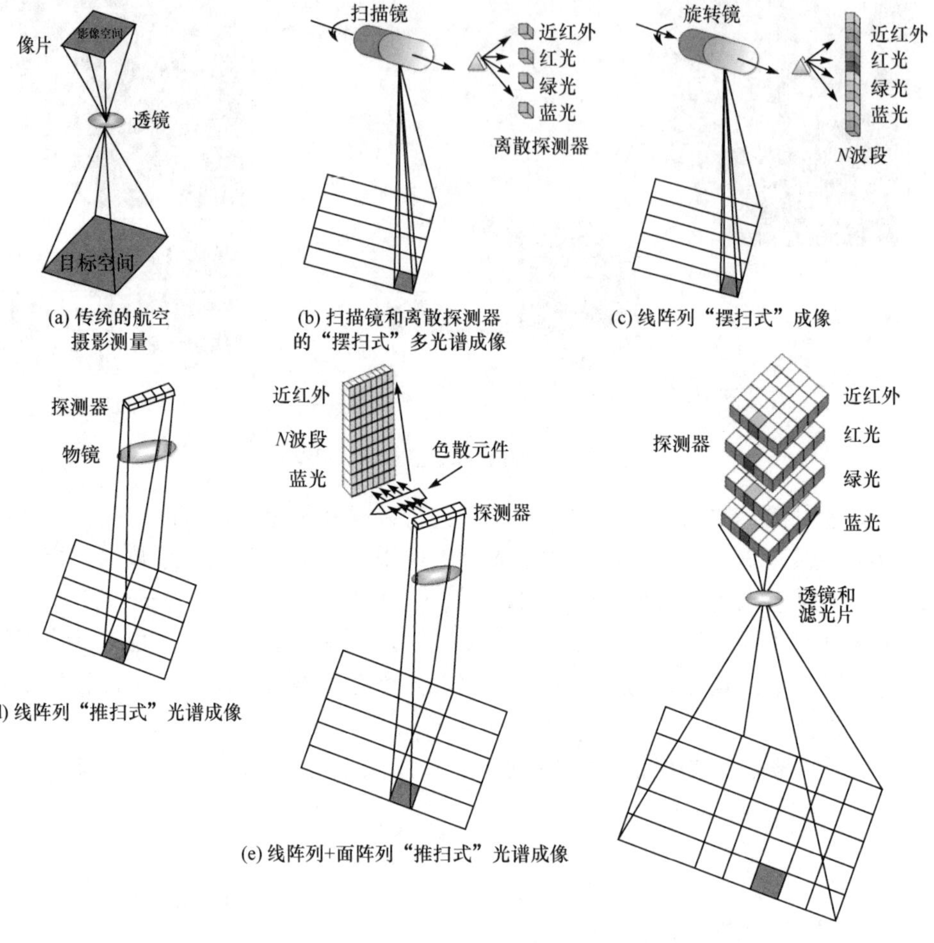

(a) 传统的航空摄影测量　(b) 扫描镜和离散探测器的“摆扫式”多光谱成像　(c) 线阵列“摆扫式”成像

(d) 线阵列“推扫式”光谱成像　(e) 线阵列+面阵列“推扫式”光谱成像　(f) 基于面阵列的框幅式相机成像

图 2.8　多光谱和高光谱遥感数据采集系统的 6 类成像模式[1]

对于高光谱成像，目前主要采取“摆扫式”和“推扫式”两种。就载荷平台而言，多光谱和高光谱相机可以搭载在亚轨道(机载)平台和卫星上，特殊民用应用如物质鉴定、岩心扫描、矿物分析、刑侦鉴定、生物医学等情况下可以采取桌面型近物高分辨成像。

综合上述 6 类成像模式，我们可以看出多光谱和高光谱成像仪虽然探测器有所不同，但目前主要采取“摆扫式”和“推扫式”两种成像模式。下面，就这两种模式具体阐述。

2.5.1　摆扫式

摆扫式(Whisk Broom)有时被称为聚焦(Spotlight)模式或者跨轨扫描仪(Across Track Scanners),由光机左右摆扫和飞行平台向前运动完成二维空间成像(图 2.8(b)),其线阵探测器完成每个瞬时视场像素的光谱维获取。摆扫式成像光谱仪由成 45°斜面的扫描镜、电机装置、色散型分光器件和探测器等组成。扫描镜在电机驱动下进行圆周旋转，扫描方向与平台运动方向垂直，每一行扫描成像时从条带一侧扫向另一侧。随着平台向前移动，地面上的基本分辨单元和刈线相继形成场景表面的二维图像。光学分光器件可由光栅和棱镜组成，入射的反射或发射的辐射可以被分离成独立检测的多个光谱分量。然后通过一组对每个特定波长范围敏感的线阵探测器所感知，汇集每个波段的能量；对于每个分辨率单元和每个光谱带，能量经过电信号转换，由模/数转换实现数字化，并记录成数字信号，最终可形成多光谱图像。当在一个光谱区间内获得每个像素几十甚至几百个连续窄波段光谱信息时，可以得到高光谱图像。

传感器的 IFOV 角和平台高度将决定空间 IFOV(空间分辨率)。综合 IFOV 角和平台高度，可以决定仪器成像的刈幅宽。一般而言，感知一幅较大区域场景，星载平台需要较小的 IFOV 角，而机载平台需要较大的 IFOV 角。由于摆扫式系统受到平台运动速度的约束，凝视时间(地面分辨单元的能量汇聚时间)相当短，从而对空间、光谱和辐射分辨率等性能产生负面影响。

2.5.2　推扫式

推扫式(Push Broom)传感器的基本思想是利用平台沿轨道方向的前向运动来获取和记录像素的连续扫描线，并逐渐形成图像。通常，采取的线性阵列探测器置于成像系统焦平面上，成像系统沿平台运动方向进行推扫成像(图 2.9)。

与平台运动速度相结合,推扫式成像的优点是像素的凝视时间可以显著增加。而凝视时间的增加可以汇聚更多的能量,大幅度提高成像系统的灵敏度和信噪比。更大的能量也有利于实现更小的 IFOV，实现每个探测器的带宽更窄。因此，可以在不损害辐射分辨率的情况下提高系统的空间和光谱分辨率。探测器元件通常是固态微电子器件,因此通常具有体积小、重量轻、功率低,更可靠和耐用特点。推扫式装置的另一个重要优点是没有机械扫描,从而减少图像采集过程中的振动,并避免可能的不稳定性或损坏运动部件。当然，其代价是探测元件的标定较难。事实上，探测器元件通常表现出不同的灵敏度，因此交叉标定数千个探测器并实现整个阵列的均匀灵敏度是非常复杂和困难的。而在标定中发生的残余误差也将表现为采集图像的条纹效应。最后，由于探测器器件尺寸和光学设计的困难，总视场角不可能做得很大。

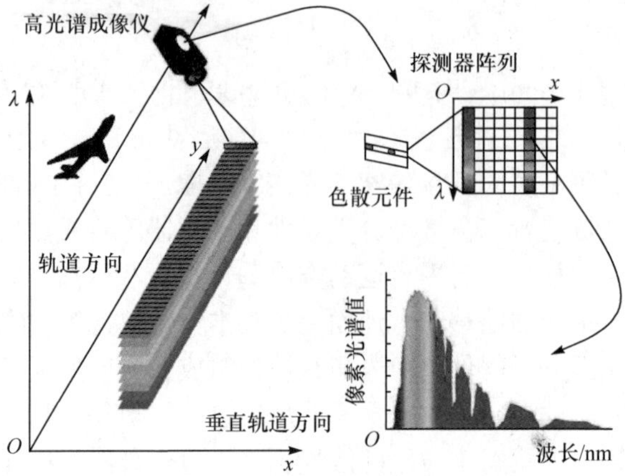

图 2.9　基于推扫式的高光谱成像示意图[2]

2.6　常用传感器及其多(高)光谱图像数据

2.6.1　离散传感器和扫描镜多光谱成像及其数据

自 1967 年，美国国家航空航天局(National Aeronautics and Space Administration，NASA)启动了地球资源技术卫星(Earth Resources Technology Satellite，ERTS)计划。1972 年 7 月发射 ERTS-1 卫星，1975 年 NASA 将 ERTS 命名为陆地卫星 Landsat 计划，并将 ERTS-1 命名为 Landsat-1。NASA 在 1975～1999 年相继发射了系列卫星 Landsat-2/3/4/5/6/7。除了 Landsat-6 没有成功外，其余卫星均发射成功，卫星运行于太阳同步轨道，并搭载了 Landsat MSS 和 Landsat TM，获取了大量数据，应用十分广泛。表 2.1 给出了 Landsat MSS、Landsat TM 和 Landsat-7 ETM+(增强型专题制图仪(Enhanced Thematic Mapper))传感器系统特征对比情况。

表 2.1　Landsat MSS、Landsat TM 和 Landsat-7 ETM+传感器系统特征

参数	Landsat MSS		Landsat TM		Landsat-7 ETM+	
波段设置与光谱区间 备注： ①MSS 的第 4、5、6 和 7 波段在 Landsat-4/5 上被重新编号为第 1、2、3 和 4 波段； ②MSS 的第 8 波段仅在 Landsat-3 上才有	波段	光谱区间 /μm	波段	光谱区间 /μm	波段	光谱区间 /μm
	4	0.5～0.6	1	0.45～0.52	1	0.450～0.515
	5	0.6～0.7	2	0.52～0.60	2	0.525～0.605
	6	0.7～0.8	3	0.63～0.69	3	0.630～0.690
	7	0.8～1.1	4	0.76～0.90	4	0.750～0.900
	8	10.4～12.6	5	1.55～1.75	5	1.55～1.75
			6	10.40～12.5	6	10.40～12.5
			7	2.08～2.35	7	2.08～2.35
					8 (全色)	0.52～0.90

续表

参数	Landsat MSS	Landsat TM	Landsat-7 ETM+
星下点空间分辨率	第 4～7 波段：79m×79m	第 1～5 波段：30m×30m	第 1～5 波段：30m×30m
	第 8 波段：240m×240m	第 6 波段：120m×120m	第 6 波段：60m×60m 第 8 波段：15m×15m
数据获取速度/(Mbit/s)	15	85	150
量化等级/bit	6	8	
重访周期	Landsat-1/2/3: 18 天 Landsat-4/5: 16 天	Landsat-4/5: 16 天	16 天
高度/km	919	705	705
刈幅宽/km	185	185	185
倾角/(°)	99	98.2	98.2

1. Landsat MSS

Landsat-1/2/3 遥感平台及其载荷系统组成如图 2.10 所示，由多光谱扫描仪(MSS)返束光导摄像机(Return-Beam Vidicon Camera，RBV)、姿态测量传感器、宽波段记录仪、姿态控制子系统和太阳能电池阵列等组成。Landsat MSS 搭载在 Landsat-1～Landsat-5 上，采用光机扫描系统。其中，扫描镜垂直于卫星飞行方向对地形面进行扫描。具体而言，MSS 在星下点 ±5.78° 范围内摆动扫描，扫描视场

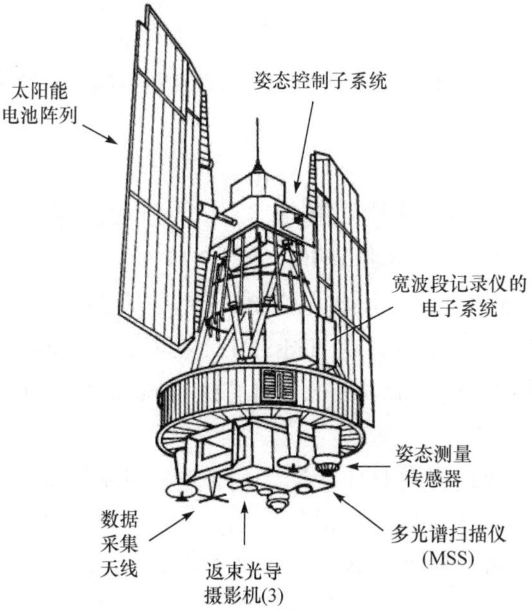

图 2.10　Landsat-1/2/3 遥感平台及其载荷系统组成图[1]

为11.56°，刈幅宽为 185km。它用 4 波段电磁波敏感的 6 个平行探测器同时对地面进行观测，其四个波段的带宽分别为：第 1 波段带宽为 500～600nm；第 2 波段带宽为 600～700nm；第 3 波段带宽为 700～800nm；第 4 波段宽带为 800～1100nm。Landsat MSS 提供了大范围对地观测的手段，如图 2.11 所示，当卫星自北向南沿轨道运行时，MSS 自西向东沿垂直于轨道方向进行扫描，每景多光谱影像代表由连续的沿轨道刈幅上截取约 185km×170km 的区域,每相邻影像约 10%重叠。

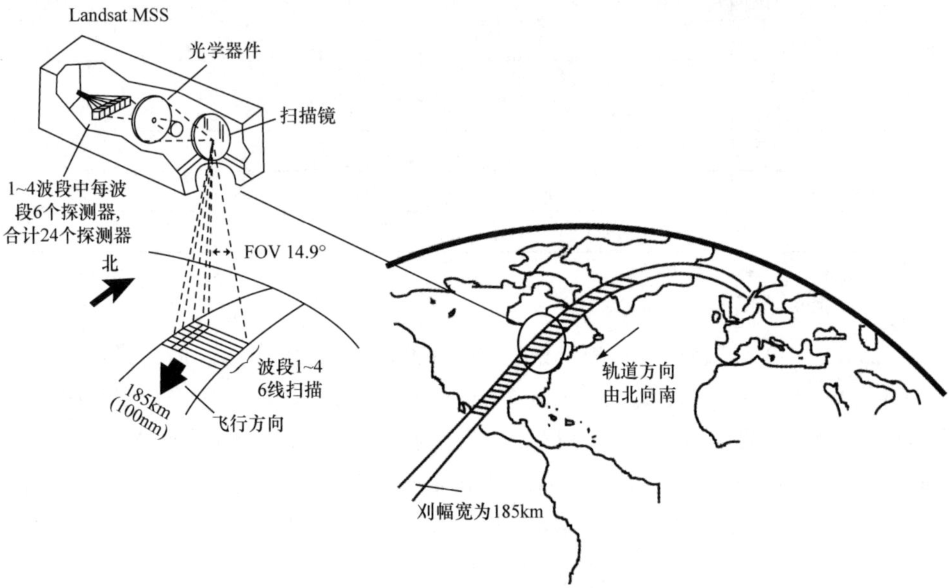

图 2.11　Landsat MSS 对地观测遥感数据获取示意图[1]

2. Landsat TM

Landsat TM 是一种光机摆扫式传感器,作为成像载荷搭载在 Landsat-4/5 卫星上。Landsat-4/5 卫星平台及其载荷组成如图 2.12 所示，主要包括：高增益天线、全球定位系统(Global Position System，GPS)天线、姿态控制模块、动力模块、太阳能电池阵列和 Landsat TM 等。Landsat TM 在电磁波谱的可见光、反射红外、中红外和热红外等波段记录能量成像，具有比 Landsat MSS 更高的空间、光谱和辐射分辨率。

Landsat TM 的波段设置是应用驱动的，基于对水体的穿透能力、植被类型和生长状况差异、植物与土壤水分、云水冰特征差异、特定岩石类型水热蚀变带鉴别分析等应用和特征光谱基因分析进行设置。各波段范围设置及其可应用情况见表 2.2。

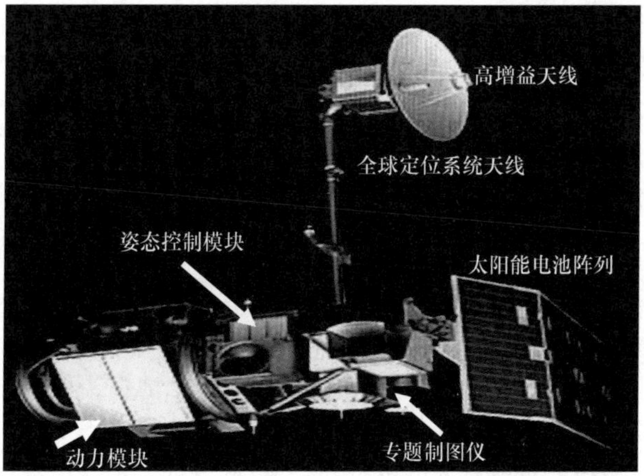

图 2.12　Landsat-4/5 卫星平台及其载荷组成[1]

表 2.2　Landsat-4/5 TM 各波段范围及其应用

波段序号	波段范围 /μm	遥感特征及其应用
1	蓝[0.45,0.52]	该波段具有水体穿透能力，可应用于土地利用、土壤和植被特征分析。该波段下界处在清洁水体峰值透射率以下，波段上界是健康绿色植物在蓝光处的叶绿素吸收的界限。当波长小于 0.45μm 时受到大气散射和吸收的影响显著
2	绿[0.52,0.60]	该波段是跨蓝光和红光这两个叶绿素吸收波段之间的区域，对健康植物的绿光反映有影响
3	红[0.63,0.69]	该波段是健康绿色植被的吸收波段，可应用于植被分类、土壤边界和地质界线提取
4	近红外[0.76,0.90]	该波段对植物的生物量有很好的响应，可以应用于识别农作物、突出土壤/农作物、陆地/水体的对比度。该波段低端正好在 0.75μm 以上
5	中红外[1.55,1.75]	该波段对植物中水分的含量很敏感，可应用于农作物干旱和植被生长状况调查。该波段是少数能区分云、雨和冰的波段之一
6	热红外[10.4,12.5]	这个波段测量来自表面发射的热红外辐射能。表观温度是表面反射率和温度的函数，因此可应用于地热活动、地质调查中的热惯量制图、植被分类、植被胁迫分析和土壤水分研究；同时也能应用于特殊山区的坡向差异性分析
7	中红外[2.08,2.35]	该波段是区分地质岩层的特征波段，可应用于鉴别岩石中的水热蚀变带分析

3. Landsat-7 ETM+

继 Landsat-6 在 1993 年 10 月发射失败后，1999 年 4 月 5 日在美国加利福尼亚州范登堡(Vandenburg)空军基地成功发射 Landsat-7，在太阳同步轨道与 NASA

对地观测系统 Terra 卫星协同工作。Landsat-7 卫星的载荷系统包括三轴稳定平台和 1 个指向星下点的 ETM+。Landsat-7 轨道距离地面 705km，采集数据的刈幅宽为 185km，不能对星下点以外的区域进行观测，重访周期为 16 天，含 1 个 378GB 的固态记录器件。ETM+仍然采取光机摆扫式成像方法，是 Landsat-4/5 的 ETM 的改进型，其特征参数如表 2.1 所示。相比 ETM，ETM+在第 6 个波段的空间分辨率得到提升，达到 60m×60m；同时增加了一个空间分辨率为 15m×15m 的全色波段，其光谱范围为 0.52～0.90μm 。ETM+的数据传输速率为 150Mbit/s。ETM+有精准的辐射定标系统，可通过局部孔径和全孔径的太阳光校正来实现定标；ETM+所包含的新特性，使得它在地球变形研究、土地覆盖监控和评估、大面积制图等方面比 ETM 更通用、更有效。

根据数据被执行的处理标准，Landsat-7 数据可处理成 3 个基本的产品提交给客户，包括重新格式化后的原始数据(Level 0R)、经辐射校正后的数据(Level 1R)和经过辐射校正和几何校正后的数据(Level 1G)。

2.6.2　SPOT 卫星线阵列传感器系统

SPOT 卫星由法国国家空间研究中心(French Centre National d’Etudes Spatiales，CNES)与比利时、瑞典等合作研制。自 1986 年 2 月 21 日发射第一颗 SPOT 卫星以来，先后有多颗卫星发射和退役，包括 SPOT-1～SPOT-5。不同阶段卫星的轨道参数以及传感器载荷均在不断完善，使性能得到提升。

图 2.13 为 SPOT 卫星及其传感器系统示意图。SPOT 卫星由标准的多用途 SPOT 运载舱、传感器系统(HRV1、HRV2、植被传感器)、定标装置、有两个影像磁带机组成的记录仪以及自动测量记录传送机等组成。

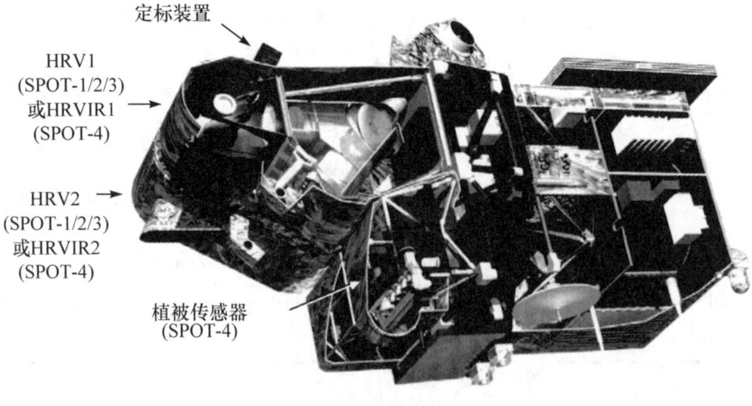

图 2.13　SPOT 卫星及其传感器系统示意图[1]

不同 SPOT 卫星的传感器系统虽有所不同，但其成像模式都采取线阵列探测器推扫成像。线阵列探测器通常由灵敏的二极管或电荷耦合器件(Charge-Coupled

Device，CCD)单元组成，在垂直于轨道运行方向不断记录推扫方向的反射辐射通量。线阵推扫不需要摆动扫描镜，同时凝视时间较长，因而可获得较高的辐射能量。图 2.14 为不同视场角度下的光路图。

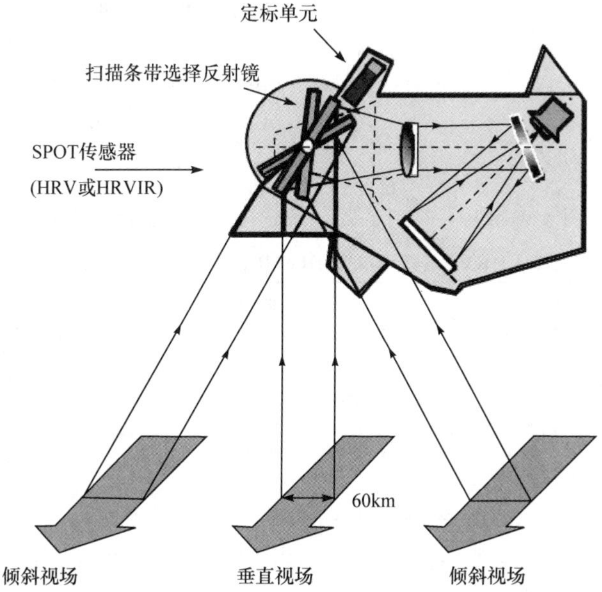

图 2.14　SPOT 传感器不同视场角度下的光路图[1]

如图 2.15 所示，SPOT 卫星运行在 822km 的太阳同步近极轨道(倾角 98.7°)，传感器系统提供了地面指令接收控制的推扫观测模式功能，实际上是指令可调的。当采取垂直视场观测模式时，两台高分辨率可见光传感器(High Resolution Visible Sensors，HRV)同时进入推扫工作状态，可对两个相邻区域进行成像。每个区域的刈幅宽均为 60km，但有 3km 的重叠区域，合计总刈幅宽达到 117km。当采取倾斜视场模式时，反射镜将有选择地指向非星下点视场，可观测到以卫星星下地面轨迹为中心的宽 950km 的范围内任意感兴趣区域，此时实际观测刈幅宽为 80km。

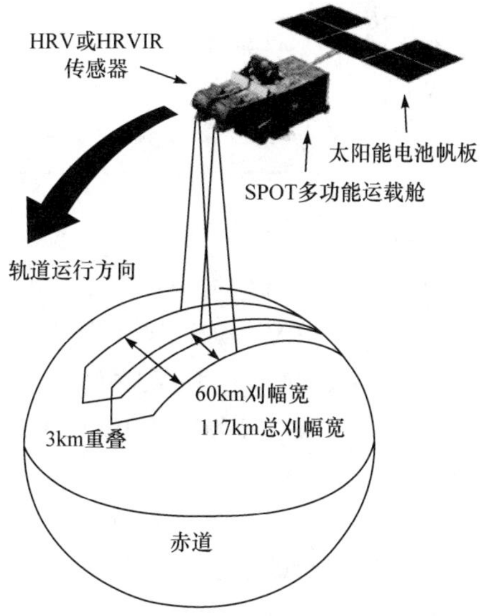

图 2.15　SPOT 卫星星下点推扫式观测示意图[1]

星下点观测时 SPOT 卫星的重访

时间为 26 天，因此当获取一些应急数据时是不能忍受的。但是 SPOT 卫星的指向可调性缓解了这一问题。这是因为在 26 天的时间周期里，SPOT 连续两次观测到同一地点；若该区域恰好在赤道，通过可调观测设置，则该区域有 7 次观测机会；而在纬度 45° 区域，将有 11 次重复观测。因此指向可调观测为一些云层覆盖而无法获取有效数据的地区、洪水、地震等防震救灾等应急数据获取提供可能，大幅度提供了实时广域数据获取能力。另外，SPOT 传感器还能获取给定地理区域的跨轨立体影像对，为地形制图和数字高程模型制作提供便利。

下面分别介绍 SPOT 卫星的传感器部分。表 2.3 给出了 SPOT-1/2/3 HRV、SPOT-4/5 HRVIR 以及 SPOT-4/5 植被传感器特征参数等的对比情况。

表 2.3 SPOT-1/2/3 HRV、SPOT-4/5 HRVIR 以及 SPOT-4/5 植被传感器特征参数

SPOT-1/2/3 HRV 和 SPOT-4 HRVIR			SPOT-5 HRVIR			SPOT-4/5 植被传感器		
波段	多光谱各波段带宽 /μm	星下点空间分辨率 /m	波段	多光谱各波段带宽 /μm	星下点空间分辨率 /m	波段	多光谱各波段带宽 /μm	星下点空间分辨率 /km
1	0.50～0.59	20×20	1	0.50～0.59	10×10	1	0.43～0.47	1.15×1.15
2	0.61～0.68		2	0.61～0.68		2	0.61～0.68	
3	0.79～0.89		3	0.79～0.89		3	0.78～0.89	
全色	0.51～0.73	10×10	全色	0.48～0.71	2.5×2.5	无		
全色(4)	0.61～0.68	10×10						
SWIR(4)	1.58～1.75	20×20	SWIR(4)	1.58～1.75	20×20	SWIR(4)	1.58～1.75	1.15×1.15
成像模式	线阵列推扫式							
刈幅宽	60km±50.5°		60km±27°			2250km±50.5°		
重访周期	26 天		26 天			1 天		
轨道参数	822km，太阳同步；倾角=98.7°；过赤道时间 10:30am							

(1) SPOT-1/2/3。

在 SPOT-1/2/3 中主要由两个 HRV 组成：HRV-1 和 HRV-2。在可见光和反射红外光谱区，HRV 采取两种成像模式：①全色模式；②多光谱成像模式，仅对三个波段进行数据采集。SPOT-1/2/3 虽然光谱分辨率较低，但是其星下点空间分辨率较高，全色波段分辨率为 10m×10m，多光谱波段分辨率为 20m×20m。

(2) SPOT-4/5。

SPOT-4 和 SPOT-5 卫星分别于 1998 年 3 月 24 日和 2002 年 5 月 4 日发射成功，面向地球资源遥感，特别是植被、土壤水分含量等遥感应用增加了一些新的传感器，具体如下。

(1) 针对植被、土壤水分含量等遥感应用，增加了一个短波红外(SWIR)波段，其波段范围为 1.58～1.75μm 。

(2) 波段配置上，SPOT-4 采取第 2 波段(0.61～0.68μm)替代以前 HRV 全色传感器(0.51～0.73μm)，该波段可以按照 10m 和 20m 的空间分辨率工作。

(3) SPOT-5 的全色波段(0.48～0.7μm)可获取 2.5m × 2.5m 的影像。

(4) 针对小比例尺的植被、全球变化以及海洋研究，增加了一个独立的植被传感器。

由于 SPOT-4/5 的 HRV 传感器对 SWIR 波段能量敏感，因此将其称为 HRVIR1 和 HRVIR2。对于 SPOT-4/5 的植被传感器，这是一个独立于 HRVIR 的新传感器，为多光谱电扫描辐射计，通过对应于 4 个波段的独立物镜和传感器来采集光谱数据。该传感器的波段范围为：蓝光(0.43～0.47μm)，主要用于大气校正；红光(0.61～0.68μm)；近红外(0.78～0.89μm)；短波红外(1.58～1.75μm)。每个传感器都包含位于相应物镜焦平面上的 1728 个 CCD 线阵列。植被传感器的空间分辨率为 1.15km× 1.15km；物镜提供±50.5°的视场角；对应刈幅宽为 2250km。由于采取推扫式技术，整个刈幅内的像素几何尺寸和大小几乎一致，几何精度达到 0.3 个像素，波段间多时相数据配准精度优于 0.3km。短波红外波段的增加有利于进行植被分析与制图。

2.6.3 甚高分辨率线阵列遥感系统及其数据

1. DigitalGlobe 公司的 QuickBird

2001 年 10 月 18 日，DigitalGlobe 公司发射了轨道高度为 600km 的 QuickBird 卫星，它运行在倾角为 66°的非太阳同步轨道上，重访周期随纬度不同在 1～5 天变化。该卫星搭载了一个空间分辨率为 0.61m×0.61m 的全色相机(0.45～0.90μm)和 2.44m×2.44m 的多光谱相机，具有 4 个波段(表 2.4)，数据的量化等级为 11bit(亮度值范围为 0～2047)，传感器可以向前、向后以及跨轨道定向观测，刈幅宽可以达到 20～40km。QuickBird 全色波段和 4 个光谱波段的相对光谱响应函数如图 2.16 所示。

表 2.4　QuickBird 轨道与传感器参数

参数	运行高度	
	450km	300km
轨道参数	太阳同步轨道 降交点时间 10:00am 时长：93.6min	太阳同步轨道 降交点时间 10:00am 时长：90.4min
空间分辨率	全色，0.61m(星下点)； 多光谱，2.44m(星下点)	全色，0.41m(星下点) 多光谱，1.63m(星下点)

续表

<table>
<tr><td rowspan="2">参数</td><td colspan="3">运行高度</td></tr>
<tr><td colspan="2">450km</td><td>300km</td></tr>
<tr><td rowspan="2">光谱带宽</td><td colspan="3">全色：405～1053nm</td></tr>
<tr><td>多光谱</td><td colspan="2">蓝：430～545nm
绿：466～620nm
红：590～710nm
近红外：715～918nm</td></tr>
<tr><td>动态范围</td><td colspan="3">11bit/像素</td></tr>
<tr><td>刈幅宽度</td><td colspan="2">标称刈幅宽
16.8km(星下点)</td><td>标称刈幅宽
11.2km(星下点)</td></tr>
<tr><td>轨道高度确定与控制</td><td colspan="3">三轴稳定
星跟踪器/IRU/反作用轮、GPS</td></tr>
<tr><td>重定向敏捷性</td><td colspan="2">200km 侧摆时间：38s</td><td>200km 侧摆时间：44s</td></tr>
<tr><td>机上存储</td><td colspan="3">128GB</td></tr>
<tr><td>传输</td><td colspan="3">有效载荷数据：X 波段 320Mbit/s。
管理数据：X 波段从 4, 16 到 256kbit/s；S 波段 2kbit/s 上传</td></tr>
<tr><td>重访周期
(北纬 40°)</td><td colspan="2">2.4 天左右
离星下点 20°大致 5.9 天</td><td>2.1 天左右
离星下点 20°大致 8.7 天</td></tr>
<tr><td>定位精度</td><td colspan="3">23m CE90，17m LE90(不需要地面控制点)</td></tr>
<tr><td>日影像获取能力</td><td colspan="2">200000km²/天</td><td>100000km²/天</td></tr>
</table>

注：CE90(Circular Error at 90% Probability)表示 90%圆点误差；LE90(Linear Error at 90% Probability)表示 90%线性误差

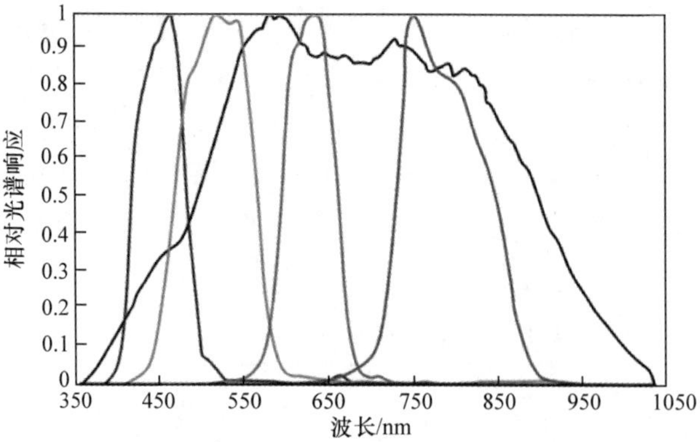

图 2.16　QuickBird 的相对光谱响应函数(见彩图)

黑色曲线为全色波段的相对光谱响应函数，不同彩色曲线对应不同波段的光谱响应函数

2. Space Imaging 公司的 IKONOS

Space Imaging 公司在 1999 年 9 月 24 日发射了第 2 颗 IKONOS 卫星。IKONOS

卫星传感器有 1 个空间分辨率为 1m×1m (星下点 0.82m)的全色波段，4 个空间分辨率为 4m×4m (星下点 3.2m)的可见光-近红外多光谱波段。IKONOS 卫星运行于离地面 681km 高度的太阳同步轨道上，降交点过赤道时间为每天上午的 10:00～11:00。该卫星具有跨轨与沿轨观测两种传感器。空间分辨率为 1m×1m 时重访周期约为 2.9 天，空间分辨率为 4m×4m 时重访周期约为 1.5 天。标称刈幅宽为 11.3km，数据量化等级为 11bit。表 2.5 列出了详细的轨道和传感器参数，至于全色波段和各个多光谱波段的相对光谱响应函数则见图 2.17。

表 2.5　IKONOS 轨道与传感器参数(高度 681km)

特征参数	内容	
轨道参数	太阳同步轨道，轨道倾角 98.1° 降交点时间 10:30am 左右	
空间分辨率	全色，0.82m(星下点)； 多光谱，3.2m(星下点)	
光谱带宽	全色：450～900nm	
	多光谱	蓝：450～530nm 绿：520～610nm 红：640～720nm 近红外：770～880nm
动态范围	11bit/像素	
刈幅宽	标称刈幅宽 11.3km(星下点)	
轨道高度确定与控制	三轴稳定 星跟踪器/惯导/反作用轮、GPS	
重定向敏捷性	200km 侧摆时间：10s	
重访周期	获取 1m 分辨率约 2.9 天； 获取 1.5m 分辨率约 1.5 天	
定位精度	15m CE90(标准)，9m CE90(测量)	
影像获取能力	240000km^2/天(全色+多光谱)	

3. DigitalGlobe 公司的 WorldView

美国 DigitalGlobe 公司推出了系列 WorldView 遥感数据产品。WorldView-1 于 2007 年发射，搭载了空间分辨率达 0.5m 的全色相机(0.5m 是当时美国政府出口管制与禁运法规及实务条例中的最高分辨率)，其辐射分辨率为 11bit。图 2.18 是全色相机的相对光谱响应函数，对比 IKONOS 和 QuickBird，可见其带宽较窄，特别是 900nm 以后的波段被截止。WorldView-2 于 2009 年 10 月 6 日发射升空，

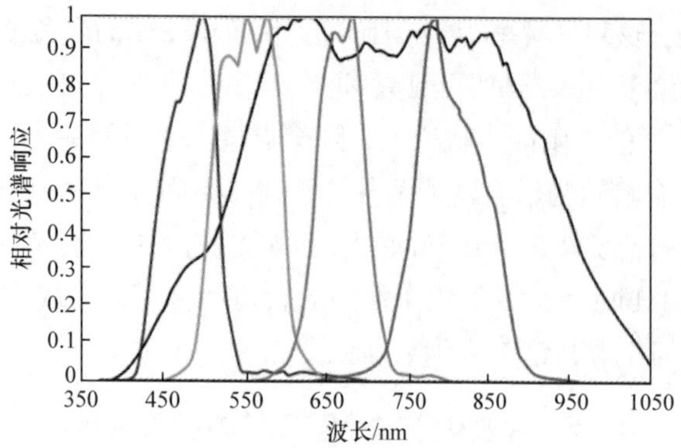

图 2.17　IKONOS 的相对光谱响应函数(见彩图)

黑色曲线为全色波段的相对光谱响应函数，不同彩色曲线对应不同波段的光谱响应函数

运行在 770km 高度的太阳同步轨道上。更高的轨道带来了更短的重访周期和更好的拍摄机动性。与 WorldView-1 不同，WorldView-2 包括一个全色传感器和一个先进的多光谱传感器。其中，多光谱传感器具有 8 个波段，包括可见光-近红外波段：蓝色、绿色、红色、近红外-1、红边、海岸线、黄色、近红外-2 等。在星下点，多光谱波段空间分辨率可以达到 1.84m，而全色波段可以达到 0.46m，辐射分辨率为 11bit，刈幅宽为 16.4km。可以看出，相对于 QuickBird 这类早期的卫星，WorldView-2 波段覆盖更精细与完善，这给精细化遥感带来了很多可喜的变化和进步。

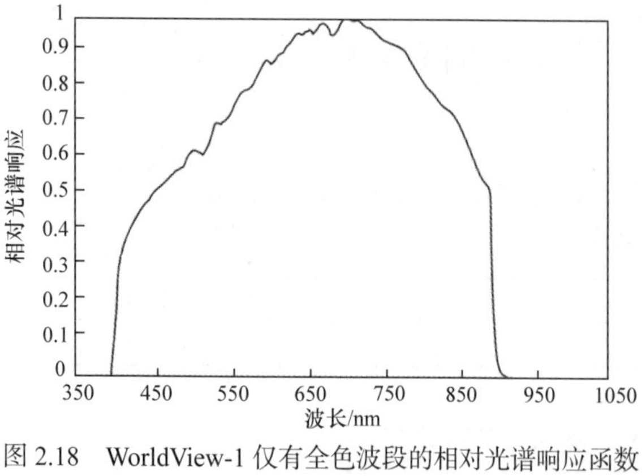

图 2.18　WorldView-1 仅有全色波段的相对光谱响应函数

图 2.19 给出了 WorldView-2 的相对光谱响应函数。由图 2.19 可见，在传统蓝色、绿色、红色、近红外-1 等 4 个波段与 QuickBird 类似，但不尽相同；另外，增加了红边、海岸线、黄色、近红外-2 等 4 个波段，其中海岸线波段中心波长在 427nm，可用于水色遥感研究；而黄色波段中心波长在 608nm 附近；红边波段中

心波长在 724nm，该波段两边响应十分陡峭，是植被的高敏感响应光谱波段；近红外-2 波段其中心波长在 949nm 附近，该波段对于大气水汽含量敏感。

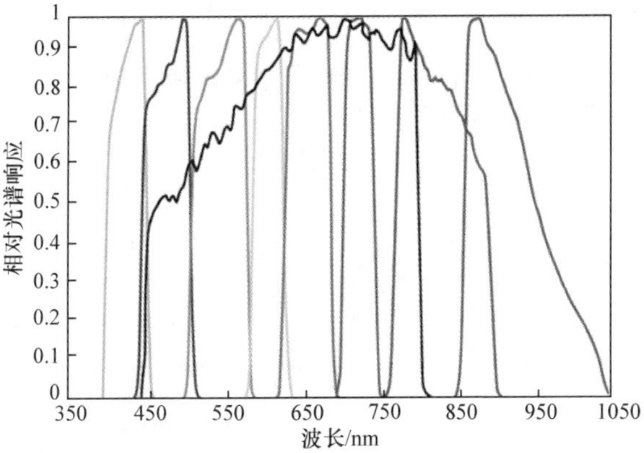

图 2.19　WorldView-2 的相对光谱响应函数(见彩图)

黑色曲线为全色波段的相对光谱响应函数，不同彩色曲线对应不同波段的光谱响应函数

2014 年 8 月 13 日，DigitalGlobe 公司成功发射了具有里程碑意义的一颗卫星——WorldView-3，运行于 617km 高度的太阳同步轨道。WorldView- 3 是 WorldView-2 的增强版本。此前美国政府已宣布将卫星遥感影像出口的限制从 0.5m 提高到了 0.3m，这使得 WorldView-3 的 0.31m 高分辨率具有了实质性意义。此外，WorldView-3 显著提高了卫星的光谱分辨率，在 WorldView-2 的八波段多光谱的基础上加入了 3.7m 分辨率的 8 个短波红外波段(SWIR，1195～2365nm)，并且首次在高分辨率卫星中使用了 12 个 CAVIS 波段：405～2245nm 波段用于大气校正。对于空间分辨率，全色和各个光谱波段各有不同：①全色波段，星下点处 0.31m，偏离星下点 20°处 0.34m；②多光谱波段，星下点处 1.24m；偏离星下点 20°处 1.38m；③短波红外波段，星下点处 3.70m，偏离星下点 20°处 4.10m；④CAVIS 为星下点处 30.00m，航带刈幅宽为星下点处 13.1km。得益于空间分辨率的提高、光谱分辨率的增强和大气校正这三项先进技术，WorldView-3 为多行业领域带来深度挖掘和分析的高价值数据，可以用来识别建筑物屋顶材质类型和地物覆盖分类等；而 12 个 CAVIS 波段能够感知到水、雪、沙漠、云层和各类浮质，可用于大气校正等。

WorldView-4 卫星在美国东部时间 2016 年 11 月 11 日从范登堡空军基地发射。WorldView-4 能够拍摄获取全色分辨率 0.3m 和多光谱分辨率 1.24m 的卫星影像，使得 WorldView-4 具有与 WorldView-3 卫星传感器相似的分辨率。WorldView-4 卫星的成功发射再一次大幅提高了 DigitalGlobe 星座群的整体数据采集能力，使得 DigitalGlobe 可以对地球上任意位置的平均拍摄频率大于 4.5 次 1 天，且全球定位精度小于 1m。为了有助于读者了解和对比 WorldView-1/2/3/4 系列，本章整理了该系列卫星参数和数据特征，见表 2.6。

表 2.6　WorldView-1/2/3/4 的卫星参数和数据特征

参数	WorldView-1		WorldView-2		WorldView-3		WorldView-4	
轨道参数	高度 496km 太阳同步轨道 降交点时间 10:30am 左右 周期：95min		高度 770km 太阳同步轨道 降交点时间 10:30am 左右 周期：100min		高度 617km 太阳同步轨道 降交点时间 1:30pm 左右 周期：97min		高度 617km 太阳同步轨道 降交点时间 10:30am 左右 周期：97min	
空间分辨率	全色	0.50m(星下点)0.55m(偏离星下点 20°)	全色	0.46m(星下点) 0.52m(偏离星下点 20°)	全色	0.31m(星下点) 0.34m(偏离星下点 20°)	全色	0.31m(星下点) 0.34m(偏离星下点 20°) 1m(偏离星下点 56°) 3.51m(地球临边 65°)
					多光谱	1.24m(星下点) 1.38m(偏离星下点 20°)		
					SWIR	3.70m(星下点) 4.1m(偏离星下点 20°)	多光谱	1.24m(星下点) 1.38m(偏离星下点 20°) 4.00(偏离星下点 56°) 14.00m(地球临边 65°)
			多光谱	1.84m(星下点) 2.4m(偏离星下点 20°)	CAVIS	30.00m(星下点)		
光谱带宽	全色	400～900nm	全色	450～800nm	全色	450～800nm	全色	450～800nm
	多光谱	无	8 个多光谱波段	海岸线：400～450nm 蓝：450～510nm 绿：510～580nm 黄：585～625nm 红：630～690nm 近红外-1：770～895nm 红边：705～745nm 近红外-2：860～1040nm	8 个多光谱波段	海岸线：400～450nm 蓝：450～510nm 绿：510～580nm 黄：585～625nm 红：630～690nm 近红外-1：770～895nm 红边：705～745nm 近红外-2：860～1040nm	4 个多光谱波段 红：655～690nm 绿：510～580nm 蓝：450～510nm 近红外：780～920nm	

续表

<table>
<tr><th>参数</th><th colspan="2">WorldView-1</th><th colspan="2">WorldView-2</th><th colspan="2">WorldView-3</th><th>WorldView-4</th></tr>
<tr><td rowspan="2">光谱带宽</td><td rowspan="2">多光谱</td><td rowspan="2">无</td><td rowspan="2">8 个多光谱波段</td><td rowspan="2">海岸线：400～450nm
蓝：450～510nm
绿：510～580nm
黄：585～625nm
红：630～690nm
近红外-1：770～895nm
红边：705～745nm
近红外-2：860～1040nm</td><td>8 个 SWIR 波段</td><td>SWIR-1：1195～1225nm
SWIR-2：1550～1590nm
SWIR-3：1640～1680nm
SWIR-4：1710～1750nm
SWIR-5：2145～2185nm
SWIR-6：2185～2225nm
SWIR-7：2235～2285nm
SWIR-8：2295～2365nm</td><td rowspan="2">4 个多光谱波段
红：655～690nm
绿：510～580nm
蓝：450～510nm
近红外：780～920nm</td></tr>
<tr><td>12 个 CAVIS 波段</td><td>沙漠云：405～420nm
气溶胶-1：459～509nm
绿：525～585nm
气溶胶-2：620～670nm
水-1：845～885nm
水-2：897～927nm
水-3：930～965nm
NDVI-SWIR：1220～1252nm
卷云：1350～1410nm
雪：1620～1680mm
气溶胶-3：2105～2245nm</td></tr>
<tr><td>动态范围</td><td colspan="2">11bit/像素</td><td colspan="2">11bit/像素</td><td colspan="2">11bit/像素(全色和多光谱)、14bit/像素(SWIR)</td><td>11bit/像素</td></tr>
<tr><td>刈幅宽度</td><td colspan="2">标称刈幅宽
17.7km(星下点)</td><td colspan="2">标称刈幅宽
16.4km(星下点)</td><td colspan="2">标称刈幅宽
13.1km(星下点)</td><td>标称刈幅宽
13.1km(星下点)</td></tr>
<tr><td>轨道高度确定与控制</td><td colspan="2">三轴稳定
星跟踪器、惯导、GPS</td><td colspan="2">三轴稳定
星跟踪器、惯导、GPS</td><td colspan="2">三轴稳定，力矩陀螺
星跟踪器、惯导、GPS</td><td>三轴稳定，力矩陀螺
星跟踪器、惯导、GPS</td></tr>
<tr><td>重定向敏捷性</td><td colspan="2">200km 侧摆时间：10s</td><td colspan="2">300km 侧摆时间：9s</td><td colspan="2">200km 侧摆时间：9s</td><td>200km 侧摆时间：10.6s</td></tr>
</table>

续表

参数	WorldView-1	WorldView-2	WorldView-3	WorldView-4
星上存储	2199GB 固态存储	2199GB 固态存储	2199GB 固态存储	3200GB 固态存储
通信速率	图像和辅助数据：X 波段 800Mbit/s。管理数据：X 波段，4,16 或 32kbit/s 实时传输；524kbit/s 存储。命令：S 波段，2 或 64kbit/s	图像和辅助数据：X 波段 800Mbit/s。管理数据：X 波段，4,16 或 32kbit/s 实时传输；524kbit/s 存储。命令：S 波段，2 或 64kbit/s	图像和辅助数据：X 波段 800Mbit/s 和 1200Mbit/s。管理数据：X 波段，4,16,32 或 64kbit/s 实时传输；524kbit/s 存储。命令：S 波段，2 或 64kbit/s	图像和辅助数据：X 波段 800Mbit/s。管理数据：X 波段，120kbit/s 实时传输。命令：S 波段，64kbit/s
重访周期	获取 1m 分辨率约 1.7 天；获取 0.55m 分辨率约 5.4 天	获取 1m 分辨率约 1.1 天；获取 0.52m 分辨率约 3.7 天	获取 1m 分辨率约 1.0 天；偏离星下点 20°约 4.5 天	获取 1m 分辨率<1.0 天；总星座拍摄频率：>4.5 次/天
定位精度	<4m CE90，无地面控制点	<3.5m CE90，无地面控制点	<3.5m CE90，无地面控制点	<4m CE90，无地面控制点
影像获取能力	1300000km^2/天(全色)	975000km^2/天	680000km^2/天	680000km^2/天

4. GeoEye

地球之眼 1 号卫星(GeoEye-1)是美国地球眼卫星公司(GeoEye Inc.)发射的第一颗卫星。GeoEye-1 是一颗对地观测卫星，主要用于拍摄地面高分辨率的图片。2008 年 9 月 6 日，GeoEye-1 卫星由 Delta-2 运载火箭从美国范登堡空军基地发射。GeoEye-1 卫星有效载荷为“地球眼成像系统”推扫成像相机，由光学分系统(望远镜组件，口径 1.1m)、焦平面组件和数字电子线路组成。卫星全色谱段为 450～900nm，分辨率为 0.41m；多光谱有 4 个谱段，分别是 0.45～0.51μm、0.52～0.58μm、0.655～0.69μm 和 0.78～0.92μm，星下点空间分辨率为 1.65m，标称刈幅宽为 15.2km，详细的参数见表 2.7。

表 2.7　GeoEye-1 影像与技术参数

GeoEye-1 影像参数		
数据模式	同时全色和多光谱(全色融合)，单全色，单多光谱	
空间分辨率	星下点全色，0.41m；侧视 28°全色，0.5m；星下点多光谱，1.65m	
光谱带宽	全色	450～800nm
	多光谱	蓝：450～510nm

续表

GeoEye-1 影像参数		
光谱带宽	多光谱	绿：510～580nm
		红：655～690nm
		近红外：780～920nm
定位精度(无控制点)	立体 CE90：4m；LE90：6m；单片 CE90：5m	
刈幅宽	星下点 15.2km；单景 225km^2(15km×15km)	
成像角度	可任意角度成像	
重访周期	2～3 天	
单片影像日获取能力	全色：近 700000km^2/天(约相当于青海省的面积) 全色融合：近 350000km^2/天(约相当于湖南、湖北两个省的面积)	
GeoEye-1 技术参数		
运载火箭	Delta-2	
发射地点	加利福尼亚州范登堡空军基地	
卫星重量	1955kg	
星载存储器	1TB	
数据下传速度	X 波段下载，740Mbit/s	
运行寿命	设计寿命 7 年，燃料充足可达 15 年	
数据传输模式	储存并转送； 实时下传； 直接上传和实时下传	
轨道高度	684km	
轨道速度	约 7.5km/s	
轨道倾角/过境时间	98°/10:30am	
轨道类型/轨道周期	太阳同步/98min	

图 2.20 给出了 GeoEye-1 全色波段和 4 个多光谱波段的相对光谱响应函数。由图 2.20 可见，相比其他传感器，红色波段更窄。这表明 GeoEye 多光谱图像可以利用红色波段更好地分析健康绿色植物被叶绿素吸收的情况，同时可以更好地区分植被，也可用于提取土壤和地质界线信息。

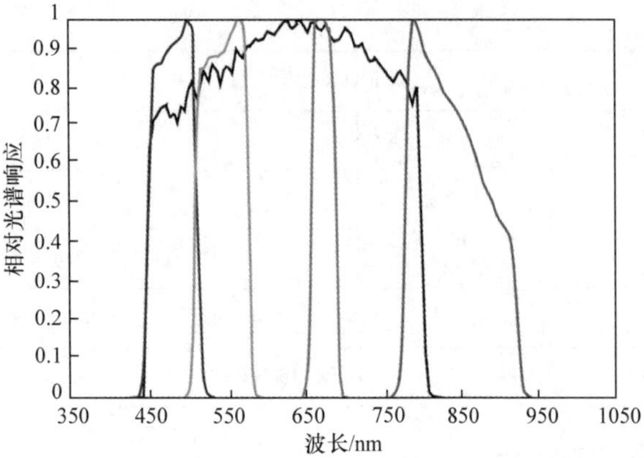

图 2.20　GeoEye-1 的相对光谱响应函数(见彩图)

黑色曲线为全色波段的相对光谱响应函数，不同彩色曲线对应不同波段的光谱响应函数

5. Pléiades

Pléiades 高分辨率卫星星座由 2 颗一模一样的卫星构成。Pléiades-1 于 2011 年 12 月 17 日成功发射并开始接收获取卫星数据，Pléiades-2 于 2012 年 12 月 1 日成功发射并已成功获取影像。双星配合可实现全球任意地区的每日重访，最快速满足客户对任何地区的超高分辨率数据获取需求。

Pléiades 卫星的特点如下。

(1) Pléiades 双子星星座：完全相同的两颗卫星，高效获取全球任意地点卫星遥感影像数据。

(2) Pléiades 每日重访：纬度高于 40°地区，30°角可实现每日重访。

(3) 轨道同步：180°夹角在相同轨道运行，相互补充。

(4) 编程获取能力：每 8 小时上传并更新编程计划，每天 3 次；可以在紧急的状态下接受提前 4 小时的编程指令；全天 24 小时自动处理编程任务。

(5) Pléiades 高效采集能力：双星最高日采集能力为 200 万 km^2；单星日采集景数约 600 景；刈幅宽达到 20km，同类 0.5m 高分辨率卫星幅宽最大。

(6) 灵活调度度高：配备 4 个控制力矩陀螺(Control Moment Gyroscope，CMG)；接收模式可分为点对点采集、条带采集、立体数据采集、线性采集、持续监测采集卫星数据。

Pléiades 卫星全色波段星下点空间分辨率 0.7m，多光谱波段 2.8m，标称刈幅宽 20km，辐射精度 12bit。其光谱响应曲线如图 2.21 所示，全色波段响应与 GeoEye-1 和 WorldView-2 类似；但在蓝色和绿色波段有较大部分重叠，将导致此两个波段更多的相关性，同时红色波段也比 GeoEye-1 和 WorldView-2 宽。表 2.8 为详细参数表。

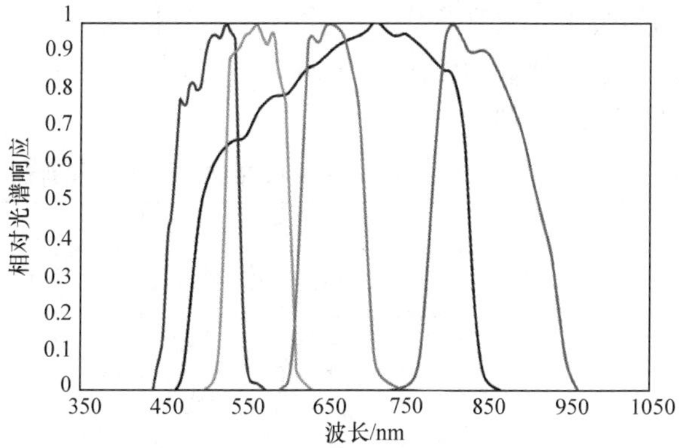

图 2.21　Pléiades 的相对光谱响应函数(见彩图)

黑色曲线为全色波段的相对光谱响应函数，不同彩色曲线对应不同波段的光谱响应函数

表 2.8　Pléiades 卫星参数

空间分辨率	全色 0.5m；多光谱 2.0m	
光谱范围	全色	470～830nm
	多光谱	蓝：430～550nm 绿：500～620nm 红：590～710nm 近红外：740～940nm
刈幅宽	20km(星下点)	
辐射精度	12bit	
产品	单幅(0.5m 全色、2m 彩色、0.5m+2m 捆绑、0.5m 彩色)	
	立体相对(2 相对、3 相对)	
	存档数据、编程数据	
	原始级别产品、正射级别产品	
重访周期	1 天(双星座模式)	
影像格式	JPEG2000 或 GeoTIFF	

2.6.4　机载多光谱成像仪

前面章节主要介绍了星载全色或多光谱传感器。卫星在轨传感器具有在重复周期内以预定的空间-光谱分辨率获取大尺度范围内的多光谱或高光谱数据的能力。然而，在很多应用中，人们需要获取与过境时间不一致，或特定研究区域或者地区，或更高空间-光谱分辨率的影像数据，因此一条有效途径是借助航空机载多光谱扫描仪(Airborne Multispectral Scanner，AMS)飞行，获取地面的多光谱影像

数据。本节将介绍两个国际上具有代表性的机载多光谱仪，分别是 Daedalus-AMS 和 NASA-ATLAS(机载陆地应用传感器(Airborne Terrestrial Applications Sensor))，其性能参数对比如表 2.9 所列。

表 2.9　机载多光谱仪 Daedalus-AMS 和 NASA-ATLAS 的特征参数

<table>
<tr><th>特征参数</th><th colspan="2">Daedalus-AMS</th><th colspan="2">NASA-ATLAS</th></tr>
<tr><td rowspan="4">光谱范围</td><td>紫外</td><td>波段 1：0.42～0.45μm</td><td rowspan="2">可见与近红外</td><td rowspan="2">波段 1：0.45～0.52μm
波段 2：0.52～0.60μm
波段 3：0.60～0.63μm
波段 4：0.63～0.69μm
波段 5：0.69～0.76μm
波段 6：0.76～0.90μm</td></tr>
<tr><td>可见与近红外</td><td>波段 2：0.45～0.52μm
波段 3：0.52～0.60μm
波段 4：0.60～0.63μm
波段 5：0.63～0.69μm
波段 6：0.69～0.75μm
波段 7：0.76～0.90μm
波段 8：0.91～1.05μm</td></tr>
<tr><td>热目标热红外</td><td>波段 9：3.0～5.5μm</td><td>短波红外</td><td>波段 7：1.55～1.75μm
波段 8：2.08～2.35μm
波段 9：去除</td></tr>
<tr><td>热红外</td><td>波段 10：8.5～12.5μm</td><td>热红外</td><td>波段 10：8.20～8.60μm
波段 11：8.60～9.00μm
波段 12：9.00～9.40μm
波段 13：9.60～10.20μm
波段 14：10.20～11.20μm
波段 15：11.20～12.20μm</td></tr>
<tr><td>空间分辨率</td><td colspan="2">可变，取决于飞行高度</td><td colspan="2">2.5m～25m
可变，取决于飞行高度</td></tr>
<tr><td>IFOV</td><td colspan="2">2.5mrad</td><td colspan="2">2.0mrad</td></tr>
<tr><td>量化等级(辐射精度)</td><td colspan="2">8～12bit</td><td colspan="2">8bit</td></tr>
<tr><td>飞行高度</td><td colspan="2">可变</td><td colspan="2">可变</td></tr>
<tr><td>刈幅宽</td><td colspan="2">714 像素</td><td colspan="2">800 像素</td></tr>
</table>

1. Daedalus-AMS

首先介绍具有代表性的 Daedalus 机载多光谱扫描仪(AMS)。

AMS 数据涵盖了 1 个紫外-可见光到近红外波段(0.42～1.05μm)探测器、1 个热目标热红外(3.0～5.5μm)探测器和 1 个标准的热红外(8.5～12.5μm)探测器。AMS 的基本工作原理和组成如图 2.22 所示。光学扫描系统采集地面场景反射的辐射通量，经过分光光栅器件或三棱镜进行波段分离，进而分别由一组离散探测器所感知；通过液氮或其他物质对探测器制冷提高探测器对光通量的感知获取能力；最后各个波段探测器记录的信号经电子学系统放大后记录在多通道磁带机。

由于机载飞行时，AMS 光学系统的 IFOV 和飞行高度决定了飞行路线的覆盖宽度。根据传感器观测地面范围直径 D 和传感器瞬时视场角 β 与飞行高度的关系，即 $D=\beta H$，可知飞行高度与空间分辨率呈反比关系。假设 IFOV 的单位为 mrad(毫弧度)，像素的地面尺寸(m)等于瞬时视场角和以 m 为单位的飞行高度的乘积。例如，假设 IFOV 为 2.5mrad，而飞行高度为 1000m，则像素大小为 2.5m；若飞行高度为 4000m，则像素大小为 10.0m。

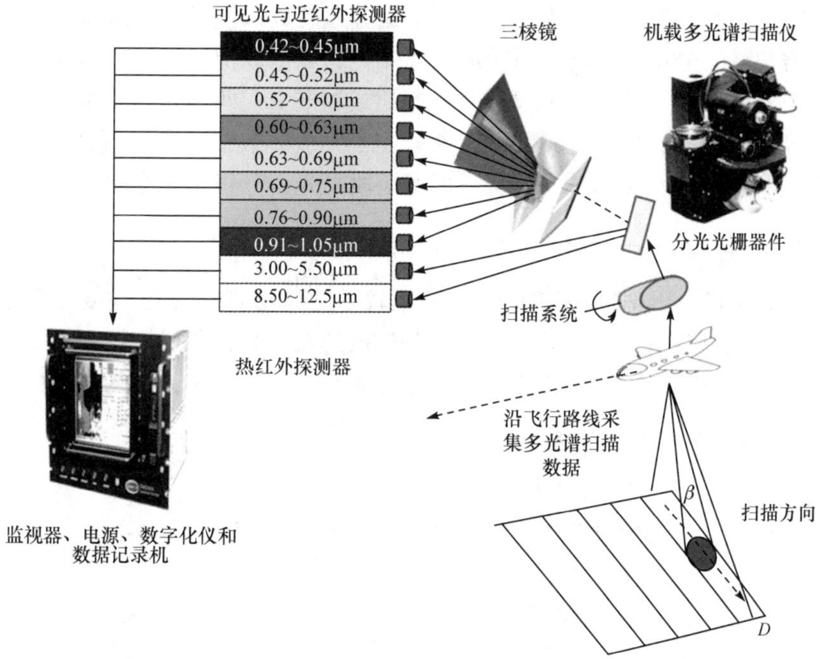

图 2.22　Daedalus-AMS 的基本原理与组成

由于机载飞行平台相比于星载轨道平台而言，具有更多的姿态不确定性，如飞机的横滚、俯仰和偏航的影响，机载多光谱扫描成像数据将引起更多的几何畸变失真，需要复杂的几何校正处理。通过采取精确的预定飞行路线以及机载平台安装定位定姿系统(Position and Orientation System，POS)有助于进行几何校正。

2. NASA-ATLAS

NASA-ATLAS 也是一个具有代表性机载多光谱成像仪，由美国马萨诸塞州的斯坦尼斯(Stennis)空间中心运作，包含 14 个波段，光谱范围：0.45～12.2 μm 。其波段配置包括 6 个可见光与近红外波段、2 个短波红外波段(与 TM 的第 5、7 波段相同)、6 个热红外波段。ATLAS 的总视场角为 72°，IFOV 角为 2.0mrad。ATLAS 的搭载飞机为 Learjet 23，飞行高度为 6000～41000 英尺(约为 1.8～12.5km)，地面分辨率随高度可变，根据用户需要从 2.5m×2.5m 到 25m×25m 不等。一般情况下，每条扫描线有 800 个像素和 3 个用于校正的像素，数据量化等级为 8bit.

2.6.5 线/面阵列高光谱成像仪

前面介绍了若干多光谱成像及其多光谱图像数据，往往仅有 4～12 个波光谱波段，其各个光谱波段较宽。高光谱成像是成像光谱学的重要进展，它利用电磁波在整个紫外、可见光-近红外，甚至短波红外的许多相对较窄的、连续的光谱波段同时采集影像的技术，因此称为光谱细分遥感成像技术。目前高光谱成像朝着高光谱和空间分辨率发展。目前国外商业化的光谱成像仪有三种形式：摆扫式、推扫式和凝视式三种。本书仅仅介绍摆扫式和推扫式两种，主要原因是这两种成像形式使用度高，同时光谱更为精细。虽然从技术发展来看，凝视式(框幅式)高光谱成像是今后发展的技术趋势，但宽谱段高光谱分辨率成像尚有一定的挑战。

1. 摆扫式机载可见光-红外成像光谱仪

NASA JPL 开发的 AVIRIS 是世界上较早的高光谱成像仪，主要原理是采取摆扫式扫描镜以及由硅(Si)和锑化铟(InSb)构成的线阵列，通过摆扫式方式实现高光谱成像。图 2.23 给出了 AVIRIS 系统的原始设计组成图。AVIRIS 的基本构成包括：

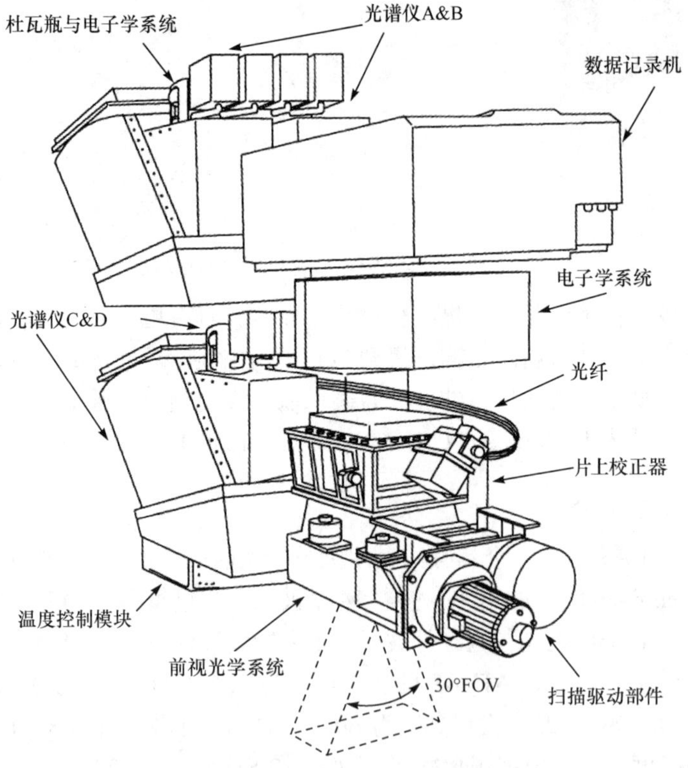

图 2.23　基于摆扫式成像的 AVIRIS 系统组成图[1]

光谱仪 A&B、杜瓦瓶与电子学系统(低温制冷探测器部分)；光谱仪 C&D、温度控制模块、该光谱仪的电子学系统；前视光学系统、扫描驱动部件(含扫描镜)；数据记录机等。AVIRIS 系统组成图的成像波段为在 400～2500nm 范围内，光谱分辨率可达 10nm，其波段数为 224 个。AVIRIS 搭载在距离地面 20km 的 NASA/ARC ER-2 高空飞机，传感器的瞬时视场角为 1.0mrad，总视场角为 30°，空间分辨率为 20m×20m，数据量化等级为 12bit(数值为 0～4095)。其机载摆扫式成像过程示意图如图 2.24 所示。

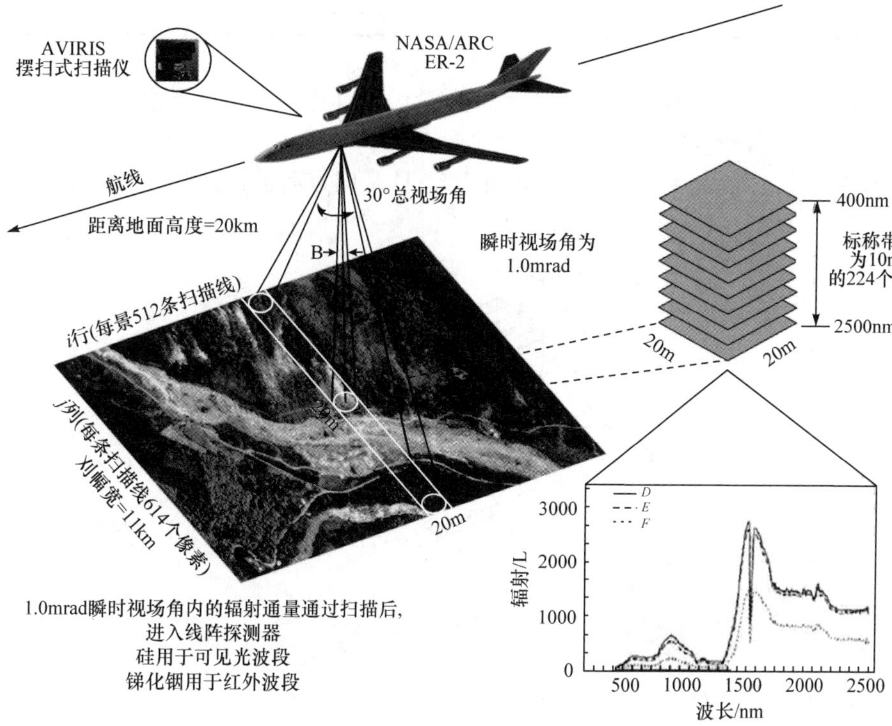

图 2.24　AVIRIS 摆扫式成像过程示意图[1]

2. 推扫式小型机载光谱成像仪

小型机载光谱成像仪(Compact Airborne Spectrographic Imager，CASI)是一款广泛应用于商业运行的产品，由加拿大 ITRES Research 公司于 1989 年推出。代表性型号产品是 CASI-3，采用一个由 1480 个元件构成垂直于航迹的线阵列探测器和一个 1480×288 的面阵列 CCD。仪器的光谱范围为可见光与近红外：400～1050nm。总视场角由线阵列探测器像素个数决定，即 1480 个像素构成的线阵列可观测刈幅宽的总视场为 40.5°，详细见表 2.10。

表 2.10　AVIRIS 和 CASI-3 高光谱成像仪的特征参数

传感器	成像模式	光谱范围/nm	光谱分辨率/nm	波段数	量化等级/bit	瞬时视场角/mrad	总视场角/(°)
AVIRIS	线阵列摆扫式	400～2500	10	224	12	1.0	30
CASI-3	线阵列(1480)+CCD面阵列(1480×288)的推扫式	400～1050	2.2	288 个可选波段，波段数和垂直于轨道方向上的像素数可编程控制	14	0.49	40.5

CASI-3 采取推扫式成像方式，其推扫模式如图 2.25 所示。光谱仪垂直于飞机飞行方向，每次扫描一行为 1480 个地表数据，其辐射通量被线阵列探测器后，每个像素的辐射通量经过三棱镜沿着面阵 CCD 轴向方向进行色散；每个线阵像

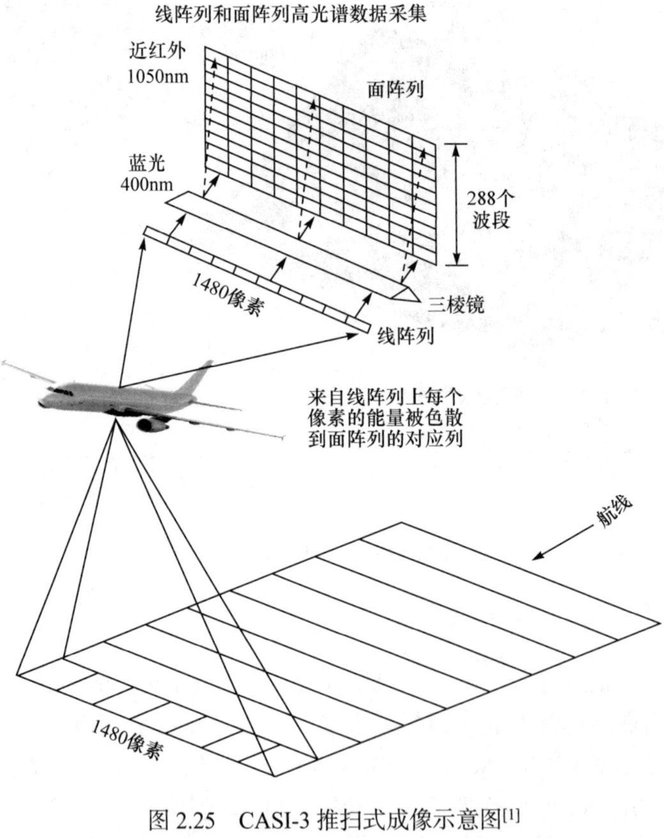

图 2.25　CASI-3 推扫式成像示意图[1]

每次采取线阵列进行推扫采集一行 1048 个像素光谱能量，能量被分配到 400～1050nm 波长范围敏感的 1480×288 的面阵列

素的电磁能谱按照 400～1050nm 被 CCD 面帧轴向像素所捕获，形成线阵扫描行的高光谱数据。当飞机沿着飞行路线飞行时，执行上述相同的推扫过程，并读取 CCD 面阵上的数据，就可以得到一幅高光谱分辨率的立方体影像数据。不同航迹的空间分辨率取决于 CASI 距离地面的高度和 IFOV；而沿航迹方向的空间分辨率取决于飞行器的速度和 CCD 的读取速度。

CASI-3 采取了编程控制技术，可以按照如下三种模式采集数据。

(1) 空间模式：通过对中心波长和带宽进行编程控制，可以读取多达 19 个互不重叠的光谱波段垂直于轨道方向 1480 个像素的全分辨率影像。

(2) 高光谱模式：有多达 1480 个可编程的邻接空间像素；在整个光谱范围内有 288 个光谱波段。

(3) 全框幅模式：1480 个空间像素(垂直于轨道方向)和 288 个光谱波段。

2.7　数字多/高光谱遥感影像的数据格式

至此，我们大致介绍了常见的遥感数据获取形式及其遥感系统。本节将简单介绍数字多/高光谱遥感影像的数据格式。影像记录格式对于进行遥感影像的算法和软件研发十分重要。

从计算机程序设计语言来看，多波段(多光谱、高光谱)遥感影像的数据结构可以表达为一个 3 维数组。目前，一些商业化遥感图像软件，如美国 Exelis Visual Information Solutions 公司的旗舰产品遥感图像处理平台 ENVI(The Environment for Visualizing Images)等定义了标准的多波段遥感影像的通用格式。最常见的有三种格式：①逐像素按波段次序记录(Band Interleaved by Pixel，BIP)；②逐行按波段次序记录(Band Interleaved by Line，BIL)；③逐波段次序记录(Band Sequential，BSQ)。记 $\boldsymbol{X}\in\mathbf{R}^{H\times W\times B}$ 表示遥感影像数据，$\boldsymbol{X}_{i,j,k}$ 表示遥感影像数据中第 i 行第 j 列第 k 个波段的数据，其中 H、W、B 分别表示遥感影像的高、宽、波段数。假设遥感影像的高 H、宽 W、波段数 B 均等于 3，其数据表示如图 2.26 所示。下面结合示意图分别简单介绍这三种数据格式。

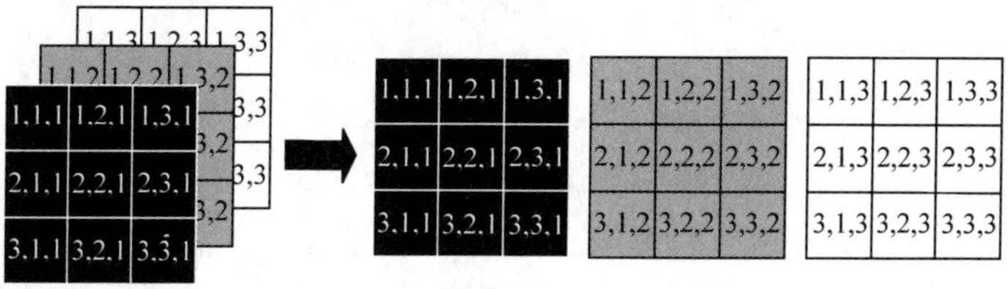

图 2.26　遥感影像数据示意图

1. 逐像素按波段次序记录

BIP 格式中每个像素按波段次序交叉排列。在 BIP 数据格式中，数据排列遵循以下规律：首先顺序存储所有波段的第一行第一个像素，而后存储所有波段的第一行第二个像素，并依次类推至存储所有波段的第 H 行第 W 个像素。其存储顺序表示如下：

$$\boldsymbol{X}_{1,1,1},\boldsymbol{X}_{1,1,2},\boldsymbol{X}_{1,1,3},\cdots,\boldsymbol{X}_{1,1,B},\boldsymbol{X}_{1,2,1},\boldsymbol{X}_{1,2,2},\boldsymbol{X}_{1,2,3},\cdots,\boldsymbol{X}_{1,2,B},\cdots,\boldsymbol{X}_{H,W,B}$$

将图 2.26 所示的遥感数据使用 BIP 格式进行存储，其存储顺序如图 2.27 所示。

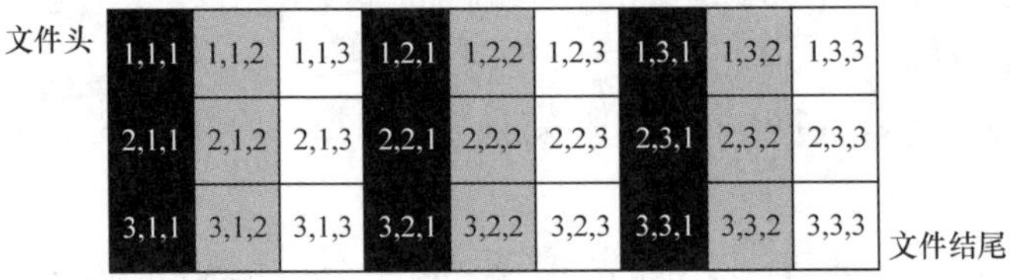

图 2.27　BIP 格式遥感数据存储顺序示意图

2. 逐行按波段次序记录

BIL 格式中每行像素按波段次序交叉排列。在 BIL 数据格式中，数据排列遵循以下规律：首先顺序存储第一波段第一行所有像素，而后存储第二波段第一行所有像素，并依次类推至存储第 B 个波段第 H 行的所有像素。其存储顺序表示如下：

$$\boldsymbol{X}_{1,1,1},\boldsymbol{X}_{1,2,1},\boldsymbol{X}_{1,3,1},\cdots,\boldsymbol{X}_{1,W,1},\boldsymbol{X}_{1,1,2},\boldsymbol{X}_{1,2,2},\boldsymbol{X}_{1,3,2},\cdots,\boldsymbol{X}_{1,W,2},\cdots,\boldsymbol{X}_{H,W,B}$$

将图 2.26 所示的遥感数据使用 BIL 格式进行存储，其存储顺序如图 2.28 所示。

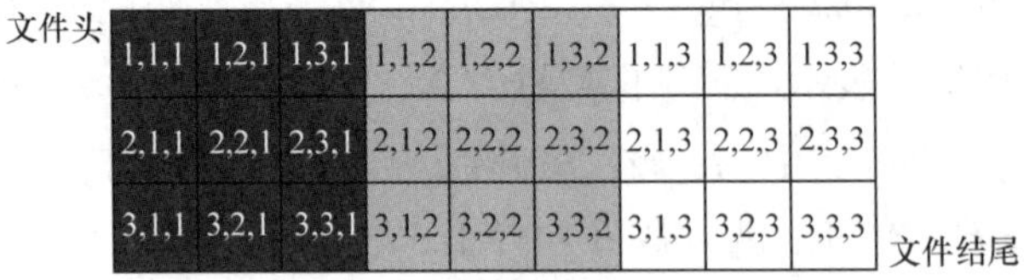

图 2.28　BIL 格式遥感数据存储顺序示意图

3. 逐波段次序记录

BSQ 格式中数据按波段顺序存储。在 BSQ 数据格式中，数据排列遵循以下规律：首先顺序存储第一波段的所有像素，而后存储第二波段的所有像素，依次类推至存储第 B 个波段的所有像素。其存储顺序如下：

$$\boldsymbol{X}_{1,1,1},\boldsymbol{X}_{1,2,1},\boldsymbol{X}_{1,3,1},\cdots,\boldsymbol{X}_{1,W,1},\boldsymbol{X}_{2,1,1},\boldsymbol{X}_{2,2,1},\boldsymbol{X}_{2,3,1},\cdots,\boldsymbol{X}_{2,W,1},\cdots,\boldsymbol{X}_{H,W,B}$$

将图 2.26 所示的遥感数据使用 BSQ 格式进行存储，其存储顺序如图 2.29 所示。

文件头	第1波段	1,1,1	1,2,1	1,3,1	2,1,1	2,2,1	2,3,1	3,1,1	3,2,1	3,3,1	文件结尾
文件头	第2波段	1,1,2	1,2,2	1,3,2	2,1,2	2,2,2	2,3,2	3,1,2	3,2,2	3,3,2	文件结尾
文件头	第3波段	1,1,3	1,2,3	1,3,3	2,1,3	2,2,3	2,3,3	3,1,3	3,2,3	3,3,3	文件结尾

图 2.29　BSQ 格式遥感数据存储顺序示意图

2.8　本 章 小 结

本章相对系统地介绍了遥感及其光谱成像数据采集的基本知识，集中介绍了目前采取的传感器类型，并重点介绍了甚高分辨率线阵列遥感系统及其多光谱、高光谱数据的获取原理。这些将是后续多源遥感图像融合模型的物理基础。

由于目前遥感观测系统已经进入多平台、多传感器、多角度观测发展阶段，本章不能一一概述。然而，本章中所挑选的传感器成像形式和数据获取内容是具有代表性的，有助于读者理解后续章节内容，并结合传感器特性提出新型融合模型和算法。

参 考 文 献

[1] Jensen J R. Introductory Digital Image Processing: A Remote Sensing Perspective. 3rd ed. 陈晓玲, 恭威, 李平湘, 等译. 北京: 机械工业出版社, 2007.

[2] Alparone L, Aiazzi B, Baronti S, et al. Remote Sensing Image Fusion. Boca Raton: CRC Press, 2015.

[3] Stathaki T. Image Fusion: Algorithms and Application. 王强, 刘燕, 金晶, 译. 北京: 国防工业出版社, 2015.

[4] 童庆禧, 张兵, 郑兰芬. 高光谱遥感: 原理、技术与应用. 北京: 高等教育出版社, 2006.

[5] Schott J R. Remote Sensing: The Image Chain Approach. 2nd ed. Oxford: Oxford University Press, 2007.

[6] https: // www. satimagingcorp. com/satellite-sensors/.

第 3 章　空谱遥感图像融合：质量评估协议与评价指标

3.1　引　　言

本章中，我们将阐述空谱遥感图像融合，特别是 Pansharpening 方法中融合图像质量评价问题。本质上，多光谱图像融合的质量评价与一般彩色自然图像质量评价一脉相承。在自然图像质量评价中，更多地考虑图像的色彩和谐度、图像锐利度，这些与人类视觉特性相关。因此自然图像评价的客观指标希望与主观评价具有一致性。在自然图像质量评价中，一个普遍使用的指标是峰值信噪比(Peak Signal-to-Noise Ratio，PSNR)和结构相似度(Structural Similarity，SSIM)[1]，PSNR 仅仅度量欧氏范数下的待评价图像与参考真实图像的失真度，主观一致性差；而 SSIM 因其蕴含结构性和对比度度量具有较好的主观一致性[2,3]。

光谱图像融合与自然图像融合的质量评价的区别在于，光谱图像更强调光谱的保真度，而较少关注主观一致性。这是由于在多光谱和高光谱图像中，像素光谱是地物的最重要的“身份”信息，是地物识别(如岩矿要素、植被要素、水体要素)等的数据基础。因此，多光谱图像融合质量评估，我们除了评价图像细节注入后融合图像的空间维结构的清晰度，如分析图像的梯度、对比度和曲率等几何结构；更重要的是我们需要分析图像的各像素光谱是否得到有效保持。

然而，多光谱或高光谱图像融合质量评价是一个挑战性问题，其原因在于我们很难获取目标图像的真实参考图像。为了解决该问题，研究者提出了一些融合质量评估协议，其中广泛采用的方法是 Wald 协议[4,5]。基于 Wald 协议，我们可以利用一些客观的统计指标进行融合质量评价。

3.2 节主要阐述了空谱遥感图像，特别是 Pansharpening 方法的质量评估的基本问题；3.3 节主要概述了多光谱图像融合中广泛采用的 Wald 融合协议，并依据有参考图像和无参考图像，介绍了两大类质量评价指标。

3.2　空谱图像融合质量评估问题

由于光谱成像仪的信噪比限制，多光谱(高光谱)图像的光谱分辨率和空间分辨率往往是一对相互制约的关系，如果希望获得较高的光谱分辨率，则其空间分辨率往往较低。相反，全色图像虽然具有较高的空间分辨率，蕴含丰富的空间结构与细节信息，但是缺失光谱信息。Pansharpening 方法本质上是利用高空间分辨率的全色图像和多波段光谱图像(可以是多光谱图像，也可以是高光谱图像)的互补信息，实现空间-光谱信息的融合增强。

在过去的数十年里，针对像素级 Pansharpening 融合问题，研究者相继提出了许多不同类型的 Pansharpening 方法，主要可分为如下五类[6]：基于亮度调制的方法、成分替代方法、多分辨率方法、稀疏表示方法和变分方法。这些方法的背后，大多蕴含两个关键原理：

(1) 抽取全色图像中的空间结构和细节信息；

(2) 建模全色图像和多通道光谱图像之间的物理关系，将空间细节信息注入空间插值后的多通道光谱图像。

上述细节注入的过程需要保持图像的光谱信息，或者尽可能地减少光谱失真。那么，图像融合质量评估旨在分析和评价融合图像的空间级和光谱级的质量。图像融合、质量评价及其他处理模块概要图如图 3.1 所示[7]。

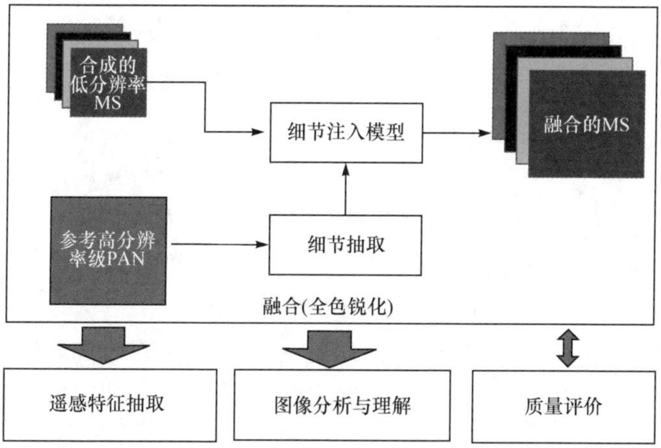

图 3.1　图像融合、质量评价及其他处理模块概要图

如何建立融合算法的质量评价指标是一个饱含挑战的问题。这里面需要评价多光谱(高光谱)图像的图谱质量，特别是关注光谱质量，因此需要度量空间-光谱失真。显然，我们手头上有两个参考图像，其一是全色图像，其二是待融合的多通道光谱图像。全色图像可以用于对空间质量的评价，而待融合的多通道光谱图像可用来评估光谱质量。另一种方式是采取仿真方法来评估融合图像的质量。这类方法是假设存在理想的高空间分辨率的多光谱图像(或高光谱)，即 Ground Truth，直接度量融合图像和理想图像之间的失真度量。由于实际过程中，很难得到高空

间分辨率的多光谱图像，融合质量评估往往采取仿真方法，即通过已有的高空间分辨率的多光谱图像,经过物理退化过程机理,仿真生成低分辨率的多光谱图像；然后经过 Pansharpening 方法，得到融合图像；最后利用融合图像和高空间分辨率的多光谱图像进行质量评估。

3.3　质量评估协议

在遥感图像融合领域，Wald 融合评估协议是一个广泛采用的方法。该方法是由 Wald 等[5]首次提出的,而后 Ranchin 等[8]和 Thomas 等[9]深入讨论和建立。下面，我们首先通过引入数学符号来表达 Wald 协议。

令：

(1) $\boldsymbol{u}=\{\boldsymbol{u}_1,\boldsymbol{u}_2,\cdots,\boldsymbol{u}_N\}$ 表示参考的高分辨率多光谱图像，其中，$\boldsymbol{u}_i=\left[\boldsymbol{u}_i(m,n)\right]_{H\times W}$ 表示第 i 个波段的图像，图像大小为 $H\times W$ 。

(2) $\boldsymbol{M}=\{\boldsymbol{M}_1,\boldsymbol{M}_2,\cdots,\boldsymbol{M}_N\}$ 表示观测的低分辨率多光谱图像，其中，$\boldsymbol{M}_i=\left[\boldsymbol{M}_i(m,n)\right]_{H'\times W'}$ 表示第 i 个波段的图像，图像大小为 $H'\times W'<H\times W$ 。

(3) $\boldsymbol{P}=\left[\boldsymbol{P}(m,n)\right]_{H\times W}$ 为标量矩阵，表示高分辨率全色图像，其中图像空间分辨率与参考图像相同，甚至更高。

(4) $\hat{\boldsymbol{u}}=\{\hat{\boldsymbol{u}}_1,\hat{\boldsymbol{u}}_2,\cdots,\hat{\boldsymbol{u}}_N\}$ 表示融合的高分辨率多光谱图像，其中，$\hat{\boldsymbol{u}}_i=\left[\hat{\boldsymbol{u}}_i(m,n)\right]_{H\times W}$ 表示第 i 个波段的图像，图像大小为 $H\times W$ 。

(5) $\hat{\boldsymbol{u}}_L=\{\hat{\boldsymbol{u}}_{L,1},\hat{\boldsymbol{u}}_{L,2},\cdots,\hat{\boldsymbol{u}}_{L,N}\}$ 表示融合的高分辨多光谱图像 $\hat{\boldsymbol{u}}$ 经过同样的光学退化过程得到与 $\boldsymbol{M}$ 同样大小的合成低分辨多光谱图像。

则图像融合问题可以表达为，寻找一个插值映射函数或者一种融合算法使得

$$\hat{\boldsymbol{u}}=f(\boldsymbol{M},\boldsymbol{P}) \tag{3.1}$$

3.3.1　Wald 协议

Wald 协议的核心是数据融合需满足三条准则。

(1) 观测分辨率级上的各波段图像一致性准则。融合的高分辨多光谱图像 $\hat{\boldsymbol{u}}$ 经过同样的光学退化过程得到与 $\boldsymbol{M}$ 同样大小的合成低分辨多光谱图像 $\hat{\boldsymbol{u}}_L=\left\{\hat{\boldsymbol{u}}_{L,1},\hat{\boldsymbol{u}}_{L,2},\cdots,\hat{\boldsymbol{u}}_{L,N}\right\}$ ，则 $\hat{\boldsymbol{u}}_L$ 和 $\boldsymbol{M}$ 之间应该满足各波段图像一致性，即

$$D_L(\hat{\boldsymbol{u}}_{L,i},\boldsymbol{M}_i)\leqslant\varepsilon_i\,,\qquad 1\leqslant i\leqslant N \tag{3.2}$$

其中，$D_L(\cdot)$ 表示低分辨率级上的两幅标量矩阵的距离；ε_i 表示误差，一致性表

明 ε_i 应该足够小。例如，$D_L(\cdot)$ 可取矩阵的 F 范数。

(2) 参考分辨率级上的各波段图像一致性准则。融合的高分辨多光谱图像 $\hat{\boldsymbol{u}}$ 与参考图像 $\boldsymbol{u}$ 之间服从各波段一致性，即

$$D_H(\hat{\boldsymbol{u}}_i,\boldsymbol{u}_i)\leqslant \varepsilon_i\,,\qquad 1\leqslant i\leqslant N \tag{3.3}$$

其中，$D_H(\cdot)$ 表示参考(高)分辨率级上的两幅标量矩阵的距离。

(3) 参考分辨率级上的光谱向量一致性准则。融合的高分辨多光谱图像 $\hat{\boldsymbol{u}}$ 与参考图像 $\boldsymbol{u}$ 之间服从光谱向量一致性，即

$$D_{\text{SP}}(\hat{\boldsymbol{u}},\boldsymbol{u})\leqslant \varepsilon_i \tag{3.4}$$

其中，$D_{\text{SP}}(\cdot)$ 表示参考(高)分辨率级上的所有光谱向量间的距离，距离越小，光谱相似性越高。

在实际中，上述三条准则中准则(2)和(3)实际上是非常理想的度量，因为理想的高分辨率参考多光谱图像 $\boldsymbol{u}$ 并不是总能得到。因此，实际中可以很容易检验准则(1)，但不能直接检验准则(2)和(3)，需要通过仿真方法进行验证。满足 Wald 协议的质量评估仿真方法的框架图如 3.2 所示。

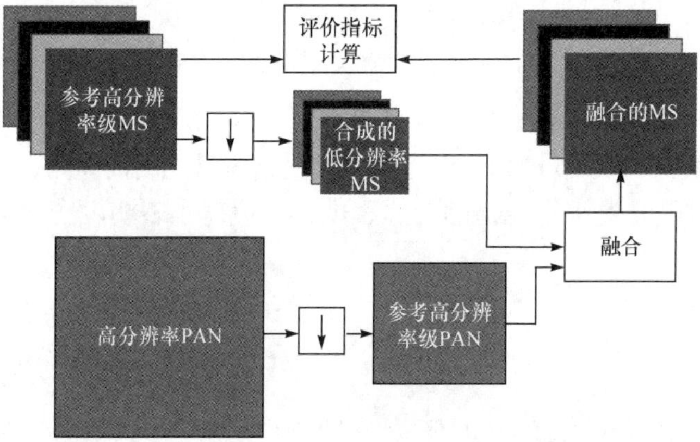

图 3.2　满足 Wald 协议的质量评估仿真方法的框架图

仿真评估时，选定参考高分辨率级的 MS 图像($\boldsymbol{u}$)和甚高分辨率的 PAN 图像($\boldsymbol{P}^*$)。首先依据光学成像原理执行下采样和模糊退化过程，仿真生成低分辨率级(观测级)MS 图像($\boldsymbol{M}$)；同样，甚高分辨率的 PAN 图像同样经过退化过程，仿真生成参考高分辨率级的 PAN 图像 $\boldsymbol{P}$。然后，利用融合算法得到融合的 MS 图像 $\hat{\boldsymbol{u}}=f(\boldsymbol{M},\boldsymbol{P})$。最后进行计算融合图像 $\hat{\boldsymbol{u}}$ 与参考图像 $\boldsymbol{u}$ 之间失真程度。在此仿真框架下，Wald 协议中的准则(2)和(3)均可验证。

3.3.2 质量评价指标

在空谱遥感图像融合实验中，根据仿真数据实验和真实数据实验的类型，质量评价指标可分为有参考质量指标(即有参考的高分辨率多光谱图像)和无参考质量指标(即无参考的高分辨率多光谱图像)。

在仿真数据实验中，由于存在有参考的高分辨率多光谱图像，我们使用有参考质量评价指标，包括光谱角映射(Spectral Angle Mapper，SAM)[10]、相对维数无关的全局综合误差(Erreur Relative Globale Adimensionnelle de Synthèse，ERGAS)[10]、相关系数(Correlation Coefficient，CC)[11]、衡量全局图像质量的 Q-平均指标(Q-Average，Qave)[1]、均方根误差(Root Mean Square Error，RMSE)[12]和 Q4[13]。

而在真实数据实验中，由于存在无参考的高分辨率多光谱图像，因此，我们使用无参考质量指标(Quality with No Reference，QNR)[14]、光谱失真指标 D_λ [14]和空间失真指标 D_s[14]，分别刻画融合图像的全局质量、光谱信息失真情况和空间信息失真情况。

特别地，CC、Qave、Q4 和 QNR 的最优值为 1，而 SAM、ERGAS、RMSE、D_λ 和 D_s 的最优值为 0。

1. 有参考质量指标

(1) SAM：反映融合图像和参考图像的光谱矢量之间的夹角，称为光谱角映射，用来评价融合过程中光谱的扭曲程度，其值越小表明融合效果越好。其定义为

$$\mathrm{SAM}=\frac{1}{HW}\sum_{i=1}^{H}\sum_{j=1}^{W}\arccos\left(\frac{\langle \boldsymbol{u}(i,j),\hat{\boldsymbol{u}}(i,j)\rangle_2}{\|\boldsymbol{u}(i,j)\|_2\|\hat{\boldsymbol{u}}(i,j)\|_2}\right) \tag{3.5}$$

其中，$\boldsymbol{u}(i,j)=(\boldsymbol{u}_1(i,j),\cdots,\boldsymbol{u}_N(i,j))\in\mathbf{R}^N$ 和 $\hat{\boldsymbol{u}}(i,j)=(\hat{\boldsymbol{u}}_1(i,j),\cdots,\hat{\boldsymbol{u}}_N(i,j))\in\mathbf{R}^N$ 分别表示参考图像 $\boldsymbol{u}\in\mathbf{R}^{H\times W\times N}$ 和融合图像 $\hat{\boldsymbol{u}}\in\mathbf{R}^{H\times W\times N}$ 在像素点 (i,j) 的光谱向量，N 表示图像 $\boldsymbol{u}$ 的波段数；$\langle\cdot,\cdot\rangle_2$ 和 $\|\cdot\|_2$ 分别表示欧氏空间 $\mathbf{R}^N$ 上的欧氏内积和欧氏范数。

(2) RMSE：描述融合图像和参考图像之间的差异性，其值越小表示融合图像与参考图像越接近，即融合效果越好。其定义为

$$\mathrm{RMSE}=\sqrt{\frac{1}{HWN}\sum_{l=1}^{N}\sum_{i=1}^{H}\sum_{j=1}^{W}\left(\boldsymbol{u}_l(i,j)-\hat{\boldsymbol{u}}_l(i,j)\right)^2} \tag{3.6}$$

其中，$\boldsymbol{u}_l$ 和 $\hat{\boldsymbol{u}}_l$ 分别表示参考图像 $\boldsymbol{u}$ 和融合图像 $\hat{\boldsymbol{u}}$ 的第 l 个波段图像。

(3) ERGAS：衡量融合图像的全局光谱质量，其值越接近于 0，融合结果越精确。其定义为

$$\mathrm{ERGAS}=100\frac{d_H}{d_L}\sqrt{\frac{1}{N}\sum_{l=1}^{N}\left(\frac{\mathrm{RMSE}_l}{\overline{u}_l}\right)^2} \tag{3.7}$$

其中，RMSE_l 表示第 l 个波段图像 $\boldsymbol{u}_l$ 和 $\hat{\boldsymbol{u}}_l$ 之间的均方根误差，计算表达式为

$$\mathrm{RMSE}_l=\sqrt{\frac{1}{HW}\sum_{i=1}^{H}\sum_{j=1}^{W}\left(\boldsymbol{u}_l(i,j)-\hat{\boldsymbol{u}}_l(i,j)\right)^2}$$

且 $\frac{d_H}{d_L}$ 表示 PAN 和低分辨率 MS 的像素尺寸的比值，$\overline{u}_l$ 表示参考图像 $\boldsymbol{u}$ 第 l 个波段 $\boldsymbol{u}_l$ 的均值。

(4) CC：反映融合图像和参考图像之间的相关程度，其值越接近 1，表示融合图像与参考图像越接近，即融合效果越好。其定义为

$$\mathrm{CC}(\hat{\boldsymbol{u}},\boldsymbol{u})=\frac{\sum_{l=1}^{N}\sum_{i=1}^{H}\sum_{j=1}^{W}\left(\hat{\boldsymbol{u}}_l(i,j)-\overline{\hat{\boldsymbol{u}}}_l\right)\left(\boldsymbol{u}_l(i,j)-\overline{\boldsymbol{u}}_l\right)}{\sqrt{\sum_{l=1}^{N}\left\|\left(\hat{\boldsymbol{u}}_l-\overline{\hat{\boldsymbol{u}}}_l\right)\right\|_{\mathrm{F}}^2}\sqrt{\sum_{l=1}^{N}\left\|\left(\boldsymbol{u}_l-\overline{\boldsymbol{u}}_l\right)\right\|_{\mathrm{F}}^2}} \tag{3.8}$$

其中，$\overline{\hat{\boldsymbol{u}}}_l$ 为融合图像 $\hat{\boldsymbol{u}}$ 的第 l 个波段 $\hat{\boldsymbol{u}}_l$ 的均值；$\overline{\boldsymbol{u}}_l$ 表示参考图像 $\boldsymbol{u}$ 的第 l 个波段均值。

(5) Qave：衡量融合图像与参考图像每个波段图像之间的结构相似度，其值越接近 1，则融合的结果越好。其定义为

$$Q\left(\boldsymbol{u}_l,\hat{\boldsymbol{u}}_l\right)=\frac{4\sigma_{\boldsymbol{u}_l\hat{\boldsymbol{u}}_l}\,\overline{\boldsymbol{u}}_l\,\overline{\hat{\boldsymbol{u}}}_l}{\left(\sigma_{\boldsymbol{u}_l}^2+\sigma_{\hat{\boldsymbol{u}}_l}^2\right)\left(\overline{\boldsymbol{u}}_l^{\,2}+\overline{\hat{\boldsymbol{u}}}_l^{\,2}\right)}$$
$$\mathrm{Qave}=\frac{1}{N}\sum_{l=1}^{N}Q\left(\boldsymbol{u}_l,\hat{\boldsymbol{u}}_l\right) \tag{3.9}$$

其中，$\sigma_{\boldsymbol{u}_l}^2$ 和 $\sigma_{\hat{\boldsymbol{u}}_l}^2$ 分别是 $\boldsymbol{u}_l$ 和 $\hat{\boldsymbol{u}}_l$ 的方差；$\sigma_{\boldsymbol{u}_l\hat{\boldsymbol{u}}_l}$ 是 $\boldsymbol{u}_l$ 和 $\hat{\boldsymbol{u}}_l$ 的协方差；Q 表示结构相似度。

(6) Q4：是在全局图像质量指标[1](或称为结构相似度)基础上提出的，作为衡量融合图像和参考图像之间的结构相似性指标，通过计算图像的相关性变化程度、亮度变化程度和对比度变化程度综合评价融合图像的质量。Q4 适用于只包含四个波段的多光谱图像，其值越接近 1，融合的结果越好。其定义为

$$\mathrm{Q4}=\frac{4\left|\sigma_{z_1z_2}\right|\cdot\left|\overline{z}_1\right|\cdot\left|\overline{z}_2\right|}{\left(\sigma_{z_1}^2+\sigma_{z_2}^2\right)\left(\left|\overline{z}_1\right|^2+\left|\overline{z}_2\right|^2\right)} \tag{3.10}$$

其中，$z_1=\boldsymbol{u}_1+\mathrm{i}\boldsymbol{u}_2+\mathrm{j}\boldsymbol{u}_3+\mathrm{k}\boldsymbol{u}_4$ 和 $z_2=\hat{\boldsymbol{u}}_1+\mathrm{i}\hat{\boldsymbol{u}}_2+\mathrm{j}\hat{\boldsymbol{u}}_3+\mathrm{k}\hat{\boldsymbol{u}}_4$ 分别是参考图像 $\boldsymbol{u}$ 和融合图

像 $\hat{\boldsymbol{u}}$ 的四元数，i 、j 和 k 为虚数单位且满足 $\mathrm{i}^2=\mathrm{j}^2=\mathrm{k}^2=\mathrm{ijk}=-1$ ； $|\cdot|$ 表示四元数的模； $\bar{z}_1$ 和 $\bar{z}_2$ 分别是 z_1 和 z_2 的均值； $\sigma_{z_1}^2$ 和 $\sigma_{z_2}^2$ 分别是 z_1 和 z_2 的方差； $\sigma_{z_1z_2}$ 是 z_1 和 z_2 的协方差。

特别地，式(3.10)中 Q4 的定义可以等价表示为

$$\mathrm{Q4}=\frac{\left|\sigma_{z_1z_2}\right|}{\sigma_{z_1}\sigma_{z_2}}\frac{2\sigma_{z_1}\sigma_{z_2}}{\left(\sigma_{z_1}^2+\sigma_{z_2}^2\right)}\frac{2\left|\bar{z}_1\right|\left|\bar{z}_2\right|}{\left(\left|\bar{z}_1\right|^2+\left|\bar{z}_2\right|^2\right)} \tag{3.11}$$

其中，等号右边第一项反映了相关性变化程度；等号右边第二项反映了对比度变化程度；等号右边第三项反映了平均亮度变化程度。

2. 无参考质量指标

(1) 光谱失真指标 D_λ : 衡量融合图像的光谱信息失真程度，其值越接近于 0，表示光谱失真越小，融合结果越好。其定义为

$$D_\lambda=\sqrt[q]{\frac{1}{N(N-1)}\sum_{l=1}^{N}\sum_{r=1,r\neq l}^{N}\left|Q\left(\hat{\boldsymbol{u}}_l,\hat{\boldsymbol{u}}_r\right)-Q\left(\boldsymbol{M}_l,\boldsymbol{M}_r\right)\right|^q} \tag{3.12}$$

其中， $\boldsymbol{M}_l$ 表示低分辨率多光谱图像 $\boldsymbol{M}$ 的第 l 个波段图像； $Q(\cdot,\cdot)$ 是全局图像质量指标[1]，定义由式(3.9)给出； q 是正整数。

(2) 空间失真指标 D_s : 衡量融合图像的空间信息丢失程度，其值越接近于 0，表示空间信息丢失越小，融合结果越好。其定义为

$$D_s=\sqrt[q]{\frac{1}{N}\sum_{l=1}^{N}\left|Q\left(\hat{\boldsymbol{u}}_l,\boldsymbol{P}\right)-Q\left(\boldsymbol{M}_l,\tilde{\boldsymbol{P}}\right)\right|^q} \tag{3.13}$$

其中， $\boldsymbol{P}$ 是高分辨率全色图像； $\tilde{\boldsymbol{P}}$ 是经过低通滤波和下采样得到的低分辨率全色图像，其空间分辨率与低分辨率多光谱图像 $\boldsymbol{M}$ 的空间分辨率一样。

(3) QNR：衡量融合图像的全局质量，其值越接近于 1，融合结果越好。其定义为

$$\mathrm{QNR}=\left(1-D_\lambda\right)^\mu\left(1-D_s\right)^\rho \tag{3.14}$$

其中， μ 和 ρ 是正整数。

特别地，在本书的实验中，没有特别说明，我们使用 $q=1$ ， $\mu=\rho=1$ 。

3.4 本 章 小 结

本章概述了多光谱图像融合中广泛采用的 Wald 协议及其两大类质量评价指标。但是应该指出的是，多光谱图像全色融合锐化是低分辨率多波段图像和高分

辨率单通道全色图像两类数据集融合，本质上是异构不完全数据融合，因此其融合过程是缺失信息的修复和推断。融合质量评价实际上是对修复和推断的图像进行评价，因此质量评估问题同样是信息不充分的。

需要指出的是，本章主要针对多光谱图像与全色图像融合(Pansharpening)讨论质量评价问题,但在实际中对于高光谱图像与全色图像融合(称为 Hypersharpening，或简称 HS+PAN 融合)问题以及高光谱与多光谱图像融合(简称 HS+MS 融合)问题等同样可以评价。但是对于高光谱图像情形，需要特别重视融合过程中的光谱失真问题，如何度量融合算法的光谱质量或光谱保持性能仍然是大家关心的问题。

总之，遥感图像融合质量评价仍然是一个非常活跃的研究课题，如何设计更为精准的评价指标值得关注。

参 考 文 献

[1] Wang Z, Bovik A C. A universal image quality index. IEEE Signal Processing Letters, 2002, 9(3): 81-84.

[2] Wang Z, Bovik A C. Mean squared error: Love it or leave it? A new look at signal fidelity measures. IEEE Signal Processing Magazine, 2009, 26(1): 98-117.

[3] Wang Z, Ziou D, Armenakis C, et al. A comparative analysis of image fusion methods. IEEE Transactions on Geoscience and Remote Sensing, 2005, 43(6): 1391-1402.

[4] Wald L. Data fusion: Definitions and architectures: Fusion of images of different spatial resolutions. Les Presses del l'Ecole des Mines, Paris, 2002.

[5] Wald L, Ranchin T, Mangolini M. Fusion of satellite images of different spatial resolutions: Assessing the quality of resulting images. Photogrammetric Engineering and Remote Sensing, 1997, 63(6): 691-699.

[6] Vivone G, Alparone L, Chanussot J, et al. A critical comparison among Pansharpening algorithms. IEEE Transactions on Geoscience and Remote Sensing, 2015, 53(5): 2565-2586.

[7] Alparone L, Aiazzi B, Baronti S, et al. Remote Sensing Image Fusion. Boca Raton: CRC Press, 2015.

[8] Ranchin T, Aiazzi B, Alparone L, et al. Image fusion: The ARSIS concept and some successful implementation schemes. ISPRS Journal of Photogrammetry and Remote Sensing, 2003, 58(1/2): 4-18.

[9] Thomas C, Ranchin T, Wald L, et al. Synthesis of multispectral images to high spatial resolution: A critical review of fusion methods based on remote sensing physics. IEEE Transactions on Geoscience and Remote Sensing, 2008, 46(5): 1301-1312.

[10] Alparone L, Wald L, Chanussot J, et al. Comparison of Pansharpening algorithms: Outcome of the 2006 GRS-S data-fusion contest. IEEE Transactions on Geoscience and Remote Sensing, 2007, 45(10): 3012-3021.

[11] Moller M, Wittman T, Bertozzi A L, et al. A variational approach for sharpening high dimensional images. SIAM Journal on Imaging Sciences, 2012, 5(1): 150-178.

[12] Ranchin T, Wald L. Fusion of high spatial and spectral resolution images: The ARSIS concept

and its implementation. Photogrammetric Engineering and Remote Sensing, 2000, 66(1): 49-61.
[13] Alparone L, Baronti S, Garzelli A, et al. A global quality measurement of PAN-sharpened multispectral imagery. IEEE Geoscience and Remote Sensing Letters, 2004, 1(4): 313-317.
[14] Alparone L, Aiazzi B, Baronti S, et al. Multispectral and Panchromatic data fusion assessment without reference. Photogrammetric Engineering and Remote Sensing, 2008, 74(2): 193-200.

第 4 章　图像融合的变换：由谱变换到多分辨率分析

4.1　引　　言

在遥感图像融合领域,如全色和多光谱图像的融合、全色与高光谱图像融合、多光谱与高光谱图像的融合问题中，多源遥感图像往往具有不同的互补信息。融合的任务就是充分利用不同图像的空间-光谱信息，达到信息补全，最终实现高空间分辨率、高光谱保真的融合结果。

然而，在多源图像融合过程中，往往会遇到波段冗余性和光谱混合的问题，这给融合带来挑战性。举例说明，在全色和多光谱图像融合中，由于全色图像往往是由很宽谱段范围电磁波谱光谱积分得到，没有光谱分辨信息，但是空间分辨率高且蕴含丰富的几何和纹理信息；而多光谱图像空间分辨率相对较低，但光谱信息丰富，这样全色图像的几何和纹理信息如何迁移进较低分辨率多光谱图像中呢？一种很自然的想法是如果能将多光谱图像经过某种特征变换，分离出类似全色图像的亮度通道和类似不同颜色的光谱通道，则可以很方便地进行空谱信息融合。事实上,早期的 Pansharpening 方法正是沿着这样的思路设计相应的融合方案。这些方法借助计算机图像学和图像处理中的一些颜色变换(或者颜色空间模型)，将 RGB 系统表征的图像转换为特定的变换空间,实现亮度特征分量的分离,进而将全色图像替换为亮度图像，然后经过逆变换得到最终融合的图像，这类方法称为成分替代(CS)方法。为此, 4.2 节将介绍经典的谱变换(Spectral Transform)方法，即广泛使用的亮度-色调-饱和度(IHS)变换，包括线性 IHS 变换和非线性 IHS 变换。IHS 变换是一种遥感领域应用很广的图像融合方法，并且已经集成在诸多商业遥感图像处理和分析应用软件。

在模式识别、机器学习和高维数据分析中,主成分分析(PCA)显然是广泛使用的降低数据冗余性的数学方法，同样在空谱图像融合中得到广泛使用，由此导出一类投影替代方法。为此，4.3 节将介绍 PCA 的基本原理。

图像和信号处理中多分辨率分析(MRA)方法因其提供良好的多尺度空频分析工具，也为空谱图像融合提供良好的处理机制。4.5 节介绍 MRA 方法基础理论、相关的正交小波、双正交和非抽取小波,同时回顾了相关的等效滤波器实现形式。

这些将在第 6 章得到具体的融合应用。作为 MRA 方法理论的推广，研究者提出了更为高效表征图像奇异性结构的多尺度几何分析(Multiscale Geometric Analysis, MGA)工具，4.6 节回顾了曲波(Curvelet)、轮廓波(Contourlet)等的基本原理。

本章的撰写思路是给读者提供一个自包容的知识体系，从而为后续章节空谱图像成分替代与 MRA 方法等提供相关的基础。

4.2 亮度-色调-饱和度变换

4.2.1 线性亮度-色调-饱和度变换

计算机图形学与图像处理中的彩色坐标系统有两种：RGB 系统和 IHS 模型。根据色度学的理论可知，所有颜色可以用三个刺激值表示，如 RGB 系统是由红(R，Red)、绿(G，Green)和蓝(B，Blue)三原色组合而成，一般用于真实感图形和图像显示等场合。彩色坐标系统或者称为彩色空间模型，是表征图像颜色特征的基础。根据人类颜色认知心理学和真实感图形学等领域的研究，彩色空间一般具有“视觉感知一致性”、“可感知色彩的完整性”、“感知色彩的区分性”以及“颜色分解的自然性”。

由 RGB 彩色空间到 IHS 彩色空间的变换有几种模型，其中立方体 RGB 彩色空间到柱体 IHS 彩色空间最为常用，该变换有多种类似的形式。柱体 IHS 彩色空间首先由 20 世纪 Munsell 等面向艺术和工业设计应用而设计的颜色感知模型(图 4.1)，该模型具有表征人类对颜色感知的特性[1]。该颜色模型通过柱体坐标系统来区分彩色，即通过三个基本特性量来表征。其中，圆柱的纵轴表征亮度(I，Intensity)，表示强度的大小；圆周上不同的角度表征色度(H，Hue)，即颜色的纯度，改变色光的光谱成分就会引起色调的变化；而不同径向位置对应不同的饱和度，表示颜色的深浅，如深红、浅红等。色调和饱和度又称为色度(Chroma)，它既能表示颜色的色调(类别)，又能表示颜色的深浅。

IHS 变换的优点是能够将强度和颜色分开，因此能够有效地将 RGB 系统中影像强度和影像中的光谱信息分离。在 I、H 和 S 的信息编码而言，I 需要较长的编码长度，而 H 次之，S 最短。因此，H、S 和 I 相对而言，分辨率要求较低，这为不同分辨率多源遥感影像框架下结构和谱信息等互补信息融和提供了途径。

1. IHS-1

第一个 IHS 变换是由 Kruse 和 Raines 提出的彩色模型[2]，其中立方体 RGB 彩色空间到柱体 IHS 彩色空间变换定义为

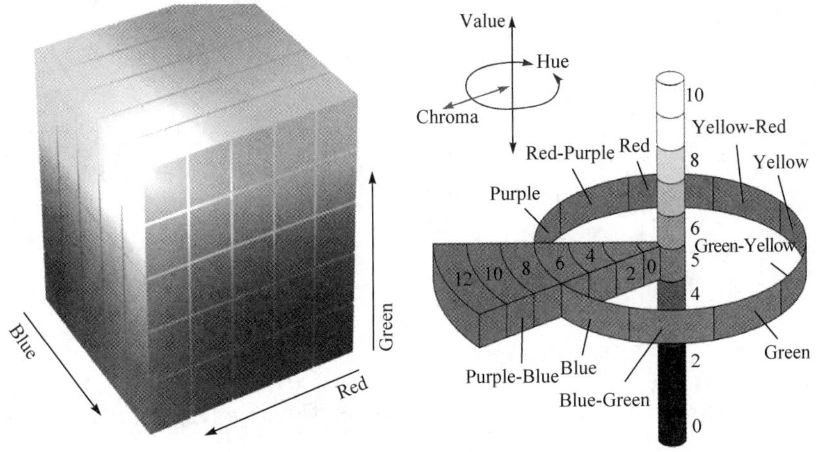

(a) RGB立方体　　(b) Munsell 的柱体IHS颜色模型

图 4.1　不同颜色空间模型(见彩图)

$$\begin{bmatrix} I \\ v_1 \\ v_2 \end{bmatrix} = \begin{bmatrix} \frac{1}{\sqrt{3}} & \frac{1}{\sqrt{3}} & \frac{1}{\sqrt{3}} \\ -\frac{1}{\sqrt{6}} & -\frac{1}{\sqrt{6}} & \frac{2}{\sqrt{6}} \\ -\frac{1}{\sqrt{2}} & \frac{1}{\sqrt{2}} & 0 \end{bmatrix} \begin{bmatrix} R \\ G \\ B \end{bmatrix}, \quad H = \arctan\left(\frac{v_2}{v_1}\right), \quad S = \sqrt{{v_1}^2 + {v_2}^2} \tag{4.1}$$

而逆变换为

$$\begin{bmatrix} R \\ G \\ B \end{bmatrix} = \begin{bmatrix} \frac{1}{\sqrt{3}} & -\frac{1}{\sqrt{6}} & -\frac{1}{\sqrt{2}} \\ \frac{1}{\sqrt{3}} & -\frac{1}{\sqrt{6}} & \frac{1}{\sqrt{2}} \\ \frac{1}{\sqrt{3}} & \frac{2}{\sqrt{6}} & 0 \end{bmatrix} \begin{bmatrix} I \\ v_1 \\ v_2 \end{bmatrix}, \quad v_1 = S\cos H, \quad v_2 = S\sin H \tag{4.2}$$

2. IHS-2

Harrison 和 Jupp 在文献[3]中介绍了第二个类似的 IHS 变换，进一步由 Pohl 和 van Genderen 在文献[4]中进行报道，其正变换定义为

$$\begin{bmatrix} I \\ v_1 \\ v_2 \end{bmatrix} = \begin{bmatrix} \frac{1}{\sqrt{3}} & \frac{1}{\sqrt{3}} & \frac{1}{\sqrt{3}} \\ \frac{1}{\sqrt{6}} & \frac{1}{\sqrt{6}} & -\frac{2}{\sqrt{6}} \\ \frac{1}{\sqrt{2}} & -\frac{1}{\sqrt{2}} & 0 \end{bmatrix} \begin{bmatrix} R \\ G \\ B \end{bmatrix}, \quad H = \arctan\left(\frac{v_2}{v_1}\right), \quad S = \sqrt{{v_1}^2 + {v_2}^2} \tag{4.3}$$

而逆变换为

$$\begin{bmatrix} R \\ G \\ B \end{bmatrix} = \begin{bmatrix} \frac{1}{\sqrt{3}} & \frac{1}{\sqrt{6}} & \frac{1}{\sqrt{2}} \\ \frac{1}{\sqrt{3}} & \frac{1}{\sqrt{6}} & -\frac{1}{\sqrt{2}} \\ \frac{1}{\sqrt{3}} & -\frac{2}{\sqrt{6}} & 0 \end{bmatrix} \begin{bmatrix} I \\ v_1 \\ v_2 \end{bmatrix}, \quad v_1 = S\cos H, \quad v_2 = S\sin H \tag{4.4}$$

3. IHS-3

Wang 等提出了最为常用的 RGB 立方体到柱体 IHS 颜色空间变换[5]，其定义为

$$\begin{bmatrix} I \\ v_1 \\ v_2 \end{bmatrix} = \begin{bmatrix} \frac{1}{3} & \frac{1}{3} & \frac{1}{3} \\ -\frac{1}{\sqrt{6}} & -\frac{1}{\sqrt{6}} & \frac{2}{\sqrt{6}} \\ -\frac{1}{\sqrt{6}} & \frac{1}{\sqrt{6}} & 0 \end{bmatrix} \begin{bmatrix} R \\ G \\ B \end{bmatrix}, \quad H = \arctan\left(\frac{v_2}{v_1}\right), \quad S = \sqrt{{v_1}^2 + {v_2}^2} \tag{4.5}$$

而逆变换为

$$\begin{bmatrix} R \\ G \\ B \end{bmatrix} = \begin{bmatrix} 1 & -\frac{1}{\sqrt{6}} & \frac{3}{\sqrt{6}} \\ 1 & -\frac{1}{\sqrt{6}} & -\frac{3}{\sqrt{6}} \\ 1 & \frac{2}{\sqrt{6}} & 0 \end{bmatrix} \begin{bmatrix} I \\ v_1 \\ v_2 \end{bmatrix}, \quad v_1 = S\cos H, \quad v_2 = S\sin H \tag{4.6}$$

4. IHS-4

Li 等在文献[6]中给出了另一种 IHS 变换，其正变换定义为

$$\begin{bmatrix} I \\ v_1 \\ v_2 \end{bmatrix} = \begin{bmatrix} \frac{1}{3} & \frac{1}{3} & \frac{1}{3} \\ \frac{1}{\sqrt{6}} & \frac{1}{\sqrt{6}} & -\frac{2}{\sqrt{6}} \\ \frac{1}{\sqrt{2}} & -\frac{1}{\sqrt{2}} & 0 \end{bmatrix} \begin{bmatrix} R \\ G \\ B \end{bmatrix}, \quad H = \arctan\left(\frac{v_2}{v_1}\right), \quad S = \sqrt{{v_1}^2 + {v_2}^2} \tag{4.7}$$

而逆变换为

$$\begin{bmatrix} R \\ G \\ B \end{bmatrix} = \begin{bmatrix} 1 & \frac{1}{\sqrt{6}} & \frac{1}{\sqrt{2}} \\ 1 & \frac{1}{\sqrt{6}} & -\frac{1}{\sqrt{2}} \\ 1 & -\frac{2}{\sqrt{6}} & 0 \end{bmatrix} \begin{bmatrix} I \\ v_1 \\ v_2 \end{bmatrix}, \quad v_1 = S\cos H, \quad v_2 = S\sin H \tag{4.8}$$

5. IHS-5

最后一种柱体 IHS 变换由 Tu 等提出[7,8]，其正变换定义为

$$\begin{bmatrix} I \\ v_1 \\ v_2 \end{bmatrix} = \begin{bmatrix} \frac{1}{3} & \frac{1}{3} & \frac{1}{3} \\ -\frac{\sqrt{2}}{6} & -\frac{\sqrt{2}}{6} & -\frac{2\sqrt{2}}{6} \\ \frac{1}{\sqrt{2}} & -\frac{1}{\sqrt{2}} & 0 \end{bmatrix} \begin{bmatrix} R \\ G \\ B \end{bmatrix}, \quad H = \arctan\left(\frac{v_2}{v_1}\right), \quad S = \sqrt{{v_1}^2 + {v_2}^2} \tag{4.9}$$

而逆变换为

$$\begin{bmatrix} R \\ G \\ B \end{bmatrix} = \begin{bmatrix} 1 & -\frac{1}{\sqrt{2}} & \frac{1}{\sqrt{2}} \\ 1 & -\frac{1}{\sqrt{2}} & -\frac{1}{\sqrt{2}} \\ 1 & \sqrt{2} & 0 \end{bmatrix} \begin{bmatrix} I \\ v_1 \\ v_2 \end{bmatrix}, \quad v_1 = S\cos H, \quad v_2 = S\sin H \tag{4.10}$$

上述所有的 IHS 变换均是线性变换，均可以表达为矩阵形式，并且计算简单，便于实现。

4.2.2　非线性变换亮度-色调-饱和度

1. 三角模型的 IHS 变换

经常使用的一类非线性的 IHS 变换是基于三角模型的，该变换可见文献[9]和[10]的相关报道。对图 4.1 的 RGB 立方体以 R、G、B 颜色为顶点进行横切，就可以得到一个三角模型，则 IHS 可由此三角模型进行表示，该平面的中心垂直线为亮度轴，而亮度为 $I = \frac{1}{3}(R + G + B)$。继而，三角形本身表示 2 维 H-S 平面，而 H-S 坐标系统是循环形式出现的，这取决于构成 RGB 三角形的子三角形中各个颜色的位置(图 4.2)。其中，色调 H 的信息编码方式是从 0(蓝色)，1(红色)，2(绿色)到 3(蓝色)；而饱和度 S 的信息编码方式是从 0(无任何饱和度)到 1(全饱和度)。这样，基于三角模型的非线性 IHS 变换可以定义为

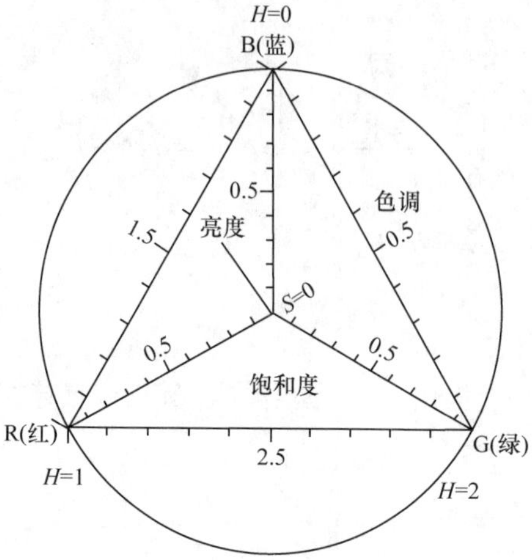

图 4.2　基于三角模型的非线性 IHS 变换

亮度轴垂直于三角平面

$$I=\frac{1}{3}(R+G+B) \tag{4.11}$$

$$H=\begin{cases}\dfrac{G-B}{3(I-B)}, & B=\min(R,G,B)\\[2mm] \dfrac{G-B}{3(I-B)}+1, & R=\min(R,G,B)\\[2mm] \dfrac{G-B}{3(I-B)}+2, & G=\min(R,G,B)\end{cases} \tag{4.12}$$

$$S=\begin{cases}1-\dfrac{B}{I}, & B=\min(R,G,B)\\[2mm] 1-\dfrac{R}{I}, & R=\min(R,G,B)\\[2mm] 1-\dfrac{G}{I}, & G=\min(R,G,B)\end{cases} \tag{4.13}$$

2. 非线性 HSV 变换

非线性 HSV 变换采用了锥体模型，试图模拟艺术家混合颜色对 RGB 颜色立方体进行转换[9]，它采用纯色调或颜料，以便通过添加黑白或灰色的混合物来获得最终色调。新的维度通常被称为色调、饱和度和值(Hue, Saturation and Value，HSV)，并由一个圆锥体(或一个六角形圆锥体，可以更好地称为六角形金字塔)表示，如图 4.3 所示。图中，White 为白色，Black 为黑色。

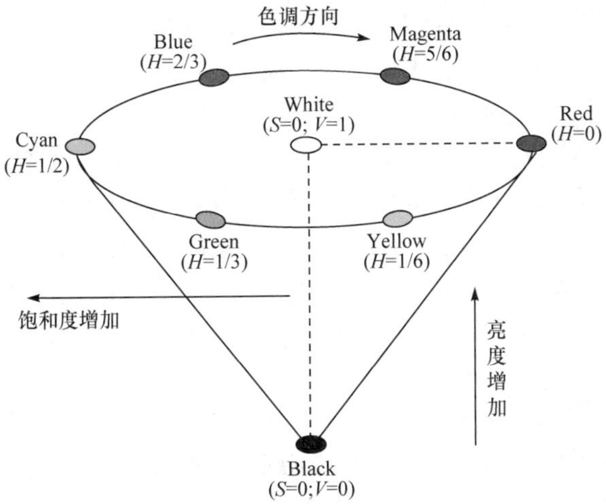

图 4.3　基于锥体模型的 HSV 变换

在锥体模型中，改变色调 H 对应于遍历颜色圆，而增加 V 值意味着获得更亮的图像。最后，如果饱和度 S 增加，那么相对于灰色，颜色的贡献也会增加。因此，H 值既可以定义为角度(以度为单位)，也可以定义为介于 0 和 1 之间的值。在这种表示法中，分配给 RGB 主色调的值通常分别为 0、1/3 和 2/3，而次色调(黄色、青色(Cyan)和洋红(Magenta))的中间值分别为 1/6、1/2 和 5/6。六角形金字塔的名字正好证明了六个顶点对应的主色和次色。对于 RGB 到 HSV 的变换过程，按照如下方式进行。

对于 $R,G,B\in[0,1]$，记 $\text{Max}=\text{Max}(R,G,B),\text{Min}=\text{Min}(R,G,B)$，则色调 H_{HSV} 定义为

$$H_{\text{HSV}}=\begin{cases}0, & \text{Max}=\text{Min}\Leftrightarrow R=G=B\\ 60°\cdot\left(0+\dfrac{G-B}{\text{Max}-\text{Min}}\right), & \text{Max}=R\\ 60°\cdot\left(2+\dfrac{B-R}{\text{Max}-\text{Min}}\right), & \text{Max}=G\\ 60°\cdot\left(4+\dfrac{R-G}{\text{Max}-\text{Min}}\right), & \text{Max}=B\end{cases}\tag{4.14}$$

如果 $H<0°$，则

$$H:=H+360°$$

$$\begin{cases}V=\text{Max}(R,G,B)\\ S=\dfrac{V-\text{Min}(R,G,B)}{V}\end{cases}\tag{4.15}$$

六角形圆锥体模型可以推导如下：如果 RGB 立方体沿着其主对角线投影，即灰度轴在垂直于对角线的平面上，则得到一个规则的六角形圆盘[9]。对于范围从 0(黑色)到 1(白色)的每个灰色值，有一个不同的 RGB 立方体子立方体，投影与之前对应。通过改变灰度，每个圆盘都比前一个大，黑色的圆盘是一个点，这样就形成了六角形。

每个圆盘都可以通过改变 V 值来选择，这样通过指定 V，就意味着 R、G 或 B 中的至少一个等于 V，而没有一个大于 V，所以 $V = \mathrm{Max}(R,G,B)$ 。特别是，如果一个点的 R、G 或 B 等于 1，则它的 V 值也等于 1。因此，锥体模型忽略了产生强度的两个分量，并且在纯色或白色像素的情况下会产生相同的强度。

3. 非线性 HSL 变换

非线性 HSL 变换采取了一个锥体模型来进行颜色转换，与之相比，另一个称为 HSL 变换通过色调(Hue)、饱和度(Saturation)和光亮度(Luminance)的双锥体模型来表示颜色空间，色调值的定义形式与 HSV 相同，即 $H_{\mathrm{HSL}} = H_{\mathrm{HSV}}$ ，其中，光亮度 L 和饱和度 S 形式为

$$\begin{cases} L = \dfrac{\mathrm{Max} + \mathrm{Min}}{2} \\ S = \dfrac{\mathrm{Max} - \mathrm{Min}}{\mathrm{Max} + \mathrm{Min}}, & L \leqslant 0.5 \\ S = \dfrac{\mathrm{Max} - \mathrm{Min}}{2 - (\mathrm{Max} + \mathrm{Min})}, & L > 0.5 \end{cases} \tag{4.16}$$

其中， $\mathrm{Max} = \mathrm{Max}(R,G,B)$; $\mathrm{Min} = \mathrm{Min}(R,G,B)$ 。由上述公式可知，与 HSV 锥体模型类似，色调通过遍历纯色圆和饱和度由距色圆中心的距离来描述。不同之处在于，HSL 模型可以表示为双锥体(双六角锥体)。实际上，如果在 HSV 模型中，颜色的数量随着 V 的增加而越来越多，从 V=0 的黑色开始，最大值为 V=1，那么在 HSL 模型中，最大值为 1/2 的亮度。超过这一点，颜色的数量再次减少，对于 1 的亮度，唯一颜色仍然存在，即白色。因此，在 HSL 情况下，白色像素产生的强度是 1，而纯颜色得到的强度是 1/2。

实际上，HSV 模型和 HSL 模型是可以相互转换的。假设给定一个定义在 HSV 中的颜色，其中 $H_{\mathrm{HSV}} \in [0^\circ, 360^\circ], S_{\mathrm{HSV}} \in [0,1], V \in [0,1]$ ，则将其转换为 HSL 中的颜色分量可进行以下操作：

$$H_{\mathrm{HSL}} = H_{\mathrm{HSV}}$$

$$\begin{cases} L = V - V S_{\mathrm{HSV}} / 2 \\ S_{\mathrm{HSL}} = \begin{cases} 0, & L=0\text{或}1 \\ (V - L) / \min(L, 1 - L), & \text{其他} \end{cases} \end{cases} \tag{4.17}$$

而如果给定 HSL 空间的某个颜色，即 $H_{\text{HSL}} \in [0°,360°], S_{\text{HSL}} \in [0,1], L \in [0,1]$，则转换为 HSV 空间的颜色分量可进行如下变换：

$$
\begin{aligned}
& H_{\text{HSV}} = H_{\text{HSL}} \\
& \begin{cases} V = L + S_{\text{HSL}} \min(L, 1-L) \\ S_{\text{HSV}} = \begin{cases} 0, & V=0 \\ 2-2L/V, & \text{其他} \end{cases} \end{cases}
\end{aligned}
\tag{4.18}
$$

4.3　主成分分析

4.3.1　基本原理

主成分分析(PCA)由 Pearson 于 1901 年提出[11]，类似于力学中的主轴定理，后来由 Hotelling 独立开发并命名[12]。根据应用领域的不同，它也被称为信号处理中的离散卡-洛变换(Karhunen-Loeve Transformation，KLT)。PCA 通常以数据样本的协方差矩阵为基础，通过依次使得投影数据的方差最大化寻求一组正交变换，其得到的各成分分量是相互独立的[13]。PCA 在图像处理中具有特殊重要的地位，是一种特征域变换。在模式识别和机器学习中，PCA 是一种特征抽取和线性降维方法，在国内经典专著中均有详细的介绍[14,15]。PCA 在空谱图像融合中也具有重要地位。

首先介绍 PCA 的主要步骤和基本思想。假设有一具有统计相关性的性质指标集合 $\boldsymbol{x} = \{x_1, x_2, \cdots, x_d\}$，由于它们的相关性，在变量 $\boldsymbol{x}$ 中 d 个原始指标集存在信息冗余。我们希望构造一个正交变换，从中获得 d' ($d' < d$)个新特征集合 $\{\tilde{x}_1, \tilde{x}_2, \cdots, \tilde{x}_{d'}\}$。这些新的特征相互正交，即新特征之间不存在信息的冗余。这一过程称为特征抽取。从空间变换的角度，特征抽取本质上是从 d 个原始变量的 $\mathbf{C}^d$ 内，提取彼此正交的 d' 个新变量，组成 $\mathbf{C}^{d'}$ 空间，这样实现从一个信息冗余的多维空间变成一个无信息冗余的较低维空间，从而具有维数约简(Dimension Reduction)的作用。而 d' 个由 d 个原始样本变量提取的新特征变量可以视作原始样本变量的主要成分，简称主分量或者主成分。简言之，主成分分析的目的是用 d' ($d' < d$)个主成分紧致表达统计相关的 d 个变量，能实现原始信息的紧致编码或最小误差重构。

记 $\boldsymbol{x} = [x_1, x_2, \cdots, x_d]^{\mathrm{T}} \in \mathbf{C}^d$，并假设数据样本进行了中心化，令 $\boldsymbol{R}_x$ 是数据向量的 $d \times d$ 的自相关矩阵：

$$\boldsymbol{R}_{\boldsymbol{x}}=E\{\boldsymbol{x}\boldsymbol{x}^{\mathrm{T}}\}=\begin{bmatrix} E\{|x_1|^2\} & E\{x_1x_2^*\} & \cdots & E\{x_1x_d^*\} \\ E\{x_2x_1^*\} & E\{|x_2|^2\} & \cdots & E\{x_2x_d^*\} \\ \vdots & \vdots & & \vdots \\ E\{x_dx_1^*\} & E\{x_dx_2^*\} & \cdots & E\{|x_d|^2\} \end{bmatrix} \tag{4.19}$$

其中，x_i^* 为 x_i 的共轭。由于 $\boldsymbol{R}_{\boldsymbol{x}}$ 是对称正定矩阵，则根据特征值分解，若它有 d' 个大的特征值，并设 $\lambda_1 \geqslant \lambda_2 \geqslant \cdots \geqslant \lambda_{d'} \geqslant \cdots \geqslant \lambda_d$，可得

$$\boldsymbol{R}_{\boldsymbol{x}}=E\{\boldsymbol{x}\boldsymbol{x}^{\mathrm{T}}\}=[\boldsymbol{w}_1,\boldsymbol{w}_2,\cdots,\boldsymbol{w}_d]\begin{bmatrix} \lambda_1 & & & 0 \\ & \lambda_2 & & \\ & & \ddots & \\ 0 & & & \lambda_d \end{bmatrix}\begin{bmatrix} \boldsymbol{w}_1^{\mathrm{T}} \\ \boldsymbol{w}_2^{\mathrm{T}} \\ \vdots \\ \boldsymbol{w}_d^{\mathrm{T}} \end{bmatrix} \tag{4.20}$$

与这些特征值对应的特征向量称为 $\boldsymbol{x}$ 的主成分。按照上述思路，则 PCA 的主要步骤如下。

(1) 降维。将 d 个变量综合为 d' 个主分量：

$$\tilde{x}_j=\sum_{i=1}^{D} a_{ij}^* x_i=\boldsymbol{a}_j^{\mathrm{H}}\boldsymbol{x}, \quad j=1,2,\cdots,d' \tag{4.21}$$

(2) 正交化。如果要寻求相互正交且归一的主成分，即

$$\left\langle \tilde{x}_i,\tilde{x}_j \right\rangle=\boldsymbol{x}^{\mathrm{T}}\boldsymbol{a}_i^{\mathrm{H}}\boldsymbol{a}_i\boldsymbol{x}=\begin{cases}1, & i=j \\ 0, & i\neq j\end{cases} \tag{4.22}$$

则由于 $\boldsymbol{x}$ 各个元素统计相关，$\boldsymbol{x}^{\mathrm{T}}\boldsymbol{x}\neq 0$，因此必须选择系数向量 $\boldsymbol{a}_i$ 满足正交归一的条件，即 $\boldsymbol{a}_i^{\mathrm{H}}\boldsymbol{a}_i=\delta_{i-j}$ (Kronecker δ 函数)。

(3) 方差最大化。若选择 $\boldsymbol{a}_i=\boldsymbol{w}_i\left(i=1,2,\cdots,d'\right)$，是自相关矩阵 $\boldsymbol{R}_{\boldsymbol{x}}$ 的前 d' 个降序排列大特征值 $\lambda_1 \geqslant \lambda_2 \geqslant \cdots \geqslant \lambda_{d'}$ 对应特征向量，则满足 $E\{|x_i|^2\}=\lambda_i \geqslant \lambda_{i+1}=E\{|x_{i+1}|^2\}$，即其对应主成分的方差也是按照相同顺序递减的。因此按照特征值顺序对应的特征向量为该数据 $\boldsymbol{x}$ 的主成分。

事实上，利用矩阵迹的定义和性质可知

$$\mathrm{tr}(\boldsymbol{R}_{\boldsymbol{x}})=\sum_{i=1}^{d} E\{|x_i|^2\}=\sum_{i=1}^{d}\lambda_i \tag{4.23}$$

但是如果 $\boldsymbol{R}_{\boldsymbol{x}}$ 仅仅有 d' 个大的特征值，则有

$$\mathrm{tr}(\boldsymbol{R}_{\boldsymbol{x}})=\sum_{i=1}^{d'}\lambda_{d'}+\sum_{i=d'+1}^{d}\lambda_d \approx \sum_{i=1}^{d'}\lambda_d \tag{4.24}$$

这样与这 d' 个大的特征值对应的特征向量称为该数据 $\boldsymbol{x}$ 的主成分。

上述研究表明，将数据从原来的坐标系转移到新的坐标系，新坐标系的选择由数据本身决定，新坐标系的第一个坐标轴是原始数据中方差最大的方向，新坐标系的第二个坐标轴和第一个坐标轴正交，并且具有最大方差。该过程一直重复，次数为原始数据中维度。大部分方差都包含在前面几个新坐标轴中，因此可以忽略剩下的坐标轴，即对数据进行了降维处理。

4.3.2　最优化观点

PCA 方法可以从最优化角度进行重新解释，即寻找一个超平面对所有的样本进行恰当的表征，使其具有如下性质。

(1) 最近重构性：样本点到这个超平面的距离足够近。

(2) 最大可分性：样本点在这个超平面尽可能地分开。

不妨假设有一组属于 $\mathbf{C}^d$ 空间的样本 $\boldsymbol{x}_i \in \mathbf{C}^d, 1 \leqslant i \leqslant d$，记 $\boldsymbol{X} = [\boldsymbol{x}_1, \boldsymbol{x}_2, \cdots, \boldsymbol{x}_D] \in \mathbf{C}^{d\times D}$，容易推导，根据最近重构性，PCA 方法等价于如下最优化问题的最小解：

$$\begin{aligned} &\min_{\boldsymbol{W}} -\operatorname{tr}(\boldsymbol{W}^{\mathrm{T}}\boldsymbol{X}\boldsymbol{X}^{\mathrm{T}}\boldsymbol{W}) \\ &\text{s.t.}\quad \boldsymbol{W}^{\mathrm{T}}\boldsymbol{W} = \boldsymbol{I} \end{aligned} \tag{4.25}$$

从最大可分性出发，也可以得到一种等价描述。由于样本点 $\boldsymbol{x}_i \in \mathbf{C}^d, 1 \leqslant i \leqslant d$ 在新空间超平面上的投影是 $\boldsymbol{W}^{\mathrm{T}}\boldsymbol{x}_i$，则按照样本点在这个超平面尽可能地分开，应该使投影样本点的方差最大化，这样转化为如下优化目标：

$$\begin{aligned} &\max_{\boldsymbol{W}} \operatorname{tr}(\boldsymbol{W}^{\mathrm{T}}\boldsymbol{X}\boldsymbol{X}^{\mathrm{T}}\boldsymbol{W}) \\ &\text{s.t.}\quad \boldsymbol{W}^{\mathrm{T}}\boldsymbol{W} = \boldsymbol{I} \end{aligned} \tag{4.26}$$

显然式(4.25)和式(4.26)是等价的。

对式(4.25)和式(4.26)使用拉格朗日乘子法可得

$$\boldsymbol{X}\boldsymbol{X}^{\mathrm{T}}\boldsymbol{W} = \lambda\boldsymbol{W} \tag{4.27}$$

这样只需要对协方差矩阵 $\boldsymbol{X}\boldsymbol{X}^{\mathrm{T}}$ 进行特征值分解，将求的特征值排序 $\lambda_1 \geqslant \lambda_2 \geqslant \cdots \geqslant \lambda_{d'} \geqslant \cdots \geqslant \lambda_d$，并取前 d' 个大的特征值对应的特征向量构成 $\boldsymbol{W} = [\boldsymbol{w}_1, \boldsymbol{w}_2, \cdots, \boldsymbol{w}_{d'}]$。

4.4　相 关 讨 论

综上，本章介绍了常用的线性和非线性 IHS 变换。基于这一类变换，形成简单快速的成分替代方法，基本做法是对三波段遥感图像进行 IHS 变换，强度分量被替换为全色分量，最后进行逆变换即可。后续研究表明，这种过程实际上是一种细节注入增加的过程，即将全色图像与强度分量之间的差异注入至重采样三波段图像之中。

上述给出的线性 IHS 是一个三阶的变换核，或者是一个 3×3 的矩阵作为变换核。因此从算法考虑，上述变换仅仅能解决三波段图像的融合问题。如何解决上述问题呢？由 Tu 等提出的广义 IHS(GIHS)变换解决了 N 波段图像融合问题。在 GIHS 融合框架下，低分辨率亮度分量被一个较高空间分辨率的灰度图像(全色图像)所替代，并且不需要显式的逆变换即可实现高效率的融合，这将导出第 5 章的广义细节注入框架。

IHS 变换可以很容易地融合三个波段的多光谱图像，GIHS 变换可以处理三个以上的多光谱图像甚至高光谱图像。然而，融合结果容易出现明显的偏差，主要表现为色彩或光谱失真严重。

与 IHS 方法类似，PCA 方法也可以纳入成分替代框架，第一主成分将被全色图像所替代。由于第一主成分的平均值和方差比全色图像大得多，因此替代之前需要将全色图像和第一主成分进行直方图匹配。一般而言，PCA 方法的性能将优于 IHS 方法，虽然光谱失真无可避免，但是 PCA 方法融合图像的光谱失真要小于 IHS 方法。

PCA 方法在数学上可以处理超过三个波段的多光谱图像甚至高光谱图像，但是在物理上直接将第一主成分替换为全色图像缺乏物理解释，特别是在多光谱或高光谱图像的谱响应不能够完全覆盖全色图像波段时，如果采用先进的超高分辨率成像 QuickBird 和 IKONOS，则从光谱失真的角度来看，PCA 方法和 GIHS 方法一样，光谱失真都较差。

同时 PCA 方法也可以纳入细节注入框架。这里，对于 IHS 和 PCA 的融合方法，本节并不赘述，我们将在第 5 章详细讨论。

4.5　多分辨率分析

多分辨率分析(MRA)方法是空谱图像融合中的重要方法。由于 MRA 方法理论十分丰富，本节简要回顾与融合相关的小波理论和 MRA 方法的相关基础。

本章仅仅作一简单回顾，更为详细的论述建议读者参阅相关 MRA 方法理论和几何多尺度分析方面专著[16-19]。

4.5.1　小波分析基础

1. 小波的定义

小波分析理论和方法是从 Fourier 分析演变而来，小波变换具有很好的时频局部性。首先来考察连续小波。连续小波变换使用一个单变量的函数 $\psi(t)$ 及它的伸缩和平移函数系作为分析函数。对于一个一维(1D)实值函数 $f(t)\in L^2(\mathbf{R})$，其中 $L^2(\mathbf{R})$ 是平方可积函数空间，函数 $f(t)$ 的连续小波变换(Continuous Wavelet Transform，CWT)定义为

$$W(a,b)=\frac{1}{\sqrt{a}}\int_{-\infty}^{+\infty} f(t)\psi^*\left(\frac{t-b}{a}\right)\mathrm{d}t = f*\bar{\psi}_a(t) \tag{4.28}$$

其中，$\bar{\psi}_a(t)=(1/\sqrt{a})\psi^*(-t/a)$；$\psi(t)$ 是母小波，$\psi^*(t)$ 是其复共轭；$a\in\mathbf{R}^+$ 是尺度参数；$b\in\mathbf{R}$ 是平移参数；$W(a,b)$ 称为函数 $f(t)$ 的小波系数。

在傅里叶域中，有

$$\hat{W}(a,\omega)=\sqrt{a}\hat{f}(\omega)\hat{\psi}^*(a\omega) \tag{4.29}$$

当尺度 a 变化时，滤波器 $\hat{\psi}^*(a\omega)$ 仅仅缩小或放大，但保持相同的波形模式。

连续小波变换具有以下重要性质。

(1) 连续小波变换是一个线性变换：对于任何标量 ρ_1 和 ρ_2，若 $f(t)=\rho_1 f_1(t)+\rho_2 f_2(t)$，则 $W_f(a,b)=\rho_1 W_{f_1}(a,b)+\rho_2 W_{f_2}(a,b)$。

(2) 平移不变性：若 $f_0(t)=f(t-t_0)$，则 $W_{f_0}(a,b)=W_f(a,b-t_0)$。

(3) 伸缩共变性：若 $f_s(t)=f(st)$，则 $W_{f_s}(a,b)=\dfrac{1}{\sqrt{s}}W_f(sa,sb)$。

性质(3)使得小波变换非常适合分析分层结构，它就像一个具有与放大倍数无关的数学显微镜。

考虑给定的函数 $f(t)$ 的小波变换 $W(a,b)$，数学上已经证明 $f(t)$ 可以使用逆公式重构，即

$$f(t)=\frac{1}{C_\chi}\int_0^{+\infty}\int_{-\infty}^{+\infty}\frac{1}{\sqrt{a}}W(a,b)\chi\left(\frac{t-b}{a}\right)\frac{\mathrm{d}a\cdot\mathrm{d}b}{a^2} \tag{4.30}$$

其中

$$C_\chi=\int_0^{+\infty}\frac{\hat{\psi}^*(\omega)\hat{\chi}(\omega)}{\omega}\mathrm{d}\omega=\int_{-\infty}^{0}\frac{\hat{\psi}^*(\omega)\hat{\chi}(\omega)}{\omega}\mathrm{d}\omega \tag{4.31}$$

其中，$\hat{\psi}$ 表示 ψ 的傅里叶变换；上标 $*$ 表示共轭运算，重构是可能的当且仅当 C_χ 是有限的(容许性条件)。若取 $\chi(t)=\psi(t)$，则上述条件(式(4.31))可表达为

$$\int_{-\infty}^{+\infty}\frac{|\psi(\omega)|^2}{|\omega|}\mathrm{d}\omega<+\infty \tag{4.32}$$

该条件称为小波重构的容许性条件。式(4.32)隐含 $\hat{\psi}(0)=0$，换言之，$\int\psi(t)\mathrm{d}t=0$。小波具有零阶矩的性质且呈现出带通滤波的属性。值得注意的是，

一般来说，$\chi(t)=\psi(t)$，但是为了一些应用，其他选择可以增强某些特征，且$\chi(t)$不一定是小波函数。

采用小波分析重构信号的应用中，常常采取连续小波的离散化处理，其离散化过程通常是对连续的尺度参数a和平移参数b进行离散。不妨设这两个参数的离散化公式为$a=a_0^j, b=ka_0^j b_0$，这样对应的离散小波$\psi_{j,k}(t)$可写为

$$\psi_{j,k}(t)=a_0^{-j}\psi\left(a_0^{-j}t-kb_0\right) \tag{4.33}$$

则离散化小波变换系数可表示为

$$w_{j,k}=\left\langle f(t),\psi_{j,k}(t)\right\rangle=\int_{-\infty}^{+\infty}f(t)\psi_{j,k}^{*}(t)\mathrm{d}t \tag{4.34}$$

而离散重构公式为

$$f(t)=c\sum_{j=-\infty}^{+\infty}\sum_{k=-\infty}^{+\infty}w_{j,k}\psi_{j,k}(t) \tag{4.35}$$

其中，c是一个与信号无关的常数。

上述离散化过程若取$a_0=2,b_0=1$，则离散化小波：

$$\psi_{j,k}(t)=2^{-j}\psi\left(2^{-j}t-k\right),\quad j,k\in\mathbf{Z} \tag{4.36}$$

称为二进制小波，它在图像处理中具有广泛应用。

2. 小波基与小波分类

为了使得信号小波分析稳定性重构，往往还要求小波$\psi(t)$的傅里叶变换$\hat{\psi}(\omega)$满足“稳定性条件”，即

$$A\leqslant\sum_{j=-\infty}^{+\infty}\left|\hat{\psi}\left(2^{-j}\omega\right)\right|^2\leqslant B,\quad 0<A\leqslant B<+\infty \tag{4.37}$$

从稳定性条件引出对偶小波的重要概念，并在小波分析中可以设计更为灵活的信号多分辨率分析。

定义 4.1 (对偶小波)设小波$\psi(t)$满足式(4.37)的稳定性条件，则定义一个对偶小波$\widetilde{\psi}(t)$，其在傅里叶变换域$\hat{\tilde{\psi}}(\omega)$满足：

$$\hat{\tilde{\psi}}(\omega)=\frac{\hat{\psi}^{*}(\omega)}{\sum_{j=-\infty}^{+\infty}\left|\hat{\psi}\left(2^{-j}\omega\right)\right|^2} \tag{4.38}$$

通常，一个小波的对偶小波不是唯一定义的；通过对偶小波可以引出$\psi_{j,k}(t)$的对偶基，它允许正交、半正交、双正交和非正交等情形。一种应用是利用对偶基，可以提供更为一般的函数小波级数表示：

$$f(t)=\sum_{j=-\infty}^{+\infty}\sum_{k=-\infty}^{+\infty}\left\langle f,\widetilde{\psi}_{j,k}(t)\right\rangle\psi_{j,k}(t) \tag{4.39}$$

和

$$f(t)=\sum_{j=-\infty}^{+\infty}\sum_{k=-\infty}^{+\infty}\left\langle f,\psi_{j,k}(t)\right\rangle\widetilde{\psi}_{j,k}(t) \tag{4.40}$$

小波分析中广泛采取一种“线性独立基”，称为 Riesz 基，是定义 MRA 方法表示的要素之一(见 4.5.2 节)。

定义 4.2　(Riesz 基)设二维离散函数族 $\left\{\psi_{j,k}(t):j,k\in\mathbf{Z}\right\}$ 的闭包在 $L^2(\mathbf{R})$ 内是稠密的，并且存在 $0<A\leqslant B<+\infty$，使得

$$A\left\|\left\{w_{j,k}\right\}\right\|_2^2\leqslant\left\|\sum_{j=-\infty}^{+\infty}\sum_{k=-\infty}^{+\infty}w_{j,k}\psi_{j,k}(t)\right\|_2^2\leqslant B\left\|\left\{w_{j,k}\right\}\right\|_2^2 \tag{4.41}$$

对于 $\left\|\left\{w_{j,k}\right\}\right\|_2^2=\sum_{j=-\infty}^{+\infty}\sum_{k=-\infty}^{+\infty}\left|w_{j,k}\right|^2<+\infty$ 中的所有序列 $\left\{w_{j,k}\right\}$ 恒成立，则称 $\left\{\psi_{j,k}(t):j,k\in\mathbf{Z}\right\}$ 是 $L^2(\mathbf{R})$ 中的一组 Riesz 基，且 A、B 分别称为 Riesz 基下界和上界。

在 Riesz 基的基础上，根据小波 $\psi_{j,k}(t)$ 是否正交，可以分为正交、半正交、双正交等小波类型。下面，我们首先给出函数平移系正交性的一些概念及其相关结论。

定义 4.3　函数 $\phi(t)$ 的平移系 $\left\{\phi(t-n)\right\}$ 组成一标准正交基，若

$$\left\langle\phi(t-n),\phi(t-k)\right\rangle=\delta(k-n) \tag{4.42}$$

定义 4.4　函数 $f(t)$ 和 $g(t)$ 称为双正交的，若它们的平移系 $\left\{f(t-k),k\in\mathbf{Z}\right\}$ 和 $\left\{g(t-l),l\in\mathbf{Z}\right\}$ 双正交，即

$$\left\langle f(t-n),g(t-k)\right\rangle=\delta(k-n) \tag{4.43}$$

上述函数平移系正交性同样可以在傅里叶变换域中等价描述，可以证明 $\left\{\phi(t-n)\right\}$ 组成一标准正交基，则这组正交基的傅里叶变换必然满足

$$\sum_k\left|\widehat{\Phi}(\omega+2k\pi)\right|^2=1 \tag{4.44}$$

而平移系 $\left\{f(t-k),k\in\mathbf{Z}\right\}$ 和 $\left\{g(t-l),l\in\mathbf{Z}\right\}$ 双正交，则满足

$$\sum\nolimits_k\hat{f}(\omega+2k\pi)\hat{g}^*(\omega+2k\pi)=1 \tag{4.45}$$

定义 4.5　(正交小波)称一个 $L^2(\mathbf{R})$ 中的 Riesz 小波 $\psi(t)$ 为正交小波，若其生

成的离散小波族$\left\{\psi_{j,k}(t): j,k \in \mathbf{Z}\right\}$满足正交性条件：

$$\left\langle \psi_{j,k}, \psi_{m,n} \right\rangle = \delta(j-m)\delta(k-n), \quad j,k,m,n \in \mathbf{Z} \tag{4.46}$$

定义 4.6 (半正交小波)称一个$L^2(\mathbf{R})$中的 Riesz 小波$\psi(t)$为半正交小波，若其生成的离散小波族$\left\{\psi_{j,k}(t): j,k \in \mathbf{Z}\right\}$满足“跨尺度正交性条件”：

$$\left\langle \psi_{j,k}, \psi_{m,n} \right\rangle = 0, \quad j,k,m,n \in \mathbf{Z}\,;\, j \neq m \tag{4.47}$$

定义 4.7 (非正交小波)一个$L^2(\mathbf{R})$中的 Riesz 小波$\psi(t)$不是半正交小波，则将其称为非正交小波。

定义 4.8 (双正交小波)称一个$L^2(\mathbf{R})$中的 Riesz 小波$\psi(t)$为双正交小波，若其$\psi(t)$生成的小波族$\psi_{j,k}(t)$和其对偶小波$\widetilde{\psi}(t)$生成的小波族$\widetilde{\psi}_{j,k}(t)$是正交的，即

$$\left\langle \psi_{j,k}, \widetilde{\psi}_{m,n} \right\rangle = \delta(j-m)\delta(k-n), \quad j,k,m,n \in \mathbf{Z} \tag{4.48}$$

根据上述定义，不难看出如下几点：①一个正交小波必定是半正交的，但半正交小波一般不是正交小波；②双正交并不是$\psi(t)$和$\psi_{j,k}(t)$自身的正交性，而是与对偶小波的正交性；③正交一定是双正交的，因为任何一个正交函数都具有自对偶性，即对偶函数为其自身；④双正交不一定正交，正交是双正交的特例。

4.5.2 MRA 与塔式分解

多分辨率分析是从函数空间的角度建立一套多尺度空间的关系。平方可积函数空间$L^2(\mathbf{R})$内，函数可以逼近为一系列近似函数的级数表示。每一个近似函数都是原函数的逼近，并且随着级数项增加，其逼近程度越来越高。

多分辨率分析[20]来源于一系列通过在不同尺度下插值所产生的嵌入的闭子空间。空间$L^2(\mathbf{R})$的序列$\{V_k\}, k \in \mathbf{Z}$构成一个多分辨率分析，如果$\{V_k\}$满足以下条件。

(1) 单调性(包容性)。$\{V_k\}$是一个嵌套子空间序列，满足$\cdots \subset V_3 \subset V_2 \subset V_1 \subset V_0 \subset \cdots$。

(2) 逼近性。所有V_k的并在$L^2(\mathbf{R})$中是稠密的，即$L^2(\mathbf{R}) = \mathrm{close}_{L^2(\mathbf{R})}\left(\bigcup_{k\in\mathbf{Z}} V_k\right)$；所有$V_k$的交是零元素，即$\bigcup_{k\in\mathbf{Z}} V_k = \{0\}$。

(3) 伸缩性。$\phi(t) \in V_j \Leftrightarrow \phi(2t) \in V_{j-1}$ 。

(4) 平移不变性。$\phi(t) \in V_j \Leftrightarrow \phi(t - 2^{-j}k) \in V_j, \forall k \in \mathbf{Z}$。

(5) Riesz 基存在性。存在$\phi(t)\in V_0$，使得$\phi(2^{-j}t-k)$构成V_j的一组 Riesz 基。

根据上述 MRA 的定义，如果$\phi(t)\in V_0$，$\{\phi(t-k)\}$构成V_0的一组正交基，则称为是正交 MRA，其中$\phi(t)$称为尺度函数。此时令V_j是$L^2(\mathbf{R})$空间的一多分辨率逼近，则存在唯一函数$\phi(t)\in L^2(\mathbf{R})$使得$\left\{\phi_{j,k}=2^{-j/2}\phi(2^{-j}t-k),k\in\mathbf{Z}\right\}$必定是$V_j$内的一个标准正交基，而尺度函数$\phi(2^{-j}t)$的平移系可以生成一个子空间$V_j$，除此之外，由$V_j$子空间的包容关系$V_{j+1}\subset V_j$可知，存在$V_j$的正交补子空间$W_{j+1}$，满足：

$$V_j=V_{j+1}\oplus W_{j+1}\text{，且}W_j\perp V_j \tag{4.49}$$

这样很自然地可以引入小波函数$\psi(2^{-j}t)$，定义$W_j=\text{close}\left\{\psi_{j,k},k\in\mathbf{Z}\right\},j\in\mathbf{Z}$。特别地，当$j=0$时，尺度函数$\phi(t)$和小波函数$\psi(t)$满足正交性，即

$$\left\langle\phi(t-l),\psi(t-k)\right\rangle=\delta(k-l)$$

反复使用式(4.49)，可以将$L^2(\mathbf{R})$空间逼近特性写成：

$$L^2(\mathbf{R})=\left(\underset{j\leqslant J}{\oplus}W_j\right)\oplus V_J$$

这一结果告诉我们，若$f(t)\in L^2(\mathbf{R})$，则函数$f(t)$可以通过向各小波子空间和尺度函数空间进行投影表示，即

$$f(t)=\sum_k a_{J,k}\tilde{\phi}_{J,k}(t)+\sum_{j\leqslant J}\sum_k w_{j,k}\hat{\psi}_{j,k}(t) \tag{4.50}$$

其中，$\tilde{\phi}$和$\hat{\psi}$分别表示ϕ和ψ的对偶形式(此时在正交情况下，是ϕ和ψ自身)。

另外从包容关系$V_0\subset V_{-1}$，可以得到尺度函数的双尺度方程(刻画了相邻尺度空间的尺度函数之间的关系)：

$$\phi(t)=\sqrt{2}\sum_{k=-\infty}^{\infty}h(k)\phi(2t-k) \tag{4.51}$$

而由$V_{-1}=V_0\oplus W_0,W_0\subset V_{-1}$，可以得到另一个关系，即小波函数的双尺度方程：

$$\psi(t)=\sqrt{2}\sum_{k=-\infty}^{\infty}g(k)\phi(2t-k) \tag{4.52}$$

上述两个双尺度方程是正交小波的最重要的两组关系，同时也形成小波变换分析和综合滤波器设计的基础，其中

$$h(k)=\left\langle\phi(t),\phi(2t-k)\right\rangle,\quad g(k)=\left\langle\psi(t),\phi(2t-k)\right\rangle \tag{4.53}$$

对尺度函数的归一化条件$\int\phi(t)\mathrm{d}t=1$隐含$\sum\limits_{k=-\infty}^{\infty}h(k)=\sqrt{2}$；而由于$\int\psi(t)\mathrm{d}t=0$，则$\sum\limits_{k=-\infty}^{\infty}g(k)=0$。这表明$\{h(k)\}$构成低通分析滤波器，而$\{g(k)\}$为高通分析滤波器，

从而信号 $f(t)$ 的 MRA 分解可以描述为[20]

$$\begin{cases} a_{j+1,k} = \langle f, \phi_{j+1,k} \rangle = \sum_i h(i-2k) a_{j,i} \\ w_{j+1,k} = \langle f, \psi_{j+1,k} \rangle = \sum_i g(i-2k) a_{j,i} \end{cases} \tag{4.54}$$

而信号重建公式为

$$a_{j,k} = \langle f, \phi_{j,k} \rangle = \sum_i \tilde{h}(k-2i) a_{j+1,i} + \sum_i \tilde{g}(k-2i) w_{j+1,i} \tag{4.55}$$

其中，$\{\tilde{h}(i)\}$ 和 $\{\tilde{g}(i)\}$ 称为合成滤波器。

进一步，令 $\bar{h}(l) = h(-l)$，并令 $[\cdot]_{\downarrow 2}$ 代表下采样(即仅保留偶数位信号)，可得

$$\begin{cases} a_{j+1,k} = \left[\bar{h} * a_j\right]_{\downarrow 2} \\ w_{j+1,k} = \left[\bar{g} * a_j\right]_{\downarrow 2} \end{cases} \tag{4.56}$$

其中，“*”表示离散卷积。

综上，式(4.54)和式(4.55)实质上是一维信号 MRA 的分析和合成的滤波器实现过程，即著名的 Mallat 塔式分解算法。图 4.4 给出了 3 层 DWT 的级联滤波器组实现框图。

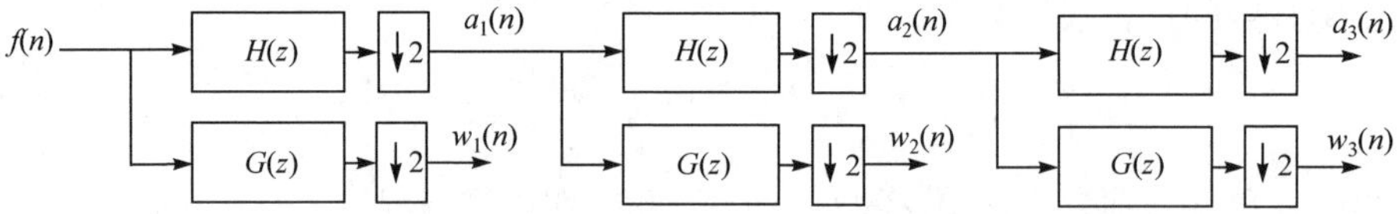

图 4.4　以因子 2 为采样的 3 层 DWT 级联滤波器实现框图

如图 4.5 所示，三层抽样小波变换下 $a_j(l)$ 和 $w_j(l)$ 分别表示第 j 层分解后的近似信息(低通信息)和细节信息(高通或带通信息)。由于下采样操作，其信号长度均是上一层输入信号的一半。容易验证，对于因子 2 采样的 DWT 变换框图可以等价为下面的等效级联滤波器实现过程，它通过图 4.4 调整输出下采样模块以及使用上采样滤波器得到。在上述框图中下采样操作 $[\cdot]_{\downarrow 2}$ 之前的小波变换系数 $\{\tilde{a}_3(l), \tilde{w}_3(l), \tilde{w}_2(l), \tilde{w}_1(l)\}$ 是没有经过下采样操作的。这一过程称为非抽取或过采样离散小波变换(UDWT)[21]。我们将在 4.5.6 节进一步给出介绍。

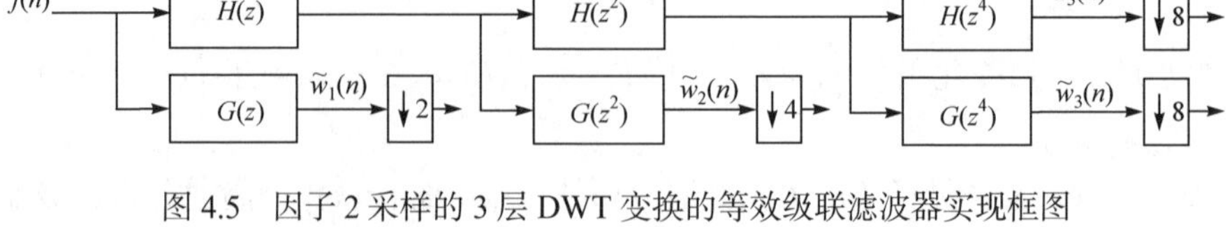

图 4.5　因子 2 采样的 3 层 DWT 变换的等效级联滤波器实现框图

4.5.3　正交小波构造条件与滤波器实现

对尺度函数的双尺度方程两边进行傅里叶变换，不难得到

$$\widehat{\Phi}(\omega)=H\left(\frac{\omega}{2}\right)\widehat{\Phi}\left(\frac{\omega}{2}\right) \tag{4.57}$$

其中，$H(\omega)=\sum_{k}\frac{h_k}{\sqrt{2}}\mathrm{e}^{-\mathrm{j}\omega k}$。

同理利用小波函数的双尺度方程，两边进行傅里叶变换，可得

$$\widehat{\Psi}(\omega)=G\left(\frac{\omega}{2}\right)\widehat{\Phi}\left(\frac{\omega}{2}\right) \tag{4.58}$$

其中，$G(\omega)=\sum_{k}\frac{g_k}{\sqrt{2}}\mathrm{e}^{-\mathrm{j}\omega k}$。

考虑到正交小波由尺度函数的平移和伸缩的线性组合获得，所以尺度函数 $\phi(t)$ 和小波函数 $\psi(t)$ 都必须是正交的。基于尺度函数的正交性傅里叶等价描述形式，即 $\langle\phi(t-l),\phi(t-k)\rangle=\delta(k-l)\Leftrightarrow\sum_{k}\left|\widehat{\Phi}(\omega+2k\pi)\right|^2=1$，可得

$$\left|H(\omega)\right|^2+\left|H(\omega+\pi)\right|^2=1 \tag{4.59}$$

同理，利用小波函数 $\psi(t)$ 的正交性及其双尺度方程可得

$$\left|G(\omega)\right|^2+\left|G(\omega+\pi)\right|^2=1 \tag{4.60}$$

又由尺度函数 $\phi(t)$ 和小波函数 $\psi(t)$ 之间的正交性，利用 $\langle\phi(t-l),\psi^*(t-k)\rangle=\delta(k-l)\Leftrightarrow\sum_{k}\widehat{\Phi}(\omega+2k\pi)\widehat{\Psi}(\omega+2k\pi)=1$ 的事实，可得

$$H(\omega)G^*(\omega)+H(\omega+\pi)G^*(\omega+\pi)=0 \tag{4.61}$$

式(4.59)～式(4.61)构成了构造正交小波时滤波器 $H(\omega)$ 和 $G(\omega)$ 所满足的三个条件，它们分别来自尺度函数的正交性、小波函数的正交性和尺度函数与小波函数之间的正交性。

联合求解式(4.60)和式(4.61)，可以得到正交小波情况下低通滤波器 H 和高通滤波器 G 之间的关系，满足

$$G(\omega)=\mathrm{e}^{-\mathrm{j}\omega}H^*(\omega+\pi) \tag{4.62}$$

或等价地，两边进行傅里叶逆变换，可得

$$g(k)=(-1)^{1-k}h^*(1-k),\quad k\in\mathbf{Z} \tag{4.63}$$

这说明正交小波情形下高通滤波器 G 可由低通滤波器 H 唯一确定。由于满足式(4.63)的等式关系，因此往往称 G 是 H 的镜像滤波器。在信号处理中，常常将

G 和 H 称为二次镜像滤波器。

4.5.4 双正交小波构造条件与滤波器实现

如果放松正交性条件，考虑双正交情形，Cohen 等构造了双正交 MRA，并给出了滤波器组实现方法[22]。在双正交情形，尺度函数 $\phi(t)$ 和小波函数 $\psi(t)$ 都不是正交的，而 $\phi_{j,k}=2^{-j/2}\phi(2^{-j}t-k)$ 和 $\psi_{j,k}=2^{-j/2}\psi(2^{-j}t-k)$ 及它们的对偶函数 $\tilde{\phi}(t)$ 和 $\tilde{\psi}(t)$ 具有正交性，从而可替换为较宽松的框架条件和下面的双正交条件：

$$\left\langle \phi_{j,k},\tilde{\phi}_{j,n}\right\rangle=\delta(k-n),\left\langle \psi_{j,k},\tilde{\psi}_{m,n}\right\rangle=\delta(j-m)\delta(k-n) \tag{4.64}$$

另外，存在两个多分辨率分析子空间的嵌套序列：

$$\cdots\subset V_3\subset V_2\subset V_1\subset V_0\subset\cdots$$

$$\cdots\subset \tilde{V}_3\subset \tilde{V}_2\subset \tilde{V}_1\subset \tilde{V}_0\subset\cdots$$

双正交情形下，子空间 V_j 与 W_j 不是正交补空间，但是令 $\tilde{W}_j=\mathrm{close}\left\{\tilde{\psi}_{j,k}:j,k\in\mathbf{Z}\right\}$，则有下列正交关系：

$$V_j\perp\tilde{W}_j,\tilde{V}_j\perp W_j \tag{4.65}$$

而尺度函数 $\phi(t)$ 和小波函数 $\psi(t)$ 的双尺度方程将转化为如下四组跨尺度关系：

$$\phi(t)=\sqrt{2}\sum_{k=0}^{2N-1}h(k)\phi(2t-k),\tilde{\phi}(t)=\sqrt{2}\sum_{k=0}^{2N-1}\tilde{h}(k)\tilde{\phi}(2t-k) \tag{4.66}$$

$$\psi(t)=\sqrt{2}\sum_{k=0}^{2N-1}g(k)\phi(2t-k),\tilde{\psi}(t)=\sqrt{2}\sum_{k=0}^{2N-1}\tilde{g}(k)\tilde{\phi}(2t-k) \tag{4.67}$$

类似地，上述双尺度方程可转化为傅里叶变换域的等价描述，除式(4.57)和式(4.58)外，还有

$$\hat{\tilde{\Phi}}(\omega)=H\left(\frac{\omega}{2}\right)\hat{\tilde{\Phi}}\left(\frac{\omega}{2}\right) \tag{4.68}$$

$$\hat{\tilde{\Psi}}(\omega)=G\left(\frac{\omega}{2}\right)\hat{\tilde{\Phi}}\left(\frac{\omega}{2}\right) \tag{4.69}$$

这样，双正交情况下可得到相关共轭滤波器的完美重构条件：

$$\begin{cases}H(\omega)\tilde{H}^*(\omega)+G(\omega)\tilde{G}^*(\omega)=1\\ H(\omega+\pi)\tilde{H}^*(\omega)+G(\omega+\pi)\tilde{G}^*(\omega)=0\end{cases} \tag{4.70}$$

式(4.70)中第一个等式是图像完全重建条件，而第二个等式是图像重构时去下采样导致的频谱混叠条件。图像的合成滤波器也可以通过分析滤波器导出，满足：

$$\begin{cases}\tilde{g}(k)=(-1)^k h(2N-k+1) \\ g(k)=(-1)^k \tilde{h}(2N-k+1)\end{cases},\quad k=0,1,\cdots,2N-1 \tag{4.71}$$

双正交基由于引入对偶小波，放宽了正交基的要求，并以 Riesz 基代替。这将使得构造出来的小波基函数$\psi(t)$和对偶小波函数$\tilde{\psi}(t)$是紧支撑的，并且具有广义线性相位，从而可以有效地降低滤波带来的相位失真。因此双正交小波在图像处理，特别是图像压缩等领域具有广泛的应用。

4.5.5　二维抽取小波变换

对于先前讨论的一维 MRA，我们可以通过尺度函数ϕ和小波函数ψ的分离张量积将其推广到任意维。下面以二维图像$f(x,y)\in L^2(\mathbf{R}^2)$为例，介绍二维 MRA。此时，对$f(x,y)$进行多分辨率分析就是构造子空间序列使其满足如一维 MRA 定义的五个条件的二维推广形式。令$V_j^2(j\in\mathbf{Z})$是$L^2(\mathbf{R}^2)$中的二维子空间，于是二维信号$f(x,y)$在分辨率2^{-j}的逼近等于信号在向量空间V_j^2上的正交投影。

考虑可分离的二维尺度函数：

$$\phi(x,y)=\phi(x)\phi(y) \tag{4.72}$$

其中，$\phi(x)$是一维多分辨率分析中的尺度函数。于是V_j^2上的正交基由式(4.73)给出：

$$2^{-j}\phi(2^{-j}x-m,2^{-j}y-n)=2^{-j}\phi(2^{-j}x-m)\phi(2^{-j}y-n),\quad (m,n)\in\mathbf{Z}^2 \tag{4.73}$$

并且二维子空间V_j^2可由一维子空间的张量积生成：

$$V_j^2=V_j\otimes V_j \tag{4.74}$$

类似地，若$\psi(x)$是尺度函数$\phi(x)$对应的一维小波函数，则利用可分离形式，可以定义以下三个二维小波。

(1) 垂直方向小波：

$$\psi^1(x,y)=\phi(x)\psi(y)$$

(2) 水平方向小波：

$$\psi^2(x,y)=\psi(x)\phi(y)$$

(3) 对角方向小波：

$$\psi^3(x,y)=\psi(x)\psi(y)$$

则$\left\{2^{-j}\psi^i(2^{-j}x-m,2^{-j}y-n),(m,n)\in\mathbf{Z}^2,i=1,2,3\right\}$分别是$L^2(\mathbf{R}^2)$的标准正交小波。

假设待分析的二维图像$f(x,y)\in V_j^2$，不妨记为$A_j(m,n),(m,n)\in\mathbf{Z}^2$，则二维 MRA 的一层分解将形成一个低通子带和四个方向子带图像：

$$\left\{A_{j+1}, W_{j+1}^{(LH)}, W_{j+1}^{(HL)}, W_{j+1}^{(HH)}\right\}$$

其中

$$\begin{cases} A_{j+1}(m,n) = \sum_k \sum_l h(k-2m)h(l-2n)A_j(m,n) \\ W_{j+1}^{(LH)}(m,n) = \sum_k \sum_l h(k-2m)g(l-2n)A_j(m,n) \\ W_{j+1}^{(HL)}(m,n) = \sum_k \sum_l g(k-2m)h(l-2n)A_j(m,n) \\ W_{j+1}^{(HH)}(m,n) = \sum_k \sum_l g(k-2m)g(l-2n)A_j(m,n) \end{cases} \tag{4.75}$$

上述过程可以看作先对行进行低通或高通滤波，下采样后再对列进行低通或高通滤波，然后再进行下采样的过程。令 H 和 G 分别表示作用在图像行和列上的低通分析滤波器和高通分析滤波器，则上述公式可以描述为图 4.6 所示图像分解的二维 MRA 滤波器组级联实现过程。图 4.7 给出了二维 DWT 的频域子带分割示意图。图 4.8 为一幅遥感图像的二维 DWT 分解。

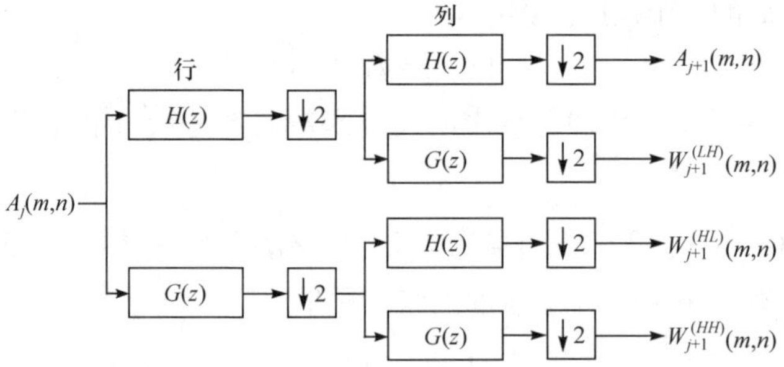

图 4.6　图像分解的二维 MRA 滤波器组级联实现

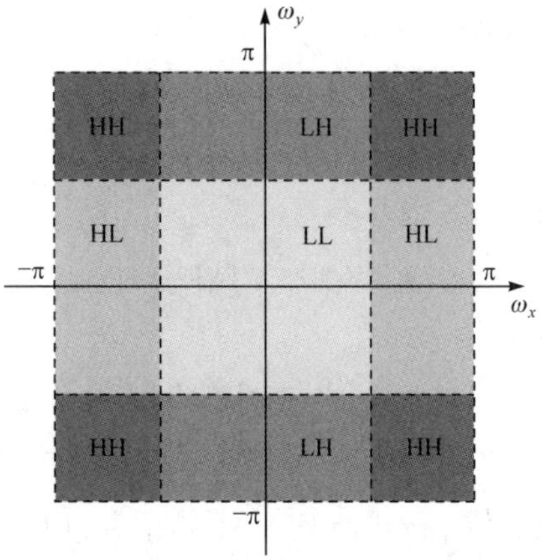

图 4.7　二维 DWT 的频域子带分割示意图

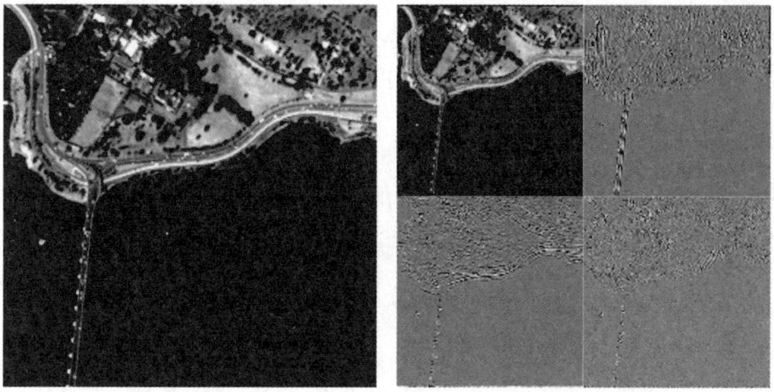

(a) 原图　(b) DWT分解之后的图

图 4.8　二维 DWT 的示意图

4.5.6　非抽取小波

上述我们讨论的是严格抽取(采样)的 MRA 方法，尽管正交和双正交小波变换在图像压缩中取得了非常成功的应用，但是在图像恢复(如去噪、去卷积)、检测或者更一般的数据分析应用中远远不是最优的。其主要原因归结于 DWT 缺少平移不变性，当通过修改小波系数来重建图像时往往导致大量的虚假失真。对于融合和重构的许多应用，一些研究者选取了一种折中的办法，解决的办法是通过保留滤波器组的重建提供快速的二进制算法，但是去掉正交变换中的抽取步骤，实现过程比较复杂，例如，文献[23]通过计算所有平移信号的小波系数后进行平均，提出了一种平移不变小波算法。

为此，研究者提出了一种静态小波变换(Stationary Wavelet Transform，SWT)方法[24]，即利用所谓的多孔(à trous)算法来进行高效实现，这个外文词汇在法语中的意思是“多孔的”，即在滤波器元素中间插入零元素，满足：

$$h^{[j]}(k)=h(k)\uparrow 2^j=\begin{cases}h\left(k/2^j\right), & k=2^j m, m\in\mathbf{Z}\\ 0, & 其他\end{cases} \tag{4.76}$$

$$g^{[j]}(k)=g(k)\uparrow 2^j=\begin{cases}g\left(k/2^j\right), & k=2^j m, m\in\mathbf{Z}\\ 0, & 其他\end{cases} \tag{4.77}$$

当 $j=1$ 时，有 $h^{[1]}=\left[\cdots,h(-2),0,h(-1),0,h(0),0,h(1),0,h(2),\cdots\right]$。令 $\bar{h}(l)=h(-l)$，这样对于一维非抽取小波的分解，可表示为

$$\begin{cases}A_{j+1}(l)=\left(\bar{h}^{[j]}*A_j\right)(l)=\sum_k h(k)A_j(l+2^j k)\\ W_{j+1}(l)=\left(\bar{g}^{[j]}*A_j\right)(l)=\sum_k g(k)A_j(l+2^j k)\end{cases} \tag{4.78}$$

而重构公式表达为

$$A_j(l)=\left(\tilde{h}^{[j]}*A_{j+1}\right)(l)+\left(\tilde{g}^{[j]}*W_{j+1}\right)(l) \tag{4.79}$$

其中，“*”表示卷积运算；滤波器组$\left(h,g,\tilde{h},\tilde{g}\right)$需要验证精确重构条件，由于没有采样抽取操作不需要去混叠条件，这将为设计综合型滤波器组提供更高的自由度。对于多层非抽取小波分解，可以通过级联形式实现。如前所述，其实现框图原理如图 4.9 所示。

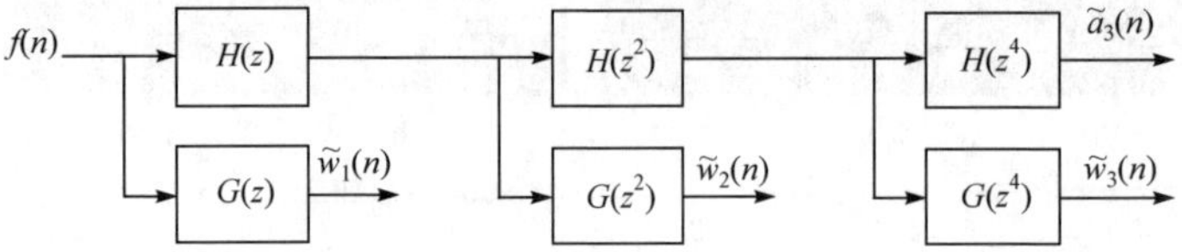

图 4.9　多层非抽取小波实现框图

对于非抽取小波变换，其分析滤波器的频率响应有何特性呢？事实上，根据式(4.76)和式(4.77)中的定义，其等效分析滤波器分别为$H(2^j\omega)$和$G(2^j\omega)$，则第j层的非抽取小波变换的等效分析滤波器[21]为

$$\begin{cases} H_{\text{eq}}^{j}(\omega)=\prod\limits_{i=0}^{j-1}H(2^i\omega) \\ G_{\text{eq}}^{j}(\omega)=\left[\prod\limits_{i=0}^{j-2}H(2^i\omega)\right]G(2^{j-1}\omega) \end{cases},\quad \forall j=1,2,\cdots,J \tag{4.80}$$

等效分析滤波器的频率响应如图 4.10 所示。除去最左边的低通滤波器，其他滤波器均为带通滤波器，带宽随层数j的增加而减少一半。在图 4.10 中，原始滤波器h、g采取的是具有 8 个元素的 Daubechies-4 小波[25]。

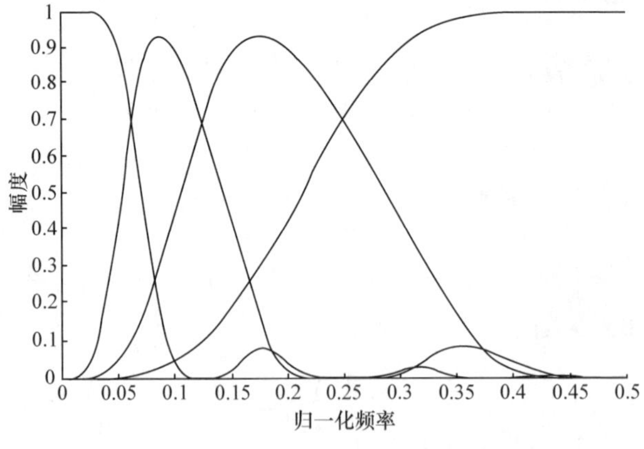

图 4.10　8 个元素的 Daubechies-4 小波对应的三层分解的低通和高通等效滤波器的频率响应[25]

在二维情形下，非抽取小波可通过可分离的多孔算法，利用二维张量积的形

式进行推广：

$$
\begin{cases}
A_{j+1}(k,l)=\left(\bar{h}^{[j]}\bar{h}^{[j]} * A_j\right)(k,l) \\
W_{j+1}^{1}(k,l)=\left(\bar{g}^{[j]}\bar{h}^{[j]} * A_j\right)(k,l) \\
W_{j+1}^{2}(k,l)=\left(\bar{h}^{[j]}\bar{g}^{[j]} * A_j\right)(k,l) \\
W_{j+1}^{3}(k,l)=\left(\bar{g}^{[j]}\bar{g}^{[j]} * A_j\right)(k,l)
\end{cases}
\tag{4.81}
$$

其中，$hg*c$ 表示 c 与可分离滤波器 hg 的卷积，即先按列与 h 卷积，然后按行与 g 卷积；A_j 表示图像在 2^j 尺度下的低通成分，即水平方向与垂直方向低频图像(LL)，其频率范围是 $\left[0,\pi/2^j\right]$；在每一个尺度下，我们得到 3 个小波图像 W_j^1、W_j^2、W_j^3，分别代表水平(LH)、垂直(HL)及对角(HH)方向的细节图像，第 j 层小波系数的频率范围是 $\left[\pi/2^j,\pi/2^{j-1}\right]$。由于没有抽取操作，它们的尺寸与原始图像相同。因此，对于一个 J 的非抽取小波分解，其冗余度为 $3J+1$。图 4.11 给出了一幅遥感图像一层非抽取小波分解。

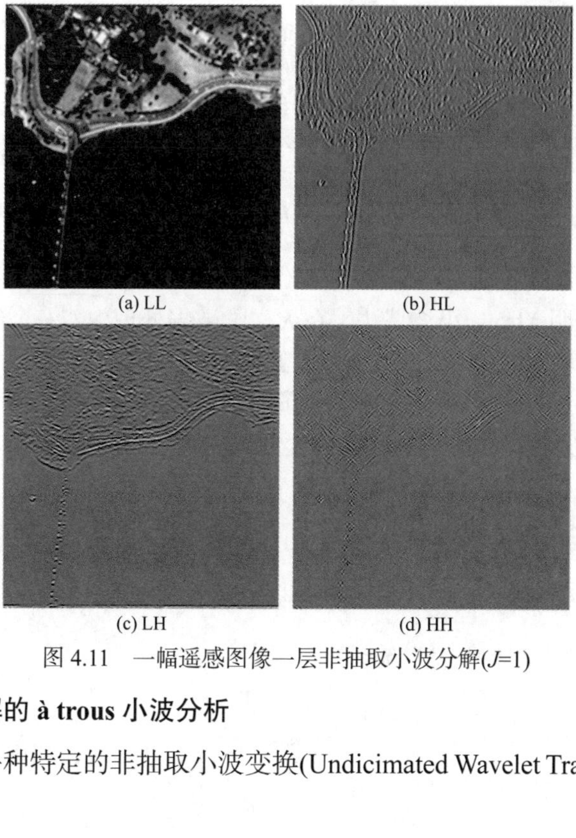

(a) LL　(b) HL　(c) LH　(d) HH

图 4.11　一幅遥感图像一层非抽取小波分解(J=1)

4.5.7　加性分解的 à trous 小波分析

本节介绍一种特定的非抽取小波变换(Undicimated Wavelet Transform，UWT)，

在图像融合的很多文献中为了避免与一般的 UWT 相混淆，常将其称为 à trous 小波。这种变换是由滤波器组 h 和 g 满足 $g=\delta-h$ 定义的一种非正交 MRA 算法，其中 δ 是 Kronecker 算子，为一个全通滤波器。这组滤波器并不是正交镜像滤波器，因此在抽取情况下，滤波器组不能形成完全重建。而在不抽取模式中，在第 j 层的低通滤波之前，采取式(4.76)对低通滤波器进行 2^j 上采样($\uparrow 2^j$，故称为多孔算法)[26]。

Starck 等的研究表明，对于任意一对偶对称滤波器 h 和 g，满足 $g=\delta-h$，则具有下列性质[17]。

(1) 该有限冲激响应(Finite Impulse Response，FIR)滤波器组实现了框架分解，利用 FIR 滤波器实现精确重构是可能的。

(2) 该 FIR 滤波器组不能实现紧框架分解。

在二维情形下，滤波器组由具有可分离性的滤波器 $\{h(k,l)=h(k)h(l)\}$ 和 $\{g(k,l)=\delta(k)\delta(l)-h(k)h(l)\}$ 组成。从 g 的结构容易看出，可以通过两个分辨率之间的差来计算小波系数：

$$W_{j+1}(k,l)=A_j(k,l)-A_{j+1}(k,l) \tag{4.82}$$

其中

$$A_{j+1}(k,l)=\left(\bar{h}^j(k)\bar{h}^j(l)*A_j\right)(k,l) \tag{4.83}$$

对于一个 J 层分解，à trous 小波算法会产生 $J+1$ 倍的数据冗余。由于舍弃了抽取操作，重构阶段变得非常简单，归结为一个低通成分和各层细节图像的累加形式：

$$f(k,l)=A_J(k,l)+\sum_{j=0}^{J-1}W_j(k,l) \tag{4.84}$$

换言之，所有尺度之和可以生成原始图像。

下面举例说明 à trous 小波算法。在天文学数据处理中，一个经常使用的变换称为 Starlet 变换，本质上就是一个特定滤波器的 à trous 小波。由于天文学中的目标大都是各向同性的，因此研究者除了要求滤波器组 h 和 g 满足 $g=\delta-h$，他们进一步要求：滤波器必须是对称的；在二维或者更高维时，h、g、$\phi(x)$ 和 $\psi(x)$ 必须是近似各向同性的，同样是可分离的。这样 Starck 等选择如下的尺度函数和小波函数[17](图 4.12)：

$$\begin{aligned}
&\phi_{1-D}(t)=\frac{1}{12}\left(|t-2|^3-4|t-1|^3+6|t|^3-4|t+1|^3+|t+2|^3\right)\\
&\phi(x,y)=\phi_{1-D}(x)\phi_{1-D}(y)\\
&\frac{1}{4}\psi\left(\frac{x}{2},\frac{y}{2}\right)=\phi(x,y)-\frac{1}{4}\phi\left(\frac{x}{2},\frac{y}{2}\right)
\end{aligned} \tag{4.85}$$

其中，$\phi_{1-D}(t)$ 是 3 阶的一维 B-样条(即 B_3 样条)，而小波函数定义为该函数两个分辨率之差。相关的滤波器对 (h,g) 定义为

$$\begin{aligned} &h(k)=\left[1\,4\,6\,4\,1\right]/16, \quad k=-2,-1,\cdots,2 \\ &h(k,l)=h(k)h(l) \\ &g(k,l)=\delta(k,l)-h(k,l) \end{aligned} \tag{4.86}$$

可见使用 B_3 样条导致 5×5 的 2D-FIR 离散卷积核为

$$\frac{1}{16}\begin{bmatrix}1\\4\\6\\4\\1\end{bmatrix}[1\ \ 4\ \ 6\ \ 4\ \ 1]/16=\frac{1}{256}\begin{bmatrix}1&4&6&4&1\\4&16&24&16&4\\6&24&36&24&6\\4&16&24&16&4\\1&4&6&4&1\end{bmatrix} \tag{4.87}$$

由于卷积核的可分离性，可以先按行然后按列(或者反过来)进行快速计算。

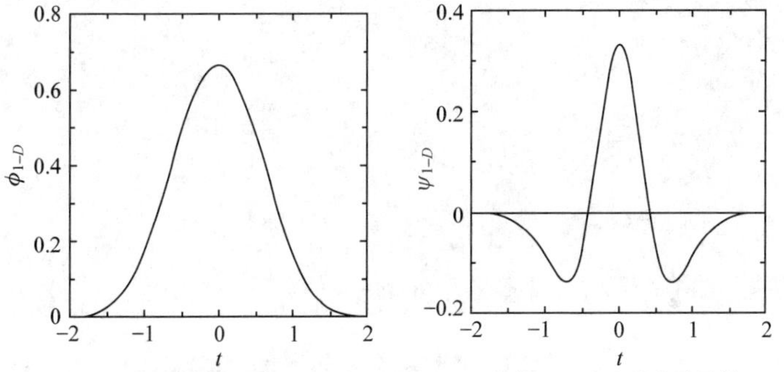

(a) 三次样条函数ϕ_{1-D}　　(b) 由式(4.85)定义的小波函数ψ_{1-D}

图 4.12　尺度函数和小波函数

ψ_{1-D} 定义为两个分辨率之间的差

从等效滤波器组来看，上述 à trous 小波分解的一个重要性质是低通成分序列 $A_j(k)$ 和细节序列 $W_j(k)$ 可以由其分析阶段的低通和高通滤波器进行上采样生成的等效滤波器直接卷积得到，其等效滤波器(傅里叶域)为

$$\begin{aligned} &H_{\text{eq}}^{j}(\omega)=\prod_{i=0}^{j-1}H(2^{i}\omega) \\ &G_{\text{eq}}^{j}(\omega)=\left[\prod_{i=0}^{j-2}H(2^{i}\omega)\right]\cdot G(2^{j-1}\omega)=H_{\text{eq}}^{j-1}(\omega)\cdot G(2^{j-1}\omega),\forall j=1,2,\cdots,J \end{aligned} \tag{4.88}$$

图 4.13 给出了 Starck 等设计的 5-tap 高斯型滤波器及其 1：4 分析时(j=2)，h^j 和 $g^j=\delta-h^j$ 对应的等效滤波器的频率响应。

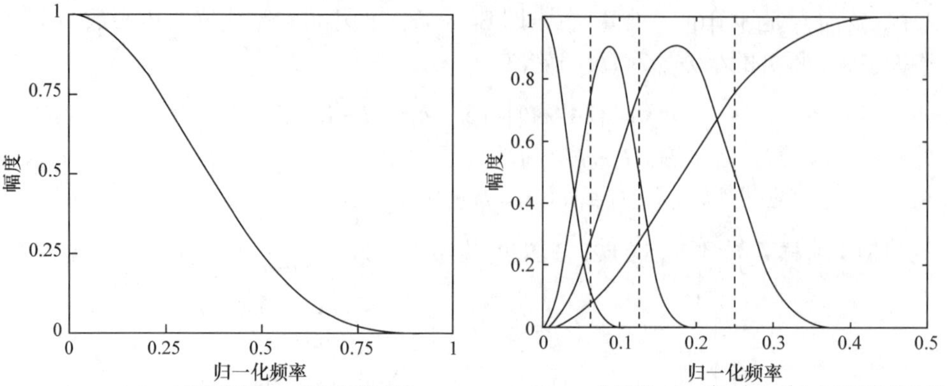

(a) Starck等设计的5-tap高斯型滤波器　　(b) 1：4 分析时(j=2), h^j和$g^j=\delta-h^j$对应的等效滤波器

图 4.13　非抽取 MRA 等效滤波器的频率响应[27,28]

对于 à trous 小波分解，我们选取图 4.8(a)的遥感图像进行式(4.84)中 J=3 的分解，可以得到图 4.14 所示的小波分解结果，各尺度之和可以重建原始图像。

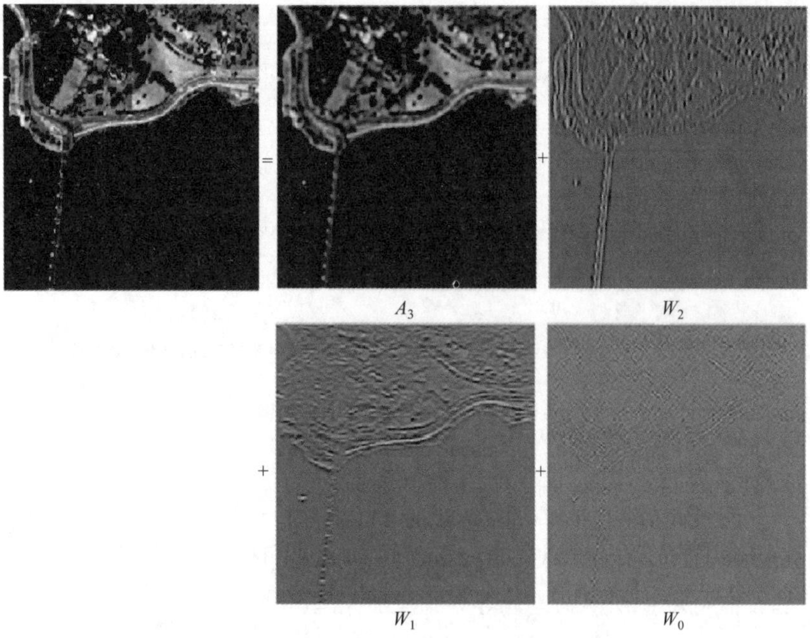

图 4.14　一幅遥感图像 à trous 小波水平为 3 的分解

分别得到 A_3、W_2、W_1、W_0 等 4 个尺度的图像，各尺度之和可以重建原始图像

4.5.8　拉普拉斯金字塔变换

拉普拉斯金字塔(LP)变换是来源于高斯金字塔(GP)变换的一种实现影像多尺度分析的方法，最早由 Burt 和 Adelson 为图像压缩应用所提出[29]。高斯金字塔的生成包含低通滤波和下采样过程，而 LP 是同级 GP 的高频分量，即影像的细节部

分。具体而言，LP 中的图像是通过 GP 中相邻两层图像相减而近似得到的，因此将较小尺寸的图像在较大分辨率上进行行列插值，插值后的图像还要通过一个低通滤波器再与较大分辨率上的图像进行减操作。下面简单描述生成 LP 的过程。

令原始影像为 $G_0(m,n)\equiv G(m,n)(m=0,1,\cdots,M-1;\ n=0,1,\cdots,N-1)$ 表示金字塔底层的图像，即 0 层。金字塔的每个尺度层 $k(1\leqslant k<K)$ 中的像素通过 $k-1$ 层对应像素的局部滤波窗口进行高斯加权平均得到。由于空间频率的降低，金字塔中的每一级影像的尺寸是逐层递减的。

经典的 LP 变换是按照 2 为因子进行采样的，LP 金字塔的生成取决于两个关键的操作：$\mathrm{REDUCE}_2(\cdot)$ 和 $\mathrm{EXPAND}_2(\cdot)$ 。$\mathrm{REDUCE}_2(\cdot)$ 操作负责生成尺寸较小的低通版本，用 $\mathrm{REDUCE}_2(\cdot)$ 操作来构造金字塔过程中从较大分辨率影像生成较小分辨率影像的步骤，从像素密度和分辨率来看，影像金字塔是逐层递减的。对于 $k(1\leqslant k<K)$ ，有

$$G_k=\mathrm{REDUCE}_2(G_{k-1}) \tag{4.89}$$

其中

$$G_k(i,j)=\sum_{m=-L_r}^{L_r}\sum_{n=-L_r}^{L_r}r(m,n)G_{k-1}(2i+m,2j+n) \tag{4.90}$$

其中，二维权重函数 $r(m,n)$ 其实是类似归一化高斯函数的低通滤波器，具有如下性质：

(1) 可分离的，即 $r(m,n)=r(m)r(n)$ ；

(2) 归一化 $\sum_{m=-L_r}^{L_r}\sum_{n=-L_r}^{L_r}r(m,n)=1$ ；

(3) 对称的，且 $\{r(i),i=-L_r,\cdots,L_r\}$ 是奇数个滤波器元素。

例如，可以选取式(4.87)的卷积核。而 $\mathrm{EXPAND}_2(\cdot)$ 是 $\mathrm{REDUCE}_2(\cdot)$ 的逆变换，负责生成插值放大的版本，定义为

$$\begin{cases}G_{k,0}=G_k\\ G_{k,l}=\mathrm{EXPAND}_2(G_{k,l-1})\end{cases} \tag{4.91}$$

其中

$$G_{k,l}(i,j)=\sum_{m=-L_e}^{L_e}\sum_{n=-L_e}^{L_e}e(m,n)G_{k,l-1}\left(\frac{i+m}{2},\frac{j+n}{2}\right) \tag{4.92}$$

且只有整数坐标的像素参与该求和运算，$i=0,1,\cdots,M/2^k-1, j=0,1,\cdots,N/2^k-1$ 。其中 $\mathrm{EXPAND}_2(\cdot)$ 中的滤波器 $e(m,n)$ 同样为对称可分离 $(e(m,n)=e(m)e(n))$ ，且为奇数个元素的滤波器，其截止频率在信号的一半带宽处，以避免引入由以 2 为因子的上采样所带来的频谱。

这样，由 GP 进一步可以构造增强型拉普拉斯金字塔(Enhanced LP, ELP)[30]：

$$\begin{cases} R_k = G_k - \text{EXPAND}_2(G_{k+1}) \\ R_K = G_K \end{cases}, \quad 0 \leqslant k \leqslant K-1 \tag{4.93}$$

显然，每一层 R_k 是低通金字塔中两个分辨率层次影像之间的差值。由于该差值金字塔是原始影像的一种完整的表示形式，因此通过构造金字塔的逆过程可以完全重构原始影像 G_0，具体步骤为

$$\begin{cases} G_K = R_K \\ G_k = R_k + \text{EXPAND}_2(G_{k+1}) \end{cases}, \quad 0 \leqslant k \leqslant K-1 \tag{4.94}$$

在文献[30]中，ELP 的基本属性是在 $\text{EXPAND}_2(\cdot)$ 操作中的滤波器采取零相位滤波器，且在信号的一半带宽处频率截止；而 $\text{REDUCE}_2(\cdot)$ 中的滤波器可以独立选择，其在信号的一半带宽处频率可截止也可不截止。ELP 在性能上优于 Burt 和 Adelson 早期提出的 LP 方法。图 4.15 给出了 GP 和 ELP 的一个变换实例。

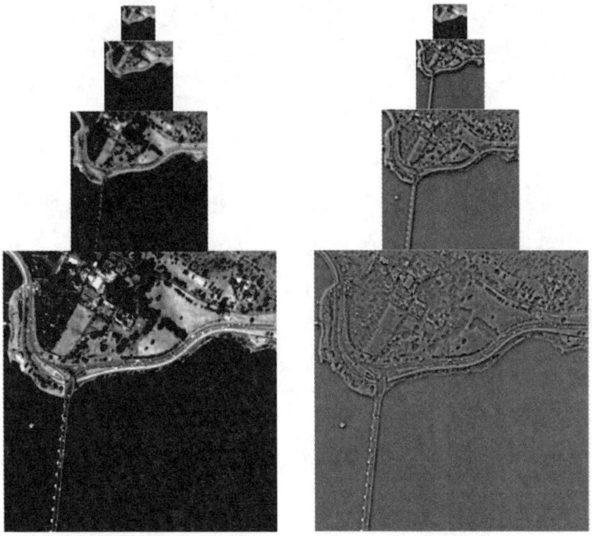

(a) GP　　(b) ELP

图 4.15　金字塔分解示意图

p/q=1/2

4.5.9　广义拉普拉斯金字塔变换

广义拉普拉斯金字塔(GLP)变换是 LP 的推广形式，旨在通过任意倍率的 $\text{REDUCE}(\cdot)$ 和 $\text{EXPAND}(\cdot)$ 操作实现图像分数形式的塔式分解，从而对于图像融合等重构任务具有更好的适应性[30]。首先，引入整数 p 为因子的 $\text{REDUCE}_p(\cdot)$：

$$\text{REDUCE}_p(G_k)(i,j) := \sum_{m=-L_r}^{L_r} \sum_{n=-L_r}^{L_r} r_p(m,n) G_k(pi+m, pj+n) \tag{4.95}$$

其中，约简滤波器 $r_p(m,n)$ 是可分离的，即 $r_p(m,n)=r_p(m)r_p(n)$，必须在带宽的 $1/p$ 处截止，以避免频谱混叠。

而以整数 p 为因子的 $\text{EXPAND}_p(\cdot)$ 定义为

$$\text{EXPAND}_p(G_k)(i,j):=\sum_{m=-L_r}^{L_r}\sum_{n=-L_r}^{L_r}e_p(m,n)G_k\left(\frac{i+m}{p},\frac{j+n}{p}\right) \tag{4.96}$$

其中，$(i+m)\bmod p=0,(j+n)\bmod p=0$，低通扩展滤波器 $e_p(m,n)=e_p(m)e_p(n)$，$\{e_p(m),m=-L_e,\cdots,L_e\}$ 必须在带宽的 $1/p$ 处截止。

当 $p/q>1$ 为所需要的尺度时，可以采取 $\text{REDUCE}_p(\cdot)$ 和 $\text{EXPAND}_q(\cdot)$ 的级联形式生成广义高斯金字塔(GGP)：

$$G_{k+1}=\text{REDUCE}_{p/q}(G_k):=\text{REDUCE}_p\{\text{EXPAND}_q\}(G_k) \tag{4.97}$$

类似地，可定义广义的 $\text{EXPAND}_{p/q}(\cdot)$ 操作：

$$\text{EXPAND}_{p/q}(G_k):=\text{REDUCE}_q\left\{\text{EXPAND}_p(G_k)\right\} \tag{4.98}$$

基于上述定义，进而可以定义广义拉普拉斯金字塔：

$$\begin{cases}R_k=G_k-\text{EXPAND}_{p/q}(G_{k+1})=G_k-\text{REDUCE}_q\left\{\text{EXPAND}_p(G_{k+1})\right\}, & 0\leqslant k\leqslant K-1\\ R_K=G_K\end{cases} \tag{4.99}$$

图 4.16 给出了一幅图像的 GGP 和 GLP 的分解实例。由图 4.16 可知，GGP 是

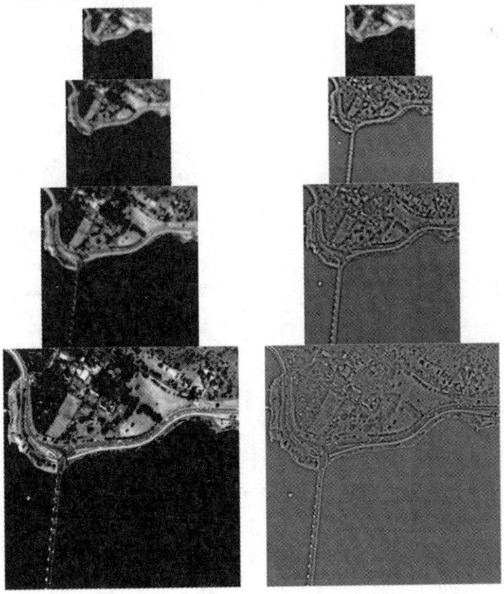

(a) GGP　　(b) GLP

图 4.16　图像的 GGP 和 GLP 分解示意图

p/q=3/2

原始影响图像在不同尺度的逼近形式；而 GLP 除最后一个尺度是图像粗逼近，其他不同尺度上呈现不同细节信息。

4.6　多尺度几何分析

本节将回顾介绍超小波(Beyond Wavelet)的一些冗余非分离 MRA 方法，称为多尺度几何分析(Multiscale Geometric Analysis，MGA)，这些图像分析工具包括脊波(Ridgelet)、曲波(Curvelet)和轮廓波(Contourlet)等。下面，首先从函数逼近和奇异性表征的角度给出这些表示方法的基本思想和出发点。

首先，小波基对于点奇异性具有最优的逼近性质，数学上已经证明[16]：设小波 $\psi_{j,n}$ 属于 C^q 且具有 q 阶消失矩，对于一维分段光滑函数 f 在[0,1]上具有有限个不连续点，且在这些不连续点之间是一致利普希茨(Lipschitz) α ($\alpha<q$)的，小波的非线性逼近误差(M 个幅度最重要系数的重建误差)为

$$\varepsilon^{\text{Wavelet}}[M]=\left\|f-f_M^{\text{Wavelet}}\right\|_2^2\propto M^{-2\alpha} \tag{4.100}$$

而此时函数 f 的 Fourier 非线性逼近误差为

$$\varepsilon^{\text{Fourier}}[M]=\left\|f-f_M^{\text{Fourier}}\right\|_2^2\propto M^{-1} \tag{4.101}$$

上述结论表明小波分析比傅里叶分析更能“稀疏”地表示一维分段光滑函数或者有界变差(Bounded Variation，BV)函数。但是小波分析在一维时所具有的优异特性并不能简单地推广到二维或更高维。设 f 是沿长度 $L(L>0)$的轮廓 $\partial\Omega$ 且幅值大于 $C(C>0)$ 的不连续分片正则函数(图 4.17)，二维可分离小波对“线奇异”的函数的逼近性能基本令人满意[31]。

$$\varepsilon^{\text{Wavelet}}[M]=\left\|f-f_M^{\text{Wavelet}}\right\|_2^2\propto\|f\|_{\text{BV}}M^{-1}$$

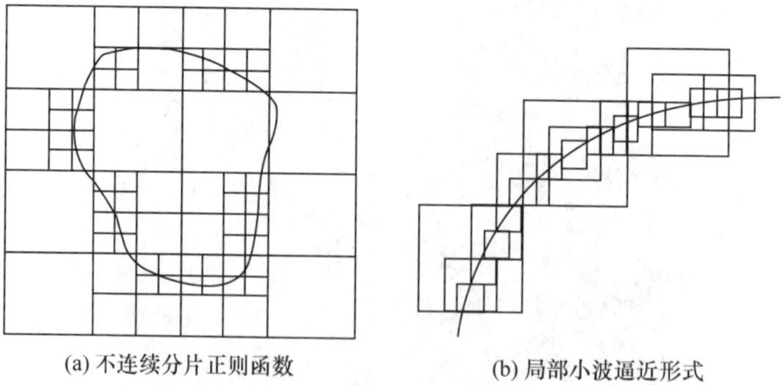

(a) 不连续分片正则函数　　(b) 局部小波逼近形式

图 4.17　不连续分片正则函数例子及小波逼近形式

二维图像中的线状奇异性边缘和三维图像中丝状物(Filaments)及管状物

(Tubes)几何特征不能被各向同性的“方块基”(如小波基)表示，而最优或者“最稀疏”的函数表示方法应该由各向异性的“偏椭圆基”或“楔形基”表征[32-39]。而图像中的卡通(Cartoon)分量往往由分片光滑的平坦区域和边缘曲线组成，因此需要采取具有各向异性基的多尺度分析(图 4.18)。

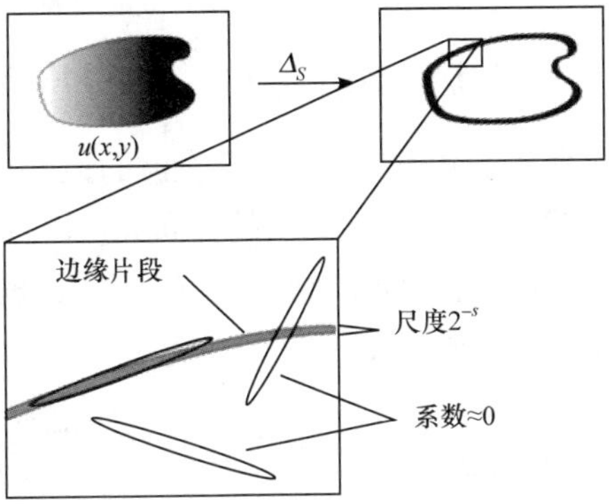

图 4.18　基于各向异性基的多尺度分析

曲线状奇异性结构表征的代表性多尺度分析有：第一代曲波变换、第二代曲波变换和轮廓波变换。

数学上已经证明：对于含 C^s 奇异轮廓线的二维分片光滑曲线，有如下结论。

(1) 单尺度脊波的非线性逼近误差为[32]

$$\varepsilon^{\text{Ridgelet}}[M]=\left\|f-f_M^{\text{Ridgelet}}\right\|_2^2\leqslant C\max(M^{-s},M^{-\frac{3}{2}})\tag{4.102}$$

(2) 曲波(多尺度脊波)的非线性逼近误差为[32]

$$\varepsilon^{\text{Curvelet}}[M]=\left\|f-f_M^{\text{Curvelet}}\right\|_2^2\leqslant CM^{-2}(\log M)^{1/2}\tag{4.103}$$

(3) 轮廓波的非线性逼近误差为[36]

$$\varepsilon^{\text{Contourlet}}[M]=\left\|f-f_M^{\text{Contourlet}}\right\|_2^2\leqslant CM^{-2}(\log M)^3\tag{4.104}$$

4.6.1　曲波变换

第一代曲波是基于多尺度脊波变换构造的，下面首先简要回顾脊波表示的原理。按照 Candès 提出的构造理论[32]，对于一个在二维实数空间($\mathbf{R}^2$)，脊波函数在 $\boldsymbol{x}=(x_1,x_2)$处定义为

$$\psi_{a,b,\theta}(\boldsymbol{x})=\frac{1}{\sqrt{a}}\psi((x_1\cos\theta+x_2\sin\theta-b)/a)\tag{4.105}$$

其中，$\psi(t)$ 是满足一定消失矩和光滑性的小波函数，满足允许性条件：

$$C_\psi = \int \frac{\left|\widehat{\psi}(\omega)\right|}{\left|\omega\right|^2} \mathrm{d}\omega < \infty \tag{4.106}$$

其中，$\widehat{\psi}(\omega)$ 表示 $\psi(t)$ 的傅里叶变换，则对于 $f:\mathbf{R}^2 \to \mathbf{R}^2$ 可积空间的连续脊波变换为

$$\mathcal{R}_u(a,b,\theta) = \left\langle f, \psi_{a,b,\theta} \right\rangle \tag{4.107}$$

其中，$a,b \in \mathbf{R}$, $a>0$ 同小波定义类似，a 表示脊波的尺度，b 表示脊波的位置；$(\cos\theta, \sin\theta)$ $(\theta \in [0, 2\pi))$ 表示在 x_1-x_2 平面内的方向矢量。图 4.19 所示为 Morlet 小波生成的脊波函数及尺度变换后的脊波结构示意图。Candès 已证明脊波变换存在完全重建公式，对平方可积函数可表示为

$$f(\boldsymbol{x}) = \int_0^{2\pi} \int_{-\infty}^{+\infty} \int_0^{+\infty} \mathcal{R}_u(a,b,\theta) \psi_{a,b,\theta}(\boldsymbol{x}) \frac{\mathrm{d}a}{a^3} \mathrm{d}b \frac{\mathrm{d}\theta}{4\pi} \tag{4.108}$$

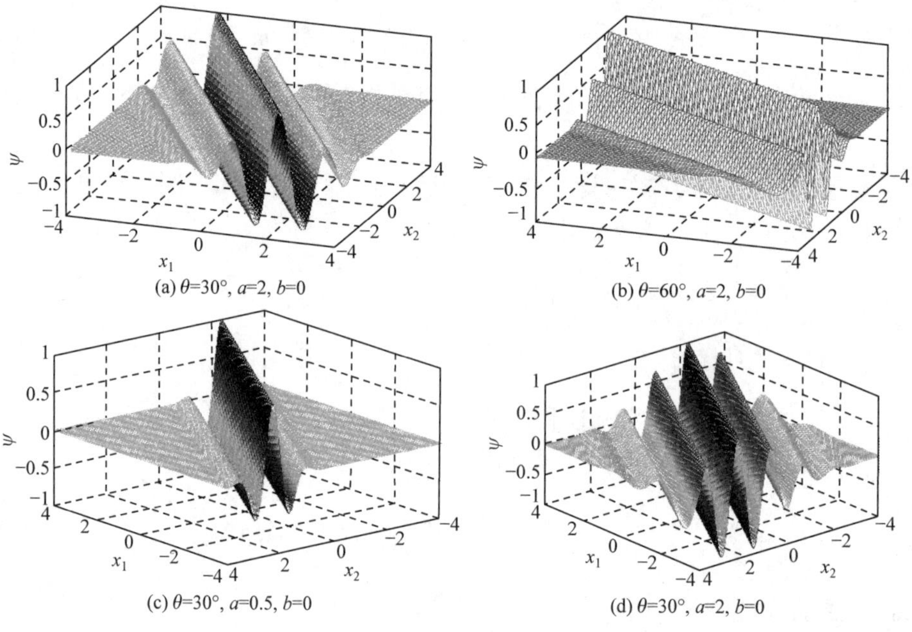

图 4.19 脊波函数三维视图

在脊波变换的基础上，Candès 和 Donoho 构造曲波变换的基本出发点是边缘为曲线状而非直线，而脊波很难对图像进行高效表示。然而，我们仍然可以按照局部方式应用脊波变换的机理，这样在细尺度情形，曲线边缘几乎为直线(图 4.20)。这就是第一代曲波的基本思想(命名为 CurveletG1)[31]。

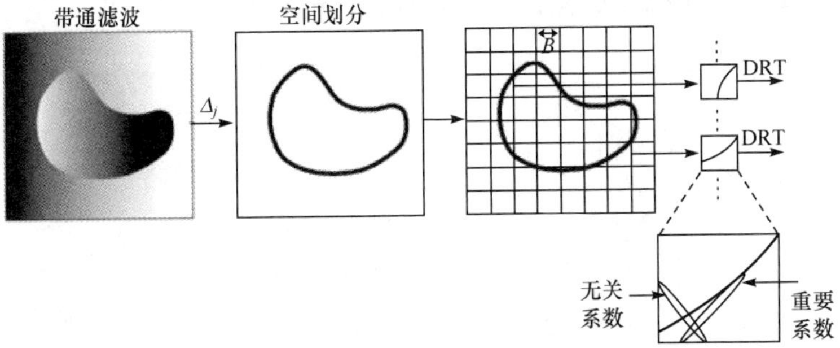

图 4.20　关于带通滤波图像的局部脊波变换

在细尺度上，曲线边缘几乎是直线

第一代曲波变换的处理过程为：首先将图像分解为系列小波子带，然后对每个子带应用脊波变换。每一尺度层次可以改变块的大小。大致而言，采用不同分解水平的多尺度脊波金字塔来表示滤波器组输出的不同子带。同时，子带分解在重要框架元素的宽度(width)和长度(length)之间强加了一种各向异性，即服从抛物形尺度律 $\text{width} \approx \text{length}^2$ 。

关于连续函数(即连续变量的函数) $f(\boldsymbol{x})$ 的第一代离散曲波变换(DCTG1)采用了二进尺度序列和一组滤波器，该滤波器的性质满足带通滤波 Δ_j 集中于频带 $\left[2^{2j}, 2^{2j+2}\right]$，即

$$\Delta_j(f) = \psi_{2j} * f, \quad \hat{\psi}_{2j}(\omega) = \hat{\psi}(2^{-2j}\omega) \tag{4.109}$$

在小波理论中，我们采用二进子带 $\left[2^{j}, 2^{j+1}\right]$ 分解。相比而言，连续函数的数字曲波变换的子带分解为非标准形式 $\left[2^{2j}, 2^{2j+2}\right]$。这是曲波的重要特征，即按照抛物形尺度律进行逼近。

DCTG1 的分解步骤如下。

(1) 子带分解：目标图像 f 分解为若干子带。

(2) 光滑划分：每个子带经平滑窗口划分为合适尺度(边长约为 2^{-j})的方块。

(3) 脊波分析：每个方块进行数字脊波变换(Digital Ridgelet Transform, DRT)分析。

在该定义中，在应用脊波变换之前，需要合并两个二进子带 $\left[2^{j}, 2^{j+1}\right]$ 和 $\left[2^{2j}, 2^{2j+2}\right]$。

基于上述过程，人们发展了 DCTG1 的等效实现算法，首先采取 à trous 小波变换(见 4.5.7 节)得到各个尺度的子带图像；然后对子带进行不同分辨率的分块操作；最后对每个分块进行脊波变换。脊波变换等价于 Radon 变换的一维小波分析；而 Radon 变换又可以等效为二维傅里叶变换下极坐标系下射线上系数的一维傅里

叶分析。图 4.21 为 Radon 变换示意及其脊波变换等效计算原理图。

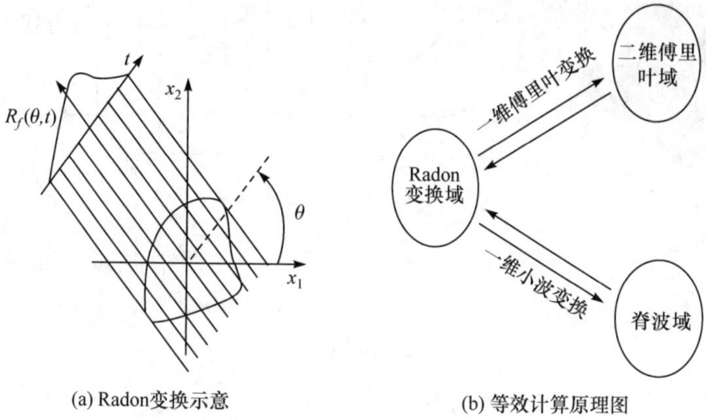

图 4.21　Radon 变换示意及其等效计算原理图

因此，DCTG1 的最终等效计算框图如图 4.22 所示。为了避免产生分块效应，块与块之间必须有重叠，因此第一代曲波变换的冗余度高。当分解尺度为 J 时，其冗余度高达 $16J+1$。

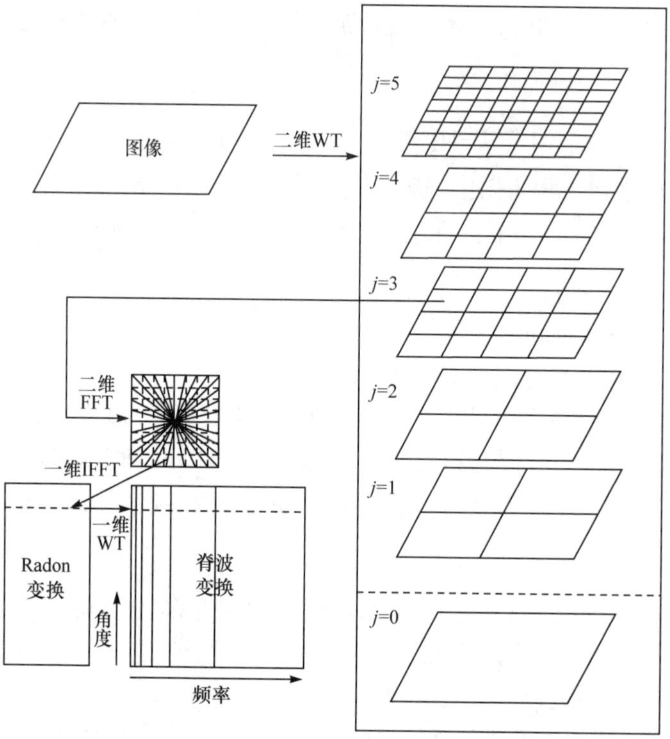

图 4.22　DCTG1 的最终等效计算框图

为了降低第一代曲波变换的冗余度，Candès 等给出了无须分块操作的连续域第二代曲波变换[38]。设 $W(r)(r \in (1/2,2))$，$V(t)(t \in (-1,1))$ 是一对非负的光滑窗函数，分别称为“径向窗”和“角度窗”，且满足容许性条件：

$$\sum_{j=-\infty}^{+\infty} W^2(2^j r) = 1, \quad r \in (3/4, 3/2) \tag{4.110}$$

$$\sum_{l=-\infty}^{+\infty} V^2(t-l) = 1, \quad r \in (-1/2, 1) \tag{4.111}$$

对于 $j \geqslant j_0$，引入定义在傅里叶域的频率窗口 U_j：

$$U_j(r,\theta) = 2^{-3j/4} W(2^{-j} r) V\left(\frac{2^{\lfloor j/2 \rfloor}\theta}{2\pi}\right) \tag{4.112}$$

因此频率窗口 U_j 在频率域的支撑区间是一个由“径向窗”和“角度窗”决定的“楔形”窗口，对应于二进冠 $(2^j, 2^{j+1}) \times (-\pi 2^{-j/2}, \pi 2^{-j/2})$ 所确定的“楔形”频带(如图 4.23 的阴影区域所示)。

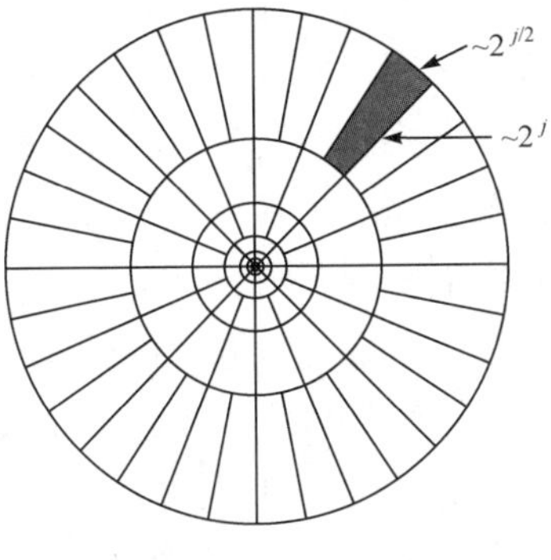

图 4.23　第二代曲波变换的频率域二进冠分割及曲波频率域“楔形”支撑区域示意图

令 U_j 是函数 $\varphi_j(x)$ 的傅里叶变换，即 $\hat{\varphi}_j(\omega) = U_j(\omega)$。如果将 $\varphi_j(x)$ 看作曲波的母函数，则通过对其旋转和平移，可得到 2^{-j} 尺度下的曲波原子。令 $\boldsymbol{R}_\theta$ 表示旋转角为 θ 的旋转矩阵，$\boldsymbol{R}_\theta^{-1}$ 为 $\boldsymbol{R}_\theta$ 的逆矩阵，则 $2^{-j}(j \geqslant j_0)$ 尺度下，方向为 $\theta_{j,l} = 2\pi \cdot 2^{-\lfloor j/2 \rfloor} \cdot l (l = 1,2,\cdots, 0 \leqslant \theta_l \leqslant 2\pi)$，中心位置在 $x_k^{(j,l)} = R_{\theta_{j,l}}^{-1}(k_1 2^{-j}, k_2 2^{-j})(k = (k_1,k_2) \in \mathbf{Z}^2)$ 的曲波原子为

$$\varphi_{j,l,k}(x) = \varphi_j(R_{\theta_{j,l}}(x - x_k^{(j,l)})) \tag{4.113}$$

则第二代曲波变换可定义为

$$c_{j,l,k} := \left\langle f(\boldsymbol{x}), \varphi_{j,l,k} \right\rangle = \int_{R^2} f(\boldsymbol{x}) \overline{\varphi_{j,l,k}(x)} \, \mathrm{d}\boldsymbol{x} \tag{4.114}$$

第二代曲波变换在 L^2 意义下构成紧框架，存在重构公式：

$$f(\boldsymbol{x}) = \sum_{j,l,k} \left\langle f(\boldsymbol{x}), \varphi_{j,l,k} \right\rangle \varphi_{j,l,k} \tag{4.115}$$

且具有 Parseval 等式：

$$\sum_{j,l,k} \left| \left\langle f(\boldsymbol{x}), \varphi_{j,l,k} \right\rangle \right|^2 = \|\boldsymbol{u}\|_2^2$$

第二代曲波变换基函数具有各向异性关系，即基函数支撑区间的宽度与长度近似符合平方律：$\text{width} \approx \text{length}^2$ 。Candès 等利用非均匀空间抽样的二维 FFT 算法实现了一种离散曲波变换。

4.6.2 轮廓波变换

Do 和 Vetterli 提出了一种新的多尺度方向分析方法——轮廓波变换[36]，它的主要思想来自曲波变换，具有多方向选择性和各向异性的图像表示优良性质，其基函数支撑区间的长宽随着尺度变化而变化，能够以接近最优的方式描述图像的边缘。一些学者认为，轮廓波变换是曲波变换的另一种低冗余度离散实现。离散轮廓波分解可以分为以下两个独立的步骤。

(1) 使用 LP 滤波器对原图像进行子带分解(见 4.5.8 节)，以捕获二维图像信号中存在的点奇异性。一次 LP 分解是将原始信号分解为原始信号的逼近分量和原始信号与低通分量的差值，即高频分量；递归地对逼近分量做进一步的分解，便得到了整个多分辨率图像。而 LP 分解也是轮廓波变换的先决条件。由于 LP 每分解一次就会产生一个原图像 1/4 大小的逼近图像和一个与原图像一样大小的高频分量，所以 LP 分解的冗余度不超过 4/3 。

(2) 使用方向滤波器组(Directional Filter Bank，DFB)进行方向变换。若 DFB 对图像进行 l 层分解，则在每层将频域分解成 2^l 个子带，且每个子带都成“楔形”。图 4.24 给出了轮廓波滤波器组的实现和频域分割示意图。

LP 分解和 DFB 都属于迭代滤波器，当滤波器的分解层数固定时，每个轮廓波系数需要进行 $O(1)$ 次运算，因此对于一个 $N \times N$ 的图像，其运算量为 $O(N^2)$ 。

与小波相比，轮廓波不仅具有小波的多分辨率特性和时频局部化特性，还具有很好的方向性和各向异性，即在尺度 j 时，小波基的支撑域边长近似为 2^{-j} ，而轮廓波的在该尺度下的基函数支撑域的纵横比可以任意选择。另外，轮廓波基函数的支撑域表现为“长方形”，因而是一种更为有效稀疏的表示法。与二维可分离小波基函数的方向支撑图域的各向同性不同，轮廓波基的“长方形”支撑域表现出来的是各向异性(Anisotropy)的特点。图 4.25 为轮廓波变换示意图。

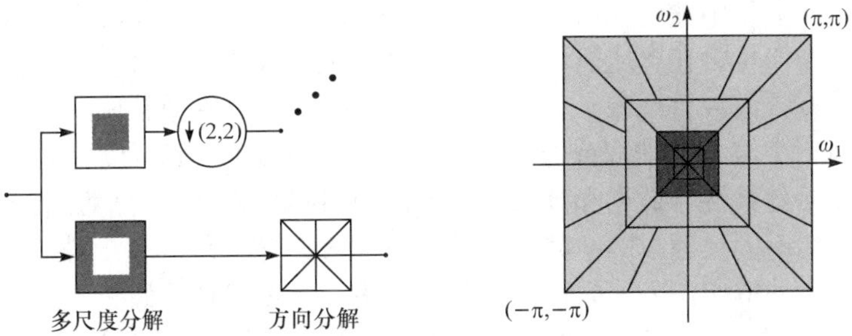

(a) 滤波器实现框图　　(b) 频域分割图

图 4.24　轮廓波滤波器组的实现和频域分割示意图

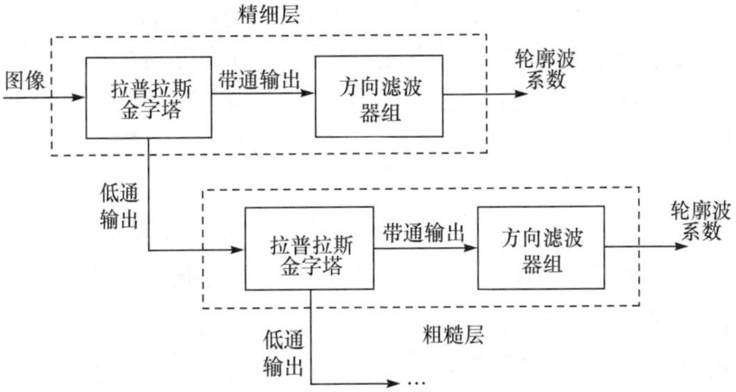

图 4.25　轮廓波变换示意图

至此，本节简单介绍了多尺度几何分析的若干变换工具的构造原理和算法思想。该方面的更多细节可参考关于多尺度几何分析的专著[18]。

4.7　MRA 方法的相关概述

至此本章已经概述了 MRA 和 MGA 的基本原理和变换基础。这些图像表示工具不仅在图像去噪、恢复和超分辨等反问题应用中得到广泛的应用，还广泛应用于空谱遥感图像融合。

尽管成分替代方法可以满足大部分应用的要求，但 MRA 的概念在计算机视觉和图像处理中经久不衰，为融合问题提供新的思路，这样基于 MRA 的图像融合方法也层出不穷，其主要方法是根据不同构造的 MRA 和变换域的融合准则实现融合。

早期的 MRA 方法是采取带抽取的离散小波变换(DWT)，将对应小波子带的信息利用特定的融合准则合并在一起，然后通过逆变换得到融合图像。然而，DWT 的缺点是存在平移不变、完美重构和去混叠要求的频率滤波器的选择限制，这是因为，采样操作将会在合成阶段由于分析和合成阶段之间的融合而改变小波系数所造成的严重频谱混叠现象，并且不能在合成阶段得到有效补偿。

作为静态小波，非抽取或过采样离散小波变换(UDWT)可以有效克服频谱混叠的缺点，但是其混合低通和高通滤波器的可分离处理产生的小波细节平面并不能表征轮廓在不同尺度下的空间连接性。这种处理方法适合于去除数据的相关性，但是随着研究的继续深入，人们意识到融合方法需要模拟成像获取过程的调制传递函数(MTF)特性，混合低通和高通滤波器的可分离处理方式是与传感器 MTF 特性背道而驰的。因此结合传感器 MTF 特性是 UDWT 融合方法的一个发展方向。

ATW 融合方法可以较好克服一般 UDWT 方法的缺点。实际上，不同于严格子带采样的 DWT，ATW 是过采样的。省略抽取过程，可以将图像分解至近乎不相交的带通通道，又能较好保证高通信息(边缘和纹理)的空间连贯性。相比于 DWT 方法，ATW 具有平移不变性，而 DWT 方法由于存在严格的采样机制，融合结果不可避免地会引入空间上的变形、典型振铃现象或者混叠效应，最终导致边缘轮廓信息的漂移和模糊。

基于 GLP 的融合方法可以看作一种带部分抽取的 ATW，受 MS 图像的频谱混叠效应的影响较小，这主要归结于 GLP 方法仅仅对低通分量进行采样，而高通分量会在融合过程得到细节注入增强，因此 GLP 方法能够取得近似于 ATW 方法的频谱补偿效果。这是因为低通部分的采样虽然能产生频谱混叠模式，但是高通部分能形成相反的混叠模式，这样细节注入的过程能消除频谱。GLP 方法的另一个优点是能够应用到多分辨尺度比为整数和小数的情况。

多尺度几何分析方法，如曲波和轮廓波能够高效表征图像的几何和奇异性结构，具有多尺度方向灵敏性，在空间几何结构保持方面具有独到的优势，在灰度和彩色图像对比度增强等方面已经取得非常好的效果，而且形式上较为简单，只需要对曲波变换系数进行特定形式的分段拉伸和收缩就能得到很好的增强结果[39]。但是，根据目前空谱图像融合方法的性能，曲波和轮廓波似乎并不具有特别的优势，特别是在光谱保持方面表现得并不好。另一个不足之处是曲波和轮廓波的计算复杂度比较高。综合而言，目前基本采取可分离的 MRA 方法，而诸如曲波和轮廓波等非分离 MRA 方法基本很少采用。

在本章中，我们在介绍各种小波分解形式时，一些变换给出了其等效滤波器实现。在空谱遥感图像融合中，通过调节级联等效滤波器可以模拟波段传感器的 MTF 特性，这将导致另外一大类 MTF 定制 MRA 方法。

关于 MRA 方法，我们将在第 6 章进行详细阐述。

参 考 文 献

[1] Ledley R S, Buas M, Golab T J. Fundamentals of true-color image processing. Proceedings of the 10th International Conference on Pattern Recognition, Atlantic City, 1990, 1: 791-795.

[2] Kruse F A, Raines G L. A technique for enhancing digital colour images by contrast stretching in Munsell colour space. Proceedings of the International Symposium on Remote Sensing of Environment, Third Thematic Conference: Remote Sensing for Exploration Geology, Colorado, 1984: 755-760.

[3] Harrison B A, Jupp D L B. Introduction to Image Processing. Melbourne: CSRIO Publishing, 1990.

[4] Pohl C, van Genderen J L . Multisensor image fusion in remote sensing: Concepts, methods and applications. International Journal of Remote Sensing, 1998,19(5):823-854.

[5] Wang Z, Ziou D, Armenakis C, et al. A comparative analysis of image fusion methods. IEEE Transactions on Geoscience and Remote Sensing, 2005,43(6):1391-1402.

[6] Li S, Kwok J T, Wang Y. Using the discrete wavelet frame transform to merge Landsat TM and SPOT Panchromatic images. Information Fusion, 2002, 3(1):17-23.

[7] Tu T M, Su S C, Shyu H C, et al. A new look at IHS-like image fusion methods. Information Fusion, 2001, 2(3):177-186.

[8] Tu T M, Huang P S, Hung C L, et al. A fast intensity-hue-saturation fusion technique with spectral adjustment for IKONOS imagery. IEEE Geoscience and Remote Sensing Letters, 2004, 1(4):309-312.

[9] Smith A R. Color gamut transform pairs. Computer Graphics, 1978,12(3):12-19.

[10] Carper W, Lillesand T, Kiefer R. The use of intensity-hue-saturation transformations for merging SPOT Panchromatic and multispectral image data. Photogrammetric Engineering and Remote Sensing, 1990,56(4):459-467.

[11] Pearson K. On lines and planes of closest fit to systems of points in space. Philosophical Magazine, 1901, 2 (11): 559-572.

[12] Hotelling H. Analysis of a complex of statistical variables into principal components. Journal of Educational Psychology, 1993, 24: 417-441, 498-520.

[13] Jolliffe I T. Principal Component Analysis, Series: Springer Series in Statistics. 2nd ed. New York: Springer, 2002: 487.

[14] 张贤达. 矩阵分析与应用. 2 版. 北京：清华大学出版社, 2013.

[15] 周志华. 机器学习. 北京：清华大学出版社, 2016.

[16] Mallat S. A Wavelet Tour of Signal Processing. 2nd ed. Amsterdam: Academic Press, 1999.

[17] Starck J L, Murtagh F, Fadili J M. 稀疏图像和信号处理：小波，曲波，形态多样性. 肖亮，张军，刘鹏飞，译. 北京：国防工业出版社, 2015.

[18] 焦李成，候彪，王爽，等. 图像多尺度几何分析理论与应用. 西安：西安电子科技大学出版社, 2008.

[19] 张贤达，保铮. 非平稳信号分析与处理. 北京：国防工业出版社, 1998.

[20] Mallat S. A theory for multiresolution signal decomposition: The wavelet representation. IEEE

Transactions on Pattern Recognition and Machine Intelligence, 1989,11 (7): 674-693.
[21] Vaidyanathan P P. Multirate Systems and Filter Banks. Englewood: Prentice Hall, 1992.
[22] Cohen A, Daubechies I, Feauveau J C. Biorthogonal bases of compactly supported wavelets. Communications on Pure and Applied Mathematics, 1995,45(5):485-560.
[23] Beylkin G. On the representation of operators in bases of compactly supported wavelets. SIAM Journal on Numerical Analysis, 1992, 29(6):1716-1740.
[24] Nason G P, Silverman B W. The stationary wavelet transform and some statistical applications// Wavelets and Statistics. New York: Springer, 1995: 281-299.
[25] Daubechies I. Orthonormal bases of compactly supported wavelets. Communications on Pure and Applied Mathematics, 1988,41(7): 909-996.
[26] Shensa M J. The discrete wavelet transform: Wedding the à trous and Mallat algorithm. IEEE Transactions on Signal Processing, 1992, 40(10): 2464-2482.
[27] Aiazzi B, Alparone L, Baronti S, et al. Context-driven fusion of high spatial and spectral resolution images based on oversampled multiresolution analysis. IEEE Transactions on Geoscience and Remote Sensing, 2002, 40(10): 2300-2312.
[28] Alparone L, Aiazzi B, Baronti S, et al. Remote Sensing Image Fusion. Boca Raton: CRC Press, 2015.
[29] Burt P J, Adelson E H. The Laplacian pyramid as a compact image code. IEEE Transactions on Communications, 1983, 31(4):532-540.
[30] Aiazzi B, Alparone L, Baronti S. A Laplacian pyramid with rational scale factor for multisensor image data fusion. Proceedings of International Conference on Sampling Theory and Applications - SampTA, Aveiro, 1997: 55-60.
[31] Candès E J, Donoho D L. New tight frames of curvelets and optimal representations of objects with piecewise C2 singularities. Pasadena: California Institute of Technology, 2002: 1-68.
[32] Candès E J. Ridgelets: Theory and Applications. San Francisco: Stanford University, 1998.
[33] Starck J L, Candès E J, Donoho D L. The curvelet transform for image denoising. IEEE Transactions on Image Processing, 2002, 11(6): 670-684.
[34] Pennec E L, Mallat S. Sparse geometric image representations with bandelets. IEEE Transactions on Image Processing, 2005, 14(4): 423-438.
[35] Do M N, Vetterli M. Framing pyramids. IEEE Transactions on Signal Processing, 2003, 51(9): 2329-2342.
[36] Do M N, Vetterli M. The contourlet transform: An efficient directional multiresolution image representation. IEEE Transactions on Image Processing, 2005, 14(12): 2091-2106.
[37] 焦李成, 谭山. 图像的多尺度几何分析: 回顾和展望. 电子学报, 2003, 31(12): 1975-1981.
[38] Candès E J, Demanet L, Donoho D L, et al. Fast discrete curvelet transforms. Pasadena: California Institute of Technology, 2005: 1-43.
[39] Starck J L, Murtagh F, Candès E J, et al. Gray and color image contrast enhancement by the curvelet transform. IEEE Transactions on Image Processing,2003, 12(6): 706-717.

第 5 章　空谱遥感图像融合：成分替代及其细节注入机理

5.1 引　　言

第 3 章介绍了空谱遥感图像融合——Pansharpening 融合问题及其评价机制。而在第 4 章回顾了一些谱变换的基本原理。借助于这些谱变换，研究者提出和发展了系列成分替代方法，这些方法是 Pansharpening 经典方法中的代表性方法。典型的成分替代方法主要有 IHS 算法[1-3]、主成分分析(PCA)算法[4,5]、GS(Gram-Schmidt)算法[6]及一些算法的变形。这些方法的一个本质特征是将 N 波段图像投影到另一个向量空间，并且假设投影变换能够将多光谱(或高光谱)图像的空间结构和光谱信息分离至不同的投影分量，因此可以非常方便地将全色图像(PAN)信息替换为包含空间结构的分量。因此这些方法往往也称为投影替代(Projection Substitution)方法[7]。

传统的成分替代方法(如 IHS 变换、Brovey 变换、PCA、GS 等)是遥感图像处理软件 ENVI 中已经商业化的融合方法。这些方法因其实现简单、具有相对较低的计算复杂度以及可接受的融合质量而被广泛使用。

本章将在 5.2 节重点回顾基于投影成分替代方法的基本原理，分别讨论和分析各类谱变换下成分替代格式，并分析其细节注入机理。而在 5.3 节将分析非线性调制方法的细节注入机理。5.4 节和 5.5 节详细介绍一类基于模型优化的方法，这类方法形式上可以归结为多变量回归问题。5.6 节将这些方法归结为一个广义的细节注入统一框架。

5.2 基于投影替代方法及其细节注入机理

为了描述方便，本章引入如下记号：$\boldsymbol{M}_L=\{\boldsymbol{M}_{L,1},\boldsymbol{M}_{L,2},\cdots,\boldsymbol{M}_{L,N}\}$ 表示观测的低分辨率多光谱图像(LMS)，其中，$\boldsymbol{M}_{L,i}=\left[M_{L,i}(m,n)\right]_{s_1H\times s_2W}\in\mathbf{R}^{s_1H\times s_2W}$ 表示第 i 个波段的图像，$s_1<1,s_2<1$ 分别表示空间维水平和垂直方向的下采样率；$M=\{\boldsymbol{M}_1,$

$\boldsymbol{M}_2,\cdots,\boldsymbol{M}_N\}$ 表示插值至 PAN 图像的 LMS 图像，$\boldsymbol{M}_i=\left[M_i(m,n)\right]_{H\times W}\in\mathbf{R}^{H\times W}$。标量矩阵 $\boldsymbol{I}=\left[I(m,n)\right]_{H\times W}\in\mathbf{R}^{H\times W}$ 表示由 $\boldsymbol{M}$ 中各波段图像计算得到的平均亮度图像。标量矩阵 $\boldsymbol{P}_H=\left[P_H(m,n)\right]_{H\times W}\in\mathbf{R}^{H\times W}$ 表示原始高分辨率全色图像，其中图像空间分辨率与参考图像相同。标量矩阵 $\boldsymbol{P}\in\mathbf{R}^{H\times W}$ 表示由原始 PAN 图像 $\boldsymbol{P}_H$ 参照平均亮度图像 $\boldsymbol{I}$ 进行直方图匹配处理后的 PAN 图像。$\hat{\boldsymbol{u}}=\{\hat{\boldsymbol{u}}_1,\hat{\boldsymbol{u}}_2,\cdots,\hat{\boldsymbol{u}}_N\}$ 表示融合的高分辨率多光谱图像(HMS)，其中，$\hat{\boldsymbol{u}}_i=\left[\hat{u}_i(m,n)\right]_{H\times W}\in\mathbf{R}^{H\times W}$ 表示第 i 个波段的图像，图像大小为 $H\times W$。

根据第 3 章空谱融合问题描述，一般融合过程可简述为寻求一种算法，融合高分辨率全色图像和低分辨率多光谱图像生成融合的高分辨率多光谱图像。一般而言，LMS 和 PAN 图像之间的分辨率显然不同，不能直接进行矩阵计算。为此，通常采用插值方法，将 LMS 插值到 PAN 图像同样大小，并将其简记为 $\boldsymbol{M}=\{\boldsymbol{M}_1,\boldsymbol{M}_2,\cdots,\boldsymbol{M}_N\}$。

早期的成分替代方法的基本步骤是，首先通过一个可逆变换，将插值后的 LMS 转换到一个去波段冗余的空间，提取近似 PAN 图像的一个非负平均亮度图像 $\boldsymbol{I}\in\mathbf{R}^{H\times W}$ 及其他分量；然后利用 PAN 图像替换非负的平均亮度图像，其他分量保持不变；最后进行逆变换转换至原始空间，得到融合结果。由于 PAN 图像和 MS 图像往往是不同成像传感器获取的图像，PAN 图像和平均亮度图像 $\boldsymbol{I}$ 的数据范围和分布往往是不一致的，因此在成分替代之前往往需要进行直方图匹配。

早期成分替代方法的框架中，投影变换通常是全局变换，既带来好处也有明显的局限性。全局的变换通常能够保证最终融合图像能够注入高保真的空间细节，而且成分替代框架往往是快速和容易实现的。但是其局限性在于全局变换并不能刻画 PAN 图像和 MS 图像的局部结构相似性，因此容易引起显著的光谱失真。文献[7]中给出了各类方法的综合性能评测，实验验证了上述现象。

在早期的成分替代框架中，正变换和逆变换是必需的。然而，2001 年，Tu 等通过分析早期成分替代方法的算法结构，发现仅仅是利用直方图匹配后的 PAN 分量替换非负的平均亮度分量，其他分量保持不变。因此并不需要显式地计算正变换和逆变换，而可以通过一个细节注入格式统一经典的成分替代方法，进而提出一个广义的 IHS(GIHS)方法[8]，并形成后续系列性改进型工作[9-12]。

文献[1]对此进行了系统性分析和描述，其统一框架如图 5.1 所示。在此框架下，不需要显式计算正变换和逆变换，都能得到快速融合实现。上述框架中，首先计算平均亮度图像 $\boldsymbol{I}$：

$$\boldsymbol{I}=\sum_k w_k\boldsymbol{M}_k \tag{5.1}$$

其中，$\boldsymbol{w}=[w_1,w_2,\cdots,w_N]^{\mathrm{T}}$ 一般为非负的权重向量。例如，该权重向量可以根据 MS 图像和 PAN 图像光谱覆盖范围的相对光谱响应计算得到。

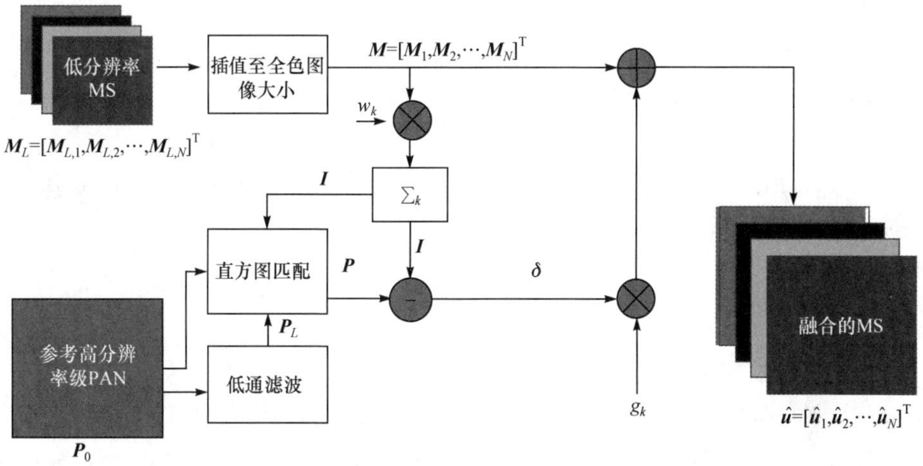

图 5.1　基于成分替代的 Pansharpening 方法的统一框架

依据平均亮度图像，对原始 PAN 图像进行直方图匹配处理：

$$\boldsymbol{P}=(\boldsymbol{P}_H-\mu(\boldsymbol{P}_H))\cdot\frac{\sigma(\boldsymbol{I})}{\sigma(\boldsymbol{P}_L)}+\mu(\boldsymbol{I}) \tag{5.2}$$

其中，$\mu(\cdot)$ 和 $\sigma(\cdot)$ 分别表示平均值和方差。需要指出的是，式(5.2)中是利用低通滤波后的PAN图像计算方差，这是因为平均亮度图像是由LMS图像加权获得的，而 LMS 图像往往会经过空间模糊(点扩展函数(PSF))退化过程。因此，PAN 图像也需要经过 PSF 低通滤波后的图像 $\boldsymbol{P}_L$ 进行方差计算。一般而言，$\sigma(\boldsymbol{P}_L)<\sigma(\boldsymbol{P}_H)$，这样进行直方图匹配更精确。

成分替代可以简化为一种细节注入格式：

$$\hat{\boldsymbol{u}}_k=\boldsymbol{M}_k+g_k(\boldsymbol{P}-\boldsymbol{I}),\quad 1\leqslant k\leqslant N \tag{5.3}$$

其中，$\boldsymbol{g}=[g_1,g_2,\cdots,g_N]^{\mathrm{T}}$ 表示各波段细节注入增益向量；而令 $\boldsymbol{\delta}=\boldsymbol{P}-\boldsymbol{I}$，则该部分本质上是空间细节残差图像。上述格式在数学上具有典型的残差校正方式。值得指出的是，文献[8]是里程碑式的工作，因为如果没有广义的 IHS 框架的机理分析，我们很难直观地将成分替代格式推广到超过 3 个波段的情形。

归结上述计算公式，成分替代的统一框架的算法步骤如下。

(1) 将 LMS 图像 $\boldsymbol{M}_L=\{\boldsymbol{M}_{L,1},\boldsymbol{M}_{L,2},\cdots,\boldsymbol{M}_{L,N}\}$ 插值至 PAN 图像大小，得到 $\boldsymbol{M}=\{\boldsymbol{M}_1,\boldsymbol{M}_2,\cdots,\boldsymbol{M}_N\}$。

(2) 根据各波段响应，计算非负的权重向量 $\boldsymbol{w}=[w_1,w_2,\cdots,w_N]^{\mathrm{T}}$。

(3) 平均亮度图像计算。根据式(5.1)计算平均亮度图像 $\boldsymbol{I}$ 。

(4) 直方图匹配。根据式(5.2)对原始 PAN 图像进行直方图匹配，得到匹配后的 PAN 图像 $\boldsymbol{P}$ 。

(5) 计算增益。计算各波段的细节增益因子，得到 $\boldsymbol{g}=[g_1,g_2,\cdots,g_N]^{\mathrm{T}}$ 。

(6) 细节注入。根据式(5.2)对 LMS 图像细节注入，获得融合的 HMS $\hat{\boldsymbol{u}}=\{\hat{\boldsymbol{u}}_1,\hat{\boldsymbol{u}}_2,\cdots,\hat{\boldsymbol{u}}_N\}$ 。

上述算法中，其关键步骤是增益计算。在接下来的章节中，我们将根据不同的谱变换，阐述如何计算增益因子。

5.2.1 线性 IHS 方法与 GIHS 推广

基于 IHS 变换的成分替代方法原理非常简单：首先通过 IHS 变换提取亮度图像分量 I 、色调分量 H 和饱和度分量 S ；然后将分量 I 替换为直方图匹配后的 PAN 图像 P ；再执行 IHS 逆变换得到融合图像。IHS 变换是可逆的，而在替换过程中仅仅替换了亮度图像，其他分量没有改变，因此，IHS 方法可简单归结为形如式(5.2)的细节注入格式。

以一个简单的 IHS 变换为例，假设一幅插值后的三波段低分辨率(R, G, B)的彩色图像的任意像素谱的列向量$[\boldsymbol{M}_1,\boldsymbol{M}_2,\boldsymbol{M}_3]^{\mathrm{T}}=[M_1(m,n),M_2(m,n), M_3(m,n)]^{\mathrm{T}}$ (在后面的表述中，像素坐标(m,n)被省略)其正变换为[13]

$$\begin{bmatrix} I \\ v_1 \\ v_2 \end{bmatrix}=\begin{bmatrix} 1/3 & 1/3 & 1/3 \\ -\dfrac{1}{\sqrt{6}} & -\dfrac{1}{\sqrt{6}} & \dfrac{2}{\sqrt{6}} \\ -\dfrac{1}{\sqrt{6}} & \dfrac{1}{\sqrt{6}} & 0 \end{bmatrix}\begin{bmatrix} M_1 \\ M_2 \\ M_3 \end{bmatrix},\quad H=\arctan\left(\frac{v_2}{v_1}\right),\quad S=\sqrt{{v_1}^2+{v_2}^2} \tag{5.4}$$

而逆变换为

$$\begin{bmatrix} M_1 \\ M_2 \\ M_3 \end{bmatrix}=\begin{bmatrix} 1 & -\dfrac{1}{\sqrt{6}} & \dfrac{3}{\sqrt{6}} \\ 1 & -\dfrac{1}{\sqrt{6}} & -\dfrac{3}{\sqrt{6}} \\ 1 & \dfrac{2}{\sqrt{6}} & 0 \end{bmatrix}\begin{bmatrix} I \\ v_1 \\ v_2 \end{bmatrix},\quad v_1=S\cos H,\quad v_2=S\sin H \tag{5.5}$$

应用式(5.4)的 IHS 正变换，并将分量 I 替换为直方图匹配后的 PAN 图像 P，则有

$$\begin{bmatrix} P \\ v_1 \\ v_2 \end{bmatrix} = \begin{bmatrix} I \\ v_1 \\ v_2 \end{bmatrix} + \begin{bmatrix} 1 \\ 0 \\ 0 \end{bmatrix} \cdot (P - I) \tag{5.6}$$

其中，“·”表示每个向量元素均与该标量相乘。然后对式(5.6)进行 IHS 逆变换，则简单计算，不难发现：

$$\begin{bmatrix} \hat{u}_1 \\ \hat{u}_2 \\ \hat{u}_3 \end{bmatrix} = \begin{bmatrix} M_1 \\ M_2 \\ M_3 \end{bmatrix} + \begin{bmatrix} 1 \\ 1 \\ 1 \end{bmatrix} \cdot (P - I) \tag{5.7}$$

可见，对于矩阵形式，有

$$\hat{\boldsymbol{u}}_k = \boldsymbol{M}_k + g_k(\boldsymbol{P} - \boldsymbol{I}), \quad 1 \leqslant k \leqslant 3$$

其中

$$g_k = 1, \quad \forall k \tag{5.8}$$

可见，基于 IHS 变换的成分替代方法中正变换和逆变换其实是多余的，我们并不需要直接计算，而仅仅与逆变换的第一列有关，逆变换的第一列可以构成各波段细节注入增益向量。

上述过程表明，IHS 成分替代方法可归结为简单的细节注入格式，然而 IHS 方法仅仅能处理 3 个波段的图像融合。

5.2.2　GIHS 方法

将 IHS 成分替代方法的细节注入格式推广到任意多个波段，则可导出 Tu 等提出的 GIHS 方法[8]。

不妨对插值后低分辨率 N 波段的多光谱图像的任意像素谱向量 $\boldsymbol{M}(m,n) = [M_1(m,n), M_2(m,n), \cdots, M_N(m,n)]^{\mathrm{T}}$ (在后面的表述中，像素坐标(m,n)被省略)进行融合处理。构造一个 $N \times N$ 的可逆变换 $\boldsymbol{\Phi}$，对多光谱图像 $\boldsymbol{M}$ 去冗余，其变换后的第一分量图像为近似 PAN 的亮度图像 I：

$$\boldsymbol{V} = \begin{bmatrix} v_1 \doteq I \\ v_2 \\ \vdots \\ v_N \end{bmatrix} = \underbrace{\begin{bmatrix} \phi_{11} & \phi_{12} & \cdots & \phi_{1N} \\ \phi_{21} & \phi_{22} & \cdots & \phi_{2N} \\ \vdots & \vdots & & \vdots \\ \phi_{N1} & \phi_{N2} & \cdots & \phi_{NN} \end{bmatrix}}_{\boldsymbol{\Phi}} \begin{bmatrix} M_1 \\ M_2 \\ \vdots \\ M_N \end{bmatrix} \tag{5.9}$$

而逆变换为 $\boldsymbol{M} = \boldsymbol{\Phi}^{-1}\boldsymbol{V}$。根据成分替代原理，将变换后的第一分量图像 $I = \sum_{k=1}^{N} \phi_{1k} M_k$ 替换为 PAN 图像，其他分量保持不变，则有

$$\begin{bmatrix} P \\ v_2 \\ \vdots \\ v_N \end{bmatrix} = \begin{bmatrix} I \\ v_2 \\ \vdots \\ v_N \end{bmatrix} + \begin{bmatrix} 1 \\ 0 \\ \vdots \\ 0 \end{bmatrix} \cdot (P-I) \tag{5.10}$$

同样道理，有

$$\begin{bmatrix} \hat{u}_1 \\ \hat{u}_2 \\ \vdots \\ \hat{u}_N \end{bmatrix} = \begin{bmatrix} M_1 \\ M_2 \\ \vdots \\ M_N \end{bmatrix} + \boldsymbol{\Phi}^{-1} \cdot \begin{bmatrix} 1 \\ 0 \\ \vdots \\ 0 \end{bmatrix} \cdot (P-I) \tag{5.11}$$

不难看出细节注入部分仅仅和 $\boldsymbol{\Phi}^{-1}$ 的第一列有关。不妨令 $\boldsymbol{\Phi}^{-1}$ 的第一列向量为 $\boldsymbol{g}=[g_1,g_2,\cdots,g_N]^{\mathrm{T}}$，此时式(5.11)转化为

$$\begin{bmatrix} \hat{u}_1 \\ \hat{u}_2 \\ \vdots \\ \hat{u}_N \end{bmatrix} = \begin{bmatrix} M_1 \\ M_2 \\ \vdots \\ M_N \end{bmatrix} + \begin{bmatrix} g_1 \\ g_2 \\ \vdots \\ g_N \end{bmatrix} \cdot (P-I) \tag{5.12}$$

对于矩阵形式，即等价于统一的细节注入格式：

$$\hat{\boldsymbol{u}}_k = \boldsymbol{M}_k + g_k(\boldsymbol{P}-\boldsymbol{I}), \quad 1 \leqslant k \leqslant N \tag{5.13}$$

其中，$\boldsymbol{g}=[g_1,g_2,\cdots,g_N]^{\mathrm{T}}$ 称为细节增益向量。

通常，采取一组权重参数 $0 \leqslant w_k \leqslant 1, \sum_{k=1}^{N} w_k \leqslant 1$ 来合成平均亮度图像 $\boldsymbol{I}=\sum_{k=1}^{N} w_k \boldsymbol{M}_k$ 近似 PAN 图像。此时值得注意的是，在实际的遥感图像融合中，权重 $\boldsymbol{w}=[w_1,w_2,\cdots,w_N]^{\mathrm{T}}$ 往往是与光谱响应相关的，取决于 MS 图像和 PAN 图像光谱覆盖范围，因此 $\sum_{k=1}^{N} w_k$ 有可能小于 1。同时，如果待融合的数据没有经过辐射校正，权值之和可能小于 1。由于 $\boldsymbol{\Phi}$ 是可逆变换，若合成平均亮度图像的加权参数为 $0 \leqslant w_k \leqslant 1$，则细节增益参数满足：

$$g_k = \left(\sum_{k=1}^{N} w_k \right)^{-1}, \quad \forall k$$

例如，如果取 $w_k = 1/N, \forall k$，则可知 $g_k = 1, \forall k$。另外如果矩阵 $\boldsymbol{\Phi}$ 为列正交矩阵，则 $\boldsymbol{\Phi}^{\mathrm{T}}\boldsymbol{\Phi}=\boldsymbol{I}$，且 $\boldsymbol{\Phi}^{-1}$ 的第一列即为矩阵 $\boldsymbol{\Phi}$ 的第一行。但无论如何，GIHS 方法并不需要直接计算正变换和逆变换，因此也称为快速 IHS 方法(FIHS)[8,14]。

5.2.3 PCA 方法

PCA 方法是图像融合中广泛使用的一种方法[3-5]。PCA 变换通过线性变换将原始数据变换为一组各维度线性无关的表示，可用于提取数据的主要特征分量，常用于高维数据的降维。对于多波段图像，通过光谱向量数据集的协方差矩阵的特征向量，可以构造一个正交变换，原始数据经过该变换后形成一组互不相关的数据表示。其中，第一主成分往往比原来任意一个波段都包含更多的细节，具有更好的对比度。

假设将各波段的二维图像 $\boldsymbol{M}_i=\left[M_i(m,n)\right]_{H\times W}\in\mathbf{R}^{H\times W}$ 中的逐行堆叠(字典排序)成一个具有 $H\times W$ 个元素的行向量 $\mathrm{rvec}(\boldsymbol{M}_i)(i=1,2,\cdots,N)$，形成一个 N 行和 $H\times W$ 列的矩阵：

$$\overline{\boldsymbol{M}}=\begin{bmatrix}\mathrm{rvec}(\boldsymbol{M}_1)\\ \mathrm{rvec}(\boldsymbol{M}_2)\\ \vdots\\ \mathrm{rvec}(\boldsymbol{M}_N)\end{bmatrix}\tag{5.14}$$

每一行代表一个波段图像的堆叠行向量。进一步，不妨计算矩阵 $\overline{\boldsymbol{M}}$ 中逐行的均值 $\mu(i)$ (对应第 i 个波段图像的均值)，各个元素去其所在波段的均值得到矩阵 $\widetilde{\boldsymbol{M}}$ 。矩阵 $\widetilde{\boldsymbol{M}}$ 的第 i 行数据代表第 i 个波段的去均值后图像的堆叠而成的行向量，记为 $\widetilde{\boldsymbol{M}}_i=[\widetilde{M}_i(1),\widetilde{M}_i(2),\cdots,\widetilde{M}_i(HW)]$，而矩阵 $\widetilde{\boldsymbol{M}}$ 中的列表示某个像素的光谱向量，如 $\widetilde{\boldsymbol{M}}(n)=[\widetilde{M}_1(n),\widetilde{M}_2(n),\cdots,\widetilde{M}_N(n)]^{\mathrm{T}}$ 为第 n 个像素的光谱向量。

PCA 的基向量可由矩阵 $\widetilde{\boldsymbol{M}}$ 的协方差矩阵的特征向量计算。其协方差矩阵 $\boldsymbol{C}_{\widetilde{\boldsymbol{M}}}$ 定义为

$$\boldsymbol{C}_{\widetilde{\boldsymbol{M}}}=E\left[\widetilde{\boldsymbol{M}}\widetilde{\boldsymbol{M}}^{\mathrm{T}}\right]\tag{5.15}$$

显然，$\boldsymbol{C}_{\widetilde{\boldsymbol{M}}}$ 为 $N\times N$ 的矩阵，其矩阵元素 $C_{\widetilde{\boldsymbol{M}}}(i,j)=\dfrac{1}{HW}\left\langle\widetilde{\boldsymbol{M}}_i,\widetilde{\boldsymbol{M}}_j\right\rangle$ 为第 i 波段和第 j 波段的协方差。这样，我们可以得到 $N\times 1$ 特征向量 $\boldsymbol{\Phi}_i$，其中 $\boldsymbol{\Phi}_i=\left[\phi_{i1},\phi_{i2},\cdots,\phi_{iN}\right]^{\mathrm{T}}$，使得

$$\boldsymbol{C}_{\widetilde{\boldsymbol{M}}}\boldsymbol{\Phi}_i=\lambda_i\boldsymbol{\Phi}_i,\quad i=1,2,\cdots,N\tag{5.16}$$

将所有的特征向量 $\boldsymbol{\Phi}_i$ ($i=1,2,\cdots,N$)组成矩阵，且由于协方差矩阵 $\boldsymbol{C}_{\widetilde{\boldsymbol{M}}}$ 是实对称矩阵，即可构造一个正交变换 $\boldsymbol{\Phi}^{\mathrm{T}}$ ($\boldsymbol{\Phi}^{\mathrm{T}}=\boldsymbol{\Phi}^{-1}$)：

$$\boldsymbol{\Phi}^{\mathrm{T}}=\begin{bmatrix}\phi_{11} & \phi_{12} & \cdots & \phi_{1N}\\ \phi_{21} & \phi_{22} & \cdots & \phi_{2N}\\ \vdots & \vdots & & \vdots\\ \phi_{N1} & \phi_{N2} & \cdots & \phi_{NN}\end{bmatrix} \tag{5.17}$$

这样构造了一个线性变换，使得在变换 $\boldsymbol{\Phi}^{\mathrm{T}}$ 下多波段图像的任意一个像素的谱向量 $\widetilde{\boldsymbol{M}}(n)=[\widetilde{M}_1(n),\widetilde{M}_2(n),\cdots,\widetilde{M}_N(n)]^{\mathrm{T}},\forall n$。经过该变换后得到统计不相关的 PCA 分量 $\mathbf{PC}(n)=\left[\mathrm{PC}_1(n),\mathrm{PC}_2(n),\cdots,\mathrm{PC}_N(n)\right]^{\mathrm{T}}$：

$$\begin{bmatrix}\mathrm{PC}_1(n)\\ \mathrm{PC}_2(n)\\ \vdots\\ \mathrm{PC}_N(n)\end{bmatrix}=\begin{bmatrix}\phi_{11} & \phi_{12} & \cdots & \phi_{1N}\\ \phi_{21} & \phi_{22} & \cdots & \phi_{2N}\\ \vdots & \vdots & & \vdots\\ \phi_{N1} & \phi_{N2} & \cdots & \phi_{NN}\end{bmatrix}\begin{bmatrix}\widetilde{M}_1(n)\\ \widetilde{M}_2(n)\\ \vdots\\ \widetilde{M}_N(n)\end{bmatrix} \tag{5.18}$$

即

$$\mathbf{PC}(n)=\boldsymbol{\Phi}^{\mathrm{T}}\widetilde{\boldsymbol{M}}(n) \tag{5.19}$$

而其逆变换为

$$\widetilde{\boldsymbol{M}}(n)=\boldsymbol{\Phi}\cdot\mathbf{PC}(n) \tag{5.20}$$

其中，$\mathbf{PC}$ 具有不相关的分量，即协方差矩阵 $\boldsymbol{C}_{\mathbf{PC}}$ 可对角化，即 $\boldsymbol{C}_{\mathbf{PC}}=\boldsymbol{\Phi}^{\mathrm{T}}\boldsymbol{C}_{\widetilde{\boldsymbol{M}}}\boldsymbol{\Phi}$。

不妨假设 $\mathbf{PC}_1=[\mathrm{PC}_1(1),\mathrm{PC}_1(2),\cdots,\mathrm{PC}_1(HW)]$ 对应为第一主成分图像，则基于 PCA 的全色锐化方法的核心思想是将 $\mathbf{PC}_1$ 替换为全色图像 $\boldsymbol{P}$，再执行 PCA 逆变换即得融合结果。考虑 GIHS 的原理，这样对于任意像素谱向量，有

$$\begin{bmatrix}\hat{u}_1(n)\\ \hat{u}_2(n)\\ \vdots\\ \hat{u}_N(n)\end{bmatrix}=\begin{bmatrix}\widetilde{M}_1(n)\\ \widetilde{M}_2(n)\\ \vdots\\ \widetilde{M}_N(n)\end{bmatrix}+\begin{bmatrix}\phi_{11}\\ \phi_{12}\\ \vdots\\ \phi_{1N}\end{bmatrix}\cdot\left(P(n)-\mathrm{PC}_1(n)\right) \tag{5.21}$$

其中，增益向量等同于第一特征向量 $\boldsymbol{\Phi}_1=\left[\phi_{11},\phi_{12},\cdots,\phi_{1N}\right]^{\mathrm{T}}$。下面进一步分析该特征向量的具体形式。

由式(5.20)可知，对于 $\widetilde{\boldsymbol{M}}_i$，可表示为 PCA 分量的线性组合：

$$\widetilde{\boldsymbol{M}}_i=\sum_{l=1}^{N}\phi_{li}\mathbf{PC}_l,\quad i=1,2,\cdots,N \tag{5.22}$$

由于 $\widetilde{\boldsymbol{M}}_i$ 和 $\mathbf{PC}_j$ 是零均值的，两者的协方差可表达为

$$\mathrm{cov}(\widetilde{\boldsymbol{M}}_i,\mathbf{PC}_j)=E[\widetilde{\boldsymbol{M}}_i,\mathbf{PC}_j]=E\left[\sum_{l=1}^{N}\phi_{li}\mathbf{PC}_l,\mathbf{PC}_j\right]=\sum_{l=1}^{N}\phi_{li}E\left[\mathbf{PC}_l,\mathbf{PC}_j\right] \tag{5.23}$$

由于当 $l\neq j$ 时，$\mathbf{PC}_j$ 和 $\mathbf{PC}_l$ 是不相关的，这样有

$$\mathrm{cov}(\widetilde{\boldsymbol{M}}_i,\mathbf{PC}_j)=\phi_{ji}E[\mathbf{PC}_j,\mathbf{PC}_j]=\phi_{ji}\,\mathrm{var}(\mathbf{PC}_j) \tag{5.24}$$

则

$$\phi_{ji}=\frac{\mathrm{cov}(\widetilde{\boldsymbol{M}}_i,\mathbf{PC}_j)}{\mathrm{var}(\mathbf{PC}_j)} \tag{5.25}$$

由式(5.25)可知

$$\boldsymbol{\Phi}_1=\left[\phi_{11},\phi_{12},\cdots,\phi_{1N}\right]^{\mathrm{T}}=\left[\frac{\mathrm{cov}(\widetilde{\boldsymbol{M}}_1,\mathbf{PC}_1)}{\mathrm{var}(\mathbf{PC}_1)},\frac{\mathrm{cov}(\widetilde{\boldsymbol{M}}_2,\mathbf{PC}_1)}{\mathrm{var}(\mathbf{PC}_1)},\cdots,\frac{\mathrm{cov}(\widetilde{\boldsymbol{M}}_N,\mathbf{PC}_1)}{\mathrm{var}(\mathbf{PC}_1)}\right]^{\mathrm{T}} \tag{5.26}$$

综合式(5.26)和式(5.21)，可得

$$\begin{bmatrix}\hat{u}_1\\ \hat{u}_2\\ \vdots\\ \hat{u}_N\end{bmatrix}=\begin{bmatrix}\widetilde{M}_1\\ \widetilde{M}_2\\ \vdots\\ \widetilde{M}_N\end{bmatrix}+\left[\frac{\mathrm{cov}(\widetilde{\boldsymbol{M}}_1,\mathbf{PC}_1)}{\mathrm{var}(\mathbf{PC}_1)},\frac{\mathrm{cov}(\widetilde{\boldsymbol{M}}_2,\mathbf{PC}_1)}{\mathrm{var}(\mathbf{PC}_1)},\cdots,\frac{\mathrm{cov}(\widetilde{\boldsymbol{M}}_N,\mathbf{PC}_1)}{\mathrm{var}(\mathbf{PC}_1)}\right]^{\mathrm{T}}\cdot\left(\boldsymbol{P}-\mathbf{PC}_1\right) \tag{5.27}$$

上述形式表达为矩阵形式(令 $\boldsymbol{M}_k=\mathrm{array}[\widetilde{\boldsymbol{M}}_k]$)，即等价于统一的细节注入格式：

$$\hat{\boldsymbol{u}}_k=\boldsymbol{M}_k+\frac{\mathrm{cov}(\boldsymbol{M}_k,\mathbf{PC}_1)}{\mathrm{var}(\mathbf{PC}_1)}(\boldsymbol{P}-\mathbf{PC}_1),\quad 1\leqslant k\leqslant N \tag{5.28}$$

式(5.28)表明，基于 PCA 的全色锐化方法同样服从细节注入格式，不同的是其注入细节为 PAN 图像和第一主成分的残差，而增益正比于各波段与第一主成分的相关系数。

PCA 变换的缺点：机理上缺乏物理支撑，因为很难认为第一主成分 $\mathbf{PC}_1$ 与 PAN 图像是光谱匹配的。尽管如此，该方法仍然在全色锐化领域占有一席之地。

5.2.4　GS 方法

GS 方法源于数学上的 Gram-Schmidt 正交化方法。该方法由 Laben 和 Brower 提出，并于 2000 年授予美国专利[6]。该方法被集成于经典的遥感图像处理软件 ENVI，是广泛使用的 Pansharpening 方法。

假设将各波段的二维图像 $\boldsymbol{M}_i=\left[M_i(m,n)\right]_{H\times W}\in\mathbf{R}^{H\times W}$ 中的逐行堆叠(字典排序)成一个具有 $H\times W$ 个元素的行向量。令 rvec(·) 表示将矩阵转换为行向量的算子，

则记 $\widetilde{\boldsymbol{M}}_i = \text{rvec}(\boldsymbol{M}_i)(i=1,2,\cdots,N)$ 。计算其平均亮度图像 $\boldsymbol{I}$:

$$\boldsymbol{I} = \frac{1}{N}\sum_{i=1}^{N}\boldsymbol{M}_i \tag{5.29}$$

同时，将平均亮度图像表示为行向量 $\tilde{\boldsymbol{I}} = \text{rvec}(\boldsymbol{I})$ 。

通过上述方式将各波段图像重新记为 $\boldsymbol{U} = [\tilde{\boldsymbol{I}}, \widetilde{\boldsymbol{M}}_1, \widetilde{\boldsymbol{M}}_2, \cdots, \widetilde{\boldsymbol{M}}_N]^{\text{T}}$ 。令 $\boldsymbol{Y} = [\text{GS}_1, \text{GS}_2, \cdots, \text{GS}_{N+1}]^{\text{T}}$ 为其 GS 变换的结果，则根据 GS 变换的原理，$\boldsymbol{U}$ 和 $\boldsymbol{Y}$ 的计算关系可以描述为

$$\boldsymbol{Y} = \boldsymbol{V}^{\text{T}}\boldsymbol{U} \tag{5.30}$$

其逆变换表示为 $\boldsymbol{U} = \boldsymbol{V}\boldsymbol{Y}$ 。其中，$\boldsymbol{V}$ 为 $(N+1)\times(N+1)$ 的正交上三角矩阵，$\boldsymbol{V}$ 中的列向量构成一组正交基，且 $\boldsymbol{V}$ 的元素 $V(i,j)$ 为 $\boldsymbol{U}$ 中的第 j 列向量 $\boldsymbol{U}_j$ 在 $\boldsymbol{Y}$ 中的第 i 列向量 $\boldsymbol{Y}_i$ 上的投影，记为

$$V(i,j) = \text{proj}_{\boldsymbol{Y}_i}\boldsymbol{U}_j = \frac{\left\langle \boldsymbol{U}_j, \boldsymbol{Y}_i \right\rangle}{\left\| \boldsymbol{Y}_i \right\|^2}, \quad i \geqslant j \tag{5.31}$$

其中，$\langle\cdot\rangle$ 表示内积运算。如果上述投影中的向量是零均值的，则有

$$\text{proj}_{\boldsymbol{Y}_i}\boldsymbol{U}_j = \frac{\text{cov}(\boldsymbol{U}_j, \boldsymbol{Y}_i)}{\text{var}(\boldsymbol{Y}_i)}, \quad i \geqslant j \tag{5.32}$$

考虑 Gram-Schmidt 正交化过程的基本原理，则使用式(5.30)进行变换后，第 1 个变换波段 GS_1 与平均亮度图像表现一致。因此 GS 方法的主要思想是将 GS_1 替换为全色图像 $\boldsymbol{P}$ (当然替换之前需要进行直方图匹配)。这样，替换后的输出结果 $\boldsymbol{Y}' = [P, \text{GS}_2, \cdots, \text{GS}_{N+1}]^{\text{T}}$ 经过逆变换得到融合结果：

$$\widehat{\boldsymbol{U}} = \boldsymbol{V}\boldsymbol{Y}' \tag{5.33}$$

其中，$\widehat{\boldsymbol{U}} = \left(\boldsymbol{P}, \hat{\boldsymbol{u}}_1, \hat{\boldsymbol{u}}_2, \cdots, \hat{\boldsymbol{u}}_N\right)^{\text{T}}$ ，即从第二个分量开始为融合后图像的各个波段。

事实上，由于 GS 变换为正交变换，基于 GIHS 原理(式(5.11))，对于任意光谱向量，全色融合锐化可表达为

$$\begin{bmatrix} \hat{u}_1 \\ \hat{u}_2 \\ \vdots \\ \hat{u}_N \end{bmatrix} = \begin{bmatrix} \widetilde{M}_1 \\ \widetilde{M}_2 \\ \vdots \\ \widetilde{M}_N \end{bmatrix} + \left[\text{proj}_{\boldsymbol{Y}_1}\boldsymbol{U}_1, \text{proj}_{\boldsymbol{Y}_2}\boldsymbol{U}_2, \cdots, \text{proj}_{\boldsymbol{Y}_N}\boldsymbol{U}_N\right]^{\text{T}} \cdot \left(P - \tilde{I}\right) \tag{5.34}$$

考虑式(5.32)，对任意光谱向量，可得

$$\begin{bmatrix} \hat{u}_1 \\ \hat{u}_2 \\ \vdots \\ \hat{u}_N \end{bmatrix} = \begin{bmatrix} \widetilde{M}_1 \\ \widetilde{M}_2 \\ \vdots \\ \widetilde{M}_N \end{bmatrix} + \left[\frac{\operatorname{cov}(\widetilde{\boldsymbol{M}}_1, \tilde{\boldsymbol{I}})}{\operatorname{var}(\tilde{\boldsymbol{I}})}, \frac{\operatorname{cov}(\widetilde{\boldsymbol{M}}_2, \tilde{\boldsymbol{I}})}{\operatorname{var}(\tilde{\boldsymbol{I}})}, \cdots, \frac{\operatorname{cov}(\widetilde{\boldsymbol{M}}_N, \tilde{\boldsymbol{I}})}{\operatorname{var}(\tilde{\boldsymbol{I}})} \right]^{\mathrm{T}} \cdot (P - \tilde{I}) \tag{5.35}$$

显然上述形式可表达为矩阵形式($\boldsymbol{M}_k = \operatorname{array}[\widetilde{\boldsymbol{M}}_k], \boldsymbol{I} = \operatorname{array}(\tilde{\boldsymbol{I}})$)，可得到细节注入的矩阵形式[11]：

$$\hat{\boldsymbol{u}}_k = \boldsymbol{M}_k + \frac{\operatorname{cov}(\boldsymbol{M}_k, \boldsymbol{I})}{\operatorname{var}(\boldsymbol{I})}(\boldsymbol{P} - \boldsymbol{I}), \quad 1 \leqslant k \leqslant N \tag{5.36}$$

对比 PCA 方法，可以看到 GS 方法与其基本相似，不同之处在于两个方面：①细节注入图像为 $\boldsymbol{\delta} = \boldsymbol{P} - \boldsymbol{I}$ ，而 PCA 方法中 $\boldsymbol{\delta} = \boldsymbol{P} - \mathbf{PC}_1$ ；②GS 方法中增益正比于各波段与平均亮度图像的相关系数，而 PCA 方法增益正比于各波段与第一主成分的相关系数。

GS 方法的一种改进模式是平均亮度图像采取用户定义形式，即考虑各个波段图像的不同贡献，通过加权形式计算，见式(5.1)。其中，权重向量可以根据 MS 图像和 PAN 图像光谱覆盖范围的相对光谱响应度计算得到。

5.3　Brovey 变换方法与细节注入

Brovey 变换(BT)融合方法也是一种常用的全色融合方法[15]，在文献[1]中认为 BT 方法属于一种非线性调制方法。其基本方法是将原始低分辨率 RGB 图像插值为全色图像大小，得到颜色分量 $(\widetilde{R}, \widetilde{G}, \widetilde{B})^{\mathrm{T}}$ ，融合图像分量 $(\widehat{R}, \widehat{G}, \widehat{B})^{\mathrm{T}}$ 将保持一种比例调制关系：

$$\widehat{R} / P = \widetilde{R} / I, \quad \widehat{G} / P = \widetilde{G} / I, \quad \widehat{B} / P = \widetilde{B} / I$$

因此首先由 $\widehat{R} / P = \widetilde{R} / I$ ，进行简单处理，可得

$$\widehat{R} = \widetilde{R} + \frac{\widetilde{R}}{I}(P - I) \tag{5.37}$$

类似地，上述比例保持关系可以推广到 N 个波段，即在 GIHS 框架下，有

$$\hat{\boldsymbol{u}}_i / \boldsymbol{P} = \boldsymbol{M}_i / \boldsymbol{I}, \quad i = 1, 2, \cdots, N$$

或等价地有

$$\hat{\boldsymbol{u}}_i = \boldsymbol{M}_i \cdot \boldsymbol{P} / \boldsymbol{I}, \quad i = 1, 2, \cdots, N$$

经过简单整理，可以描述为细节注入格式：

$$\hat{\boldsymbol{u}}_i = \boldsymbol{M}_i + \frac{\boldsymbol{M}_i}{\boldsymbol{I}}(\boldsymbol{P} - \boldsymbol{I}), \quad i = 1, 2, \cdots, N \tag{5.38}$$

因此其细节注入图像为$\boldsymbol{\delta} = \boldsymbol{P} - \boldsymbol{I}$。而细节注入增益为$\boldsymbol{M}_i / \boldsymbol{I}$，可以看出这是一个空变的注入增益。

上述方法在 RGB 图像情形下，Brovey 变换融合方法与非线性 IHS 三角形模型融合方法是等价的，但是与非线性 IHS 方法不同，并不需要显式的非线性变换，关于 Brovey 变换方法与非线性 IHS 融合方法的详细分析可见文献[1]。

5.4　基于参数向量优化的成分替代方法

上述各类经典方法，无论采取 IHS 变换、PCA 变换还是 GS 变换，其细节注入的基本形式基本相同，且可以纳入图 5.1 所示的融合框架。在该框架下，其关键是如何定义平均亮度图像$\boldsymbol{I} = \sum_k w_k \boldsymbol{M}_k$。

一般而言，合成的平均亮度图像取决于其与低通滤波全色图像的光谱匹配性，通常假设多光谱成像的光谱响应区间覆盖全色成像的光谱响应区间。因此，一种最简单的优化方法是根据多光谱图像与全色图像的相对光谱响应贡献度计算式(5.1)中的权值。以 IKONOS 遥感数据为例，其相对光谱响应度曲线如图 5.2 所示[16]。对于 IKONOS 数据中四个波段图像(BLU(蓝)、GRN(绿)、RED(红)、NIR(近红外))，通过对相同传感器不同成像的景物图像平均估计得到最优的加权值分别为$w_1 = 1/12, w_2 = 1/4, w_3 = w_4 = 1/3$，近似对应于各波段图像与全色图像的相对光谱贡献。

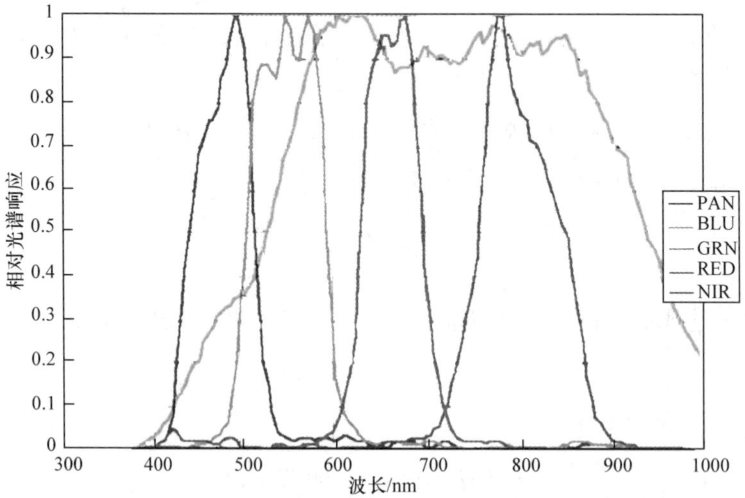

图 5.2　IKONOS 数据中四个波段图像与全色图像的相对光谱响应度曲线(见彩图)

然而，在实际应用中不一定获得利用传感器的相对光谱响应度曲线，因此基于传感器物理机理计算最优的权重向量 $\boldsymbol{w}=[w_1,w_2,\cdots,w_N]^{\mathrm{T}}$ 往往是很难做到。这样，研究者考虑按照数学模型优化的方法确定最优权重向量，由此导出了参数回归优化的方法。通过后续章节的介绍，我们将看到虽然这些方法采取了参数优化机制，但最终将具有统一的细节注入形式。

5.4.1　自适应 IHS 方法及其变种

早期的 IHS 算法基于颜色空间转换原理，仅仅适应于 3 个波段的多光谱图像；但是由 GIHS 原理可知，该方法在数学上可推广到 N 波段图像，细节注入形式 $\hat{\boldsymbol{u}}_k=\boldsymbol{M}_k+g_k(\boldsymbol{P}-\boldsymbol{I}),1\leqslant k\leqslant N$，其中平均亮度图像仍然假设为 $\boldsymbol{I}=\sum_k w_k\boldsymbol{M}_k$。下面的关键是如何确定权重向量 $\boldsymbol{w}=[w_1,w_2,\cdots,w_N]^{\mathrm{T}}$ 以及增益参数 g_k。

文献[17]提出了一种自适应 IHS(AIHS)方法。该方法是一种结合谱响应权重自适应估计和边缘自适应细节注入的一种全色锐化方法。该方法从两个方面解决上述问题。

(1) 自适应权重向量 $\boldsymbol{w}=[w_1,w_2,\cdots,w_N]^{\mathrm{T}}$ 的计算。其原理是假设全色图像可以逼近尺度相同的潜在亮度图像，即

$$\boldsymbol{P}\approx\sum_k w_k\boldsymbol{M}_k \tag{5.39}$$

这样可通过建立非负权重约束的最小二乘回归模型求解，即

$$\begin{aligned}&\min_{\boldsymbol{w}}\left\|\boldsymbol{P}-\sum_k w_k\boldsymbol{M}_k\right\|_{\mathrm{F}}^2\\&\text{s.t. }\boldsymbol{w}\geqslant\boldsymbol{0}\end{aligned} \tag{5.40}$$

进而可将上述带约束优化模型转化为如下无约束模型：

$$\min_{\boldsymbol{w}}\left\|\boldsymbol{P}-\sum_k w_k\boldsymbol{M}_k\right\|_{\mathrm{F}}^2+\lambda\sum_k\max(0,-w_k)^2 \tag{5.41}$$

并基于欧拉-拉格朗日方程建立半隐式迭代格式求解得到最优解 $\hat{\boldsymbol{w}}=[\hat{w}_1,\hat{w}_2,\cdots,\hat{w}_N]^{\mathrm{T}}$。

(2) 边缘自适应增益参数 $g_k=E(\boldsymbol{P})$。

文献[16]进一步通过全色图像的边缘信息构造了边缘自适应增益函数 $g_k=E(\boldsymbol{P})$，细节注入增益函数 $E(\boldsymbol{P})$ 的基本思想是希望在高梯度区域其注入细节增益趋于 1，而在平坦区域其细节注入增益趋于 0。他们采取类似 Perona 和 Malik 提出的边缘终止函数[18]：

$$E(\boldsymbol{P})_{(m,n)}=\exp\left(-\frac{\gamma}{|\nabla \boldsymbol{P}|^{4}+\varepsilon}\right) \tag{5.42}$$

其中，$\gamma>0,\varepsilon>0$ 为经验参数；$|\nabla \boldsymbol{P}|$ 表示梯度模。

结合上述两个策略，建立边缘信息自适应细节注入格式：

$$\hat{\boldsymbol{u}}_k=\boldsymbol{M}_k+E(\boldsymbol{P})\cdot(\boldsymbol{P}-\sum_k \hat{w}_k \boldsymbol{M}_k),\quad 1\leqslant k\leqslant N \tag{5.43}$$

AIHS 方法可以得到进一步改进。可以注意到其细节注入增益并不是波段自适应的。实际上，也可以构造波段相关的细节注入增益 $g_k=E(\boldsymbol{P},\boldsymbol{M}_k)$，形成波段相关 AIHS(Band-dependent AIHS，BDAIHS)方法：

$$\hat{\boldsymbol{u}}_k=\boldsymbol{M}_k+E(\boldsymbol{P},\boldsymbol{M}_k)\cdot(\boldsymbol{P}-\sum_k \hat{w}_k \boldsymbol{M}_k),\quad 1\leqslant k\leqslant N \tag{5.44}$$

其中，$E(\boldsymbol{P},\boldsymbol{M}_k)$ 被定义为

$$E(\boldsymbol{P},\boldsymbol{M}_k)=\left(\boldsymbol{M}_k\Big/\sum_{k=1}^{N}\boldsymbol{M}_k\right)(\alpha E(\boldsymbol{P})+(1-\alpha)E(\boldsymbol{M}_k)) \tag{5.45}$$

其中，符号“/”表示矩阵元素相除；$0\leqslant\alpha\leqslant 1$ 为经验参数。关于 AIHS 方法更多的改进方法可以参见文献[17]。

5.4.2 波段无关多变量回归方法

文献[11]提出了一种谱响应权重估计的多变量回归方法，其基本思想是假设全色图像 $\boldsymbol{P}$ 经过 MTF 低通滤波后的图像 $\boldsymbol{P}_L$，进而通过下采样 r 倍至观测的多光谱图像大小，则 $\boldsymbol{P}_L$ 和 $\{\boldsymbol{M}_{L,1},\boldsymbol{M}_{L,2},\cdots,\boldsymbol{M}_{L,N}\}$ 之间存在如下关系：

$$\boldsymbol{P}_L\downarrow r\approx\sum_k w_k \boldsymbol{M}_{L,k} \tag{5.46}$$

则未知权重系数向量 $\boldsymbol{w}=[w_1,w_2,\cdots,w_N]^{\mathrm{T}}$ 可以通过最小二乘估计求得，即

$$\hat{\boldsymbol{w}}=\underset{\boldsymbol{w}=[w_1,w_2,\cdots,w_N]^{\mathrm{T}}}{\arg\min}\left\|\boldsymbol{P}_L\downarrow r-\sum_k w_k \boldsymbol{M}_{L,k}\right\|_{\mathrm{F}}^{2} \tag{5.47}$$

令 $\boldsymbol{p}_d=\mathrm{vec}(\boldsymbol{P}_L\downarrow r)$，vec 为列向量化算子，$\boldsymbol{M}_L=[\mathrm{vec}(M_{L,1}),\mathrm{vec}(M_{L,2}),\cdots,\mathrm{vec}(M_{L,N})]$，则上述模型等价于

$$\hat{\boldsymbol{w}}=\underset{\boldsymbol{w}=[w_1,w_2,\cdots,w_N]^{\mathrm{T}}}{\arg\min}\|\boldsymbol{p}_d-\boldsymbol{M}_L\boldsymbol{w}\|_2^2 \tag{5.48}$$

则有

$$\hat{\boldsymbol{w}}=\left(\boldsymbol{M}_L^{\mathrm{T}}\boldsymbol{M}_L\right)^{-1}\boldsymbol{M}_L^{\mathrm{T}}\cdot\boldsymbol{p}_d \tag{5.49}$$

当求出权重向量，则可以合成一个新的平均亮度图像 $\boldsymbol{I}$ (其空间大小与全色图像相

同)，$I=\sum_k \hat{w}_k M_k$ ，最后基于细节注入的矩阵表达形式进行全色融合：

$$\hat{u}_k = M_k + g_k(P - I),\quad 1\leqslant k\leqslant N \tag{5.50}$$

其中，细节注入增益$\{g_k\}$可以采取 GS 方法或者 GIHS 中的权重。文献[11]分别将其称为GSA 方法或者广义 IHS 自适应方法(Generalized IHS Adaptive Approach, GIHSA)。

上述基于多变量最小二乘回归的成分替代方法存在一个基本的假设，即平均亮度图像与理想多光谱图像的权重参数与 P_L 和 M_L 之间的权重相同。然而因为空间分辨率不同，这种假设仅仅是近似成立。

该方法可以归结为图 5.3 所示的框架。该框架可以很方便地适应于 IHS、GIHS、GS 方法，可以看作这些方法的一个预处理模块。对比图 5.1 所示的框架，该框架并不需要直方图匹配过程，其原因在于式(5.47)的最小二乘解求出的权重，进而合成的平均亮度图像本身就是与全色图像是直方图匹配的。

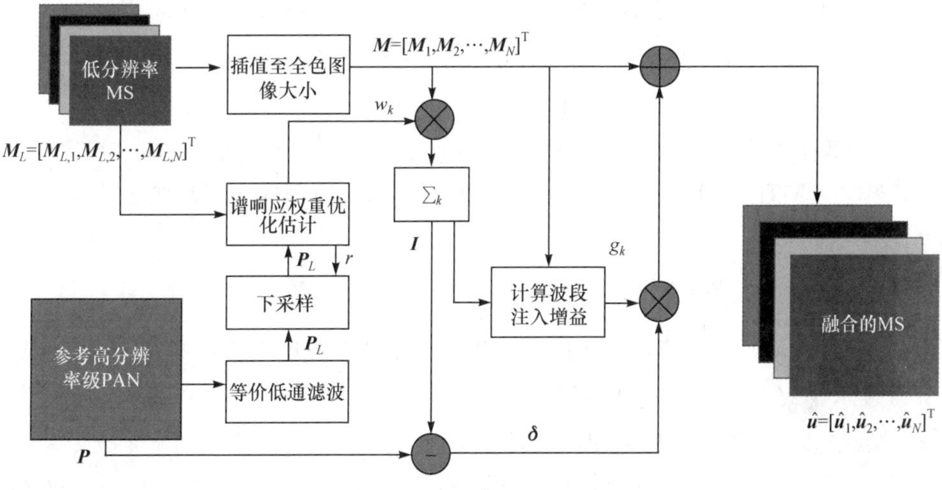

图 5.3　基于波段无关多变量回归方法的成分替代融合框架

5.4.3　波段相关多变量回归方法

上述方法中仅仅估计 N 个光谱响应权重参数$\{w_k\}$，以合成 1 个波段无关的平均亮度图像；而细节注入增益$\{g_k\}$仍然采取 IHS、GIHS 或者 GS 方法求得。文献[19]提出了一种光谱响应权重参数和细节注入增益的联合优化估计方法，称为波段相关的细节(BDSD)注入模型。该方法的基本出发点是对每个光谱波段，定义第 l 个波段相关的平均亮度图像：

$$I_l = \sum_k w_{l,k} M_k,\quad l=1,2,\cdots,N \tag{5.51}$$

其中，$\{w_{l,k}\}_{l=1,2,\cdots,N,k=1,2,\cdots,N}$ 为 N^2 个未知参数。从而全色图像与该平均亮度图像的

残差图像也是波段相关的，即 $\boldsymbol{\delta}_l = \boldsymbol{P} - \boldsymbol{I}_l$，则 BDSD 的细节注入格式为

$$\hat{\boldsymbol{u}}_l = \boldsymbol{M}_l + g_l(\boldsymbol{P} - \sum_k w_{l,k}\boldsymbol{M}_k), \quad 1 \leqslant l \leqslant N \tag{5.52}$$

其中，$\hat{\boldsymbol{u}}_l$ 为融合后第 l 个波段的图像；$\boldsymbol{M}_l$ 为第 l 个波段的插值多光谱图像；细节注入增益 $\{g_l\}_{l=1}^N$ 同样看作待估计的未知变量。这样，总计需要联合估计 $N \times (N+1)$ 个未知变量。

将式(5.52)中的所有图像的矩阵按照字典排序为列向量，则式(5.52)可以重写成更为紧凑的形式：

$$\hat{\boldsymbol{u}}_l = \boldsymbol{M}_l + \boldsymbol{H} \cdot \boldsymbol{\gamma}_l, \quad 1 \leqslant l \leqslant N \tag{5.53}$$

其中，$\hat{\boldsymbol{u}}_l = \mathrm{vec}(\hat{\boldsymbol{u}}_l), \boldsymbol{M}_l = \mathrm{vec}(\boldsymbol{M}_l)$；$\boldsymbol{H} = [\mathrm{vec}(\boldsymbol{M}_1), \mathrm{vec}(\boldsymbol{M}_2), \cdots, \mathrm{vec}(\boldsymbol{M}_N), \mathrm{vec}(\boldsymbol{P})]$ 为由观测多光谱图像(插值至全色图像大小)和全色图像以列向量形式组成的观测矩阵；向量 $\boldsymbol{\gamma}_l = [\gamma_{l,1}, \gamma_{l,2}, \cdots, \gamma_{l,N}]^{\mathrm{T}}$ 表示待估计的 $N \times (N+1)$ 个未知变量，定义为

$$\gamma_{l,k} = \begin{cases} -g_l w_{l,k}, & k = 1, 2, \cdots, N \\ g_l, & k = N+1 \end{cases} \tag{5.54}$$

如何联合估计这 $N \times (N+1)$ 个未知变量呢？可以假设在插值分辨率尺度的多光谱图像与 MTF 退化的多光谱图像、MTF 退化的全色图像之间同样服从式(5.52)的形式，即

$$\hat{\boldsymbol{u}}_{L,l} = \boldsymbol{M}_{L,l} + g_l(\boldsymbol{P}_L - \sum_k w_{l,k}\boldsymbol{M}_{L,k}), \quad 1 \leqslant l \leqslant N \tag{5.55}$$

其中，$\hat{\boldsymbol{u}}_{L,l}$ 表示通过插值至全色图像分辨率尺度的多光谱图像的第 l 个波段图像；$\boldsymbol{M}_{L,l}$ 表示 $\hat{\boldsymbol{u}}_{L,l}$ 经过 MTF 退化的第 l 个波段图像；$\boldsymbol{P}_L$ 表示经过 MTF 退化的全色图像。则经过式(5.53)同样的向量化处理，可得

$$\hat{\boldsymbol{u}}_{L,l} = \boldsymbol{M}_{L,l} + \boldsymbol{H}_d \cdot \boldsymbol{\gamma}_l, \quad 1 \leqslant l \leqslant N \tag{5.56}$$

其中

$$\boldsymbol{H}_d = [\mathrm{vec}(\boldsymbol{M}_{L,1}), \mathrm{vec}(\boldsymbol{M}_{L,2}), \cdots, \mathrm{vec}(\boldsymbol{M}_{L,N}), \mathrm{vec}(\boldsymbol{P}_L)] \tag{5.57}$$

则可建立参数的最小二乘模型：

$$\widehat{\boldsymbol{\gamma}_l} = \mathop{\arg\min}_{\boldsymbol{\gamma}_l = [\gamma_{l,1}, \gamma_{l,2}, \cdots, \gamma_{l,N}]^{\mathrm{T}}} \left\| \hat{\boldsymbol{u}}_{L,l} - \boldsymbol{M}_{L,l} - \boldsymbol{H}_d \cdot \boldsymbol{\gamma}_l \right\|_2^2 \tag{5.58}$$

上述模型存在闭式解，即

$$\widehat{\boldsymbol{\gamma}_l} = (\boldsymbol{H}_d^{\mathrm{T}} \boldsymbol{H}_d)^{-1} \boldsymbol{H}_d^{\mathrm{T}} (\hat{\boldsymbol{u}}_{L,l} - \boldsymbol{M}_{L,l}), \quad 1 \leqslant l \leqslant N \tag{5.59}$$

当参数向量 $\widehat{\boldsymbol{\gamma}_l}$ 求出之后，可以根据式(5.53)进行细节注入，实现全色融合锐化。

上述方法隐含存在的一个不变性假设：高分辨率尺度的多波段图像与插值的

多波段图像和全色图像之间存在一个线性组合关系；而在插值分辨率尺度的多光谱图像与 MTF 退化的多光谱图像、MTF 退化的全色图像之间存在同样的线性关系，而且权重向量是一组不变量。为了减少计算量，也可以认为在观测分辨率尺度，这种关系同样存在；此时需要将全色图像经过 MTF 低通滤波后进行降采样至观测分辨率。

5.5　部分更换的自适应成分替代方法

前面所述方法的一个公共特性是其注入细节 $\boldsymbol{\delta}=\boldsymbol{P}-\boldsymbol{I}$ 中，所有波段均采取相同的高分辨全色图像 $\boldsymbol{P}$ ，因此是波段无关的。注意到上述事实，文献[12]提出一种部分更换的自适应成分替代(PRACS)方法。该方法并不直接采取高分辨全色图像 $\boldsymbol{P}$ ，而是采取一个部分蕴含 $\boldsymbol{P}$ 和部分蕴含 $\boldsymbol{M}_k$ 的高分辨锐化图像 $\boldsymbol{P}_k(k=1,2,\cdots,N)$ 。PRACS 算法的细节注入格式为

$$\hat{\boldsymbol{u}}_k=\boldsymbol{M}_k+g_k(\boldsymbol{P}_k-\boldsymbol{I}),\quad 1\leqslant k\leqslant N \tag{5.60}$$

其中，高分辨锐化图像 $\boldsymbol{P}_k$ 定义如下：

$$\boldsymbol{P}_k=\mathrm{CC}(\boldsymbol{I},\boldsymbol{M}_k)\cdot\boldsymbol{P}+(1-\mathrm{CC}(\boldsymbol{I},\boldsymbol{M}_k))\cdot\boldsymbol{M}_k',\qquad k=1,2,\cdots,N$$

其中，$\mathrm{CC}(\cdot,\cdot)$ 表示相关系数；$\boldsymbol{M}_k'$ 为 $\boldsymbol{M}_k$ 与高分辨全色图像 $\boldsymbol{P}$ 直方图匹配后的结果；$\boldsymbol{I}$ 为式(5.1)所定义的平均亮度图像，其加权系数可以由线性回归方法估计(见 5.4.2 节)。这样，注入细节修改为 $\boldsymbol{\delta}_k=\boldsymbol{P}_k-\boldsymbol{I},k=1,2,\cdots,N$ 。

令符号 std(g)表示标准方差，则增益系数 $\{g_k\}$ 重新设计为

$$g_k=\beta\cdot\mathrm{CC}(\boldsymbol{P}_{L,k},\boldsymbol{M}_k)\cdot\frac{\mathrm{std}(\boldsymbol{M}_k)}{\frac{1}{N}\sum_{i=1}^{N}\mathrm{std}(\boldsymbol{M}_i)}\cdot L_k \tag{5.61}$$

根据文献[12]的报道，上述增益系数的计算模型考虑了如下 4 个方面的因素。

(1) 经验参数 β 的作用是对高频注入细节调整动态范围，确保融合图像动态范围保持一致性。

(2) 相关系数 $\mathrm{CC}(\boldsymbol{P}_{L,k},\boldsymbol{M}_k)$ 的作用在于调整高频注入细节的相对幅度；$\boldsymbol{P}_{L,k}$ 为 $\boldsymbol{P}_k$ 的低通滤波，之所以不直接使用 $\boldsymbol{P}_k$ 而利用 $\boldsymbol{P}_{L,k}$ 计算相关系数，旨在尽可能减少各波段图像 $\boldsymbol{M}_k$ 的全局不匹配性。

(3) 尺度参数 $N\cdot\mathrm{std}(\boldsymbol{M}_k)\Big/\sum_{i=1}^{N}\mathrm{std}(\boldsymbol{M}_i)$ 的作用在于考虑各波段图像的标准差 (std) 差异以减少光谱失真。

(4) 自适应项 L_k 的作用是减少平均亮度图像与波段图像之间的局部光谱抖动

误差，定义为

$$L_k = 1 - \left| 1 - \mathrm{CC}(\boldsymbol{I}, \boldsymbol{M}_k) \frac{\boldsymbol{M}_k}{\boldsymbol{P}_{L,k}} \right| \tag{5.62}$$

5.6 空域细节注入统一框架分析

本章已经简要概括了各类方法的基本原理。归纳而言，无论采取显式的谱变换，还是没有使用谱变换，其形式均可以整理成一个统一的细节注入格式：

$$\begin{cases} \boldsymbol{I} = \sum\limits_k w_k \boldsymbol{M}_k \\ \hat{\boldsymbol{u}}_k = \boldsymbol{M}_k + g_k(\boldsymbol{P} - \boldsymbol{I}) \end{cases}, 1 \leqslant k \leqslant N \tag{5.63}$$

其中，各类方法的实质是探讨如何选取非负的权重向量和细节注入增益参数 $\{w_k, g_k\}_{k=1}^{k=N}$。如何求取两套参数是该融合框架的核心问题。归纳上述算法，各算法的两套参数系统分别如表 5.1 所示。

表 5.1　各种成分替代方法及其细节注入实现格式

算法	平均亮度加权参数向量 w_k	波段增益向量(与空间无关) g_k 或者波段增益空间自适应增益矩阵 $\boldsymbol{G}_k = [g_k(m,n)]_{H\times W}$
经典谱变换成分替代方法		
IHS[2,3]	$1/N, N=3$	1
GIHS[8]	$0 \leqslant w_k \leqslant 1$	$\left(\sum\limits_{k=1}^N w_k\right)^{-1}$
PCA[4,5]	$\mathrm{cov}(\boldsymbol{M}_k, \mathbf{PC}_1)/\mathrm{var}(\mathbf{PC}_1)$	$\mathrm{cov}(\boldsymbol{M}_k, \mathbf{PC}_1)/\mathrm{var}(\mathbf{PC}_1)$ 波段相关且空间非自适应
GS[6]	$1/N$	$\mathrm{cov}(\boldsymbol{M}_k, \boldsymbol{I})/\mathrm{var}(\boldsymbol{I})$ 波段相关且空间非自适应
BT[15]	$1/N$	$\boldsymbol{M}_k/\boldsymbol{I}$
估计平均亮度加权参数，增益采取谱变换方法		
GIHSA[11]	$\boldsymbol{w} = [w_1, \cdots, w_k, \cdots, w_N]^{\mathrm{T}}$ $= (\boldsymbol{M}_L^{\mathrm{T}} \boldsymbol{M}_L)^{-1} \boldsymbol{M}_L^{\mathrm{T}} \cdot \boldsymbol{p}_d$	1 或其他改进形式
GSA[11]	$\boldsymbol{w} = [w_1, \cdots, w_k, \cdots, w_N]^{\mathrm{T}}$ $= (\boldsymbol{M}_L^{\mathrm{T}} \boldsymbol{M}_L)^{-1} \boldsymbol{M}_L^{\mathrm{T}} \cdot \boldsymbol{p}_d$	$\mathrm{cov}(\boldsymbol{M}_k, \boldsymbol{I})/\mathrm{var}(\boldsymbol{I})$ 波段相关且空间非自适应

续表

算法	平均亮度加权参数向量 w_k	波段增益向量(与空间无关) g_k 或者波段增益空间自适应增益矩阵 $\boldsymbol{G}_k=[g_k(m,n)]_{H\times W}$
估计平均亮度加权参数，增益空间自适应计算		
AIHS[17]	$\boldsymbol{w}=[w_1,\cdots,w_k,\cdots,w_N]^{\mathrm{T}}$ $=\arg\min_{\boldsymbol{w}}\left\|\boldsymbol{P}-\sum_k w_k\boldsymbol{M}_k\right\|_{\mathrm{F}}^2$ s.t. $\boldsymbol{w}\geqslant\boldsymbol{0}$	$E(\boldsymbol{P})=\exp\left(-\dfrac{\gamma}{\lvert\nabla\boldsymbol{P}\rvert^4+\varepsilon}\right)$ 波段无关但空间自适应
BDAIHS[17]	$\boldsymbol{w}=[w_1,\cdots,w_k,\cdots,w_N]^{\mathrm{T}}$ $=\arg\min_{\boldsymbol{w}}\left\|\boldsymbol{P}-\sum_k w_k\boldsymbol{M}_k\right\|_{\mathrm{F}}^2$ s.t. $\boldsymbol{w}\geqslant\boldsymbol{0}$	$E(\boldsymbol{P},\boldsymbol{M}_k)$ $=\left(\boldsymbol{M}_k\Big/\sum_{k=1}^N\boldsymbol{M}_k\right)(\alpha E(\boldsymbol{P})+(1-\alpha)E(\boldsymbol{M}_k))$ 波段相关且空间自适应
参数联合估计		
BDSD[19]	$\gamma_{l,k}=\begin{cases}-g_l w_{l,k}, & k=1,2,\cdots,N\\ g_l, & k=N+1\end{cases}$,	$\widehat{\boldsymbol{\gamma}}_l=\left(\boldsymbol{H}_d^{\mathrm{T}}\boldsymbol{H}_d\right)^{-1}\boldsymbol{H}_d^{\mathrm{T}}\left(\hat{\boldsymbol{u}}_{L,l}-\boldsymbol{M}_{L,l}\right)$, $1\leqslant l\leqslant N$
部分更换的自适应参数设计		
PRACS[12]	$\boldsymbol{w}=[w_1,\cdots,w_k,\cdots,w_N]^{\mathrm{T}}$ $=\left(\boldsymbol{M}_L^{\mathrm{T}}\boldsymbol{M}_L\right)^{-1}\boldsymbol{M}_L^{\mathrm{T}}\cdot\boldsymbol{p}_d$	$g_k=\beta\cdot\mathrm{CC}(\boldsymbol{P}_{L,k},\boldsymbol{M}_k)\cdot\dfrac{\mathrm{std}(\boldsymbol{M}_k)}{\frac{1}{N}\sum_{i=1}^N\mathrm{std}(\boldsymbol{M}_i)}\cdot L_k$，$\boldsymbol{\delta}=\boldsymbol{P}_k-\boldsymbol{I}$ 波段相关且空间自适应

5.7 实验分析

本节将分别对来自不同卫星的图像进行仿真数据实验和真实数据实验以验证本章方法的有效性。仿真数据实验在退化的空间分辨率下进行，采用了 Wald 等提出的策略，即将原始的 MS 图像和 PAN 图像进行空间退化和下采样，从而得到仿真的低分辨率多光谱图像和全色图像，并将它们作为参与融合的实验数据，同时将原始的 MS 图像作为参考 HMS 图像，便于对 Pansharpening 的结果进行质量评价。为了对原始图像进行空间退化，利用匹配传感器 MTF 的滤波器，对原始的 MS 图像和 PAN 图像进行空间滤波，下采样的尺度因子被设置为 PAN 图像和 MS 图像的空间分辨率之比，在本节实验中为 4。而真实数据实验中不存在参考图像，因此直接将 LMS 图像上采样至 PAN 图像的大小，然后与 PAN 图像进行融合。

5.7.1 仿真数据实验结果

本节在 Pléiades 数据集上进行了仿真数据实验，首先对实验采用的数据集进行简要说明。本节实验采用的数据集来自 Pléiades 卫星 MS 图像和 PAN 图像，其中 MS 图像均包含 4 个波段，即蓝(B)、绿(G)、红(R)和近红外(NIR)波段，空间分辨率均为 2m，PAN 图像的空间分辨率均为 0.5m。

本节对表 5.1 中列出的 Pansharpening 方法进行比较，为了对结果进行评价，首先给出每个方法的融合结果的视觉效果图及参考图像，再用第 3 章中介绍的定量指标对融合结果进行评价，包括 SAM、RMSE、ERGAS、CC、Qave 和 Q4。

图 5.4 显示了各方法在 Pléiades 仿真数据集上的融合结果，包含了道路、建筑物、河流等细节，图像的大小均为 512 像素×512 像素。图 5.5 为图 5.4 中一个局部区域的放大图。从视觉效果上看，GIHS、PCA、GS 以及 BT 方法都在道路以及河流部分有明显的彩色失真，尤其是 PCA 方法，同时它的空间失真也最为严重。BDAIHS 方法虽然改善了 GIHS 的光谱质量，但是空间质量比较差；而 GIHSA 和 AIHS 则在改善光谱质量的同时，也显著提升了空间质量。同样地，GSA 方法的空间细节保真相比于 GS 方法也有很大提升。综合来看，表现最好的是 BDSD 方法，GSA 次之，PRACS 方法紧随其后。表 5.2 显示了 Pléiades 仿真数据实验的定量分析结果。由表 5.2 可知，BDSD 方法给出最好的六个指标(表中加粗表示)，即得到了最好的融合效果。

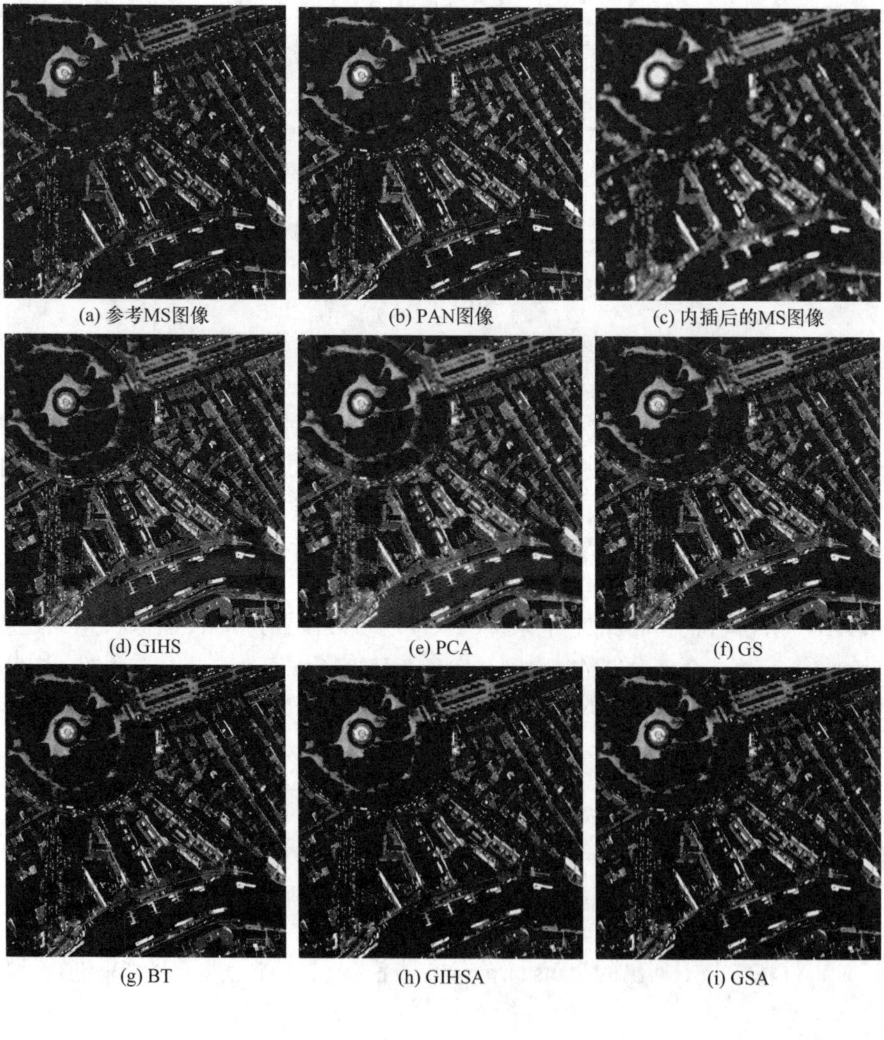

(a) 参考MS图像　(b) PAN图像　(c) 内插后的MS图像

(d) GIHS　(e) PCA　(f) GS

(g) BT　(h) GIHSA　(i) GSA

(j) AIHS

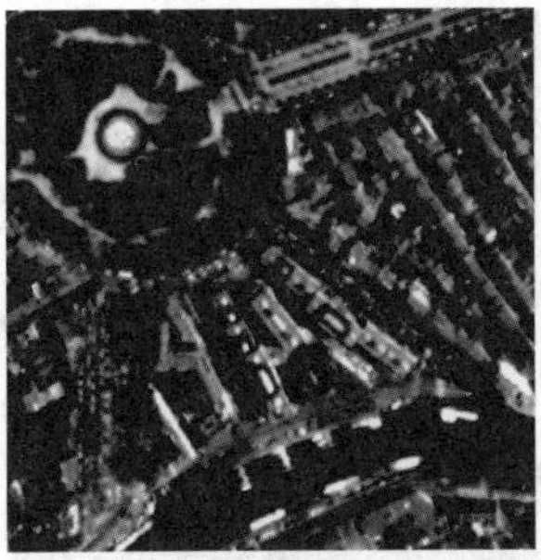
(k) BDAIHS

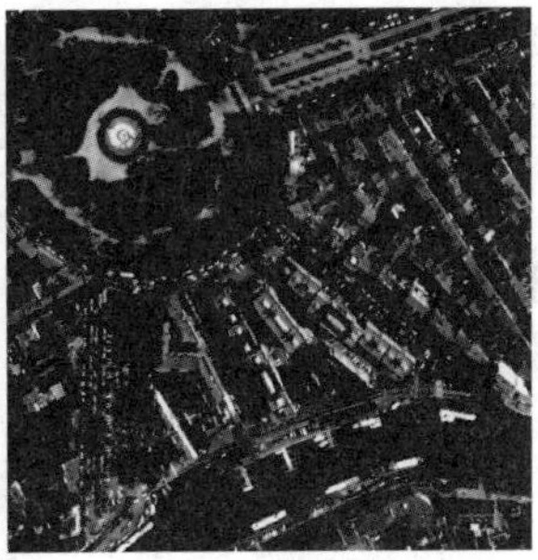
(l) BDSD

(m) PRACS

图 5.4 各方法在 Pléiades 仿真数据集上的融合结果

(a) 参考MS图像

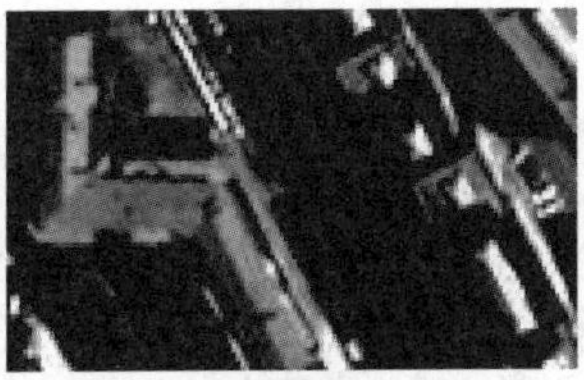
(b) PAN图像

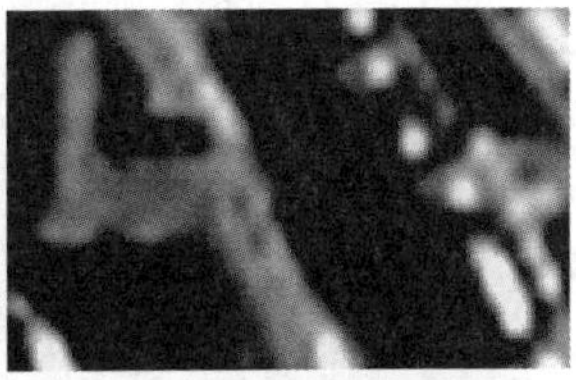
(c) 内插后的MS图像

(d) GIHS

(e) PCA

(f) GS

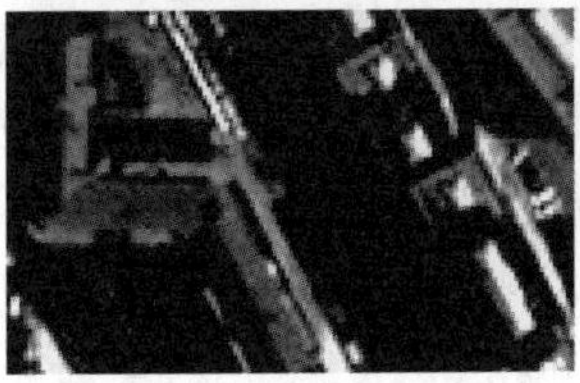
(g) BT

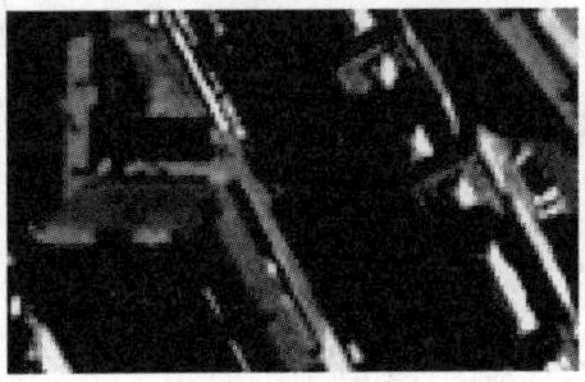
(h) GIHSA

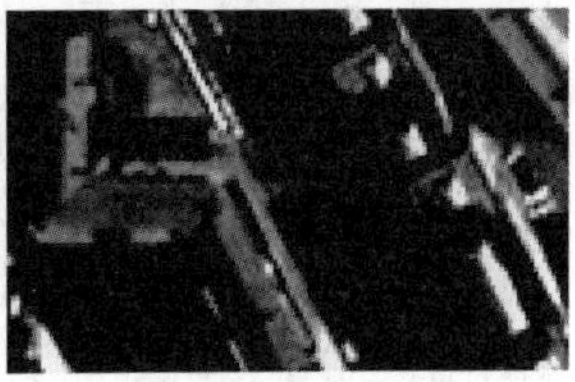
(i) GSA

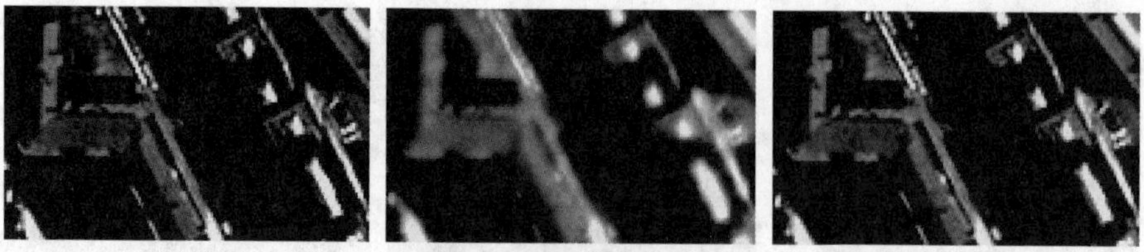

(j) AIHS　(k) BDAIHS　(l) BDSD

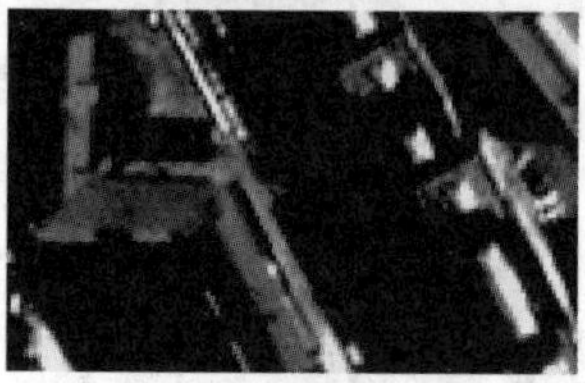

(m) PRACS

图 5.5　各方法在 Pléiades 仿真数据集上的融合结果的局部放大图

表 5.2　Pléiades 仿真数据实验定量分析结果

指标	SAM	RMSE	ERGAS	CC	Qave	Q4
理想值	0	0	0	1	1	1
GIHS	4.8788	41.9060	5.0141	0.9379	0.8678	0.8459
PCA	5.9976	51.0990	5.9076	0.8856	0.8398	0.8210
GS	5.2075	43.1210	5.0585	0.9383	0.8695	0.8487
BT	4.3315	44.9620	5.1868	0.9302	0.8644	0.8443
GIHSA	4.5418	37.5210	4.4525	0.9581	0.9064	0.8844
GSA	4.0136	28.7690	3.1960	0.9621	0.9532	0.9421
AIHS	4.5244	35.9720	4.2406	0.9624	0.9139	0.8943
BDAIHS	4.3315	44.8100	5.5382	0.9252	0.8357	0.8283
BDSD	**3.8837**	**25.7440**	**2.7886**	**0.9698**	**0.9641**	**0.9619**
PRACS	4.1474	32.2800	3.6535	0.9645	0.9355	0.9316

5.7.2　真实数据实验结果

真实数据实验采用的数据集是 IKONOS 卫星采集的 MS 图像和 PAN 图像，其中 MS 图像和 PAN 图像的空间分辨率与仿真数据实验的数据相同。不同的是，真实数据实验中不存在参考图像，因此直接将 LMS 图像上采样至 PAN 图像的大小，然后与 PAN 图像进行融合。

本节给出每个方法得到的融合结果的视觉效果图，并采用第 3 章中介绍的无参考的图像质量指标对融合结果进行评价，即 D_λ 、D_s 和 QNR，其中 D_λ 为光谱失真评价指标，D_s 为空间失真评价指标，QNR 则为全局指标。图 5.6 显示了各方法在 IKONOS 数据上的实验结果图。图 5.7 是图 5.6 中的结果的局部放大图。

表 5.3 列出了该实验的定量分析结果。

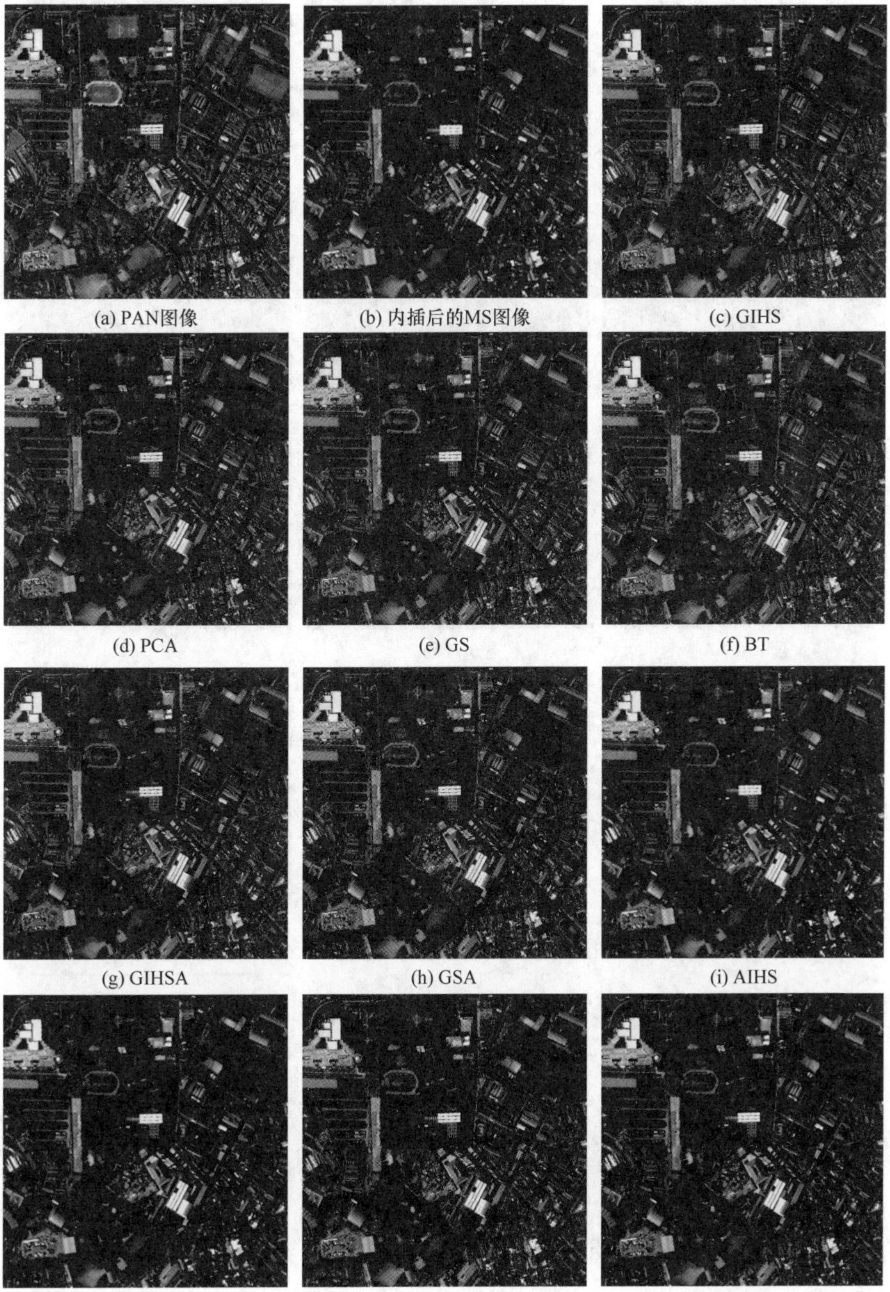

(a) PAN图像　(b) 内插后的MS图像　(c) GIHS
(d) PCA　(e) GS　(f) BT
(g) GIHSA　(h) GSA　(i) AIHS
(j) BDAIHS　(k) BDSD　(l) PRACS

图 5.6　各方法在 IKONOS 真实数据集上的融合结果(见彩图)

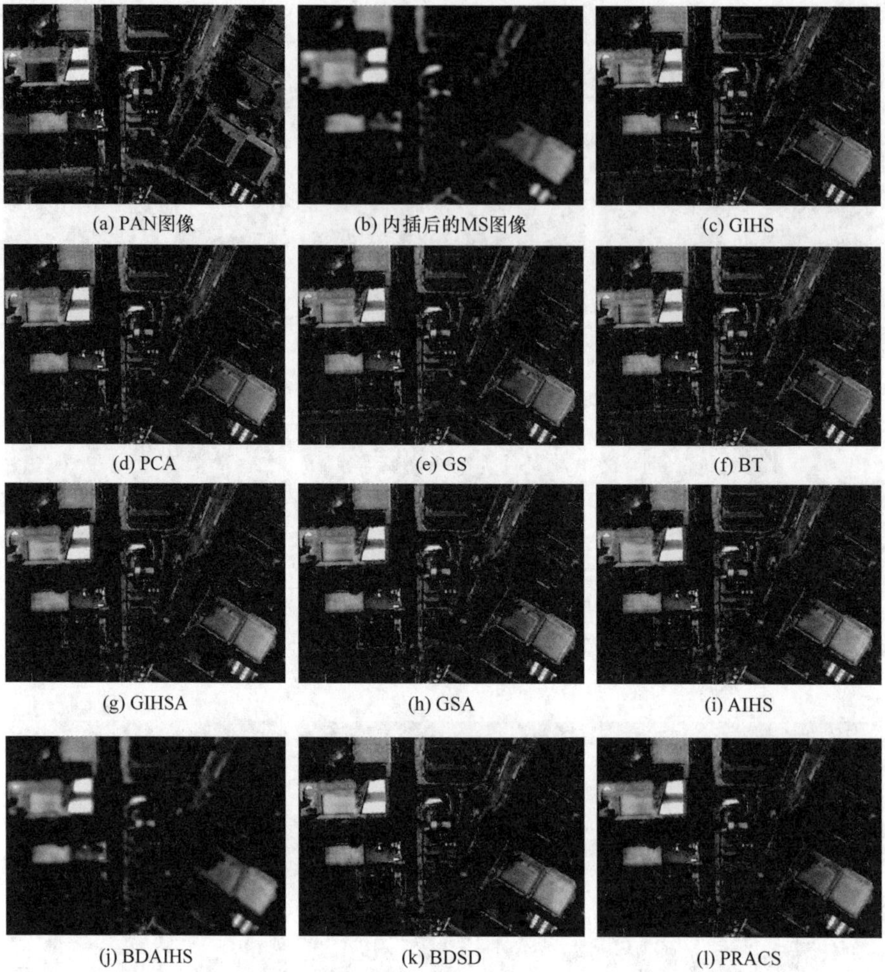

图 5.7　各方法在 IKONOS 真实数据集上的融合结果的局部放大图

图 5.6 的影像来自圣保罗，主要是城市区域，包含了道路以及建筑等丰富的细节，图像的大小均为 1024 像素×1024 像素。图 5.6(a)为空间分辨率为 0.5m 的 PAN 图像，图 5.6(b)为空间分辨率为 0.5m 的 MS 图像；图 5.6(c)～(l)分别为各个方法的融合结果图像。

结合图 5.6 和图 5.7 进行观察比较，可以发现 GIHS 和 BT 方法都有明显的彩色失真，例如，在图 5.7(c)和(f)中屋顶以及道路和林地明显颜色过暗；同时它们的空间失真也较为严重。由图 5.7 可以看出，它们的边缘存在过于尖锐的现象。GIHSA 和 AIHS 则在改善 GIHS 方法的光谱质量的同时，也显著提升了空间质量。PCA 和 GS 方法的效果比 GIHS 等略好一些，但是仍然不是很理想，它们都存在一定程度的光谱失真，GSA 方法在这方面相比于 GS 有所改善，观察图 5.7(h)可以发现，相比于图 5.7(e)，其色彩偏暗的情况得到改善。BDAIHS 的颜色信息最接近 MS 图像，但存在明显的边缘模糊现象。综合来看，表现最好的仍为 BDSD 方法，空间细节既不过于尖锐，也没有明显的模糊，同时颜色信息也比较接近 MS 图像。从表 5.3 中也可以得出类似的结论，BDSD 方法在 D_s 和 QNR 指标上都取得了最好的结果，D_λ 指标的结果也仅次于 BDAIHS，这说明 BDSD 的融合结果最好。但对于 GS 和 GSA 方法，定量评价指标与视觉感觉不相符。这说明亟待研究更好的融合质量评价指标。

表 5.3　IKONOS 真实数据实验定量分析结果

指标	D_λ	D_s	QNR
理想值	0	0	1
GIHS	0.0807	0.1351	0.7951
PCA	0.0532	0.1147	0.8382
GS	0.0571	0.1210	0.8288
BT	0.0620	0.1223	0.8233
GIHSA	0.0531	0.0991	0.8531
GSA	0.0931	0.1366	0.7831
AIHS	0.0600	0.0978	0.8481
BDAIHS	**0.0067**	0.0631	0.9307
BDSD	0.0177	**0.0448**	**0.9384**
PRACS	0.0432	0.0898	0.8709

5.8　本 章 小 结

本章以一种细节注入统一格式分析了目前一类成分替代法的融合机理。一类早期的基于谱变换的成分替代方法，如 IHS、GIHS 和 GS 方法，虽然是依赖于可逆的谱变换或者构建的正交变换，但是经过数学整理和分析发现在细节注入框架下，并不需要显式计算正变换和逆变换，因此都能实现快速融合。另一类方法是基于参数优化的方法，这一类方法主要是估计两套参数：①合成平均亮度图像中各波段的贡献参数，②各波段细节注入时增益参数。这类方法的核心思想是在退化尺度上多变量回归估计这些参数。其中，GIHSA 和 GSA 采取的策略是估计平均亮度加权参数，增益采取谱变换方法的参数；AIHS 和 BDAIHS 方法的策略是估计平均亮度加权参数，增益采取通过边缘信息空间自适应计算；BDSD 方法是采取所有参数联合估计的方法。

参 考 文 献

[1] Alparone L, Aiazzi B, Baronti S, et al. Remote Sensing Image Fusion. Boca Raton: CRC Press, 2015.

[2] Carper W, Lillesand T, Kiefer R. The use of intensity-hue-saturation transformations for merging SPOT Panchromatic and multispectral image data. Photogrammetric Engineering and Remote Sensing, 1990,56(4):459-467.

[3] Chavez P S Jr, Sides S C, Anderson J A. Comparison of three different methods to merge multiresolution and multispectral data:Landsat TM and SPOT Panchromatic. Photogrammetric Engineering and Remote Sensing, 1991,57(3):295-303.

[4] Chavez P S Jr, Kwarteng A W. Extracting spectral contrast in Landsat thematic mapper image data using selective principal component analysis. Photogrammetric Engineering and Remote Sensing, 1989,55(3):339-348.

[5] Shettigara V K. A generalized component substitution technique for spatial enhancement of multispectral images using a higher resolution data set. Photogrammetric Engineering and Remote Sensing, 1992,58(5):561-567.

[6] Laben C A, Brower B V. Process for enhancing the spatial resolution of multispectral imagery using PAN-sharpening: 6011875. 2000-01-04.

[7] Thomas C, Ranchin T, Wald L, et al. Synthesis of multispectral images to high spatial resolution: A critical review of fusion methods based on remote sensing physics. IEEE Transactions on Geoscience and Remote Sensing, 2008,46(5):1301-1312.

[8] Tu T M, Su S C, Shyu H C, et al. A new look at IHS-like image fusion methods. Information Fusion, 2001, 2(3):177-186.

[9] Tu T M, Huang P S, Hung C L, et al. A fast intensityhue-saturation fusion technique with spectral adjustment for IKONOS imagery. IEEE Geoscience and Remote Sensing Letters, 2004, 1(4): 309-312.

[10] Dou W, Chen Y, Li X, et al. A general framework for component substitution image fusion: An implementation using fast image fusion method. Computers and Geoscience, 2007,33(2):219-228.

[11] Aiazzi B, Baronti S, Selva M. Improving component substitution Pansharpening through multivariate regression of MS+PAN data. IEEE Transactions on Geoscience and Remote Sensing, 2007, 45(10):3230-3239.

[12] Choi J, Yu K, Kim Y. A new adaptive component-substitution-based satellite image fusion by using partial replacement. IEEE Transactions on Geoscience and Remote Sensing, 2011,49(1):295-309.

[13] Wang Z, Ziou D, Armenakis C, et al. A comparative analysis of image fusion methods. IEEE Transactions on Geoscience and Remote Sensing, 2005,43(6):1391-1402.

[14] Xu J, Guan Z, Liu J. An improved fusion method for merging multi-spectral and Panchromatic images considering sensor spectral response. International Archives of the Photogrammetry, Remote Sensing and Spatial Information Sciences, 2008, 37: 1169-1174.

[15] Gillespie A R, Kahle A B, Walker R E. Color enhancement of highly correlated images-II.

channel ratio and "chromaticity" transform techniques. Remote Sensing of Environment, 1987, 22(3):343-365.

[16] González-Audícana M, Otazu X, Fors O, et al. A low computational-cost method to fuse IKONOS images using the spectral response function of its sensors. IEEE Transactions on Geoscience and Remote Sensing, 2006,44(6):1683-1691.

[17] Rahmani S, Strait M, Merkurjev D, et al. An adaptive IHS PAN-sharpening method. IEEE Geoscience and Remote Sensing Letter, 2010, 7(4): 746-750.

[18] Perona P, Malik J. Scale-space and edge detection using anisotropic diffusion. IEEE Transactions on Pattern Analysis and Machine Intelligence, 1990, 12(7): 629-639.

[19] Garzelli A, Nencini F, Capobianco L. Optimal MMSE PAN sharpening of very high resolution multispectral images. IEEE Transactions on Geoscience and Remote Sensing, 2008, 46(1): 228-236.

第 6 章　空谱遥感图像 MRA 融合：细节注入机理

6.1 引　言

第 5 章已经介绍了投影替代方法。该类方法通常可以归结为一种通用的细节注入框架，即类似沿用广义亮度–色调–饱和度变换(GIHS)框架下的成分替代原理：

$$\begin{cases} \boldsymbol{I} = \sum_k w_k \boldsymbol{M}_k \\ \hat{\boldsymbol{u}}_k = \boldsymbol{M}_k + g_k(\boldsymbol{P} - \boldsymbol{I}), \quad 1 \leqslant k \leqslant N \end{cases} \tag{6.1}$$

其中，各类方法最终可归结为设计了不同的非负的权重向量和细节注入增益参数 $\{w_k, g_k\}_{k=1}^{k=N}$。本章将讨论另一大类方法，即多分辨率分析(MRA)方法。关于 MRA 的基础知识可见第 4 章。如前所述，空谱融合的投影成分替代方法(如 IHS 成分替代、PCA 方法、GS 方法和参数优化方法)往往可以归结为空间上的细节注入框架，并且不需要显式的变换形式。这种框架通常在融合领域称为“通过空间结构注入增强分辨率”，法语中简写为 ARSIS(Amélioration de la Résolution Spatiale par Injection de Structures)。融合领域著名专家 Wald 在文献[1]中提出，基本学术思想是通过空间滤波技术，并通过注入结构来增强空间分辨率，以强调保留 MS 图像的全部内容，并充分融合全色图像获得的更丰富的空间细节信息。MRA 方法也符合 ARSIS 的理念。

本章主要介绍文献[2]和[3]中的学术思想和综述框架，旨在将这一大类 MRA 方法纳入细节注入框架，并分析其机理。6.2 节介绍传统 MRA 方法。这类方法需要显式的多分辨率分析与合成的过程，然后针对不同波段的子带图像进行不同规则的融合。6.3 节介绍快速 MRA 的细节注入框架，这类方法摒弃了显式的 MRA 分析与合成过程，通过特定的等效低通滤波器，MRA 方法也可以转化为空间细节注入形式，其基本规律是将全色图像的多分辨率分解分量，注入经过插值(或系列上采样)处理的多光谱图像的各个波段。6.4 节回顾了一类新颖的 MRA 方法，称为调制传递函数(MRF)定制的 MRA 方法，我们将看到通过调节 MRA 的等效低通滤波器，可以匹配传感器的 MTF，从而能够确定谱响应权重。6.5 节给出了若干实验分析。6.6 节从算法可复制性的角度介绍了各类代表性融合方法的算法包。

6.2　传统 MRA 融合方法

MRA 方法是图像融合中的一大类方法，特别是在遥感图像领域，主要归结为良好的多尺度空间频率分解特性、奇异性结构表征能力和视觉感知特性；同时小波的高效滤波器组实现形式为处理大规模遥感图像融合提供可能。

早期的 MRA 方法往往采取严格采样的离散小波变换(DWT)方法[4]。但是严格采样的小波变换不具备平移不变性，因此基于 MRA 的融合方法逐步采取非抽取(过采样)离散小波变换(UDWT)的方案[5]。这是因为 UDWT 具有一些良好的特性，如平移不变性、不会出现频谱混叠和相对宽松灵活的滤波器实现等。然而，后续利用经典图像编码中的拉普拉斯金字塔(LP)[6]之类的方法在性能上均超过早期的 DWT 和 UDWT 方法。

下面以 DWT 和 UDWT 为例，介绍 MRA 方法的基本原理。假设采取二进制 MRA，并且高空间分辨率 PAN 图像与低空间分辨率 MS_L 图像之间的尺寸比是 r (r 是 2 的 n 次方)，则融合算法的具体步骤(图 6.1)可描述如下。

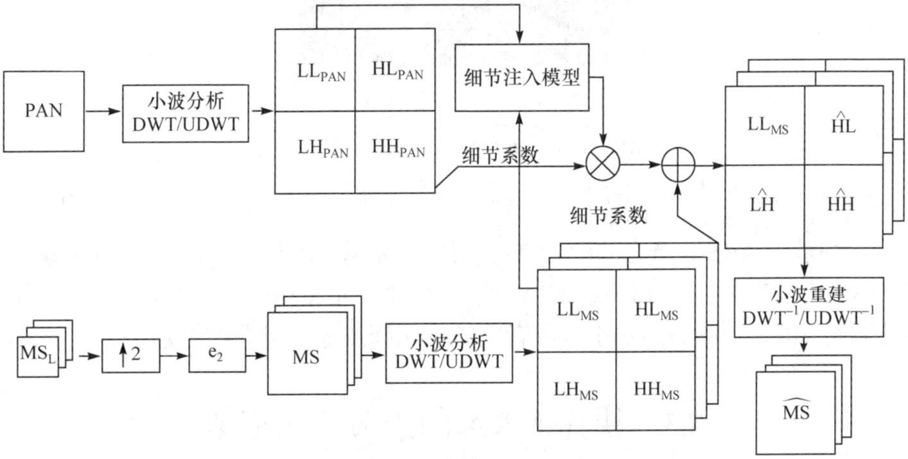

图 6.1　采用 DWT/UDWT 的 MRA 融合框架

e_2 表示理想的具有 2 倍扩展的低通滤波器

(1) 将低分辨率的 MS 图像插值至 PAN 图像大小，保持其尺寸完全一致。

(2) 对插值 MS 图像的波段进行 MRA 分解，其分解的层数为 $\log_2 r$ 。

(3) 同样对 PAN 图像进行 MRA 分解，其分解的层数为 $\log_2 r$ 。

(4) 利用低频子带 LL_{PAN} 和 LL_{MS} 计算不同波段的细节注入增益因子 $\{g_k\}_{k=1}^{k=N}$ 。

(5) 对分解后的 MS 图像的不同方向小波细节子带进行细节注入，即将 PAN 图像的方向子带细节(LH、HL 和 HH)加入不同 MS 图像波段的方向子带(LH、HL

和 HH)，同时对 MS 不同波段的增益因子进行加权。

(6) 逐波段执行逆变换，得到融合的 $\widehat{\mathrm{MS}}$ 图像。

图 6.1 给出了 UDWT 情况下上述融合算法的框图。在 Ranchin 和 Wald 的研究中，他们认为这种实现框架遵循 ARSIS 的概念，即通过空间滤波技术加入 PAN 图像的空间结构信息的同时又能保持 MS 图像的内容，进而增强 MS 图像的分辨率[7]。对于 DWT 情形，其框图与 UDWT 几乎是完全一样的，差别在于由于抽取，DWT 子带较小。相应的频率子带划分如图 6.2 所示。

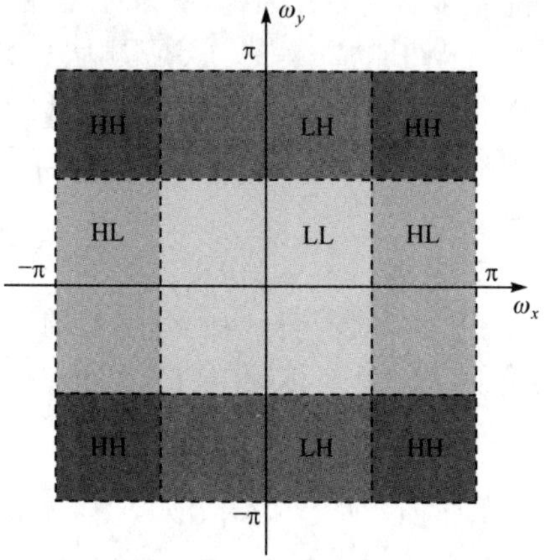

图 6.2　DWT 和 UDWT 的频带划分示意图

一层小波分解对应四个频率子带，分别是 LL、HL、LH 和 HH 子带(L 代表低通，H 代表高通)

这种基于 ARSIS 概念的融合方法可以采取不同形式的 MRA 方法来实现，包括 DWT[4]、UDWT[5]、LP[6]、ATW[8]等，同时也可以采取多尺度几何分析，如通过不可分离(Non-Seperable)小波或者曲波、轮廓波等变换[9]来实现。

6.3　快速 MRA 的细节注入框架

由 6.2 节可知早期 MRA 方法需要小波正变换和逆变换。一个问题为是否能按照第 5 章描述一样，并不需要显式的变换形式，就能导出一种快速 MRA 细节注入框架呢？文献[2]和[3]给出了这方面的深入研究，研究表明 MRA 方法也可纳入广义细节注入框架，即类似在第 5 章介绍的 GIHS 的融合方法。本节将给出快速 MRA 的细节注入框架。

考虑 UDWT 融合方案，并假设分析滤波器组的低通滤波器对称且具有零相位，该条件可确保小波不是正交基。文献[2]和[3]的研究结果表明，可以等价于计算一个全色图像 $\boldsymbol{P}$ 与其等效低通滤波成分 $\boldsymbol{P}_L$ 的残差作为注入细节，通过各波段细

节注入增益参量 g_k 进行加权后加入 MS 图像波段得到融合图像。其中，$\boldsymbol{P}_L$ 计算如下：

$$\boldsymbol{P}_L = \boldsymbol{P} * h_{\text{LP}} \tag{6.2}$$

对于 UDWT 方法，上述框架是严格成立的，而对于 DWT 方法，上述框架也基本适应，其不同之处在于 DWT 往往由于采样抽取操作容易引起频谱混叠。这样，在 DWT 情形下，低通滤波 $\boldsymbol{P}_L$ 需要按照式(6.3)进行：

$$\boldsymbol{P}_L = \Big(\big((\boldsymbol{P} * h_{\text{LP}}) \downarrow r \big) \uparrow r \Big) \tilde{h}_{\text{LP}} \tag{6.3}$$

其中，h_{LP} 和 $\tilde{h}_{\text{LP}}$ 分别表示小波变换中分析和合成滤波器组中的低通滤波器。这样，定义注入细节图像 $\boldsymbol{\delta} = \boldsymbol{P} - \boldsymbol{P}_L$，快速 MRA 方法的通用细节注入框架可以表示为

$$\hat{\boldsymbol{u}}_k = \boldsymbol{M}_k + g_k(\boldsymbol{P} - \boldsymbol{P}_L), \quad 1 \leqslant k \leqslant N \tag{6.4}$$

基于上述框架，一大类 MRA 方法实质上取决于计算低通滤波图像 $\boldsymbol{P}_L$ 的低通滤波器 h_{LP} 以及细节注入增益 $\{g_k\}$ 的选择。因此，MRA 方法可以按照一种快速等效形式进行实现，其具体步骤如下。

(1) 将低分辨率的 MS 图像插值至 PAN 图像大小，保持其尺寸完全一致。

(2) 应用等效低通滤波器计算低通滤波图像 $\boldsymbol{P}_L$。

(3) 计算细节注入增益参量 $\{g_k\}$。

(4) 根据通用细节注入框架计算融合的 MS 图像 $\hat{\boldsymbol{u}}_k$。

其中，第(2)步需要区分小波变换是带抽取操作的 DWT 还是不带抽取的 UDWT 格式。在 DWT 情形下需要进行上采样操作插值至 PAN 图像大小。图 6.3 给出了上述过程的框图。

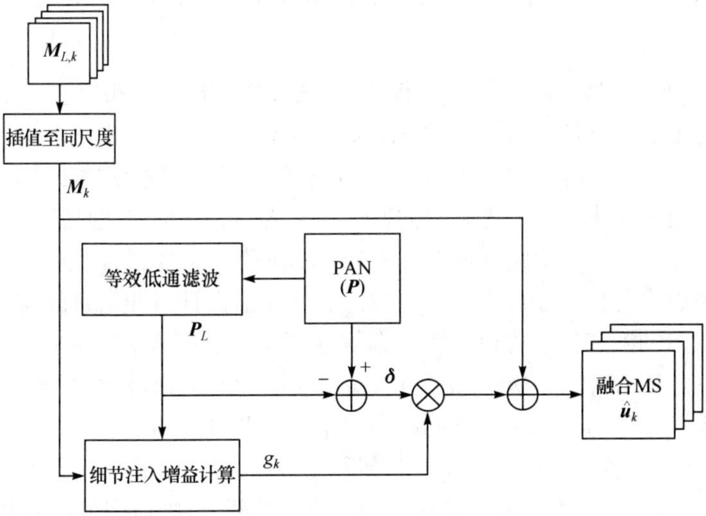

图 6.3　快速 MRA 的细节注入框架

在不同的文献中，如何计算细节注入增益参量$\{g_k\}$是一个引人关注的问题。其关键是如何选择合适的增益参量使得融合图像的光谱信息得到高保真的保持。一种简单的选择是$\{g_k=1\}$，显然这种直接的方法会使得 PAN 图像和 MS 图像错误校准，带来严重的光谱失真。因此，必须对 PAN 图像和 MS 图像的各波段图像进行初步的交叉匹配校正，如采取式(5.2)所示的直方图匹配校正技术。

另一种令人感兴趣的细节注入框架是采取高通调制(HPM)方法，该方法在上下文辐射传输模型框架下得到重新解释，并称为基于平滑滤波亮度调制(Smoothing Filter-based Intensity Modulation，SFIM)方法[10,11]：

$$\hat{\boldsymbol{u}}_k=\boldsymbol{M}_k+\frac{\boldsymbol{M}_k}{\boldsymbol{P}_L}(\boldsymbol{P}-\boldsymbol{P}_L),\quad 1\leqslant k\leqslant N \tag{6.5}$$

由式(6.5)可知，其中细节注入增益参量$g_k=\dfrac{\boldsymbol{M}_k}{\boldsymbol{P}_L}$，表示波段图像与 PAN 图像低通滤波的比值，这是一种类似于模拟 PAN 图像局部对比度的度量。同时，应该看到对于不同的波段，该比值中均利用了相同的$\boldsymbol{P}_L$。在一些算法中，当 PAN 图像与 MS 图像的各个波段进行直方图匹配(式(5.2))，或者对各个波段进行细节注入时生成$\boldsymbol{P}_L$的低通滤波器不同，$\boldsymbol{P}_L$是波段自适应的。如果式(6.5)的方法对所有波段采取相同的$\boldsymbol{P}_L$，则需要对光谱失真进行有效的控制。关于这方面的研究，可参见文献[12]~[14]，他们的处理方法是通过利用光谱失真度量——光谱角映射(SAM)，并通过最小化光谱失真(Spectral Distortion Minimizing，SDM)目标函数加以处理。

6.4 定制调制传递函数的 MRA 及其细节注入框架

由前面分析可知，低通滤波图像$\boldsymbol{P}_L$是细节注入框架的关键。本节介绍的是 Aiazzi 等提出的定制调制传递函数 MRA 方法[15]。在图 2.4 中给出了一类传感器的调制传递函数(MTF)。我们知道，MTF 是成像系统点扩散函数(PSF)的傅里叶变换，基本刻画了成像系统的光学模糊特性。显然，由于 MTF 的高频截止(阻尼)特性，高频成分的丢失是引起图像退化和分辨率下降的主要因素。因此，定制 MTF 方法的基本思想是使得小波变换的等效低通滤波器设计成与谱带的 MTF 相匹配，从而使提取出的细节信息可以作为高频信息注入。

这样，定制 MTF 的 MRA 方法可以描述为：由于 MS 波段在 PAN 图像的精细尺度上重新采样时，缺乏高空间频率分量，因此可以通过适当的尺度间注入模型从 PAN 图像中推断出高频细节。如果从 PAN 图像中提取此类频率分量的高通滤波器是为了近似待增强 MS 波段的 MTF 的互补部分，则可恢复被成像系统 MTF 阻尼的高频分量。否则，如果使用一个滤波器从 PAN 图像中提取空间细节，该滤波器在 PAN 和 MS 之间的比例(如 1m PAN 和 4m MS 的情形为 1/4)下具有标准化的频率截止，则不会注入此类频率分量。这种情况发生在临界子采样的小波分解中，其滤波器被限制在与 PAN 和 MS 之间的比例相对应的 PAN 数据奈奎斯特频率的整数分数(通常是 2^n)处(图 6.4(a))。

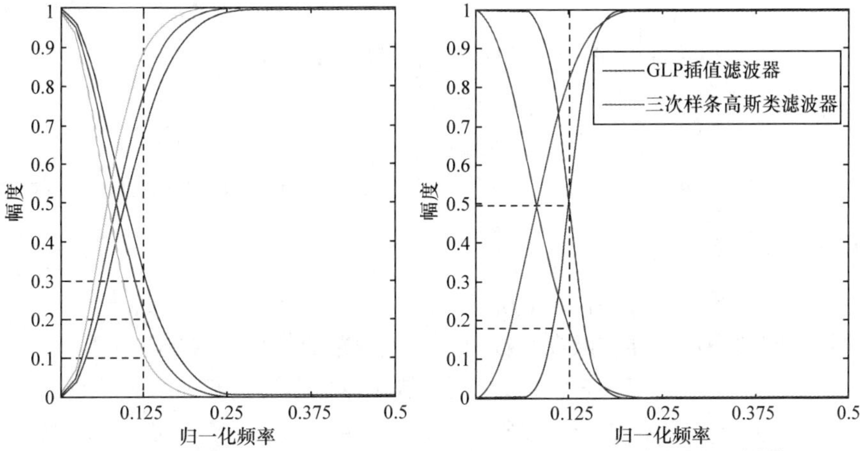

(a) 标准倍频程MTF定制　(b) GLP插值滤波器和三次样条高斯类滤波器的MTF定制

图 6.4　基于 MRA 定制 MTF(见彩图)

文献[16]和[17]给出了如何匹配谱带的 MTF 的低通滤波器的设计方法。他们发现冗余的金字塔和小波分解可以匹配 MTF，从而可使提取的细节信息作为高频信息注入。尽管 Nunez 等在文献[18]中的工作并没有考虑定制 MTF 的 MRA 方法，但是本质上已经蕴含了这种方法的相关思想。如图 6.4(b)所示，生成多孔小波变换算法的三次样条低通滤波器的类高斯频率响应与典型的 V-NIR 波段的调制传递函数是一致的，特别是在截止频率处的幅值响应是 0.185。由此，可以导出注入 1∶4 融合的细节信息的互补高通滤波器，它比理想滤波器保留了更多的空间频率细节。这也就是文献[16]和[17]中 ATW 和 GLP 算法能够形成更好的空间增强的原因。

6.4.1　ATW 融合方法

一般而言，DWT、UDWT、ATW 和 GLP 等融合方法都可以纳入 MRA 方法的范畴。DWT 的严格采样模式对于数据压缩而言是有利的，但是缺少平移不变性，非冗余的变换形式容易出现频谱混叠和振荡波纹效应。因此，MRA 方法中经常采取非抽取或冗余小波变换(非严格子采样分解)。自 Nunez 等提出冗余小波分解的 MRA 方法[18]之后，基于非抽取的 ATW 已经被认为是图像融合中非常有效的 MRA 方法[19]。

广泛使用的多孔算法是采取各向同性非抽取小波变换，其采取 ATW 变换的低通滤波器内核可采取分离形式定义如下：

$$\frac{1}{16}\begin{bmatrix}1\\4\\6\\4\\1\end{bmatrix}[1\ 4\ 6\ 4\ 1]/16=\frac{1}{256}\begin{bmatrix}1&4&6&4&1\\4&16&24&16&4\\6&24&36&24&6\\4&16&24&16&4\\1&4&6&4&1\end{bmatrix} \tag{6.6}$$

即通过行-列可分离滤波快速实现，这对于大规模遥感图像融合是非常有利的。

6.4.2 GLP 方法

拉普拉斯金字塔(LP)由 Burt 和 Adelson[6]首次引入，衍生自高斯金字塔(GP)，GP 通过递归地使用低通滤波器和抽取来缩减源图像，得到图像金字塔。在 GP 中，第一级被作为原始图像，并且通过对下一级图像低通滤波和抽取顺序地获得上一级图像，即上一级图像为下一级图像的低通版本。在 LP 中，每一级图像通过从相同级别图像中减去其内插的低通版本而获得细节图像。因此，GP 可以被认为是构成原始图像的低通滤波版本的一组图像，但是 LP 可以被视为一组图像细节，为较低级别图像之间的差异。基于 LP 的 Pansharpening 的动机是通过使用 LP 从 PAN 图像中提取高空间分辨率的细节，并将这些细节添加到 MS 波段中。广义拉普拉斯金字塔(GLP)将 LP 推广到任意分数比，如 $r=3/4$ [16]。

构造 GP 的过程如下：首先高斯金字塔的第 0 层图像 $\boldsymbol{G}_0$ 即为原图像，然后对原图像进行高斯低通滤波并下采样得到高斯金字塔的第 1 层图像 $\boldsymbol{G}_1$；以此类推，对第 $l-1$ 层图像 $\boldsymbol{G}_{l-1}$ 进行卷积和下采样得到其上层图像 $\boldsymbol{G}_l$，重复此过程多次即可得到高斯金字塔。此过程可用式(6.7)表示：

$$\boldsymbol{G}_l(i,j)=\sum_{m=-2}^{2}\sum_{n=-2}^{2}h(m,n)\boldsymbol{G}_{l-1}(2i+m,2j+n),\quad 1\leqslant l\leqslant L;\ 0\leqslant i<R_l;\ 0\leqslant j<C_l \tag{6.7}$$

其中，R_l 和 C_l 分别为高斯金字塔第 l 层的行数和列数；L 为高斯金字塔的层数；$h(m,n)$ 为卷积核(此处为 5×5 大小，但不局限于此)。

在高斯金字塔的运算过程中，图像经过低通滤波和下采样操作会丢失部分高频信息。为描述这些高频信息，人们定义了 LP，用 GP 的每一层图像减去其上一层图像的插值版本，得到一系列的细节图像即为 LP 分解图像。

然而，对于 MS 和 PAN 图像，成像系统的 MTF 彼此不同，但是可以调整高斯滤波器以匹配传感器的 MTF，这允许从 PAN 图像中提取由于较粗糙的空间分辨率而未被 MS 传感器所捕获的那些细节，因此，使用 MTF 匹配滤波器的广义拉普拉斯金字塔(MTF-GLP)成了另一种流行的 MRA 方法[16]。由于高斯滤波器由单个参数(即其标准偏差)定义，因此通过固定该参数可以完全指定其频率响应。在 MTF-GLP 方法中，使用奈奎斯特频率的幅度响应值。MTF-GLP 方法在使用 MTF 滤波器并下采样 PAN 图像之后，通过利用 23 项式核对直方图匹配的 PAN 图像执行插值。然后，通过从原始 PAN 图像中减去所获得的低分辨率 PAN 图像来计算细节图像。最后，将这些细节添加到原始 MS 波段中以获得全色锐化图像。

如果按照细节注入框架进行，则低通部分可以形式上表示为

$$\widetilde{\boldsymbol{P}}_L = \operatorname{expand}_r\left(\left(\boldsymbol{P} * h_{\mathrm{LP}}\right) \downarrow r\right) \tag{6.8}$$

其中，h_{LP} 表示匹配 MS 波段 MTF 的高斯滤波器；$\downarrow r$ 表示降采样器；expand_r 表示内插器。这样，细节注入增益参量可以通过最小二乘估计得到，最终可归结为如下公式计算：

$$g_k = \frac{\operatorname{cov}(\boldsymbol{M}_k, \widetilde{\boldsymbol{P}}_L)}{\operatorname{var}(\boldsymbol{P}_L)} \tag{6.9}$$

则细节注入形式为

$$\hat{\boldsymbol{u}}_k = \boldsymbol{M}_k + g_k(\boldsymbol{P} - \widetilde{\boldsymbol{P}}_L), \quad 1 \leqslant k \leqslant N \tag{6.10}$$

图 6.5 给出了 MTF-GLP 方法的融合框架图，MTF-GLP 是专门针对融合所设计的，即使比例不是分数的情形仍然具有较好的适应性。由于流程图中存在降采样器和内插器，如果混叠较弱，即滤波器是选择性的，或者它们在奈奎斯特频率下的幅度很小，并且内插接近理想状态(即至少是双三次)，则 GLP 与 ATW 之间的差异可以忽略不计。否则，GLP 融合可能与 ATW 融合会有所不同，即使两者

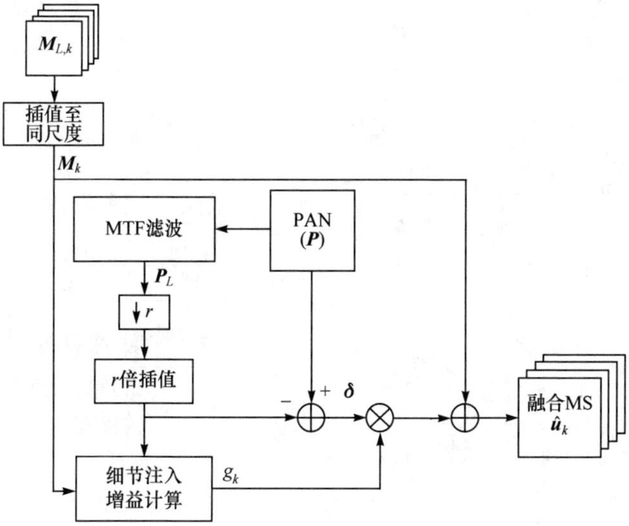

图 6.5　MTF-GLP 方法的融合框架图

都使用相同的滤波器。

6.4.3　基于 MRA 的优化成分替代方法

第 5 章概述了一般的成分替代(CS)方法的细节注入框架。其基本思路是首先计算平均亮度图像 $\boldsymbol{I}=\sum_k w_k \boldsymbol{M}_k$，然后确定参数向量 w_k、$g_k(k=1,2,\cdots,N)$，之后进行细节注入 $\hat{\boldsymbol{u}}_k=\boldsymbol{M}_k+g_k(\boldsymbol{P}-\boldsymbol{I}),1\leqslant k\leqslant N$。其中，权重向量往往根据 MS 图像和 PAN 图像光谱覆盖范围的相对光谱响应计算得到，或者根据多变量回归方法确定最佳的光谱响应权重。实际上，平均亮度图像往往应该通过数字滤波器模拟连续 MS 波段在采样前所经历的过程。一个问题是哪种滤波器比匹配光谱通道平均 MTF 的滤波器更合适呢？在 CS 框架中，采取平均的策略是因为 PAN 的形成对应一个独特的滤波过程，并且光谱通道的 MTF 彼此略有不同，因为光学的分辨率随着波长的增加而降低。

基于 MRA 的优化成分替代方法试图找到一种更为匹配 MS 图像成像机理的权重参数计算方法。为此，首先利用 PAN 图像的 MTF 滤波结构和插值 MS 图像 $\boldsymbol{M}_k$ 之间的关系估计谱响应权重 $\{w_k\}$；然后计算平均亮度图像 $\boldsymbol{I}$，进而根据 $\boldsymbol{I}$ 和 $\boldsymbol{M}_k$ 的上下文关系计算注入细节增益 $\{g_k\}$；最后进行逐波段细节注入。

图 6.6 给出了该方法的具体实施框架。需要指出的是，对于注入细节增益参数 $\{g_k\}$，可以综合考虑 $\boldsymbol{I}$ 和 $\boldsymbol{M}_k$ 的全局内容特性和局部上下文信息，进一步优化融合图像的质量[20,21]。除此之外，也可以综合图像融合的一些质量指标，如利用第 3 章介绍的 Q4 或者 QNR 等融合指标来作为目标优化注入细节增益参数。

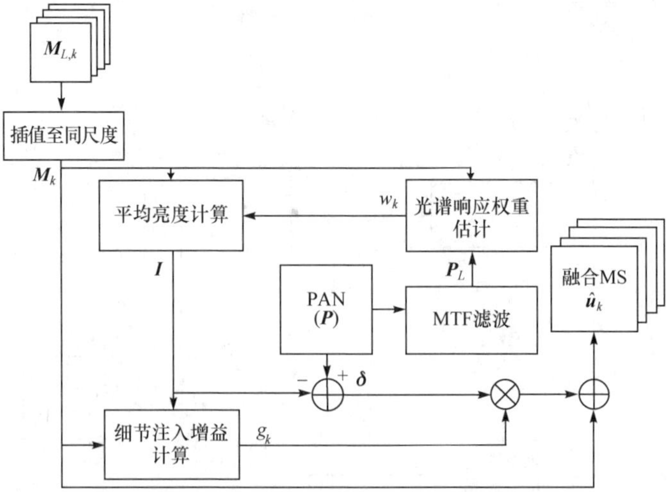

图 6.6　基于 MRA 的优化成分替代方法的融合框架图

6.4.4 MRA 混合方法

目前，有机结合 MRA 基本融合方法与经典的投影替代方法(第 5 章)，可以形成一系列 MRA 混合方法。经典投影替代方法包括 IHS、PCA 和 GS 等系列方法，而 MRA 融合体系又可以分为 DWT、UDWT、ATW、GLP、复小波、曲波和轮廓波等，因此两者的结合可以形成非常多的方法。

这里，一类基于高通调制(HPM)的方法引起研究者的关注。这类方法的特色在于采取了空间自适应的细节注入增益。在前面描述的大部分方法中，通常采取和波段相关的全局参数 $\{g_k\}$，而在这类方法中不再是波段相关的常数参量，而是采取波段内容或者波段上下文信息自适应的细节注入增益。典型方法是定义波段相关的细节增益矩阵 $\boldsymbol{G}_k=[G_k(i,j)]_{M\times N}$，进而建立一种自适应细节注入框架：

$$\hat{\boldsymbol{u}}_k=\boldsymbol{M}_k+\boldsymbol{G}_k\circ(\boldsymbol{P}-\boldsymbol{P}_L),\quad 1\leqslant k\leqslant N$$

其中，“∘”表示矩阵元素逐点相乘运算；$\boldsymbol{G}_k$ 的定义在不同的文献中各有不同。这里不得不提一种加性小波亮度比例(Additive Wavelet Luminance Proportional，AWLP)[22]方法，该方法中：

$$\boldsymbol{G}_k=\frac{\boldsymbol{M}_k}{\dfrac{1}{N}\sum_{k=1}^{N}\boldsymbol{M}_k}$$

而在文献[23]和[24]中分别提出了 PCA 方法与 DWT 和 UDWT 方法进行结合，也提出了相应的混合改进方法，但是该方法的过程相对比较复杂，算法的复杂度较高。

6.5 相关实验分析

本节将分别对来自不同卫星的图像进行仿真数据实验和真实数据实验以比较不同的 MRA 方法，相关实验数据同第 5 章。

6.5.1 仿真数据实验结果

本节分别在 GeoEye-1 数据集和 Pléiades 数据集上进行了仿真数据实验，对 5 种典型的基于 MRA 的 Pansharpening 方法进行比较，这些方法包括 ATW、AWLP、MTF-GLP、MTF-GLP-HPM 以及 MTF- GLP-CBD。为了对结果进行评价，我们计算了以下评价指标：SAM、RMSE、ERGAS、CC、Qave 和 Q4。

图 6.7 显示了各方法在 GeoEye-1 仿真数据集上的融合结果。图 6.7(a)为原始的空间分辨率为 2m 的 MS 图像，在此作为参考 MS 图像；图 6.7(b)为空间分辨率为 2m 的 PAN 图像；图 6.7(c)为插值到 PAN 图像尺度的空间分辨率为 8m 的 MS 图像；图 6.7(d)～(h)分别为各个方法的融合图像。从视觉效果上看，ATW 方法在

一些边界区域如屋顶部分出现了光谱失真，AWLP 在很大程度上提高了光谱和空间质量。MTF-GLP 和 MTF-GLP-CBD 与 ATW 相比，颜色信息都保持得更好，减少了光谱失真，边缘得到锐化。综合比较之下，MTF-GLP-HPM 方法得到最好的融合结果，光谱失真最少的同时得到最好的空间细节，边缘保持最佳。

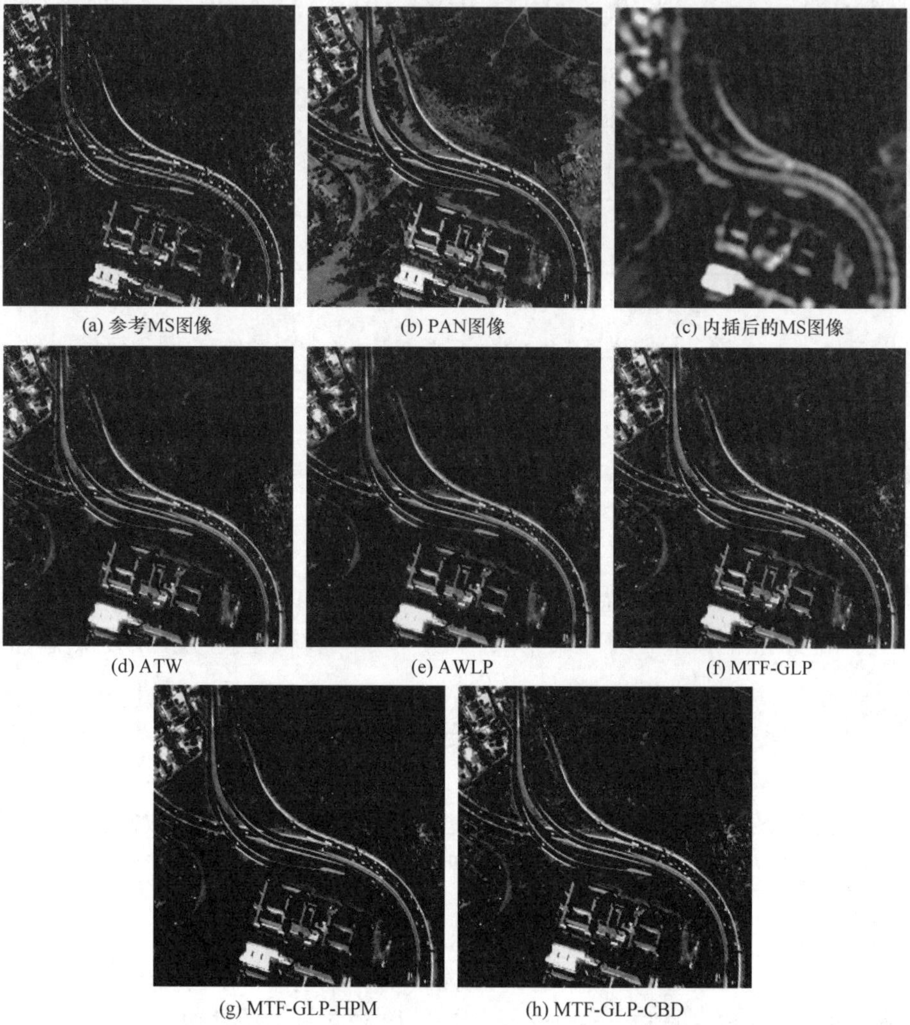

(a) 参考MS图像 (b) PAN图像 (c) 内插后的MS图像

(d) ATW (e) AWLP (f) MTF-GLP

(g) MTF-GLP-HPM (h) MTF-GLP-CBD

图 6.7 各方法在 GeoEye-1 仿真数据集上的融合结果

最后，表 6.1 显示了 GeoEye-1 仿真数据实验的定量分析结果。其中，粗体字标注的是每个评价指标的最优结果。由表 6.1 可知，SAM 和 RMSE 的最优结果来自 AWLP 方法，而 MTF-GLP-HPM 方法得到了 ERGAS、CC 和 Qave 这三个指标的最优结果，MTF-GLP-CBD 方法在 Q4 指标上表现最佳，这说明 MTF-GLP-HPM 方法综合表现最优。

表 6.1　GeoEye-1 仿真数据实验定量分析结果

指标	SAM	RMSE	ERGAS	CC	Qave	Q4
理想值	0	0	0	1	1	1
ATW	9.2537	62.4710	7.1870	0.8756	0.7402	0.7470
AWLP	**8.3928**	**57.2870**	7.4970	0.8901	0.7298	0.7468
MTF-GLP	9.1924	61.2270	7.0056	0.8792	0.7508	0.7579
MTF-GLP-HPM	9.3360	59.3070	**6.5722**	**0.8919**	**0.7600**	0.7642
MTF-GLP-CBD	9.7063	61.8620	6.8059	0.8764	0.7597	**0.7731**

图 6.8 显示了各方法在 Pléiades 仿真数据集上的融合结果，图像的大小为 512 像素×512 像素。图 6.9 为图 6.8 中一个局部区域的放大图。结合图 6.8 和图 6.9 进行观察，发现 ATW 方法和 AWLP 在一些边界区域如图 6.9(d)和图 6.9(e)的建筑物边缘，出现了一定程度的模糊，其中 AWLP 方法表现得更严重。MTF-GLP 方法与 ATW 方法得到非常相似的融合图像，MTF-GLP-HPM 方法在此基础上提高了光谱质量，MTF-GLP-CBD 方法则取得了最好的光谱和空间质量。从表 6.2 显示的定量分析结果中也可以得到类似的结论。从表 6.2 中可以看出，除了 MTF-GLP-HPM 给出最好的 SAM 指标外，MTF-GLP-CBD 方法取得了其余五个指标的最优结果，这说明该方法的综合表现最优。

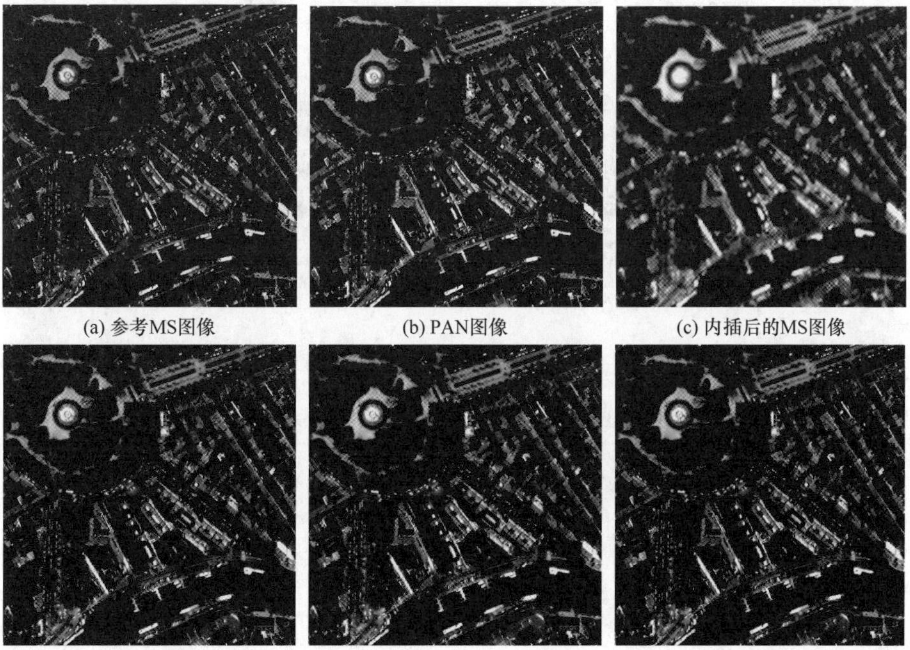

(a) 参考MS图像　(b) PAN图像　(c) 内插后的MS图像

(d) ATW　(e) AWLP　(f) MTF-GLP

(g) MTF-GLP-HPM　　(h) MTF-GLP-CBD

图 6.8　各方法在 Pléiades 仿真数据集上的融合结果

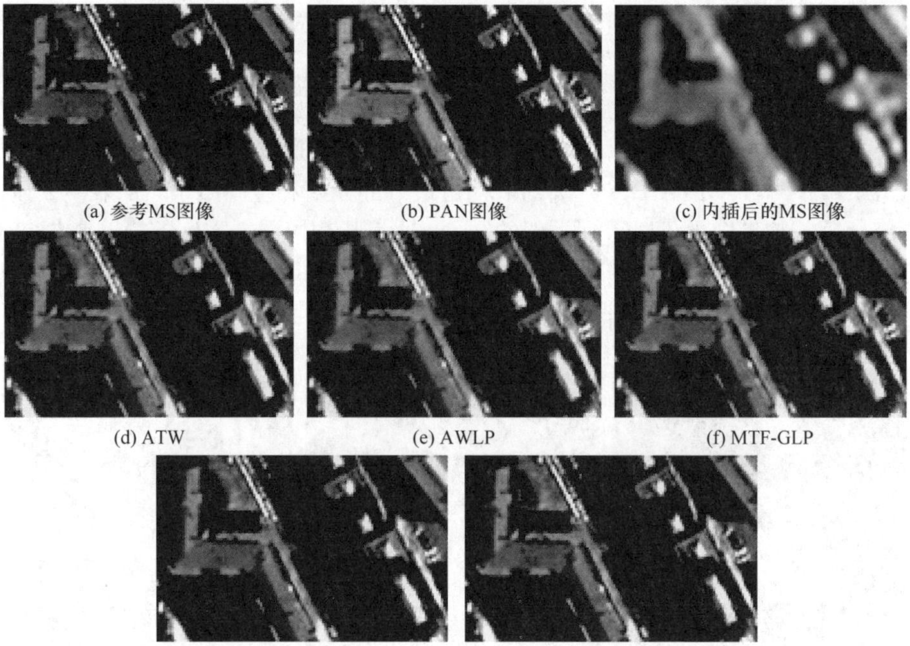

(a) 参考MS图像　(b) PAN图像　(c) 内插后的MS图像

(d) ATW　(e) AWLP　(f) MTF-GLP

(g) MTF-GLP-HPM　(h) MTF-GLP-CBD

图 6.9　各方法在 Pléiades 仿真数据集上的融合结果的局部放大图

表 6.2　Pléiades 仿真数据实验定量分析结果

指标	SAM	RMSE	ERGAS	CC	Qave	Q4
理想值	0	0	0	1	1	1
ATW	3.8560	29.3170	3.3644	0.9647	0.9461	0.9456
AWLP	4.1440	31.3970	3.6180	0.9570	0.9391	0.9410
MTF-GLP	3.8782	29.5270	3.3704	0.9630	0.9464	0.9458

续表

指标	SAM	RMSE	ERGAS	CC	Qave	Q4
MTF-GLP-HPM	**3.8357**	29.9980	3.3545	0.9621	0.9472	0.9464
MTF-GLP-CBD	3.9677	**28.3710**	**3.1410**	**0.9661**	**0.9524**	**0.9523**

6.5.2 真实数据实验结果

真实数据实验采用的数据集是 IKONOS 卫星采集的 MS 图像和 PAN 图像，其中 MS 图像和 PAN 图像的空间分辨率与仿真数据实验的数据相同。本节给出每个方法得到的融合结果的视觉效果图，再利用第 3 章中介绍的无参考的图像质量指标 D_λ、D_s 和 QNR 对融合结果进行评价。图 6.10 显示了各方法在 IKONOS 数据上的实验结果。图 6.11 是图 6.10 中的结果的局部放大。表 6.3 列出了该实验的定量分析结果。

图 6.10 的影像来自圣保罗，主要是城市区域，包含了道路以及建筑等丰富的细节，图像的大小均为 1024 像素×1024 像素。图 6.10(a)为空间分辨率为 0.5m 的 PAN 图像；图 6.10(b)为内插后空间分辨率为 0.5m 的 MS 图像；图 6.10(c)～(g)分别为各个方法的融合结果。结合图 6.10 和图 6.11 进行观察比较，可以发现 AWLP 方法的光谱信息保持得最好，其余四种方法在右下角矩形游泳池区域有轻度光谱失真，但是差别都不大。从空间细节来看，它们也都得到相似的结果，从视觉上难以得出有效的结论。为此，表 6.3 列出了各种方法的 D_λ、D_s 和 QNR 等指标的定量分析结果。由表 6.3 可知，AWLP 方法在三个指标上都取得最优值，因此 AWLP 的融合结果最好，其次是 MTF-GLP-HPM 方法。但是需要指出的是，这些定量分析指标也并非能够精确衡量空谱数据融合质量，MTF 定制的方法往往更服从物理过程，并更有利于一些后续高层模式分析。

(a) PAN图像　(b) 内插后的MS图像　(c) ATW

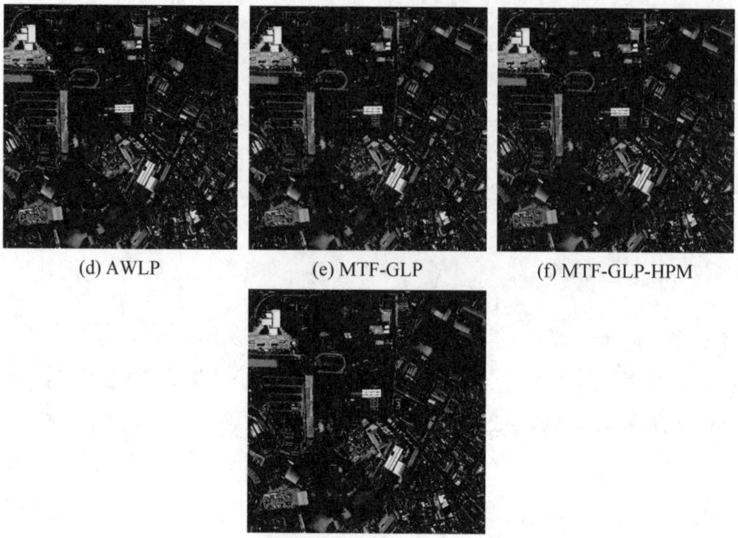

(d) AWLP　(e) MTF-GLP　(f) MTF-GLP-HPM

(g) MTF-GLP-CBD

图 6.10　各方法在 IKONOS 真实数据集上的融合结果(见彩图)

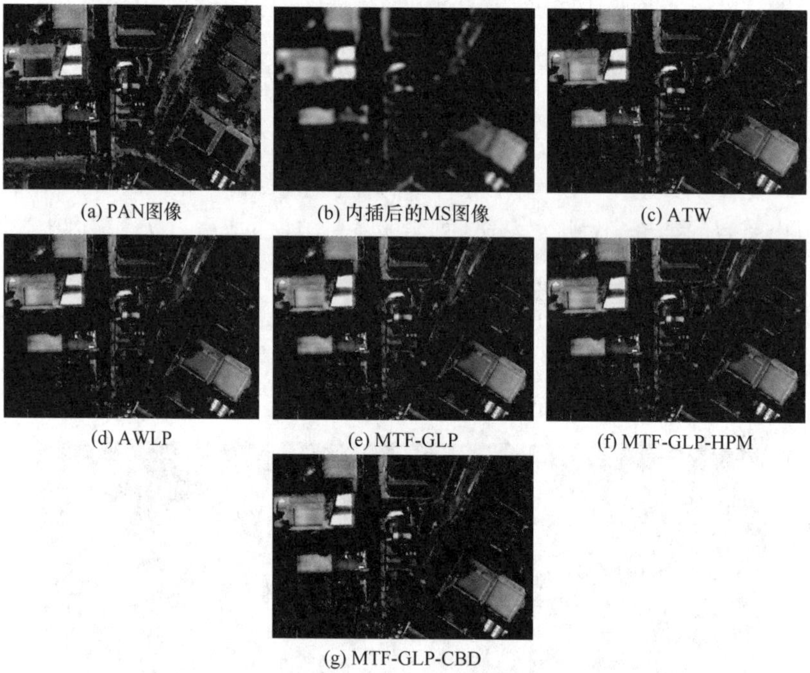

(a) PAN图像　(b) 内插后的MS图像　(c) ATW

(d) AWLP　(e) MTF-GLP　(f) MTF-GLP-HPM

(g) MTF-GLP-CBD

图 6.11　各方法在 IKONOS 真实数据集上的融合结果的局部放大图

表 6.3　IKONOS 真实数据实验定量分析结果

指标	D_λ	D_s	QNR
理想值	0	0	1
ATW	0.0872	0.1106	0.8118
AWLP	**0.0834**	**0.1061**	**0.8193**
MTF-GLP	0.0928	0.1150	0.8029
MTF-GLP-HPM	0.0878	0.1080	0.8137
MTF-GLP-CBD	0.0931	0.1163	0.8014

6.6　关于空谱图像融合的开源算法包及其性能评测

本书已经深入介绍了经典空谱融合的代表性方法，而在第 3 章已经介绍了相关的融合质量评测指标。国际上，上述算法已经集成研发了一个空谱图像融合的开源算法软件包，取名为“TOOLBOX_pansharpeningtool”。该软件算法包目前为 V1.3 版本，开发编程语言为 MATLAB，并提供了 2006 年国际数据融合比赛中采用的 Pléiades Toulouse 多光谱图像数据集[25]和一些遥感图像融合(https://www.digitalglobe.com/product-samples)的样例的融合结果。该软件由 Vivone 等研发和发布，综合性能基准测试见文献[2]。

6.7　本 章 小 结

至此，本章基本概述了基于 MRA 理论的一大类空谱遥感图像融合方法。本章揭示了 MRA 方法往往可以归结成一种广义的细节注入框架，而这种框架符合著名遥感数据融合专家 Wald 所提出的“通过空间结构注入增强分辨率”的理念。这样，综合本章和第 5 章的内容，读者可以很清晰地看到无论 IHS、GIHS、PCA 和 GS 等投影替代方法，还是多变量回归方法(如 BDSD)，以及本章分析的 MRA 方法几乎都可以纳入相同的框架。

参 考 文 献

[1] Wald L. Data Fusion: Definitions and Architectures: Fusion of Images of Different Spatial Resolutions. Paris: Les Presses de l'École des Mines, 2002.

[2] Vivone G, Alparone L, Chanussot J, et al. A critical comparison among Pansharpening algorithms. IEEE Transactions on Geoscience and Remote Sensing,2015,53(5): 2565-2586.

[3] Alparone L, Aiazzi B , Baronti S,et al. Remote Sensing Image Fusion. Boca Raton: CRC Press,2015.

[4] Mallat S. A theory for multiresolution signal decomposition: The wavelet representation. IEEE

Transactions on Pattern Analysis and Machine Intelligence, 1989, 11(7):674-693.
[5] Nason G P, Silverman B W. The stationary wavelet transform and some statistical applications// Wavelets and Statistics. New York: Springer, 1995: 281-299.
[6] Burt P J, Adelson E H. The Laplacian pyramid as a compact image code. IEEE Transactions on Communications, 1983, 31(4):532-540.
[7] Ranchin T, Wald L. Fusion of high spatial and spectral resolution images: The ARSIS concept and its implementation. Photogrammetric Engineering and Remote Sensing, 2000, 66(1):49-61.
[8] Shensa M J. The discrete wavelet transform: Wedding the à trous and Mallat algorithm. IEEE Transactions on Signal Processing, 1992, 40(10):2464-2482.
[9] Starck J L, Murtagh F, Fadili J M. 稀疏图像和信号处理: 小波, 曲波, 形态多样性. 肖亮, 张军, 刘鹏飞, 译. 北京: 国防工业出版社, 2015.
[10] Chavez P S Jr, Sides S C, Anderson J A. Comparison of three different methods to merge multiresolution and multispectral data: Landsat TM and SPOT Panchromatic. Photogrammetric Engineering and Remote Sensing, 1991,57(3):295-303.
[11] Schowengerdt R A. Remote Sensing: Models and Methods for Image Processing. 3rd ed. Amsterdam: Elsevier, 2007.
[12] Aiazzi B, Alparone L, Baronti S, et al. Generalised Laplacian pyramid-based fusion of MS + P image data with spectral distortion minimisation. ISPRS International Archives of Photogrammetry and Remote Sensing, 2002, 34(3B/W3):3-6.
[13] Aiazzi B, Alparone L, Baronti S, et al. Context modeling for joint spectral and radiometric distortion minimization in pyramid-based fusion of MS and P image data// Image and Signal Processing for Remote Sensing VIII. Bellingham: SPIE, 2003: 46-57.
[14] Aiazzi B, Alparone L, Baronti S, et al. An MTF based spectral distortion minimizing model for Pansharpening of very high resolution multispectral images of urban areas. Proceedings of the 2nd GRSS/ISPRS Joint Workshop on Remote Sensing and Data Fusion over Urban Areas, 2003: 90-94.
[15] Aiazzi B, Alparone L, Baronti S, et al. MTF-tailored multiscale fusion of high-resolution MS and PAN imagery. Photogrammetric Engineering and Remote Sensing, 2006, 72(5):591-596.
[16] Aiazzi B, Alparone L, Baronti S, et al. Context-driven fusion of high spatial and spectral resolution images based on oversampled multiresolution analysis. IEEE Transactions on Geoscience and Remote Sensing, 2002, 40(10): 2300-2312.
[17] Garzelli A, Nencini F. Interband structure modeling for Pansharpening of very high resolution multispectral images. Information Fusion, 2005, 6(3):213-224.
[18] Nunez J, Otazu X, Fors O, et al. Multiresolution-based image fusion with additive wavelet decomposition. IEEE Transactions on Geoscience and Remote Sensing, 1999, 37(3):1204-1211.
[19] González-Audícana M, Otazu X, Fors O, et al. Comparison between Mallat's and the "à trous"discrete wavelet transform based algorithms for the fusion of multispectral and Panchromatic images. International Journal of Remote Sensing, 2005, 26(3): 595-614.
[20] Aiazzi B, Baronti S, Lotti F, et al. A comparison between global and context-adaptive Pansharpening of multispectral images. IEEE Geoscience and Remote Sensing Letters, 2009,6(2):

302-306.

[21] Aiazzi B, Alparone L, Baronti S, et al. Quality assessment of decision-driven pyramid-based fusion of high resolution multispectral with Panchromatic image data. Proceedings of the IEEE/ISPRS Joint Workshop on Remote Sensing and Data Fusion over Urban Areas, Rome, 2001: 337-341.

[22] Otazu X, González-Audícana M, Fors O, et al. Introduction of sensor spectral response into image fusion methods. Application to wavelet-based methods. IEEE Transactions on Geoscience and Remote Sensing, 2005, 43(10):2376-2385.

[23] González-Audícana M, Saleta J L, Catalán R G, et al. Fusion of multispectral and Panchromatic images using improved IHS and PCA mergers based on wavelet decomposition. IEEE Transactions on Geoscience and Remote Sensing, 2004,42(6):1291-1299.

[24] Shah V P, Younan N H, King R L. An efficient PAN-sharpening method via a combined adaptive-PCA approach and contourlets. IEEE Transactions on Geoscience and Remote Sensing, 2008,46(5):1323-1335.

[25] Alparone L,Wald L,Chanussot J, et al. Comparison of Pansharpening algorithms: Outcome of the 2006 GRS-S data-fusion contest. IEEE Transactions on Geoscience and Remote Sensing, 2007, 45(10): 3012-3021.

第 7 章　空谱遥感图像融合的变分方法

7.1　引　　言

如前几章所述，对于 MS+PAN 或者 HS+PAN，常将其称为全色锐化融合方法(Pansharpening)。基于图像正则性先验模型优化的变分方法是空谱遥感图像融合的一大类方法。从信号处理的角度考虑，融合重建需要综合考虑配准、去混叠插值放大、互补信息集成甚至需要去模糊和噪声等多个图像处理任务，是极具挑战性的计算重建问题。从数学上讲，空谱图像融合是不适定反问题。减少图像处理反问题不适定性的一条重要途径是正则化方法。基于正则化理论的融合重建的关键有两点：其一是更精确、更贴合地反映图像退化形成过程，建立空间结构和光谱保真项；其二是综合多(高)光谱图像本身的图像先验，建立最小化能量泛函，通过数值计算得到高分辨融合图像。

本章针对 MS+PAN 或者 HS+PAN 的融合任务，充分利用观测的低分辨率光谱图像和高分辨率全色图像之间的互补特性进行融合，从而得到潜在的高分辨率光谱图像。为此，本章主要介绍一大类变分融合的经典方法及其融合机理。变分融合方法的独特之处在于利用图像的某些空间先验知识将融合问题建模为一个优化问题，然后优化问题对应的数值解则为最终的融合图像，即高分辨率高维光谱图像。该类方法的核心在于如何选取和设计合适的图像先验模型(包括光谱先验和空间结构先验模型)。

7.2　图像正则化模型

7.2.1　全变差图像模型

图像正则化模型在变分融合中的应用较广泛。关于图像正则性的刻画是图像先验建模的重要问题，也是有效解决图像病态问题的一条有效途径。一般而言，一幅图像往往包括边缘、纹理等奇异性结构。如何有效刻画图像的奇异性结构，并在图像去噪、复原、超分辨和融合增强等反问题处理中有效保持图像的边缘和纹理结构是关键。在众多图像几何模型中，Rudin 等基于有界变差函数空间建模的全变差(TV)图像模型在图像正则化方法中经常采用[1]。

令 $\Omega \subset \mathbf{R}^2$，$u \in C^1(\Omega,\mathbf{R})$，标量全变差 $\mathrm{TV}(u)$ 可以定义为梯度模的积分：

$$\mathrm{TV}(u)=\int_{\Omega}\left|\nabla u\right|(\boldsymbol{x})\mathrm{d}\boldsymbol{x}, \quad \nabla u=(u_{x_1},u_{x_2})^{\mathrm{T}} \tag{7.1}$$

上述定义可以推广到局部可积函数 $u \in L_{\mathrm{loc}}^1(\Omega,\mathbf{R})$ 的对偶形式：令 $\boldsymbol{E}^2$ 表示 $\mathbf{R}^2$ 中的单位闭球，则

$$\mathrm{TV}(u)=\int_{\Omega}\left|Du\right|=\sup\left\{\int_{\Omega}u\mathrm{div}(\boldsymbol{g})\mathrm{d}\boldsymbol{x};\boldsymbol{g}=(g_1,g_2)\in C_c^1(\Omega,\boldsymbol{E}^2),\left|\boldsymbol{g}\right|=\sqrt{g_1^2+g_2^2}<1\right\} \tag{7.2}$$

假设二维图像 u 属于索伯列夫(Sobolev)空间 $W^{1,1}(\Omega)$，则对任意 $\boldsymbol{g}=(g_1,g_2)\in C_c^1(\Omega,\boldsymbol{E}^2)$，根据高斯-格林散度定理(或分部积分)有

$$\int_{\Omega}u\mathrm{div}(\boldsymbol{g})\mathrm{d}\boldsymbol{x}=-\int_{\Omega}\boldsymbol{g}\cdot\nabla u\mathrm{d}\boldsymbol{x}$$

由于 $\boldsymbol{E}^2$ 表示 $\mathbf{R}^2$ 中的单位闭球且 $\boldsymbol{g}\to-\boldsymbol{g}$ 是径向对称，则

$$\mathrm{TV}(u)=\int_{\Omega}\left|Du\right|=\sup_{\boldsymbol{g}\in C_c^1(\Omega,\boldsymbol{E}^2)}\int_{\Omega}u\mathrm{div}(\boldsymbol{g})\mathrm{d}\boldsymbol{x}\leqslant\int_{\Omega}\left|\nabla u\right|(\boldsymbol{x})\mathrm{d}\boldsymbol{x}$$

这意味着 TV 范数是 Sobolev 范数的推广。根据 TV 范数，可以定义有界变差函数空间 $\mathrm{BV}(\Omega)$：

$$\mathrm{BV}(\Omega)=\left\{u\middle|u\in L^1(\Omega)\text{且}\mathrm{TV}(u)<\infty\right\} \tag{7.3}$$

$\mathrm{BV}(\Omega)$ 上的范数定义为

$$\left\|u\right\|_{\mathrm{BV}}=\left\|u\right\|_{L^1(\Omega)}+\mathrm{TV}(u)$$

在此范数下，$\mathrm{BV}(\Omega)$ 构成巴拿赫(Banach)空间。由于 BV 空间在 BV 范数下没有紧性，为了考虑 BV 空间的紧性，定义 BV-w^*拓扑 $u_j \underset{\mathrm{BV}\text{-}w^*}{\to} u \Leftrightarrow u_j\to u$ 且 Du_j 弱收敛于 Du。BV 空间具有一系列重要的性质。在图像处理和低层视觉分析中，比较关心如下两条重要性质[2](在下面的性质中，假设 Ω 是有界的，且具有 Lipschitz 边界)。

性质 7.1　(下半连续性)如果 $u_j\in\mathrm{BV}(\Omega)$，则 $\int_{\Omega}\left|Du\right|\leqslant\varliminf_{j\to+\infty}\int_{\Omega}\left|Du_j\right|$。

性质 7.2　(紧性)①任意一致有界的序列 $u_j\in\mathrm{BV}(\Omega)$ 在 $L^p(\Omega)$ 中是相对紧的，$1\leqslant p<\dfrac{N}{N-1},N\geqslant1$；②存在一子序列 u_{j_k} 和 $u\in\mathrm{BV}(\Omega)$，使得 $u_{j_k}\xrightarrow[\mathrm{BV}\text{-}w^*]{}u$；③ $\mathrm{BV}(\Omega)$ 可以连续嵌入 $L^p(\Omega),p=\dfrac{N}{N-1}(N\neq1,N>0)$，当 $N=1$ 时，$p=+\infty$。

性质 7.1 和性质 7.2 保证了包含 TV 模型的能量泛函在利用直接变分法时存在最小解。

图像的 TV 模型与水平集(Level Set)的长度有关，可从水平集的角度揭示 TV 模型的集合建模机理[3]。对于每一个实值 λ，定义 u 的点态 λ-水平集为

$$\gamma_\lambda = \{\boldsymbol{x} \in \Omega : u(\boldsymbol{x}) = \lambda\} \tag{7.4}$$

则 u 的水平集表示关于所有水平集的一个单参数族：

$$\Gamma_u = \{\gamma_\lambda : \lambda \in \mathbf{R}\} \tag{7.5}$$

此时 Γ_u 可对图像域形成一个划分，即 $\Omega = \bigcup_{\lambda \in \mathbf{R}} \gamma_\lambda, \gamma_\lambda \cap \gamma_\mu = \varnothing, \lambda \neq \mu$。如果 u 的一个 λ-水平集 γ_λ 上的梯度永远不为 $\mathbf{0}$，则称这个水平集是正则或光滑的。此时，该水平集可以看作 Ω 上的一维流形。一维结构局部看上去没有中断或者分叉，因此也可简单称为正则性曲线。否则，如果存在 $\boldsymbol{x}_0 \in \gamma_\lambda$，使得 $\nabla u(\boldsymbol{x}_0) = \mathbf{0}$，则水平集 γ_λ 是奇异的，此时 $\boldsymbol{x}_0$ 为临界点。由微分拓扑学可知，对于一个光滑图像 u 而言，随机取一个 λ 值，水平集 γ_λ 在勒贝格(Lebesgue)测度意义下都是正则的。

然而，实际图像很少是光滑图像，存在跳跃和间断点，因此利用点态水平集去考察图像是非常勉强甚至毫无意义的。为此，定义累积水平集(Cumulative Level Set)为

$$F_\lambda = F_\lambda(u) = \{\boldsymbol{x} \in \Omega : u(\boldsymbol{x}) \leqslant \lambda\} \tag{7.6}$$

这样每个累积水平集在测度意义下是适定的(Well Defined)，这是因为若两个图像 $u(\boldsymbol{x})$ 和 $\tilde{u}(\boldsymbol{x})$ 在图像域几乎处处相同，则其累积水平集差为

$$d(F_\lambda(u), F_\lambda(\tilde{u})) = (F_\lambda(u) - F_\lambda(\tilde{u})) \cup (F_\lambda(\tilde{u}) - F_\lambda(u)) \tag{7.7}$$

具有零测度。这样 u 的累积水平集表示为一个单参数族：

$$F_u = \{F_\lambda : \lambda \in \mathbf{R}\} \tag{7.8}$$

注意此时累积水平集和点态水平集之间的关系为

$$F_\lambda = \bigcup_{\mu \leqslant \lambda} \gamma_\lambda \tag{7.9}$$

若 $u(\boldsymbol{x})$ 在 Ω 上连续，则 F_λ 是闭集且其拓扑边界为 $\partial F_\lambda = \gamma_\lambda$。对于一个 Lebesgue 测度意义下图像，每个水平集都是适定的，从而水平集 γ_λ 或 F_λ 的正则性可以很容易度量。如果 γ_λ 是光滑且 Lipschitz 连续的，则正则性可以通过低阶的长度刻画，即 $\mathrm{length}(\gamma_\lambda)$；更广义地，该长度可以在豪斯多夫(Hausdorff)测度意义下计算。性质 7.3 揭示了全变差与水平集的关系。

性质 7.3 (Co-area 公式)如果 $u \in \mathrm{BV}(\Omega)$，则

$$\mathrm{TV}(u)=\int_{-\infty}^{+\infty} H^1(\partial\Omega_\lambda)\mathrm{d}\lambda \tag{7.10}$$

Co-area 公式揭示了图像全变差的一个重要的几何本质。图像是一致有界的，所以式(7.10)实际上是在有限区间上计算，且与水平集的平均长度成比例。只要是水平集不是分形集，该积分就是有限的。图像全变差实质上是所有水平集长度之和。这个性质也和人类视觉系统(Human Visual System，HVS)具有一定程度的匹配性。根据 Candès 和 Donoho 的研究，HVS 趋向于以一种尽可能简单的形式表示图像中的曲线和边缘，以满足高效的神经元压缩与视觉传输的要求。HVS 的这种特性，必然使得曲线和边缘上的“波纹”被忽略或者滤波，从而减少曲线的长度[4]。

实际上，根据累积水平集表示，一幅给定的图像 $u(\boldsymbol{x})$ 可以分解表示为单参数族水平集 $F_u=\{F_\lambda:\lambda\in\mathbf{R}\}$，这相当于图像分析过程。另外，由水平集也可以重构图像 $u(\boldsymbol{x})$。这个性质称为水平集重构性质，表述如下。

水平集重构性质。给定水平集合 $F=\{F_\lambda:\lambda\in\mathbf{R}\}$，则存在一幅 Lebesgue 可测的图像 $u(\boldsymbol{x})=\inf\{\mu:\boldsymbol{x}\in F_\mu\}$，使得 $F_u=F$，当水平集 F 满足如下两个容许性条件：

(1) 对任意 $\lambda\leqslant\mu, F_\lambda\subseteq F_\mu$(单调的)且右连续，即

$$F_\lambda=\bigcap_{\mu>\lambda}F_\mu=\lim_{\mu\to\lambda^+}F_\mu$$

(2) $F_{-\infty}:=\lim\limits_{\lambda\to-\infty}F_\lambda$ 为空集且 $F_\infty:=\lim\limits_{\lambda\to+\infty}F_\lambda=\Omega$。

上述重构性质表明，对于任意像素 $\boldsymbol{x}\in\Omega$，图像 $u(\boldsymbol{x})$ 可以重构如下：

$$u(\boldsymbol{x})=\inf\{\mu:\boldsymbol{x}\in F_\mu\} \tag{7.11}$$

综上所述，TV 模型具有很好的图像几何结构表示性质。最小化 TV 过程，实际上是恢复具有正则性的水平集，从而重构容许边缘和一定纹理结构的正则性图像。TV 模型在空谱图像融合中也将扮演重要的角色。

7.2.2　非局部图像模型

虽然 TV 模型是图像优良的几何模型，但主要是针对边缘和平坦结构的卡通类图像，而且其缺点也比较明显，主要体现在以下几个方面。

(1) TV 模型是低阶正则性水平集的长度模型，因此其最小化输出容易出现“阶梯效应”(Staircase Effect)，目标类内区域光滑性不足。

(2) 由于 TV 模型是对水平集进行长度最小的正则化机制，对于存在较多纹理结构的图像，TV 模型并不能很好地进行刻画和表征，因而 TV 最小将去除大量纹理。

针对上述问题，研究者提出系列 TV 模型的改进和推广工作。其中一个重要

的推广工作是非局部 TV(NLTV)模型，该模型启发于 Buades 等提出的非局部均值(Nonlocal Mean，NLM)滤波器[5,6]。该方法的基本思想是图像中存在大量的非局部相似性(冗余性)，如图 7.1 所示，对于待处理的当前像素，建立以此像素为中心的局部图像块，然后通过特定相似性度量搜索与之相似的非局部块，进而将非局部相似块的中心像素进行加权平均。

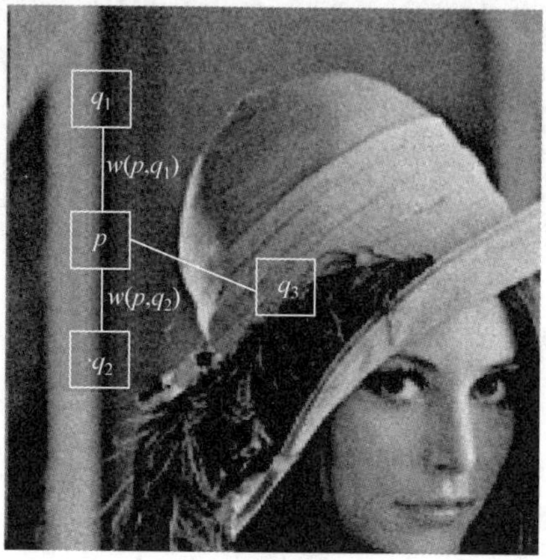

图 7.1 非局部均值基本原理示意图

对于实函数 $u(\boldsymbol{x}):\Omega\subset\mathbf{R}^2\to\mathbf{R}$，函数 $u(\boldsymbol{x})$ 在像素的非局部均值定义为

$$\mathrm{NLM}[u](\boldsymbol{x})=\frac{1}{C(\boldsymbol{x})}\int_{\Omega}\exp\left[\frac{-d_\rho(u(\boldsymbol{x}),u(\boldsymbol{y}))}{h^2}\right]\cdot u(\boldsymbol{y})\mathrm{d}\boldsymbol{y} \tag{7.12}$$

其中

$$w(\boldsymbol{x},\boldsymbol{y})=\frac{1}{C(\boldsymbol{x})}\exp\left[\frac{-d_\rho(u(\boldsymbol{x}),u(\boldsymbol{y}))}{h^2}\right] \tag{7.13}$$

称为非局部权函数。归一化因子 $C(\boldsymbol{x})$ 定义为

$$C(\boldsymbol{x})=\int_{\Omega}\exp\left[\frac{-d_\rho(u(\boldsymbol{x}),u(\boldsymbol{y}))}{h^2}\right]\mathrm{d}\boldsymbol{y} \tag{7.14}$$

而 $d_\rho(u(\boldsymbol{x}),u(\boldsymbol{y}))$ 是一种非局部(或大范围)的距离度量，定义为

$$d_\rho(u(\boldsymbol{x}),u(\boldsymbol{y}))=\int_{\Omega}G_\rho(\boldsymbol{t})\left|u(\boldsymbol{x}+\boldsymbol{t})-u(\boldsymbol{y}+\boldsymbol{t})\right|^2\mathrm{d}\boldsymbol{t} \tag{7.15}$$

在非局部框架中 $G_\rho(\cdot)$ 是尺度为 ρ 的高斯函数，参数 ρ 控制了高斯函数的衰减程度。

启发于非局部均值，Kindermann 等将其推广至变分框架[7]。定义图像 $u(\boldsymbol{x})$ 在像素 $\boldsymbol{x}$ 处相对于像素 $\boldsymbol{y}$ 的方向导数为

$$\partial_y u(\boldsymbol{x}) = (u(\boldsymbol{y}) - u(\boldsymbol{x}))\sqrt{w(\boldsymbol{x},\boldsymbol{y})} \tag{7.16}$$

其中，$w(\boldsymbol{x},\boldsymbol{y})$ 为加权函数。

由此，可以将 $u(\boldsymbol{x})$ 在点 $\boldsymbol{x}$ 处所有方向导数定义为非局部梯度 $\nabla_w u(\boldsymbol{x})$，且其模定义为

$$|\nabla_w u|(\boldsymbol{x}) = \sqrt{\int_\Omega w(\boldsymbol{x},\boldsymbol{y})(u(\boldsymbol{y}) - u(\boldsymbol{x}))^2 \mathrm{d}\boldsymbol{y}} \tag{7.17}$$

对于形式上的“非局部向量” $\boldsymbol{v}(\boldsymbol{x}) = [v(\boldsymbol{x},\boldsymbol{y})]_{y\in\Omega}^{\mathrm{T}}$，则按照梯度算子和散度算子的伴随关系，可定义非局部散度算子为

$$\langle \nabla_w u, \boldsymbol{v} \rangle = -\langle u, \mathrm{div}_w \boldsymbol{v} \rangle$$

因此，当 $w(\boldsymbol{x},\boldsymbol{y})$ 对称时，可得

$$(\mathrm{div}_w \nabla_w u)(\boldsymbol{x}) := \int_\Omega w(\boldsymbol{x},\boldsymbol{y})(u(\boldsymbol{y}) - u(\boldsymbol{x}))\mathrm{d}\boldsymbol{y} \tag{7.18}$$

式(7.18)实际上是一个非局部拉普拉斯算子 $\Delta_w u(\boldsymbol{x}) := \frac{1}{2}(\mathrm{div}_w \nabla_w u)(\boldsymbol{x})$。容易验证，非局部拉普拉斯算子也是自对偶的和负半定的：

$$\langle \Delta_w u, u \rangle = \langle u, \Delta_w u \rangle = -\langle \nabla_w u, \nabla_w u \rangle \leqslant 0$$

同时，非局部曲率也可表示为

$$\left(\mathrm{div}_w \frac{\nabla_w u}{|\nabla_w u|}\right)(\boldsymbol{x}) := \int_\Omega w(\boldsymbol{x},\boldsymbol{y})(u(\boldsymbol{y}) - u(\boldsymbol{x}))\left(\frac{1}{|\nabla_w u|(\boldsymbol{x})} + \frac{1}{|\nabla_w u|(\boldsymbol{y})}\right)\mathrm{d}\boldsymbol{y} \tag{7.19}$$

由此，我们可以看到在非局部框架下，其经典的微分算子可推广到非局部情形。基于上面的非局部算子，可以定义连续图像 $u(\boldsymbol{x})$ 的非局部全变差能量泛函：

$$E_{\mathrm{NLTV}}(u) = \int_\Omega |\nabla_w u|(\boldsymbol{x})\mathrm{d}\boldsymbol{x} = \int_\Omega \sqrt{\int_\Omega w(\boldsymbol{x},\boldsymbol{y})(u(\boldsymbol{y}) - u(\boldsymbol{x}))^2 \mathrm{d}\boldsymbol{y}}\,\mathrm{d}\boldsymbol{x} \tag{7.20}$$

其中，$w(\boldsymbol{x},\boldsymbol{y})$ 是对称加权函数，反映图像像素 $\boldsymbol{x}$ 和图像非局部区域(可以是全局 Ω)的所有像素 $\boldsymbol{y}$ 之间的相似性。权函数可类似采用非局部均值方法进行设计，如式(7.13)所示。考虑到计算复杂度，通常定义了 $\boldsymbol{x}$ 和 $\boldsymbol{y}$ 所在的局部图像块(Patch)之间的相似性。例如：

$$w(\boldsymbol{x},\boldsymbol{y}) = \begin{cases} \exp\left[\dfrac{-\left\|\mathrm{Patch}(u(\boldsymbol{x})) - \mathrm{Patch}(u(\boldsymbol{y}))\right\|_2^2}{h^2}\right], & \boldsymbol{y} \in \Omega_r(\boldsymbol{x}) \\ 0, & \text{其他} \end{cases} \tag{7.21}$$

其中，$\boldsymbol{y} \in \Omega_r(\boldsymbol{x})$ 表示仅仅在当前像素 $\boldsymbol{x}$ 的周边区域 $\|\boldsymbol{y}-\boldsymbol{x}\|_2 \leqslant r$ 的像素进行搜索，而避免全局区域寻找相似性图像块，这样可以减少计算复杂度。

NLTV 模型广泛应用于图像反问题处理，包括图像去噪、修补、去模糊、超分辨、融合和分割等各类任务[8]。相比于 TV 模型，NLTV 模型具有更好的纹理保持能力。例如，对于图像去噪问题，假设含噪图像模型为 $u_0 = u + n$，其中 n 为高斯噪声，则利用 TV 模型和 NLTV 模型均可以得到变分去噪模型。

(1) TV 模型：

$$\hat{u} = \arg\min_u E(u) = \frac{1}{2}\|u_0 - u\|_2^2 + \lambda \int_\Omega |\nabla u|(\boldsymbol{x})\mathrm{d}\boldsymbol{x} \tag{7.22}$$

(2) NLTV 模型：

$$\hat{u} = \arg\min_u E(u) = \frac{1}{2}\|u_0 - u\|_2^2 + \lambda \int_\Omega |\nabla_w u|(\boldsymbol{x})\mathrm{d}\boldsymbol{x} \tag{7.23}$$

图 7.2 给出了上述两个去噪模型应用于一个包含较多纹理的 Barbara 图像局部区域的结果。图 7.2(a)为原始图像，7.2(b)为含高斯噪声(噪声密度为 0.05，SNR=11.75dB)。利用相同的正则化参数 $\lambda = 1.0$，其中 NLTV 模型中参数 $h = 5, r = 11$，即局部块大小

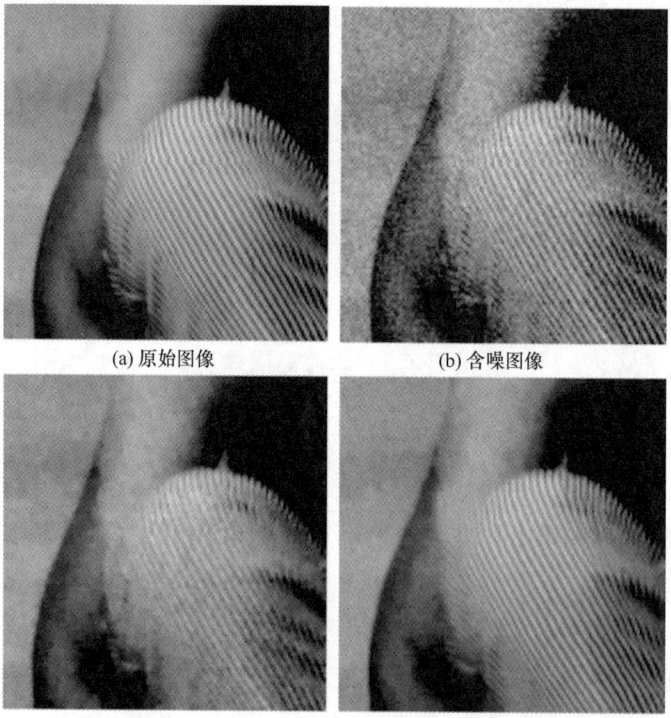

(a) 原始图像　　(b) 含噪图像

(c) TV模型去噪结果(PSNR=27.67dB)　　(d) NLTV模型去噪结果(PSNR=29.85dB)

图 7.2　TV 和 NLTV 模型应用于图像去噪

为5×5，相似块搜索区域为11×11。经实验发现，TV 模型去噪结果和 NLTV 模型去噪结果分别如图 7.2(c)和图 7.2(d)所示。相比较而言，NLTV 模型去噪结果纹理保持较好，PSNR=29.85dB，而 TV 模型纹理保持较弱，并且出现了“阶梯效应”。

对于更一般的非局部模型，则有

$$E_{\mathrm{NL}}(u)=\int_{\Omega}\Phi\left(\left|\nabla_{w}u\right|^{2}\right)(\boldsymbol{x})\mathrm{d}\boldsymbol{x}=\int_{\Omega}\Phi\left(\int_{\Omega}w(\boldsymbol{x},\boldsymbol{y})(u(\boldsymbol{y})-u(\boldsymbol{x}))^{2}\mathrm{d}\boldsymbol{y}\right)\mathrm{d}\boldsymbol{x} \tag{7.24}$$

其中，$\Phi(s)$为一个非负函数，在$\sqrt{s}$下凸且$\Phi(0)=0$。

其相应的欧拉-拉格朗日方程为

$$L(u)=-2\int_{\Omega}(u(\boldsymbol{y})-u(\boldsymbol{x}))w(\boldsymbol{x},\boldsymbol{y})\left(\Phi'\left(\left|\nabla_{w}u\right|^{2}(\boldsymbol{x})\right)+\Phi'\left(\left|\nabla_{w}u\right|^{2}(\boldsymbol{y})\right)\right)\mathrm{d}\boldsymbol{y} \tag{7.25}$$

其中，$\Phi'(s)$为函数Φ关于变量s的导数。$L(u)$的更简洁形式可以写为

$$L(u)=-2\mathrm{div}_{w}\left(\nabla_{w}u\Phi'\left(\left|\nabla_{w}u\right|^{2}(\boldsymbol{x})\right)\right) \tag{7.26}$$

7.2.3 分数阶图像模型

分数阶图像处理方法是近年来引人关注的一个研究热点。传统的微积分运算是指n阶导数和n次积分，一般取正整数。那么微积分能否推广到“分数阶”的广义概念呢？事实上是可以的。目前，已经存在几种分数阶导数的定义[9]：Grümwald-Letnikov 定义、Riemann-Liouville 定义、Caputo 定义和傅里叶变换域定义。其中，Riemann-Liouville 分数阶微积分和 Caputo 分数阶微积分在分数阶微积分方程的理论分析中使用比较多，而在信号与图像处理领域，由于所处理的信号和图像都是有限区间或区域上的离散数据，因此 Grümwald-Letnikov 分数阶微积分和傅里叶变换域定义是用得较多的，此时 Grümwald-Letnikov 分数阶微积分可用有限项求和的方式计算，而傅里叶变换域定义的分数阶微积分可用离散傅里叶变换来实现。

本章仅仅介绍 Grümwald-Letnikov 分数阶导数的概念。更多关于分数阶微积分和正则化的知识可参考文献[9]和[10]。

定义 7.1　对于实函数$u(s)$，$s\in\mathbf{R}$，其α阶 Grümwald-Letnikov 分数阶导数，记为$D_{s}^{\alpha}u(s)$，定义为

$$D_{s}^{\alpha}u(s)=\lim_{h\to 0}\frac{1}{h^{\alpha}}\sum_{k=0}^{+\infty}(-1)^{k}C_{\alpha}^{k}u(s-kh),\quad \alpha\in\mathbf{R}^{+} \tag{7.27}$$

其中，C_{α}^{k}称为广义二项式系数：

$$C_{\alpha}^{k}=\frac{\Gamma(\alpha+1)}{k!\Gamma(\alpha-k+1)} \tag{7.28}$$

此处

$$\Gamma(\alpha):\begin{cases} =\int_0^{+\infty} s^{\alpha-1}\mathrm{e}^{-s}\mathrm{d}s, & \alpha>0 \\ =\alpha^{-1}\Gamma(\alpha+1), & \alpha<0 \end{cases}$$

表示伽马函数，当$k\leqslant 0$时，$C_\alpha^k=0$。

需要指出的是，上述分数阶导数的定义蕴含两种情况。

(1) 当$h\to 0^+$时，有

$$D_{s^+}^\alpha u(s)=\lim_{h\to 0^+}\frac{1}{h^\alpha}\sum_{k=0}^{+\infty}(-1)^k C_\alpha^k u(s-kh), \quad \alpha\in\mathbf{R}^+ \tag{7.29}$$

(2) 当$h\to 0^-$时，有

$$D_{s^-}^\alpha u(s)=(-1)^\alpha\lim_{h\to 0^-}\frac{1}{h^\alpha}\sum_{k=0}^{+\infty}(-1)^k C_\alpha^k u(s+kh), \quad \alpha\in\mathbf{R}^+ \tag{7.30}$$

在第一种情形中，$D_{s^+}^\alpha u(s)$仍然是实数，形式上可以看作传统整数阶导数中的左导数。但是在第二种情形中，$D_{s^-}^\alpha u(s)$则有可能是复数，这与经典的整数阶导数的右导数有本质的区别。在图像处理中，通常采取实数形式的 Grümwald-Letnikov 分数阶定义，但在一些复函数等特殊工程问题中，也会使用$D_{s^+}^\alpha u(s)$的定义。本书中若不加以特别说明，均采取$D_{s^+}^\alpha u(s)$的定义。

基于上述定义，本书作者及其课题组成员将 TV 及其 BV 函数空间进行推广[11,12]，建立了分数阶全变差(Fractional order TV，FTV)及其分数阶 BV 空间。对于二维实函数$u(\boldsymbol{x})$，$\boldsymbol{x}=(x_1,x_2)\in\mathbf{R}^2$，可定义分数阶全变差：

$$E_{\mathrm{FTV}}(u)=\int_\Omega\left|D_{\mathrm{GL}}^\alpha u\right|(\boldsymbol{x})\mathrm{d}\boldsymbol{x}=\int_\Omega\sqrt{\left(D_{x_1}^\alpha u\right)^2+\left(D_{x_2}^\alpha u\right)^2}\,\mathrm{d}\boldsymbol{x} \tag{7.31}$$

其中，$D_{x_1}^\alpha u$、$D_{x_2}^\alpha u$分别表示$u(\boldsymbol{x})$关于x_1、x_2的α阶偏导数。特别地，当$\alpha=1$时，分数阶 TV 即为经典整数阶 TV 模型。

如前所述，由 TV 半范数可定义有界变差函数空间$\mathrm{BV}(\Omega)$，在分数阶 TV 意义下，也可以定义连续情形下的分数阶有界变差：

$$\mathrm{BV}^\alpha(\Omega):=\left\{u\,\middle|\,E_{\mathrm{FTV}}(u)<+\infty\right\} \tag{7.32}$$

在图像连续建模时,我们可以采取连续形式的分数阶微积分进行理论建模和分析。但是针对实际数字图像处理，需要考虑离散形式。幸运的是，Grümwald-Letnikov 分数阶微分使用极限形式定义，并且当α固定时，广义二项式系数C_α^k是快速衰减函数，因此通过前K+1 项截断建立分数阶差分来近似：

$$\begin{cases}\nabla^{\alpha}u=[\nabla_1^{\alpha}u,\nabla_2^{\alpha}u]^{\mathrm{T}}\\ \nabla_1^{\alpha}u=\sum_{k=0}^{K}(-1)^k C_{\alpha}^k u(i-k,j)\\ \nabla_2^{\alpha}u=\sum_{k=0}^{K}(-1)^k C_{\alpha}^k u(i,j-k)\end{cases} \tag{7.33}$$

这样离散分数阶模型为

$$E_{\mathrm{FTV}}(u)=\sum_{i=1}^{N}\sum_{j=1}^{M}\left\|\nabla^{\alpha}u(i,j)\right\|_2^2=\sum_{i=1}^{N}\sum_{j=1}^{M}\sqrt{\left(\nabla_1^{\alpha}u\right)^2+\left(\nabla_2^{\alpha}u\right)^2} \tag{7.34}$$

分数阶 TV 模型已经在图像去噪和复原、图像超分辨[11-14]等方面得到广泛应用，并且得到一些新的算法。本章及第 10 章将介绍分数阶全变差正则化在空谱图像融合中的应用。

7.2.4　向量值情形

以上讨论均是针对标量值图像(单通道)的几何图像模型。对于彩色图像和 N 波段光谱图像而言，如何建立向量值图像(多通道)几何模型呢？本节将简要回顾这方面的已有工作。

令 $\boldsymbol{u}=(u_1,u_2,\cdots,u_N)$ 表示向量值函数，定义为

$$\begin{aligned}\boldsymbol{u}=(u_1,u_2,\cdots,u_N)&:\Omega\to\mathbf{R}^N\\ &:\boldsymbol{x}\to\boldsymbol{u}(\boldsymbol{x})=(u_1(\boldsymbol{x}),u_2(\boldsymbol{x}),\cdots,u_N(\boldsymbol{x}))\end{aligned} \tag{7.35}$$

其中，每个分量 $u_i:\Omega\to\mathbf{R}$ 为实值函数；N 是 $\boldsymbol{u}$ 的波段数；$u_i(\boldsymbol{x})$ 表示 u_i 在坐标 $\boldsymbol{x}=(x,y)\in\Omega$ 的实数值，$i=1,2,\cdots,N$。

已经有一些研究将标量值图像的几何模型推广到向量值情形。目前，代表性的研究大多是针对 TV 模型的，为此本章以 TV 模型为例，讨论向量值 TV 模型。目前有四种推广形式。

1. 逐通道 ℓ_1 形式(ℓ_1 范数)

最简单、最直接的推广形式是独立地将各通道图像 TV 求和作为向量值 TV[15]，这将导致如下定义：

$$\mathrm{TV}_S(\boldsymbol{u}):=\sum_{i=1}^{N}\mathrm{TV}(u_i)=\sum_{i=1}^{N}\left(\int_{\Omega}\left|\nabla u_i\right|(\boldsymbol{x})\mathrm{d}\boldsymbol{x}\right) \tag{7.36}$$

其欧拉-拉格朗日方程为

$$\mathrm{div}\left(\frac{\nabla u_i}{\left|\nabla u_i\right|}\right)=0,\quad i=1,2,\cdots,N \tag{7.37}$$

这种方式简单直接、快速且便于实现，但是没有考虑通道图像之间的相关性。因此通道之间没有通信，这样彩色边缘保持效果欠佳且容易出现颜色拖尾效应。同时在彩色向量空间不具备旋转不变性。

2. 逐通道 ℓ_2 形式(ℓ_2 范数)

Blomgren 和 Chan 将向量值 TV 定义为通道标量 TV 向量的欧几里得范数[16]：

$$\mathrm{TV}_{\mathrm{BC}}(\boldsymbol{u}) := \sqrt{\sum_{i=1}^{N}(\mathrm{TV}(u_i))^2} = \sqrt{\sum_{i=1}^{N}\left(\int_{\Omega}\left|\nabla u_i\right|(\boldsymbol{x})\mathrm{d}\boldsymbol{x}\right)^2} \tag{7.38}$$

该范数的欧拉-拉格朗日方程组为

$$\frac{\mathrm{TV}(u_i)}{\mathrm{TV}_{\mathrm{BC}}(\boldsymbol{u})}\mathrm{div}\left(\frac{\nabla u_i}{\left|\nabla u_i\right|}\right) = 0, \quad i = 1, 2, \cdots, N \tag{7.39}$$

由此，我们可以看出该模型具有通道耦合机制，但是这种耦合关系是全局并且较弱的，因为仅仅通过一个全局加权因子 $\mathrm{TV}(u_i)/\mathrm{TV}_{\mathrm{BC}}(\boldsymbol{u})$ 将通道之间联系在一起。虽然 Blomgren 和 Chan 证明了该模型的一些好的数学性质，如凸性、具有对偶形式，但是关于对偶变量的约束是全局的，因此不太容易并行实现。

3. 黎曼几何定义形式

应用黎曼几何的思想将图像建模为高维空间的嵌入曲面在计算机视觉中是重要的方法。文献[17]建议将向量值图像看作高维空间中的参数化二维黎曼流形，进而可以建立度量张量 $\boldsymbol{g}_{\mu\nu} = \left(\partial_\mu \boldsymbol{u}, \partial_\nu \boldsymbol{u}\right)(\mu, \nu = 1, 2)$。类似于图像的结构张量，较小特征值对应的特征向量可以表征边缘的方向，这种方法一般具有对偶形式。另外一种黎曼几何方法是基于曲面的方法，并可导出各向异性扩散方程和 Beltrami 流等[18]。在此框架下标量 TV 模型可以看作最小曲面问题；而向量值 TV 也可以看作嵌入高维空间的特征流形的最小曲面问题，但是这种方法一般不能导出对偶形式，因此，目前还没有有效的算法来最小化曲面。按照能导出对偶形式的黎曼几何建模框架，Sapiro[19]利用非负势函数给出了向量值图像的一般泛函：

$$\Phi(\boldsymbol{u}) = \int_{\Omega}\phi(\lambda_+ + \lambda_-)\mathrm{d}\boldsymbol{x} \tag{7.40}$$

其中，λ_+ 和 λ_- 分别表示度量张量 $\boldsymbol{g}_{\mu\nu}$ 的两个特征值中较大和较小特征值；$\phi(\cdot)$ 表示合适的标量函数。一种特殊形式是当 $\phi(s) = \sqrt{s}$ 时，可以导出如下向量值 TV 模型：

$$\mathrm{TV_{SR}}(\boldsymbol{u}) := \int_{\Omega}\sqrt{\sum_{i=1}^{N}\left(\left|\nabla u_i\right|\right)^2}\,\mathrm{d}\boldsymbol{x} \tag{7.41}$$

这种定义是标量 TV 推广到向量 TV 的最自然的方式，因为它可以由 TV 测度的对偶定义导出。

令 $\boldsymbol{g}=(\boldsymbol{g}_1,\boldsymbol{g}_2,\cdots,\boldsymbol{g}_N)\in\mathbf{R}^{2\times N}$ 为 $2\times N$ 的矩阵，$\boldsymbol{g}_i=(g_{i1},g_{i2})^{\mathrm{T}}$，而 $\nabla\boldsymbol{u}=(\nabla u_1,\nabla u_2,\cdots,\nabla u_N)\in\mathbf{R}^{2\times N}$，其中 $\nabla u_i=(\partial u_i/\partial x_1,\partial u_i/\partial x_2)^{\mathrm{T}}$ 为标量图像 u_i 的梯度列向量。对于线性空间 $\mathbf{R}^{2\times N}$，赋予该空间的欧几里得结构：

$$\langle\boldsymbol{g},\boldsymbol{h}\rangle=\sum_{i=1}^{N}\langle\boldsymbol{g}_i,\boldsymbol{h}_i\rangle=\sum_{i,j}g_{ij}h_{ij} \tag{7.42}$$

则诱导范数为

$$\|\boldsymbol{g}\|=\sqrt{\langle\boldsymbol{g},\boldsymbol{g}\rangle} \tag{7.43}$$

这样

$$\langle\nabla\boldsymbol{u},\boldsymbol{g}\rangle=\sum_{i=1}^{N}\langle\nabla u_i,\boldsymbol{g}_i\rangle$$

当 $\boldsymbol{g}$ 紧支撑且 C^1 光滑，即 $\boldsymbol{g}\in C_c^1(\Omega,\mathbf{R}^{2\times N})$ 时，由分部积分：

$$\int_{\Omega}\langle\nabla\boldsymbol{u},\boldsymbol{g}\rangle\mathrm{d}\boldsymbol{x}=\sum_{i=1}^{N}\int_{\Omega}\langle\nabla u_i,\boldsymbol{g}_i\rangle\mathrm{d}\boldsymbol{x}=-\int_{\Omega}\sum_{i=1}^{N}\langle u_i,\mathrm{div}(\boldsymbol{g}_i)\rangle\mathrm{d}\boldsymbol{x} \tag{7.44}$$

定义矩阵函数形式的散度算子为

$$\mathrm{div}(\boldsymbol{g})=(\mathrm{div}(\boldsymbol{g}_1),\cdots,\mathrm{div}(\boldsymbol{g}_N)):C_c^1(\Omega,\mathbf{R}^{2\times N})\to C_c^1(\Omega,\mathbf{R}^N) \tag{7.45}$$

则

$$\int_{\Omega}\langle\nabla\boldsymbol{u},\boldsymbol{g}\rangle\mathrm{d}\boldsymbol{x}=-\int_{\Omega}\langle\boldsymbol{u},\mathrm{div}(\boldsymbol{g})\rangle\mathrm{d}\boldsymbol{x} \tag{7.46}$$

因此该种形式的向量值 TV 对偶定义为

$$\mathrm{TV_{SR}}(\boldsymbol{u})=\sup_{\boldsymbol{g}\in C_c^1(\Omega,\boldsymbol{E}^{2\times N})}\int_{\Omega}\langle\boldsymbol{u},\mathrm{div}(\boldsymbol{g})\rangle\mathrm{d}\boldsymbol{x} \tag{7.47}$$

其中，$\boldsymbol{E}^{2\times N}$ 表示 $\mathbf{R}^{2\times N}$ 中按照式(7.43)定义的单位闭球。

另外，$\mathrm{TV_{SR}}(\boldsymbol{u})$ 也可以从线性代数的角度去理解，可看作矩阵 $\nabla\boldsymbol{u}=(\nabla u_1,\nabla u_2,\cdots,\nabla u_N)\in\mathbf{R}^{2\times N}$ 的 Frobenius 范数的积分：

$$\mathrm{TV_F}(\boldsymbol{u})=\int_{\Omega}\|\nabla\boldsymbol{u}\|_{\mathrm{F}}\,\mathrm{d}\boldsymbol{x} \tag{7.48}$$

这样，由于 $\|\nabla\boldsymbol{u}\|_{\mathrm{F}}=\sqrt{\mathrm{trace}(\nabla\boldsymbol{u}(\nabla\boldsymbol{u})^{\mathrm{T}})}$，令 λ_+ 和 λ_- 分别代表结构张量 $\nabla\boldsymbol{u}(\nabla\boldsymbol{u})^{\mathrm{T}}$ 的两

个非负特征值(因为矩阵秩不大于 2)，则

$$\mathrm{TV_F}(\boldsymbol{u}) = \int_{\Omega} \sqrt{\lambda_+ + \lambda_-}\mathrm{d}\boldsymbol{x} \tag{7.49}$$

它与标量 TV 模型一样具有半范数性质与良好的数学性质，例如，可以定义向量值有界变差空间 $\mathrm{BV}(\Omega,\mathbf{R}^N)(N \geqslant 1)$，同时基于其对偶形式可以设计 Chambolle 投影、一阶主对偶和算子分裂等高效求解方法[20,21]，因此可以作为向量值 TV 的一种有效形式。然而，正如文献[21]中指出，从对偶形式可以看出 $\mathrm{TV_F}(\boldsymbol{u})$ 模型的通道耦合机制可能不是最好的，从模型机理上讲，$\mathrm{TV_F}(\boldsymbol{u})$ 模型中各个彩色通道(谱段)的边缘方向可能是不同的。对于彩色图像处理(如去噪)容易出现颜色拖尾效应。

4. 几何测度形式

几何测度理论[22]主要研究集合度量的几何性质，如集合的弧长和面积。其中核心概念是雅可比式 J_k，它是雅可比行列式对 $k \leqslant N$ 的推广。下面我们聚焦于 $k=1$ 的情形。对于标量值可微函数 u，$J_1 u = |\nabla u|_2$，这意味着经典 TV 模型对应于 $J_1 u$ 的积分。这种思想可以推广至向量值函数 $\boldsymbol{u}: \Omega \to \mathbf{R}^N$，即可定义另外一种向量值 TV 形式：

$$\mathrm{TV}_J(\boldsymbol{u}) = \int_{\Omega} J_1 \boldsymbol{u} \mathrm{d}\boldsymbol{x} \tag{7.50}$$

文献[23]和[24]证明上述定义等价于关于导数矩阵 $\nabla \boldsymbol{u} = (\nabla u_1, \nabla u_2, \cdots, \nabla u_N) \in \mathbf{R}^{2\times N}$ 的最大奇异值 $\sigma_1(\nabla \boldsymbol{u})$ 的积分，即对于 $\boldsymbol{u} \in C^1(\Omega, \mathbf{R}^N)$，有

$$\mathrm{TV}_J(\boldsymbol{u}) = \int_{\Omega} \sigma_1(\nabla \boldsymbol{u}) \mathrm{d}\boldsymbol{x} \tag{7.51}$$

文献[23]和[24]发现这种形式的定义也有其对偶形式：

$$\mathrm{TV}_J(\boldsymbol{u}) = \sup_{(\eta_i, \boldsymbol{g}) \in C_c^1(\Omega, \boldsymbol{E}^2 \times \boldsymbol{E}^N)} \sum_{i=1}^{N} \int_{\Omega} u_i \mathrm{div}(\eta_i \boldsymbol{g}) \mathrm{d}\boldsymbol{x} \tag{7.52}$$

利用对偶形式，相比于 $\mathrm{TV_F}(\boldsymbol{u})$ 模型，我们可以看到 $\mathrm{TV}_J(\boldsymbol{u})$ 模型对于多通道图像边缘建模和表示的理论先进性。由 $\mathrm{TV}_J(\boldsymbol{u})$ 的对偶形式，各通道共享相同的边缘方向，在不同通道其加权因子不同。然而，$\mathrm{TV_F}(\boldsymbol{u})$ 的对偶形式，在 Frobenius 范数下各个颜色通道的边缘是独立建模的，其各通道边缘方向可能不同。因此 $\mathrm{TV}_J(\boldsymbol{u})$ 是一种更为自然的向量值图像模型，因为直观上看，我们几乎可以认为对于同一个场景的不同电磁波段成像，其物体的边缘和形状的位置应该是相同的，仅仅是呈现的强度(或者响应)不同而已，而不应该有边缘的漂移。图 7.3 给出了 $\mathrm{TV}_J(\boldsymbol{u})$ 针对彩色图像建模的理论优势的几何示意图。

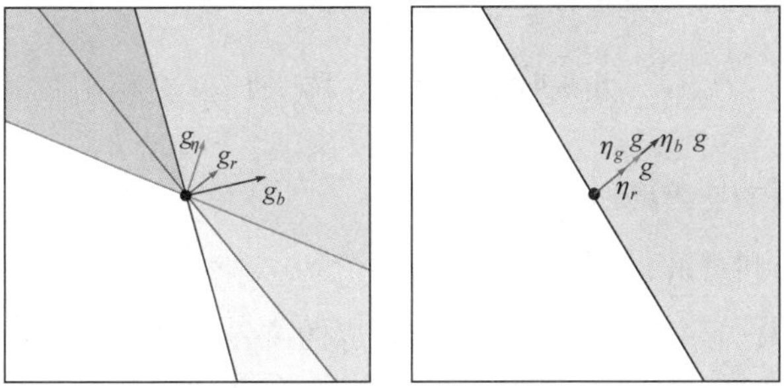

(a) $\mathrm{TV_F}(\boldsymbol{u})$模型　　(b) $\mathrm{TV}_J(\boldsymbol{u})$模型

图 7.3　相比于 $\mathrm{TV_F}(\boldsymbol{u})$，$\mathrm{TV}_J(\boldsymbol{u})$ 模型的理论优势

由 $\mathrm{TV_F}(\boldsymbol{u})$ 的对偶形式，在 Frobenius 范数下各个颜色通道的边缘是独立建模的，其各通道边缘方向可能不同；而由 $\mathrm{TV}_J(\boldsymbol{u})$ 的对偶形式，各通道共享相同的边缘方向，在不同通道其加权因子不同

$\mathrm{TV}_J(\boldsymbol{u})$ 模型有优良的凸分析数学性质，当 $\boldsymbol{u}\in L^2(\Omega,\mathbf{R}^N)$ 时，$\mathrm{TV}_J(\boldsymbol{u})$ 是凸的、闭的和正齐次的。而 $\boldsymbol{u}\in \mathrm{BV}(\Omega,\mathbf{R}^N)$，则

$$\mathrm{TV}_J(\boldsymbol{u})\leqslant \mathrm{TV_F}(\boldsymbol{u})\leqslant \mathrm{TV}_S(\boldsymbol{u}) \tag{7.53}$$

另外，$\mathrm{TV}_J(\boldsymbol{u})$ 模型在图像空间的仿射变换、颜色空间的正交变换具有很好的不变性；而 $\mathrm{TV_F}(\boldsymbol{u})$ 并不具备这种不变性。

(1) 图像空间的仿射变换不变性：令 $\Omega'\subset\mathbf{R}^m$，$A:\Omega'\to\Omega$ 为图像空间的仿射变换，则 $\boldsymbol{u}\in L^1_{\mathrm{loc}}(\Omega,\mathbf{R}^N)$，$\mathrm{TV}_J(\boldsymbol{u}\circ A)=\mathrm{TV}_J(\boldsymbol{u})$。

(2) 颜色空间等距变换不变性：令 $T:\mathbf{R}^N\to\mathbf{R}^N$ 为欧氏范数下的等距变换，则 $\mathrm{TV}_J(T\boldsymbol{u})=\mathrm{TV}_J(\boldsymbol{u})$。

上述不变性表明 $\mathrm{TV}_J(\boldsymbol{u})$ 模型更适合多通道图像处理。图 7.4 给出了一幅含有高斯噪声(方差为 0.2)彩色图像去噪结果。由图 7.4 可知，虽然相比于 $\mathrm{TV_F}(\boldsymbol{u})$，$\mathrm{TV}_J(\boldsymbol{u})$ 的去噪结果及其 PSNR 提高幅度不是很多，但是视觉质量得到明显提升，关键是边缘保持结果很好；而 $\mathrm{TV}_S(\boldsymbol{u})$ 的处理结果具有明显的颜色拖尾效应。

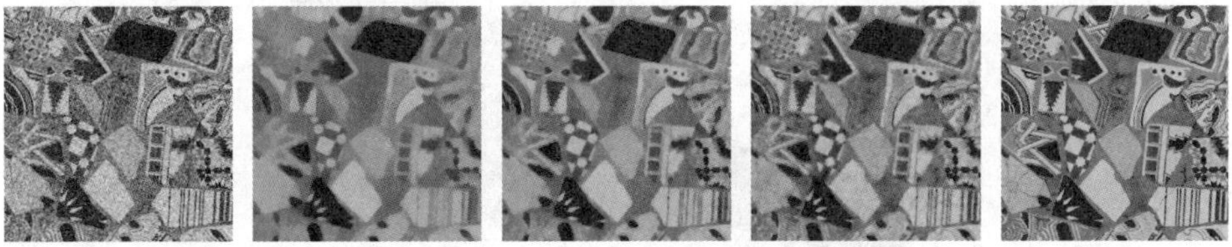

(a) 含噪图像　(b) $\mathrm{TV}_S(\boldsymbol{u})$的结果 (PSNR=21.67dB)　(c) $\mathrm{TV_F}(\boldsymbol{u})$的结果 (PSNR=23.11dB)　(d) $\mathrm{TV}_J(\boldsymbol{u})$的结果 (PSNR=23.48dB)　(e) 理想图像

图 7.4　一幅含有高斯噪声(方差为 0.2)彩色图像去噪结果[24](见彩图)

7.3 典型变分融合模型及其分析

7.3.1 融合问题的连续描述

为了方便分析，我们引入如下记号和定义。令实值函数 $P:\Omega\to\mathbf{R}$ 为全色图像，其中，$\Omega\subset\mathbf{R}^2$ 是一个具有 Lipschitz 边界的有界开集区域，表示 P 的定义域。令向量值函数 $\boldsymbol{u}=(u_1,u_2,\cdots,u_N)$ 为高分辨率 N 波段光谱图像，定义为 $\boldsymbol{u}=(u_1,u_2,\cdots,u_N):\Omega\to\mathbf{R}^N$，如式(7.35)所示，其中，每个分量 $u_i:\Omega\to\mathbf{R}$ 为实值函数，N 是 $\boldsymbol{u}$ 的波段数，$u_i(\boldsymbol{x})$ 表示 u_i 在像素点 $\boldsymbol{x}=(x,y)\in\Omega$ 的灰度值，$i=1,2,\cdots,N$。

类似地，令 $\boldsymbol{M}=(M_1,M_2,\cdots,M_N):\Omega'\to\mathbf{R}^N$ 为低分辨率 N 波段光谱图像，其中，$\Omega'\subset\Omega$ 表示 $\boldsymbol{M}$ 的定义域。通常，低分辨率 N 波段光谱图像与高分辨率 N 波段光谱图像之间的空间分辨率比值为 s，其中 s 为正整数。例如，当 $s=4$ 时，意味着 GeoEye-1 卫星获取的全色图像的空间分辨率为 0.5m，而低分辨率多光谱图像的空间分辨率为 2m。

同时，令 $\widetilde{\boldsymbol{M}}=(\widetilde{M_1},\widetilde{M_2},\cdots,\widetilde{M_N}):\Omega\to\mathbf{R}^N$ 为经双三次插值上采样后的低分辨率 N 波段光谱图像，其每个波段图像的大小与全色图像的大小相同。

因此，融合问题就是由观测的全色图像 P 和低分辨率多光谱图像 $\boldsymbol{M}$ 来估计出高分辨率 N 波段光谱图像 $\boldsymbol{u}$。如图 7.5 所示，全色图像和低分辨光谱图像相比于潜在的高分辨 N 波段光谱图像而言，都是不完备观测数据，因而构成数学上的欠定反问题。为解决空谱互补信息融合的欠定性问题，基于空谱图像互补信息的变分融合往往遵循如图 7.6 的建模思路。

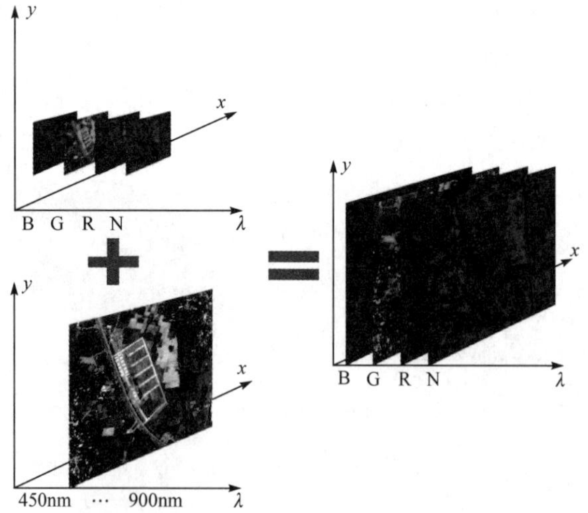

图 7.5 全色锐化多光谱图像的融合思想示意图(这里仅以 R、G、B、N 四个波段为例)

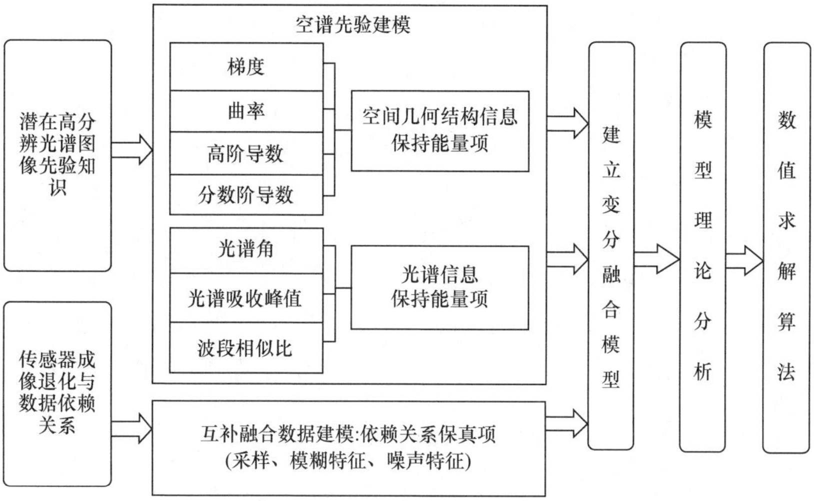

图 7.6　空谱图像互补信息变分融合的建模框图

(1) 充分挖掘潜在高分辨 N 波段光谱图像 $\boldsymbol{u}=(u_1,u_2,\cdots,u_N)$ 的空谱先验知识，既包括空间上的梯度、曲率等几何信息，还包括光谱数据特有的光谱角、光谱吸收峰特性、光谱相似比等光谱“指纹”等特性的先验建模，由此可以建立空谱先验正则项。

(2) 已有待处理的互补空谱数据与潜在高分辨 N 波段光谱图像之间的数据依赖关系，这种依赖关系往往是和成像退化过程相关联的，既包括全色 P 与高分辨 N 波段光谱图像 $\boldsymbol{u}$ 的关系，也包括低分辨 N 波段光谱图像 $\boldsymbol{M}$ 与 $\boldsymbol{u}$ 之间的数据依赖关系，由此可以建立数据保真项。

(3) 在变分框架下，融合问题可表示为能量泛函极小化问题，再通过求解极小化问题即可得到高分辨率 N 波段光谱图像 $\boldsymbol{u}$ 。

接下来，我们将按照空谱图像互补信息变分融合的建模思路介绍一些典型的变分融合模型。

7.3.2　P+XS 模型

P+XS 模型是 Ballester 等提出的一个著名的变分融合模型[25]。该模型开启了变分 Pansharpening 的先河，它给出了对于空谱融合问题的较早的理论变分模型探索。虽然我们将在后续研究中看到该模型的一些不足之处，但是该模型的建模过程实际上是在探索一种基于物理成像约束的模型优化机理，至少启发研究者关注如下几点。

(1) 全色图像与融合图像之间有什么成像机理上的约束关系？这种关系能用能量最小项进行刻画吗？

(2) 低分辨率多光谱图像与高分辨率多光谱图像之间的成像退化过程如何刻画？能否基于成像过程建立光谱信息约束，以最小化光谱失真？

(3) 融合图像本质上有什么先验知识，其空间几何结构如何刻画？能否通过全色图像的几何结构(如水平线、梯度场和曲率等)信息约束或者迁移至融合图像呢？

Ballester 等试图从以上三个方面建立空谱图像的融合变分模型，他们分别引入了光谱图像与全色图像之间的约束项 $E_P(\boldsymbol{u},P)$、基于退化过程的光谱信息保真约束 $E_M(\boldsymbol{u},\widetilde{\boldsymbol{M}})$ 和基于图像先验的几何信息约束 $E_g(\boldsymbol{u})$，然后联立三者，建立能量泛函进行最小化求解。下面我们给出 P+XS 的建模假设和相关建模过程。

1. 光谱图像与全色图像之间的约束

假设全色图像是高分辨率多光谱图像的线性组合生成，即

$$P(\boldsymbol{x})=\sum_{i=1}^{N}\alpha_i u_i(\boldsymbol{x}),\quad \forall \boldsymbol{x}\in\Omega \tag{7.54}$$

其中，各个波段 u_i 对应的权值 $0\leqslant\alpha_i\leqslant 1$，且满足 $\sum\limits_{i=1}^{N}\alpha_i=1$。上述假设在参与线性组合的多光谱波段波谱范围被全色影像波谱范围覆盖的条件下认为是合理的。此时，权重系数 $\{\alpha_i\}$ 需要根据传感器的光谱响应函数计算得到。

进而，提出如下全色图像约束能量泛函：

$$E_P(\boldsymbol{u},P)=\int_{\Omega}\left(\sum_{i=1}^{N}\alpha_i u_i-P\right)^2\mathrm{d}\boldsymbol{x} \tag{7.55}$$

2. 基于退化过程的光谱信息约束

假设低分辨率多光谱图像是高分辨率多光谱图像经过低通滤波和下采样退化得到的，即

$$\widetilde{M}_i(\boldsymbol{x})=h_i * u_i(\boldsymbol{x}),\quad \forall \boldsymbol{x}\in\Omega',\quad i=1,2,\cdots,N \tag{7.56}$$

其中，h_i 表示各个波段 u_i 对应的卷积核；$*$ 表示卷积算子。

进而，提出如下光谱信息约束能量泛函：

$$E_M(\boldsymbol{u},\widetilde{\boldsymbol{M}})=\sum_{i=1}^{N}\int_{\Omega}\Pi_{\Omega'}\left(h_i*u_i-\widetilde{M}_i\right)^2\mathrm{d}\boldsymbol{x} \tag{7.57}$$

其中，$\Pi_{\Omega'}=\int_{\Omega'}\delta\boldsymbol{x}$，且 $\delta\boldsymbol{x}=\begin{cases}1, & \boldsymbol{x}\in\Omega'\\ 0, & \text{其他}\end{cases}$。

3. 水平集结构对齐约束

特别地，为了将全色图像的空间几何结构融合到高分辨率多光谱图像中，假设高分辨率多光谱图像的空间几何结构信息包含在全色图像的水平集中，并约束高分辨率多光谱图像各个波段中水平集的法线方向要与全色图像中的保持一致，当$|\nabla u_i(\boldsymbol{x})| \neq 0, |\nabla P(\boldsymbol{x})| \neq 0$时，有

$$\frac{\nabla u_i(\boldsymbol{x})}{|\nabla u_i(\boldsymbol{x})|}=\frac{\nabla P(\boldsymbol{x})}{|\nabla P(\boldsymbol{x})|}, \quad \forall \boldsymbol{x} \in \Omega, \quad i=1,2,\cdots,N \tag{7.58}$$

令

$$\boldsymbol{\theta}(\boldsymbol{x})=\begin{cases}\dfrac{\nabla P(\boldsymbol{x})}{|\nabla P(\boldsymbol{x})|}, & |\nabla P(\boldsymbol{x})| \neq 0 \\ 0, & \text{其他}\end{cases} \tag{7.59}$$

则$\boldsymbol{\theta}(\boldsymbol{x})$表示全色图像$P(\boldsymbol{x})$水平集的单位法向量场；另外，可令$\boldsymbol{\theta}^{\perp}(\boldsymbol{x})$表示全色图像$P(\boldsymbol{x})$的切向量场。这样，可以认为全色图像的结构信息均蕴含在$\boldsymbol{\theta}(\boldsymbol{x})$或$\boldsymbol{\theta}^{\perp}(\boldsymbol{x})$里。显然，对于全色图像，在测度意义下式(7.60)几乎处处成立：

$$\langle\boldsymbol{\theta}(\boldsymbol{x}), \nabla P(\boldsymbol{x})\rangle=|\nabla P(\boldsymbol{x})|, \ \boldsymbol{x} \in \Omega \text{ 且 } |\boldsymbol{\theta}(\boldsymbol{x})|=1 \tag{7.60}$$

其中，$\langle\cdot\rangle$表示向量内积算子。这样全色图像和波段图像水平集结构对齐信息约束可以表述为

$$|\nabla u_i|-\langle\boldsymbol{\theta}, \nabla u_i\rangle=0, \quad i=1,2,\cdots,N \tag{7.61}$$

或者切向量平行：

$$\langle\boldsymbol{\theta}^{\perp}, \nabla u_i\rangle=0, \quad i=1,2,\cdots,N \tag{7.62}$$

利用散度定理，式(7.61)等价于

$$|\nabla u_i|+\operatorname{div}(\boldsymbol{\theta}) u_i=0, \quad i=1,2,\cdots,N \tag{7.63}$$

基于上述水平集结构对齐假设式(7.62)，可以建立能量项：

$$E_g(\boldsymbol{u})=\sum_{i=1}^{N} \gamma_i \int_{\Omega}\langle\boldsymbol{\theta}^{\perp}, \nabla u_i\rangle \mathrm{d} \boldsymbol{x} \tag{7.64}$$

或基于式(7.63)，能量项为

$$E_g(\boldsymbol{u})=\sum_{i=1}^{N} \gamma_i \int_{\Omega}(|\nabla u_i|+\operatorname{div}(\boldsymbol{\theta}) u_i) \mathrm{d} \boldsymbol{x} \tag{7.65}$$

其中，γ_i为波段相关的加权参数，实际计算中一般取$\gamma_1=\gamma_2=\cdots=\gamma_N=1$。

因此，提出了 P+XS 模型，即最小化如下能量泛函：

$$E_{\mathrm{P+XS}}(\boldsymbol{u})=\mu E_P(\boldsymbol{u}, P)+\xi E_M(\boldsymbol{u}, \widetilde{\boldsymbol{M}})+E_g(\boldsymbol{u}) \tag{7.66}$$

其中，μ 和 $\xi \geqslant 0$ 为平衡参数。

文献[25]给出了上述能量泛函的解的存在性定理，令 P 为Sobolev空间 $W^{1,2}(\Omega)$，即 $P \in L^2(\Omega)$，且 $\nabla P \in L^2(\Omega)$。假设 $\boldsymbol{\theta}: \Omega \to \mathbf{R}^2$，几乎处处满足 $|\boldsymbol{\theta}| \leqslant 1$，且 $\operatorname{div}(\boldsymbol{\theta}^{\perp}) \in L^2(\Omega)$。且在范数 $\Phi(\boldsymbol{u}) = \int_{\Omega} \left(\left\langle \boldsymbol{\theta}^{\perp}, \nabla P \right\rangle \right)^2 \mathrm{d}\boldsymbol{x} + \int_{\Omega} |P|^2 \mathrm{d}\boldsymbol{x}$ 意义下 $W(\Omega, \boldsymbol{\theta})$ 为 $W^{1,2}(\Omega)$ 的完备空间，如果 $\operatorname{div}(\boldsymbol{\theta}^{\perp}) \in L^2(\Omega)$，则式(7.66)中 $E_g(\boldsymbol{u})$ 采取式(7.64)时，存在最小解。类似地，如果 $\operatorname{div}(\boldsymbol{\theta}) \in L^2(\Omega)$，式(7.66)中 $E_g(\boldsymbol{u})$ 采取式(7.65)时，也存在最小解。

4. 模型融合机理分析与讨论

光谱图像与全色图像之间的约束项 $E_P(\boldsymbol{u}, P)$ 利用了全色图像观测模型建立融合图像和全色图像的关系。该模型假设宽波段全色图像为窄波段多光谱图像各波段的线性组合。这种假设对于多光谱图像也是近似成立的，需要满足两个前提条件：①全色图像与多光谱图像处于同一个空间分辨率；②参与线性组合的多光谱波段波谱范围被全色影像波谱范围覆盖。

由第 2 章传感器相对光谱响应函数可知，该假设对于 QuickBird、IKONOS 等数据可以得到比较好的融合结果。然而在实际的全色与多光谱图像融合过程中，这种假设合理性是值得商榷的，例如，ETM+、WorldView-2 等遥感卫星的多光谱图像只有部分波段被全色影响所覆盖。例如，第 2 章提供的图 2.19，可见 WorldView-2 多光谱图像及其全色图像之间的相对光谱响应函数图，这种假设是指在部分波段成立，因此不能覆盖的波段很难有效融合。此外，权重系数 $\{\alpha_i\}$ 需要根据传感器的光谱响应函数计算得到，如果无法提供传感器光谱响应函数，则比较难以有效融合。

下面我们对水平集结构对齐假设进行重新审视。文献[26]中，对于水平集结构对齐机制进行了重新解释，他们认为其本质上是一种最小化 Bregman 距离的惩罚机制。所谓的一个凸泛函 $E(u)$ 的 Bregman 距离[27]定义为

$$D_E(u,v) = \left\{ E(u) - E(v) - \langle p, u-v \rangle \middle| p \in \partial E(u) \right\} \tag{7.67}$$

其中，$\partial E(u)$ 表示 $E(u)$ 在 u 处的次微分。对于每一个次微分元素 p，$D_E^p(u,v)$ 具有距离的意义，$D_E^p(u,v) \geqslant 0$。对于一个严格凸的泛函 $E(u)$，有 $D_E^p(u,v) > 0, u \neq v$。

按照上述定义水平集结构对齐项 $E(\boldsymbol{u})$ 本质上就是 TV 泛函的 Bregman 距离。这是因为 $\mathrm{TV}(P) = \langle \operatorname{div}(\boldsymbol{\theta}), P \rangle$，$-\mathrm{TV}(P) + \langle \operatorname{div}(\boldsymbol{\theta}), -P \rangle = 0$，则有

$$\begin{aligned} E_g(\boldsymbol{u}) &= \sum_{i=1}^{N}\gamma_i\int_{\Omega}\left(|\nabla u_i| + \operatorname{div}(\boldsymbol{\theta})u_i\right)\mathrm{d}\boldsymbol{x} \\ &= \sum_{i=1}^{N}\gamma_i\left(\mathrm{TV}(u_i) - \mathrm{TV}(P) + \left\langle \operatorname{div}(\boldsymbol{\theta}), u_i - P\right\rangle\right) \\ &= \sum_{i=1}^{N}\gamma_i D_{\mathrm{TV}}^{-\operatorname{div}(\boldsymbol{\theta})}(u_i - P) \end{aligned} \tag{7.68}$$

这样，$E_g(\boldsymbol{u})$的作用实际上是波段图像u_i和全色图像P之间在 TV 半范意义下的 Bregman 距离惩罚。由于 TV 模型具有“阶梯效应”，这将影响图像的光谱质量。

另外，利用梯度下降算法求解 P+XS 模型往往会导致非常高的计算复杂度和较慢的收敛速度。从融合实验来看，该模型可以一定程度保持光谱信息，适度减少了光谱失真现象，但是容易产生空间模糊效应。

7.3.3　非局部变分全色锐化模型

如前面章节所述，图像先验由局部正则性先验到非局部正则性先验发展。

Duran等通过结合P+XS模型的优点，利用图像块之间的自相似性准则和非局部性假设来增强融合图像的空间几何结构信息，提出了非局部变分全色锐化(Nonlocal Variational Pansharpening，NVP)模型[27]，即最小化如下能量泛函：

$$\begin{aligned} E_{\mathrm{NVP}}(\boldsymbol{u}) &= \sum_{i=1}^{N}\int_{\Omega}\int_{\Omega}\left(u_i(\boldsymbol{x}) - u_i(\boldsymbol{y})\right)^2\omega(\boldsymbol{x},\boldsymbol{y})\mathrm{d}\boldsymbol{x} \\ &\quad + \lambda\int_{\Omega}\left(\sum_{i=1}^{N}\alpha_i u_i - P\right)^2\mathrm{d}\boldsymbol{x} + \mu\sum_{i=1}^{N}\int_{\Omega}\prod\nolimits_{\Omega'}\left(h_i * u_i - \widetilde{M}_i\right)^2\mathrm{d}\boldsymbol{x} \end{aligned} \tag{7.69}$$

其中

$$\omega(\boldsymbol{x},\boldsymbol{y}) = \frac{1}{C(\boldsymbol{x})}\exp\left(-\frac{d_\rho(P(\boldsymbol{x}),P(\boldsymbol{y}))}{h^2}\right)$$

$$C(\boldsymbol{x}) = \int_{\Omega}\exp\left(-\frac{d_\rho(P(\boldsymbol{x}),P(\boldsymbol{y}))}{h^2}\right)\mathrm{d}\boldsymbol{x}$$

$$d_\rho(P(\boldsymbol{x}),P(\boldsymbol{y})) = \int_{\Omega}G_\rho(\boldsymbol{t})\left|P(\boldsymbol{x}+\boldsymbol{t}) - P(\boldsymbol{y}+\boldsymbol{t})\right|^2\mathrm{d}\boldsymbol{t}$$

G_ρ 表示标准差为 ρ 的高斯滤波器，ρ 为滤波参数。注意，$\omega(\boldsymbol{x},\boldsymbol{y})$ 满足条件 $0\leqslant\omega(\boldsymbol{x},\boldsymbol{y})\leqslant 1$，且 $\int_{\Omega}\omega(\boldsymbol{x},\boldsymbol{y})\mathrm{d}\boldsymbol{y}=1$，但是由于 $C(\boldsymbol{x})$ 的归一化作用，$\omega(\boldsymbol{x},\boldsymbol{y})$ 并不是对称的。

应用数学研究者关心上述 NVP 模型的数学性质。模型中关键是第一项的非局部向量微积分运算。非局部运算在图像处理和计算机视觉等领域已经得到广泛应用。但是算子具有非局部性质，经典的边界条件不能产生适定性的问题，因此需要在非局部边界条件下进行模型的相关性质分析。数学家已经建立了一套严格的非局部向量微积分框架[7,8]，给出了关于模型的解的存在唯一性证明。下面我们简要回顾其给出的相关条件和存在唯一性结论，将有助于加深对模型的理解及其算法的实现。

令 Ω 为 $\mathbf{R}^2$ 的开且有界的子集，非局部边界 $\Gamma \subset \mathbf{R}^2 \setminus \Omega$ 定义为 Ω 周边具有有限非零邻域，满足 $\overline{\Omega} \cap \Gamma = \partial\Omega$，则模型的数学性质需在扩充的区域上 $\widetilde{\Omega} = \Omega \cup \Gamma$ 考虑。此时严格可数学理论分析的能量泛函为

$$
\begin{aligned}
E_{\mathrm{NVP}}(\boldsymbol{u}) &= \sum_{i=1}^{N} E_{\mathrm{NL}}(\boldsymbol{u}) \\
&\quad + \lambda \int_{\widetilde{\Omega}} \left(\sum_{i=1}^{N} \alpha_i u_i - P \right)^2 \mathrm{d}\boldsymbol{x} + \mu \sum_{i=1}^{N} \int_{\widetilde{\Omega}} \prod\nolimits_{\Omega'} \left(h_i * u_i - \widetilde{M}_i \right)^2 \mathrm{d}\boldsymbol{x}
\end{aligned} \tag{7.70}
$$

其中

$$
E_{\mathrm{NL}}(\boldsymbol{u}) = \frac{1}{2} \int_{\widetilde{\Omega}} |\nabla_w u|^2 (\boldsymbol{x}) \mathrm{d}\boldsymbol{x} = \frac{1}{2} \int_{\widetilde{\Omega}} \int_{\widetilde{\Omega}} \omega(\boldsymbol{x}, \boldsymbol{y}) (u(\boldsymbol{y}) - u(\boldsymbol{x}))^2 \mathrm{d}\boldsymbol{y} \mathrm{d}\boldsymbol{x} \tag{7.71}
$$

则式(7.70)最小化在特定的加权 L^2 函数空间存在唯一解。对每个波段图像 $u_i (1 \leqslant i \leqslant N)$，其相应的欧拉-拉格朗日方程为

$$
\begin{aligned}
& - L u_i(\boldsymbol{x}) + \lambda \alpha_i \left(\sum_{k=1}^{N} \alpha_k u_k(\boldsymbol{x}) - P(\boldsymbol{x}) \right) \\
& + \mu \left(h_i^{\mathrm{T}} * \left(\prod\nolimits_{\Omega'} \cdot (h_i * u_i - \widetilde{M}_i) \right) \right)(\boldsymbol{x}) \\
& = 0, \quad \forall \boldsymbol{x} \in \Omega
\end{aligned} \tag{7.72}
$$

其中，h_i^{T} 表示伴随核，定义为 $h_i^{\mathrm{T}}(\boldsymbol{x}) = h_i(-\boldsymbol{x})$，积分算子 L 表示如下：

$$
L u_i(\boldsymbol{x}) = \int_{\widetilde{\Omega}} (u_i(\boldsymbol{y}) - u_i(\boldsymbol{x}) (\omega(\boldsymbol{x}, \boldsymbol{y}) + \omega(\boldsymbol{y}, \boldsymbol{x}))) \mathrm{d}\boldsymbol{y}, \quad \forall 1 \leqslant i \leqslant N \tag{7.73}
$$

NVP 模型可以较好地减少光谱失真和保持空间信息，但与 P+XS 模型和 AVWP 模型相比，NVP 模型的计算复杂度更高。

7.3.4 变分小波全色锐化模型

自P+XS模型提出后，研究者提出了一些改进的思路和新模型。正如7.3.2节P+XS模型的分析与讨论指出的，研究者注意到光谱图像与全色图像之间的约束项 $E_P(\boldsymbol{u}, P)$ 并不能很好地反映全色图像的形成机制，因此强制施加该类约束容易导致光谱失真。为此Moeller等摒弃了该约束项，而是定义一个与MRA融合结果和低分辨光谱图像插值版本组合保真项，同时摒弃了基于退化过程的光谱信息约束

项，引入光谱波段相似比的约束以减少光谱失真现象，提出了替代变分小波全色锐化(Alternate Variational Wavelet Pansharpening ，AVWP)模型[26]。

1. 光谱信息保真项

不妨令 MRA 方法得到的融合光谱图像为$\boldsymbol{W}=\{W_i\}_{i=1}^{N}$。该融合结果可以通过第 6 章介绍的方法得到，特别是考虑到平移不变性要求，可以采取 6.4.1 节介绍的非抽取的 ATW 融合方法，以减少频谱混叠和配准误差的影响。

将边缘检测算子$\exp\left(-d/\|\nabla P\|_2^2\right)$应用到全色图像$P$，得到全色图像的边缘或纹理区域，而在相对平坦区域可以由$1-\exp\left(-d/\|\nabla P\|_2^2\right)$进行探测。AVWP 模型的基本思想是在边缘附近希望更趋向于 MRA 融合结果图像$\boldsymbol{W}$，而在平坦区域更偏好插值的光谱图像$\widetilde{\boldsymbol{M}}$，这样通过线性组合定义折中的波段图像：

$$Z_i=\exp\left(-d/\|\nabla P\|_2^2\right)W_i+\left(1-\exp\left(-d/\|\nabla P\|_2^2\right)\right)\widetilde{M}_i,\quad i=1,2,\cdots,N \tag{7.74}$$

其中，d为一个较小的正常数。进而通过约束融合图像与此波段图像的一致性，建立光谱信息保真项：

$$E_1(\boldsymbol{u},P)=\sum_{i=1}^{N}\int_{\Omega}(u_i-Z_i)^2\,\mathrm{d}\boldsymbol{x} \tag{7.75}$$

2. 光谱波段相似比保持项

在 AVWP 模型中，其关键是引入了一个新颖的光谱波段相似比保持项：

$$E_2(\boldsymbol{u},\widetilde{\boldsymbol{M}})=\sum_{i,j=1,i<j}^{N}\int_{\Omega}(u_i\widetilde{M}_j-u_j\widetilde{M}_i)^2\,\mathrm{d}\boldsymbol{x} \tag{7.76}$$

为什么这一项具有“光谱相似性保持”的性质呢？不妨以图 7.7 为例，这是一幅典型的高光谱图像，其中图 7.7(右)给出了一个像素的光谱曲线。我们知道对于高光谱图像，光谱特征是地物的“指纹信息”。只有保持这种光谱信息，才能够辨识场景中不同像素的物质属性，进而实现目标检测、地物分类等。因此 Moeller 等构造该项的目的是保持光谱的波段相似比，即要求对所有的像素满足：

$$\frac{u_i}{u_j}=\frac{\widetilde{M}_i}{\widetilde{M}_j}\Leftrightarrow u_i\widetilde{M}_j=u_j\widetilde{M}_i \tag{7.77}$$

另外，基于式(7.77)可以看出，$u_i(\boldsymbol{x})\widetilde{M}_j(\boldsymbol{x})=u_j(\boldsymbol{x})\widetilde{M}_i(\boldsymbol{x})\Rightarrow u_i(\boldsymbol{x})=\dfrac{u_j(\boldsymbol{x})}{\widetilde{M}_j(\boldsymbol{x})}\cdot\widetilde{M}_i(\boldsymbol{x})$，$\forall\boldsymbol{x}$，$\widetilde{M}_j(\boldsymbol{x})\neq 0$，则对于当前像素，将使得能量最小解的光谱向量

$\boldsymbol{u}(\boldsymbol{x})$ 平行于 $\widetilde{\boldsymbol{M}}(\boldsymbol{x})$。在前面章节介绍了空谱图像质量评价的一个重要指标是光谱角映射(SAM)。可见上述光谱波段相似比保持能量项达到最小将使得 SAM 最小，从而达到减少光谱失真的目的。

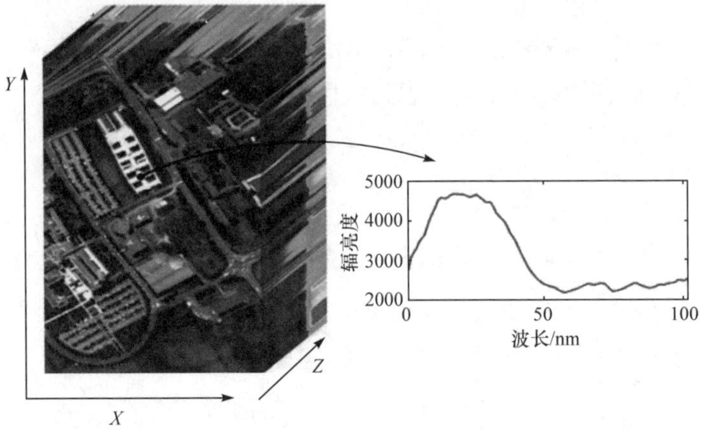

图 7.7　一幅典型高光谱图像及其像素光谱

3. 对比度增强轮廓对齐

如 7.3.2 节所述，P+XS 模型中水平集结构对齐项 $E_g(\boldsymbol{u})$ 具有良好的 Bregman 距离惩罚机制。文献[26]在此基础上，分别对 $E_g(\boldsymbol{u})$ 内的两项进行加权调节，称为对比度增强轮廓对齐项：

$$\widehat{E}_g(\boldsymbol{u})=\sum_{i=1}^{N}\int_{\Omega}\left(\gamma\left|\nabla u_i\right|+\eta\operatorname{div}(\boldsymbol{\theta})u_i\right)\mathrm{d}\boldsymbol{x} \tag{7.78}$$

Moeller 等发现这样一个简单的参数调节可以调整图像水平集的曲率信息。这是因为，从该项的最小化条件：

$$\operatorname{div}\left(\frac{\nabla u_i}{\left|\nabla u_i\right|}\right)=\frac{\eta}{\gamma}\operatorname{div}(\boldsymbol{\theta}) \tag{7.79}$$

可见，当 $\eta=\gamma$ 时，$\widehat{E}_g(\boldsymbol{u})$ 的作用是使得融合图像与全色图像之间的水平集平均曲率一致；当 $\eta>\gamma$ 时，$\widehat{E}_g(\boldsymbol{u})$ 的最小化将迫使融合图像水平集平均曲率增强至全色图像平均曲率的 $\eta/\gamma>1$ 倍，这样可以实现对比度的增强。

4. 能量泛函

最终，AVWP 的能量泛函如下：

$$
\begin{aligned}
E_{\mathrm{AVWP}}(\boldsymbol{u}) &= \widehat{E}_g(\boldsymbol{u}) + \upsilon E_1(\boldsymbol{u},P) + \mu E_2(\boldsymbol{u},\widetilde{\boldsymbol{M}}) \\
&= \sum_{i=1}^{N}\int_{\Omega}(\gamma|\nabla u_i| + \eta \operatorname{div}(\boldsymbol{\theta})u_i)\mathrm{d}\boldsymbol{x} + \upsilon\sum_{i=1}^{N}\int_{\Omega}(u_i - Z_i)^2\,\mathrm{d}\boldsymbol{x} \\
&\quad + \mu\sum_{i,j=1,i<j}^{N}\int_{\Omega}(u_i\widetilde{M}_j - u_j\widetilde{M}_i)^2\,\mathrm{d}\boldsymbol{x}
\end{aligned}
\tag{7.80}
$$

可见，对于 AVWP 模型，等号右边第一项采取了与 P+XS 模型中相同的水平集结构对齐的一致性约束或者对比度增强的能量项，等号右边第二项和第三项均与 P+XS 模型完全不同。文献[26]基于 Bregman 距离，为 AVWP 模型设计了快速的分裂 Bregman 迭代方法，比 P+XS 模型的梯度下降法速度更快。

5. 模型分析与讨论

AVWP 模型与 P+XS 模型相同之处是采取了相同的图像几何结构先验，不同之处在于采取了两个新型光谱信息保真项，其一是小波融合的结合，其二是光谱波段相似比保持。这种最优化机制更加突出了光谱遥感图像的“光谱”属性，因此 AVWP 模型不仅适合于多光谱图像，还可以在全色锐化高光谱图像应用中取得较好的结果。

7.3.5　动态全变差全色锐化模型

文献[28]提出了动态全变差(Dynamic TV，DTV)模型，这是一种基于向量 TV 的变分融合方法。具体而言采取了 7.2.4 节中关于向量 TV 的黎曼几何定义形式。由于采取全色图像的梯度场进行一致性约束，所以将其称为动态梯度稀疏性约束方法。除此之外，该变分融合模型采取局部光谱信息约束。

局部光谱信息约束：假设低分辨率多光谱图像由高分辨率多光谱图像经过下采样退化得到，进而建立如下的局部光谱信息约束能量泛函：

$$
E_{\mathrm{DTV}}^{1}(\boldsymbol{u}) = \sum_{i=1}^{N}\int_{\Omega}(Au_i - M_i)^2\,\mathrm{d}\boldsymbol{x} \tag{7.81}
$$

其中，算子 A 表示下采样算子(采样因子为 s)。对比 P+XS 模型、AVWP 模型和 NVP 模型，我们将看到该局部光谱信息约束项没有采取低分辨率多光谱图像的上采样(或插值)版本与高分辨光谱图像卷积模糊之间的保真约束，而是 u_i 的下采样版本与 M_i 之间保真。这种约束关系相对没有那么强的假设，但前提是没有较强的空间模糊卷积核降质过程。如果存在卷积模糊，则算子包含卷积过程[27]。

动态梯度稀疏性：利用高分辨率多光谱图像与全色图像之间的动态梯度稀疏性假设来保持空间几何结构信息，进而提出了基于动态梯度稀疏性的空间信息保持能量泛函：

$$E_{\mathrm{DTV}}^{2}(\boldsymbol{u})=\int_{\Omega}\sqrt{\sum_{i=1}^{N}\left\|\nabla u_{i}-\nabla P\right\|_{2}^{2}}\,\mathrm{d}\boldsymbol{x} \tag{7.82}$$

分析这个动态稀疏性能量函数，本质上是式(7.41)的向量值 TV 模型的变形，可视作 $\mathrm{TV_F}(\boldsymbol{u}-\boldsymbol{P})$，表征了各波段图像与全色图像之间的梯度一致性。该能量项促使各波段图像梯度向量场与全色图像的梯度向量场对齐。如 7.2.2 节所述，$\mathrm{TV_F}(\boldsymbol{u})$ 模型不能保证各个波段图像具有相同的边缘方向，但是由于有全色图像梯度场作为参考，该能量项可以保持特征流形的一致性。

因此，提出了 DTV 模型，即最小化如下能量泛函：

$$E_{\mathrm{DTV}}(\boldsymbol{u})=E_{\mathrm{DTV}}^{1}(\boldsymbol{u})+\mu E_{\mathrm{DTV}}^{2}(\boldsymbol{u}) \tag{7.83}$$

DTV 模型可以取得较好的融合效果。然而，TV 模型的解倾向于分片常数，因此，DTV 模型仍会产生一些阶梯效应。显然，DTV 模型的数值求解，可以通过欧拉-拉格朗日方程，利用梯度最速下降法进行求解。显然这种方法是比较慢的，为此文献[28]针对 DTV 变分模型，设计了快速算法，将在 7.4.4 节具体描述。

7.3.6 分数阶全变差全色锐化模型

启发于DTV模型的简洁建模和融合机理，我们很容易地推广到分数阶情形[29]，提出分数阶全变差全色锐化(FTV)的分数阶结构对齐项：

$$E_{\mathrm{FTV}}(\boldsymbol{u})=\sum_{i=1}^{N}\int_{\Omega}\left|D_{\mathrm{GL}}^{\alpha}u_{i}-D_{\mathrm{GL}}^{\alpha}P\right|(\boldsymbol{x})\mathrm{d}\boldsymbol{x} \tag{7.84}$$

进而结合光谱信息约束项(式(7.81))，建立分数阶变分融合能量泛函为

$$\min_{\boldsymbol{u}}\sum_{i=1}^{N}\int_{\Omega}(Au_{i}-M_{i})^{2}\,\mathrm{d}\boldsymbol{x}+\lambda E_{\mathrm{FTV}}(\boldsymbol{u}) \tag{7.85}$$

由上述模型可以看出，FTV模型采取同样宽松的局部光谱信息约束保真，而正则项假设存在一种动态的分数阶稀疏性。如7.2.3节所述，由于分数阶正则化具有较好的纹理保持能力，这样会增强全色图像边缘、纹理等结构细节注入。我们将在7.4节分别给出DTV模型和FTV模型的离散形式，能够更加直观地看出这一点。

7.4 变分融合模型的数值计算方法

本节将讨论上述 5 个变分融合模型的数值求解方法。目前，关于图像处理最优化问题的数值方法已经有大量的研究，包括算子分裂、Bregman 迭代、交替方向乘子法(Alternating Direction Method of Multipliers，ADMM)等高效求解方法。但是，为了保持与文献[25]～[29]给出的融合算法相一致，并且与一些已有的开源软

件包相一致，本章按照对应文献的算法进行描述。但是需要注意的是，这些模型在凸分析框架下，可以设计更为高效的优化方法，感兴趣的读者可以参考文献[30]等进一步给出不同的求解方式。

本节给出的数值实现概述如下。

(1) P+XS 模型：梯度下降法。

(2) NVP 模型：梯度下降法。

(3) AVWP 模型：分裂 Bregman 迭代方法。

(4) DTV模型：快速迭代收缩阈值算法(Fast Iterative Shrinkage Thresholding Algorithm，FISTA)。

(5) FTV模型：FISTA方法。

为了对上述连续变分融合模型进行数值求解，我们首先给出模型的离散表示形式。便于描述，引入如下符号。

(1) $P\in\mathbf{R}^{W\times H}$ 表示全色图像，并记 $\boldsymbol{P}=(P,P,\cdots,P)\in\mathbf{R}^{W\times H\times N}$ 表示将全色图像重复复制扩充的全色立方体图像。

(2) $\boldsymbol{M}=(M_1,M_2,\cdots,M_N)\in\mathbf{R}^{sW\times sH\times N}$ 表示宽度为 sW，高度为 $sH(s<1)$，波段数为 N 的低分辨率光谱图像。

(3) $\widetilde{\boldsymbol{M}}\in\mathbf{R}^{W\times H\times N}$ 表示由 $\boldsymbol{M}$ 插值(或上采样)后得到的 N 波段光谱图像。

(4) $\boldsymbol{u}=(u_1,u_2,\cdots,u_N)\in\mathbf{R}^{W\times H\times N}$ 表示融合结果(或潜在)光谱图像。

7.4.1　P+XS 模型的数值实现

对于P+XS模型，我们首先给出P+XS模型的离散形式及梯度下降算法的具体描述。记离散梯度算子为

$$\begin{aligned}&\nabla^{+,+}P=(\nabla_1^{+}P,\nabla_2^{+}P),\quad \nabla^{+,-}P=(\nabla_1^{+}P,\nabla_2^{-}P)\\&\nabla^{-,+}P=(\nabla_1^{-}P,\nabla_2^{+}P),\quad \nabla^{-,-}P=(\nabla_1^{-}P,\nabla_2^{-}P)\end{aligned}\tag{7.86}$$

其中

$$\left.\begin{aligned}&\nabla_1^{+}P(m,n)=P(m+1,n)-P(m,n)\\&\nabla_1^{-}P(m,n)=P(m,n)-P(m-1,n)\\&\nabla_2^{+}P(m,n)=P(m,n+1)-P(m,n)\\&\nabla_2^{-}P(m,n)=P(m,n)-P(m,n-1)\end{aligned}\right.,\quad 1\leqslant m\leqslant W;1\leqslant n\leqslant H\tag{7.87}$$

特别地，记 $\mathrm{div}^{-,-}$、$\mathrm{div}^{-,+}$、$\mathrm{div}^{+,-}$、$\mathrm{div}^{+,+}$ 分别表示 $\nabla^{+,+}$、$\nabla^{+,-}$、$\nabla^{-,+}$、$\nabla^{-,-}$ 的伴随算子。

记

$$\boldsymbol{\theta}_{\alpha,\beta}=\begin{cases}\dfrac{\nabla^{\alpha,\beta}P}{\left\|\nabla^{\alpha,\beta}P\right\|_2}, & \nabla^{\alpha,\beta}P\neq\mathbf{0}\\ \mathbf{0}, & \nabla^{\alpha,\beta}P=\mathbf{0}\end{cases},\qquad \alpha,\beta=+,- \tag{7.88}$$

基于以上分析，P+XS模型的离散形式可表示为

$$\begin{aligned}E_{\mathrm{P+XS}}(\boldsymbol{u})=&\sum_{i=1}^{N}\frac{1}{4}\sum_{\alpha,\beta=+,-}\sum_{m=1}^{W}\sum_{n=1}^{H}\Big(\left\|\nabla^{\alpha,\beta}u_i(m,n)\right\|_2\\&+\mathrm{div}^{\beta,\alpha}(\theta_{\alpha,\beta}(m,n))u_i(m,n)\Big)\\&+\lambda\sum_{m=1}^{W}\sum_{n=1}^{H}\left(\sum_{i=1}^{N}\alpha_i u_i(m,n)-P(m,n)\right)^2\\&+\mu\sum_{i=1}^{N}\sum_{(m,n)\in\Omega}\Pi_S\left(h_i*u_i(m,n)-\widetilde{M}_i(m,n)\right)^2\end{aligned}\tag{7.89}$$

从而，P+XS模型(式(7.89))的梯度下降算法迭代格式表示为

$$\begin{aligned}u_i^{(k+1)}(m,n)=&u_i^{(k)}(m,n)-\Delta t\frac{1}{4}\sum_{\alpha,\beta=+,-}\left(-\mathrm{div}^{\beta,\alpha}\left(\frac{\nabla^{\alpha,\beta}u_i^{(k)}}{\left\|\nabla^{\alpha,\beta}u_i^{(l)}\right\|_2}\right)+\mathrm{div}^{\beta,\alpha}(\boldsymbol{\theta}_{\alpha,\beta})\right)\\&-2\lambda\alpha_i\Delta t\left(\sum_{i=1}^{N}\alpha_i u_i^{(k)}-P\right)-2\mu\Delta t\boldsymbol{h}_i^{\mathrm{T}}*(\Pi_{\Omega'}\circ(h_i*u_i^{(k)}-\widetilde{M}_i))(m,n)\end{aligned}\tag{7.90}$$

其中，上标 (k) 表示第 k 次迭代；Δt 表示时间步长。离散形式的 $\Pi_{\Omega'}$ 表示图像的采样矩阵，定义为如果 $(m,n)\in\Omega'$ ，$\Pi_{\Omega'}(m,n)=1$；否则 $\Pi_{\Omega'}(m,n)=0$ 。

7.4.2 NVP 模型的数值实现

非局部变分融合模型的实现方法采取简单的梯度下降法，其实现过程与 P+XS 方法类似。由于涉及非局部运算，记 $\boldsymbol{p}=(m,n)$ 表示二维像素点坐标。

由相应的欧拉-拉格朗日方程(式(7.72))，对每个波段图像 u_i $(1\leqslant i\leqslant N)$，建立迭代格式：

$$\begin{aligned}u_i^{(k+1)}(\boldsymbol{p})=&u_i^{(k)}(\boldsymbol{p})-\Delta t\sum_{q\in\Omega}\Big(u_i(\boldsymbol{p})-u_i(\boldsymbol{q})\big(\omega(\boldsymbol{p},\boldsymbol{q})+\omega(\boldsymbol{q},\boldsymbol{p})\big)\Big)\\&-\Delta t\left(\lambda\alpha_i\left(\sum_{i=1}^{N}\alpha_i u_i(\boldsymbol{p})-P(\boldsymbol{p})\right)\right.\\&\left.+\mu\Big(\boldsymbol{h}_i^{\mathrm{T}}*(\Pi_{\Omega'}\circ(h_i*u_i^{(k)}-\widetilde{M}_i))\Big)(\boldsymbol{p})\right),\forall\boldsymbol{p}\in\Omega\end{aligned}\tag{7.91}$$

其中，参数与 P+XS 模型的定义相同。

在上述迭代算法中，其关键是计算非局部相似性权重，以引导非局部正则化。实际计算中，非局部正则项的作用限制在与当前像素一定距离范围之内，即采取一定的支撑区域。以像素 $\boldsymbol{p}$ 为中心，计算像素 $\boldsymbol{p}$ 与像素 $\boldsymbol{q}$ 的权重 $\omega(\boldsymbol{p},\boldsymbol{q})$，并将其定义为具有支撑区间 $\|\boldsymbol{p}-\boldsymbol{q}\|_\infty \leqslant K$（$K$ 为特定正值）上的块间相似性(Patch Based Similarity)：

$$\omega(\boldsymbol{p},\boldsymbol{q})=\begin{cases}\dfrac{1}{C(\boldsymbol{p})}\exp\left(-\dfrac{d_\rho(\mathrm{Patch}(\boldsymbol{p}),\mathrm{Patch}(\boldsymbol{q}))}{h^2}\right), & \|\boldsymbol{p}-\boldsymbol{q}\|_\infty \leqslant K \\ 0 \end{cases} \tag{7.92}$$

其中

$$C(\boldsymbol{p})=\sum_{\{\boldsymbol{q}\,|\,\|\boldsymbol{p}-\boldsymbol{q}\|_\infty \leqslant K\}}\exp\left(-\frac{d_\rho(\mathrm{Patch}(\boldsymbol{p}),\mathrm{Patch}(\boldsymbol{q}))}{h^2}\right)$$

$$d_\rho(\mathrm{Patch}(\boldsymbol{p}),\mathrm{Patch}(\boldsymbol{q})):=\sum_{\boldsymbol{t}\in N(\boldsymbol{0},l)}\|P(\boldsymbol{p}+\boldsymbol{t})-P(\boldsymbol{q}+\boldsymbol{t})\|^2 \tag{7.93}$$

$N(\boldsymbol{0},l)$ 表示一个 $l\times l$ 大小的图像块内的中心参考像素的位置索引模板，其中 $\boldsymbol{0}=(0,0)$ 为当前中心参考像素索引的相对位置，$\boldsymbol{t}$ 为距离中心像素的偏移量。此外，为了防止当前参考像素的过度加权，设置 $\omega(\boldsymbol{p},\boldsymbol{p})=\max\{\omega(\boldsymbol{p},\boldsymbol{q}),\boldsymbol{q}\neq\boldsymbol{p}\}$。由于指数核的快速衰减性，当欧氏距离较大时，权重将趋于零；而尺度参数 h 将控制衰减程度。值得注意的是，式(7.92)和式(7.93)权重的计算仅仅利用了全色图像，因此可以进行计算并存储。但是，相比于 P+XS 模型，正是由于权重的计算，非局部方法的计算复杂性非常高。

算法 7.1 给出了 NVP 模型的完整算法。

算法 7.1 NVP 模型算法

输入：输入全色图像 $P\in\mathbf{R}^{W\times H}$；

输入低分辨率 N 波段光谱图像 $\boldsymbol{M}=(M_1,M_2,\cdots,M_N)\in\mathbf{R}^{sW\times sH\times N}$。

初始化：

执行上采样或者双三次插值得到插值版本 $\widetilde{\boldsymbol{M}}=(\widetilde{M}_1,\widetilde{M}_2,\cdots,\widetilde{M}_N)$，

设置初始 $\boldsymbol{u}^{(0)}$，

设置波段组合权重 $\{\alpha_k\}_{i=1}^N$，各波段图像空间模糊核 $\{h_i\}_{i=1}^N$，

设置相似性搜索区域大小 $K\in\mathbf{Z}^+$ 以及块的大小参数 $l\in\mathbf{Z}^+$，

设置控制权分布衰减的尺度参数 $h>0$，

设置正则化参数 $\lambda>0,\mu>0$，

设置人工时间步长 Δt，最大迭代次数 N_{itr}。

非局部权值预计算：基于全色图像 P 进行计算。

(1) 对每一个像素 $\boldsymbol{p}$，在搜索区域 $\|\boldsymbol{p}-\boldsymbol{q}\|_\infty \leqslant K$ 内按照式(7.92)计算权值 $\omega(\boldsymbol{p},\boldsymbol{q})$，

(2) 当 $\omega(\boldsymbol{p},\boldsymbol{p})=\max\{\omega(\boldsymbol{p},\boldsymbol{q}),\boldsymbol{q}\neq\boldsymbol{p}\}$ 时

主迭代：for　$k=0$　to　$N_{\text{itr}}-1$　do

　　for　$i=0$　to　$N-1$　do // 每个波段

　　对每个像素按照迭代公式(7.91)计算 $u_i^{(k+1)}(\boldsymbol{p})$

　　end for

　end for

输出：$\boldsymbol{u}^{(N_{\text{itr}})}$。

文献[31]给出了非局部融合的 C 语言实现，并提供了 Web 服务，见链接 http://dx.doi.org/10.5201/ipol.2014.98。该 Web 服务是一个融合的模拟过程，实际融合时可以修改程序接口，输入低分辨率多光谱图像和高分辨全色图像(需要预先配准)，然后进行融合。图 7.8 给出了一幅高分辨全色航空图像和低分辨 RGB 图像的 NVP 模型融合结果。

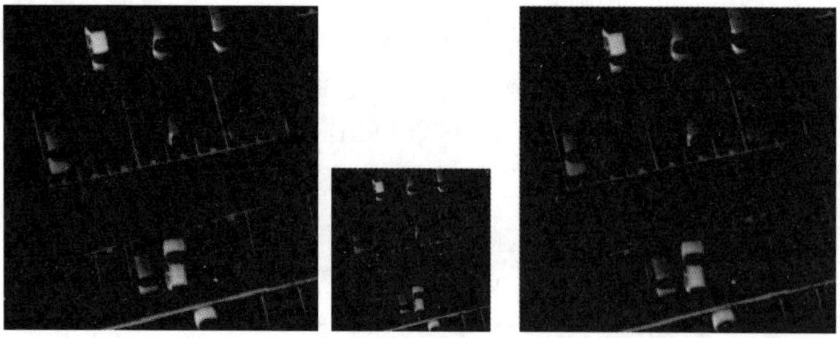

(a) 全色航空遥感图像　　(b) 低分辨RGB波段多光谱图像　　(c) 融合结果

图 7.8　融合实例

空间分辨率比值为 $s=4$

在图 7.9 所示的仿真实验中，为了比较 NVP 融合与 IHS、BT、小波方法以及 P+XS 方法的性能，可以利用高分辨多光谱图像作为参考图像进行下采样(空间分辨率比值为 $s=4$)，然后通过不同融合方法后，计算融合结果和参考图像的残差图像及其均方根误差(RMSE)来评价空间细节的增强性能。为便于目视判读，残差图像由[–25, 25]拉伸到[0, 255]。如图 7.9 所示，NVP 方法相比于其他比较方法，可以得到更接近参考图像的融合结果，具有最小的 RMSE 残差；P+XS 方法次之，也取得了不错的融合结果。

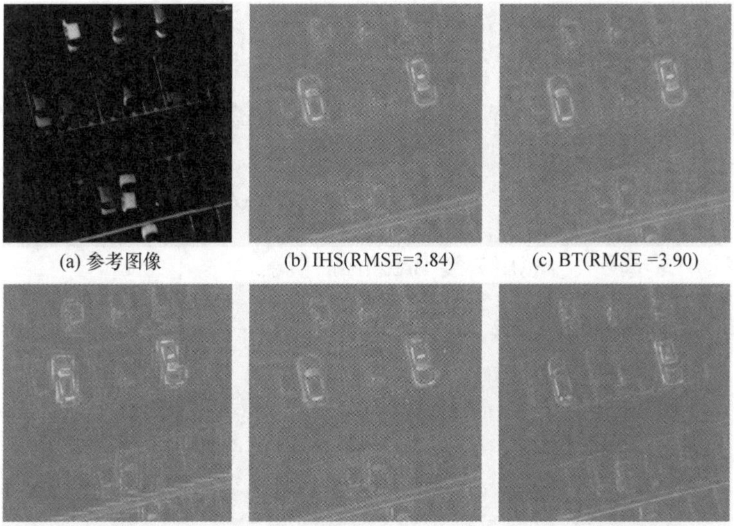

(a) 参考图像　(b) IHS(RMSE=3.84)　(c) BT(RMSE =3.90)

(d) 小波融合(RMSE = 4.51)　(e) P+XS(RMSE=3.72)　(f) NVP方法(RMSE=3.03)

图 7.9　融合结果残差分析图

7.4.3　AVWP 模型的数值实现

最直接的 AVWP 模型的数值求解是按照梯度下降法进行求解。但是显然，这种方法收敛速度是很慢的，而且需要将 $|\nabla u_i|$ 替换为 $|\nabla u_i|_\varepsilon = \sqrt{\varepsilon + |\nabla u_i|^2}$ 。下面介绍一个分裂 Bregman 迭代方法，可以实现快速融合，且无须梯度正值调整。分裂 Bregman 迭代是 Osher 等为 TV 或者 ℓ_1 正则化问题提出的快速最小化方法[32,33]。

具体而言，引入辅助变量 $\boldsymbol{d}_i = \nabla u_i$ ，则最小化式(7.80)，可以等价为如下约束优化问题：

$$\begin{aligned} \min \sum_{i=1}^{N} \int_\Omega \left(\gamma |\boldsymbol{d}_i| + \eta \operatorname{div}(\theta) u_i\right) \mathrm{d}\boldsymbol{x} + \upsilon \sum_{i=1}^{N} \int_\Omega (u_i - Z_i)^2 \, \mathrm{d}\boldsymbol{x} \\ + \mu \sum_{i,j=1, i<j}^{N} \int_\Omega (u_i \widetilde{M}_j - u_j \widetilde{M}_i)^2 \, \mathrm{d}\boldsymbol{x} \end{aligned} \tag{7.94}$$

$$\text{s.t. } \boldsymbol{d}_i = \nabla u_i, \quad i = 1,2,\cdots,N$$

归于上述模型对于各波段图像是独立的，可简写为

$$\min_{u_i, \boldsymbol{d}_i} E(u_i, \boldsymbol{d}_i) = \min_{u_i, \boldsymbol{d}_i} \gamma \|\boldsymbol{d}_i\|_1 + R(u_i), \quad \boldsymbol{d}_i = \nabla u_i \text{ ；} \ i = 1,2,\cdots,N \tag{7.95}$$

其中， $R(u_i)$ 表示没有 TV 的能量项：

$$R(u_i) = \int_\Omega \eta \operatorname{div}(\boldsymbol{\theta}) u_i \mathrm{d}\boldsymbol{x} + \mu \int_\Omega (u_i - Z_i)^2 \, \mathrm{d}\boldsymbol{x}$$

$$+\upsilon\sum_{i,j\neq i}^{N}\int_{\Omega}(u_i\widetilde{M}_j-u_j\widetilde{M}_i)^2\,\mathrm{d}\boldsymbol{x} \tag{7.96}$$

利用文献[33]和[34]的收敛性结论，可以证明上述约束问题可以转化为无约束的拉格朗日形式(此处，其离散形式模型省略)：

$$\min_{u_i,\boldsymbol{d}_i}\gamma\|\boldsymbol{d}_i\|_1+R(u_i)+\frac{\lambda}{2}\|\boldsymbol{d}_i-\nabla u_i\|_2^2 \tag{7.97}$$

这样，无须令 λ 足够大，应用分裂 Bregman 迭代：

$$\begin{aligned}\left(u_i^{(k+1)},\boldsymbol{d}_i^{(k+1)}\right)&=\arg\min_{u_i,\boldsymbol{d}_i}D_E^p\left(u_i,u_i^{(k)},\boldsymbol{d}_i,\boldsymbol{d}_i^{(k)}\right)+\frac{\lambda}{2}\|\boldsymbol{d}_i-\nabla u_i\|_2^2\\&=\arg\min_{u_i,\boldsymbol{d}_i}E(u_i,\boldsymbol{d}_i)-\left\langle p_u^{(k)},u_i-u_i^{(k)}\right\rangle-\left\langle\boldsymbol{p}_d^{(k)},\boldsymbol{d}_i-\boldsymbol{d}_i^{(k)}\right\rangle+\frac{\lambda}{2}\|\boldsymbol{d}_i-\nabla u_i\|_2^2\end{aligned} \tag{7.98}$$

$$p_u^{(k+1)}=p_u^{(k)}-\lambda\nabla^{\mathrm{T}}\left(\nabla u_i^{(k+1)}-\boldsymbol{d}_i^{(k+1)}\right) \tag{7.99}$$

$$\boldsymbol{p}_d^{(k+1)}=\boldsymbol{p}_d^{(k)}-\lambda\left(\boldsymbol{d}_i^{(k+1)}-\nabla u_i^{(k+1)}\right) \tag{7.100}$$

另外一种分裂 Bregman 迭代形式是无须采取次梯度 p_u 和 $\boldsymbol{p}_d$ 的两步方案，即式(7.95)可以等价于如下格式：

$$\left(u_i^{(k+1)},\boldsymbol{d}_i^{(k+1)}\right)=\arg\min_{u_i,\boldsymbol{d}_i}\gamma\|\boldsymbol{d}_i\|_1+R(u_i)+\frac{\lambda}{2}\left\|\boldsymbol{d}_i-\nabla u_i-\boldsymbol{b}_i^{(k)}\right\|_2^2 \tag{7.101}$$

$$\boldsymbol{b}_i^{k+1}=\boldsymbol{b}_i^k+\left(\nabla u_i^{(k+1)}-\boldsymbol{b}_i^{(k+1)}\right) \tag{7.102}$$

则对于问题(7.101)，可分解为如下的 $u_i^{(k+1)}$、$\boldsymbol{d}_i^{(k+1)}$ 子问题进行交替求解：

$$\begin{cases}u_i^{(k+1)}=\arg\min\limits_{u_i,\boldsymbol{d}_i}R(u_i)+\dfrac{\lambda}{2}\left\|\boldsymbol{d}_i^{(k)}-\nabla u_i-\boldsymbol{b}_i^{(k)}\right\|_2^2\\\boldsymbol{d}_i^{(k+1)}=\arg\min\limits_{u_i,\boldsymbol{d}_i}\gamma\|\boldsymbol{d}_i\|_1+\dfrac{\lambda}{2}\left\|\boldsymbol{d}_i-\nabla u_i^{(k)}-\boldsymbol{b}_i^{(k)}\right\|_2^2\\\boldsymbol{b}_i^{k+1}=\boldsymbol{b}_i^k+\left(\nabla u_i^{(k+1)}-\boldsymbol{b}_i^{(k+1)}\right)\end{cases} \tag{7.103}$$

(1) $u_i^{(k+1)}$ 子问题：

$$\begin{aligned}\left(2\upsilon+2\mu\sum_{j=1,j\neq i}^{N}(\widetilde{M}_i)^2-\lambda\Delta\right)u_i^{(k+1)}&=2\upsilon Z_i+\eta\,\mathrm{div}(\boldsymbol{\theta})\\&\quad+2\mu\widetilde{M}_i\left(\sum_{j=1,j\neq i}^{N}u_i^{(k^*)}\widetilde{M}_i\right)\\&\quad-\lambda\,\mathrm{div}\left(\boldsymbol{d}_i^{(k)}-\boldsymbol{b}_i^{(k)}\right)\end{aligned} \tag{7.104}$$

可以利用高斯-赛德尔(Gauss-Seidel)格式进行求解。注意该式中为了波段解耦，采取 $u_i^{(k^*)} = u_i^{(k+1)}$ ($j<i$)和 $u_i^{(k^*)} = u_i^{(k)}$ ($j>i$)。

(2) $\boldsymbol{d}_i^{(k+1)}$ 子问题：当固定 $u_i^{(k)}$ 时，求 $\boldsymbol{d}_i^{(k+1)} = \left(\left(d_i^{(k+1)}\right)_{x_1}, \left(d_i^{(k+1)}\right)_{x_2}\right)^{\mathrm{T}}$ 为 ℓ_1 优化问题的解。

可以通过阈值收缩得到闭形解：

$$\begin{cases} \left(d_i^{(k+1)}\right)_{x_1} = \max\left(s^{(k)} - \dfrac{\gamma}{\lambda}, 0\right) \dfrac{\nabla_{x_1} u_i^{(k+1)} + \left(b_i^{(k)}\right)_{x_1}}{s^{(k)}} \\ \left(d_i^{(k+1)}\right)_{x_2} = \max\left(s^{(k)} - \dfrac{\gamma}{\lambda}, 0\right) \dfrac{\nabla_{x_2} u_i^{(k+1)} + \left(b_i^{(k)}\right)_{x_2}}{s^{(k)}} \end{cases} \tag{7.105}$$

其中

$$s^{(k)} = \sqrt{\left(\nabla_{x_1} u_i^{(k+1)} + \left(b_i^{(k)}\right)_{x_1}\right)^2 + \left(\nabla_{x_2} u_i^{(k+1)} + \left(b_i^{(k)}\right)_{x_2}\right)^2}$$

7.4.4　DTV 模型的数值实现

分析 DTV 模型的变分问题，其离散模型可以描述为

$$\min_{\boldsymbol{u}} E_{\mathrm{DTV}}(\boldsymbol{u}) = E_1 + \lambda E_2 = \frac{1}{2}\left\|\boldsymbol{A} \circ \boldsymbol{u} - \boldsymbol{M}\right\|_{\mathrm{F}}^2 + \lambda\left\|\nabla \boldsymbol{u} - \nabla \boldsymbol{P}\right\|_{2,1} \tag{7.106}$$

其中

$$\begin{aligned} E_2 &= \left\|\nabla \boldsymbol{u} - \nabla \boldsymbol{P}\right\|_{2,1} \\ &= \sum_{m=1}^{W}\sum_{n=1}^{H}\sqrt{\sum_{i=1}^{N}((\nabla_1 u_i(m,n) - \nabla_1 P(m,n))^2 + (\nabla_2 u_i(m,n) - \nabla_2 P(m,n))^2)} \end{aligned} \tag{7.107}$$

$\nabla_q (q=1,2)$ 分别表示水平和垂直两个方向的有限向前差分算子。由式(7.106)可知，当 $\boldsymbol{P}=\boldsymbol{0}$ 时，E_2 实质上是一个向量 TV 模型，此时 $E_{\mathrm{DTV}}(\boldsymbol{u})$ 等同于一个单幅 N 波段光谱图像的超分辨重建模型。在稀疏表示理论中，ℓ_1 范数是激励稀疏性的，而 $\ell_{2,1}$ 范数是激励组群稀疏性的，这是文献[28]将 $E_2 = \left\|\nabla \boldsymbol{u} - \nabla \boldsymbol{P}\right\|_{2,1}$ 称为动态稀疏性的原因。

上述离散 DTV 模型是凸的。模型中 E_1 是光滑的，而 E_2 是非光滑的。因此文献[28]采取 FISTA 方法[35]进行求解。FISTA 方法是一种多步加速 Nesterov 算法，本质上是一种变步长的前向-后向分裂格式。

E_1 是凸且光滑的能量泛函，由于 $\nabla E_1(\boldsymbol{u}) = \boldsymbol{A}^{\mathrm{T}} \circ (\boldsymbol{A} \circ \boldsymbol{u} - \boldsymbol{M})$，其中 $\boldsymbol{A}^{\mathrm{T}}$ 表示 $\boldsymbol{A}$ 形式上的逆算子，因此 E_1 具有 c-Lipschitz 连续梯度，则根据文献[30]和[35]的前向-

后向分裂格式的结论表明，上述模型至少存在一个解，并且存在对 $\gamma > 0$ (在 Lipschitz 常数 c^{-1} 控制的一个区间)，其最小解满足如下不动点方程：

$$\boldsymbol{u}^* = \underbrace{\text{prox}_{\gamma E_2}}_{\text{后向步}}\underbrace{(\boldsymbol{u} - \gamma\nabla E_1(\boldsymbol{u}))}_{\text{前向步}} \tag{7.108}$$

其中，$\nabla E_1(\boldsymbol{u}) = \boldsymbol{A}^{\mathrm{T}} \circ (\boldsymbol{A} \circ \boldsymbol{u} - \boldsymbol{M})$； $\text{prox}_F(\boldsymbol{v})$ 称为泛函 F 的邻近算子，定义为

$$\text{prox}_F(\boldsymbol{v}) = \arg\min_{\boldsymbol{u}} \|\boldsymbol{u} - \boldsymbol{v}\|_{\mathrm{F}}^2 + F(\boldsymbol{u}) \tag{7.109}$$

由此，变步长的迭代格式为

$$\boldsymbol{u}^{(k+1)} = \underbrace{\text{prox}_{\gamma^{(k)} E_2}}_{\text{后向步}}\underbrace{\left(\boldsymbol{u}^{(k)} - \gamma^{(k)}\nabla E_1(\boldsymbol{u}^{(k)})\right)}_{\text{前向步}} \tag{7.110}$$

令 $\boldsymbol{v}^{(k)} = \boldsymbol{u}^{(k)} - \gamma^{(k)}\nabla E_1(\boldsymbol{u}^{(k)})$，则

$$\boldsymbol{u}^{(k+1)} = \arg\min_{\boldsymbol{u}} \left\|\boldsymbol{u} - \boldsymbol{v}^{(k)}\right\|_{\mathrm{F}}^2 + \lambda\|\nabla \boldsymbol{u} - \nabla \boldsymbol{P}\|_{2,1} \tag{7.111}$$

据此，在迭代过程中通过组合当前迭代 $\boldsymbol{u}^{(k+1)}$ 和前一步的迭代 $\boldsymbol{u}^{(k)}$ 可能产生算法性能的加速，给出 DTV-FISTA 算法步骤如算法 7.2 所示。

算法 7.2　DTV-FISTA(或 FTV-FISTA)算法

初始化：设置初始 $\boldsymbol{u}^{(0)} = \widetilde{\boldsymbol{M}}, \boldsymbol{v}^{(0)} = \boldsymbol{u}^{(0)}, t^{(0)} = 1$， $\gamma = c^{-1}$，最大迭代次数 N_{itr}

主迭代：for　$k = 0$　to　$N_{\text{itr}} - 1$　do

(1) 前向步：$\boldsymbol{v}^{(k)} = \boldsymbol{u}^{(k)} - c^{-1} \cdot \left(\boldsymbol{A}^{\mathrm{T}} \circ \left(\boldsymbol{A} \circ \boldsymbol{v}^{(k)} - \boldsymbol{M}\right)\right)$；

(2) 后向步：$\boldsymbol{u}^{(k+1)} = \arg\min_{\boldsymbol{u}} \frac{1}{2}\left\|\boldsymbol{u} - \boldsymbol{v}^{(k)}\right\|_{\mathrm{F}}^2 + c^{-1}\lambda\|\nabla \boldsymbol{u} - \nabla \boldsymbol{P}\|_{2,1}$；

(或者在 FTV 情形逐个波段计算式(7.116)

$u_i^{(k+1)} = \arg\min_{u_i} \frac{1}{2}\left\|u_i - v_i^{(k)}\right\|_{\mathrm{F}}^2 + c^{-1}\lambda\left\|\nabla^{\alpha} u_i - \nabla^{\alpha} P\right\|_{2,1}$

)

3. 与权相关参数：$t^{(k+1)} = \dfrac{1 + \sqrt{4\left(t^{(k)}\right)^2 + 1}}{2}$；

4. 权系数 $w^{(k)} = \dfrac{t^{(k)} - 1}{t^{(k+1)}}$；

5. 多步加权组合：$\boldsymbol{v}^{(k+1)} = \boldsymbol{u}^{(k+1)} + w^{(k)}\left(\boldsymbol{u}^{(k+1)} - \boldsymbol{u}^{(k)}\right)$

输出：$\boldsymbol{v}^{(k+1)}$。

在算法 7.2 中，关键是后向步邻近算子的求解问题。令 $\boldsymbol{W}=\boldsymbol{u}-\boldsymbol{P}$，则上述步骤可以重写为

$$\boldsymbol{W}^{(k)}=\arg\min_{\boldsymbol{W}}\left\{\frac{1}{2}\left\|\boldsymbol{W}-\left(\boldsymbol{u}^{(k)}-\boldsymbol{P}\right)\right\|_{\mathrm{F}}^{2}+c^{-1}\lambda\|\boldsymbol{W}\|_{2,1}\right\} \tag{7.112}$$

这是一个典型的简单向量 TV 去噪问题[20]，可通过快速对偶算法得到解 $\boldsymbol{W}^{(k)}$，则第 2 步 $\boldsymbol{u}^{(k+1)}=\boldsymbol{W}^{(k)}+\boldsymbol{P}$。

数学上已经证明对于一阶方法，FISTA 方法可以达到最优的收敛率[36]，即

$$E_{\mathrm{DTV}}(\boldsymbol{u}^{(k)})\to E_{\mathrm{DTV}}(\boldsymbol{u}^{*})\sim O\left(1/k^{2}\right)$$

其中，$\boldsymbol{u}^{*}$ 是最优解，k 为迭代次数。

7.4.5　FTV 模型的数值实现

分析 FTV 模型的变分问题，其离散模型可以描述为

$$\min_{\boldsymbol{u}}\sum_{i=1}^{N}\frac{1}{2}\|\boldsymbol{A}u_i-M_i\|_{\mathrm{F}}^{2}+\underbrace{\lambda\sum_{i=1}^{N}\left\|\nabla^{\alpha}u_i-\nabla^{\alpha}P\right\|_{2,1}}_{E_{\mathrm{FTV}}(\boldsymbol{u})} \tag{7.113}$$

其中

$$\begin{aligned}E_{\mathrm{FTV}}(\boldsymbol{u})&=\sum_{i=1}^{N}\left\|\nabla^{\alpha}u_i-\nabla^{\alpha}P\right\|_{2,1}\\&=\sum_{i=1}^{N}\sum_{m=1}^{W}\sum_{n=1}^{H}\sqrt{\left(\left(\nabla_1^{\alpha}u_i(m,n)-\nabla_1^{\alpha}P(m,n)\right)^{2}+\left(\nabla_2^{\alpha}u_i(m,n)-\nabla_2^{\alpha}P(m,n)\right)^{2}\right)}\end{aligned} \tag{7.114}$$

$\nabla_q^{\alpha}(q=1,2)$ 分别表示水平和垂直两个方向的有限向前分数阶差分算子，定义如下：

$$\begin{cases}\nabla^{\alpha}P=[\nabla_1^{\alpha}P,\nabla_2^{\alpha}P]^{\mathrm{T}}\\ \nabla_1^{\alpha}P(m,n)=\sum\limits_{k=0}^{K}(-1)^{k}C_{\alpha}^{k}P(m-k,n)\\ \nabla_2^{\alpha}P(m,n)=\sum\limits_{k=0}^{K}(-1)^{k}C_{\alpha}^{k}P(m,n-k)\end{cases} \tag{7.115}$$

一方面，上述离散 FTV 模型可以通过逐波段来求解 u_i，即求解如下模型：

$$\min_{u_i}\frac{1}{2}\|\boldsymbol{A}u_i-M_i\|_{\mathrm{F}}^{2}+\lambda\left\|\nabla^{\alpha}u_i-\nabla^{\alpha}P\right\|_{2,1} \tag{7.116}$$

另一方面，上述离散模型是凸的。同时，模型第一项保真项是光滑的，而第二项 E_{FTV} 是非光滑的。因此，类似于 DTV 模型，同样采取 FISTA 方法[35]进行求解，不同之处仅体现在向后步表示为求解如下问题：

$$u_i^{(k+1)} = \arg\min_{u_i} \frac{1}{2}\left\|u_i - v_i^{(k)}\right\|_{\mathrm{F}}^2 + c^{-1}\lambda\left\|\nabla^\alpha u_i - \nabla^\alpha P\right\|_{2,1} \tag{7.117}$$

其等价于求解 FTV 去噪问题，可通过对偶算法进行求解[11,20]。

7.4.6　实验与分析

为了说明这些典型变分方法对于空谱融合问题的有效性及其优越性，我们在Pléiades卫星提供的全色图像和多光谱图像数据集上进行了仿真数据实验，融合结果如图7.10所示。特别地，图7.10同时显示了各方法得到的融合图像的局部区域放大图。

如图 7.10 所示，我们发现 P+XS、AVWP、DTV 和 FTV 变分方法都可以提高低分辨多光谱图像(图 7.10(c))的空间分辨率。通过与参考图像进行对比，P+XS 方法出现了明显的空间结构细节模糊现象和阶梯效应。AVWP 方法可以得到较好的融合图像，但也出现了一些块状效应。DTV 方法可以较好地保持空间结构信息(特别是图像边缘)，但在体育馆草地区域仍会出现少许阶梯效应(图 7.10(f))。FTV 方法可以有效地消除阶梯效应和模糊现象，同时可以较好地保持光谱信息和空间结构信息，从而表现出较好的融合效果，保持边缘和纹理结构更加锐利。

同时，表 7.1 给出了不同变分方法在图 7.10 中得到的各项客观评价指标对比结果。如表 7.1 所示，FTV 方法在 SAM、ERGAS、CC、Qave 和 Q4 质量评价指标上都给出更好的结果，即表现出更好的融合质量。

(a) 参考高分辨率多光谱图像　(b) 全色图像(大小:256像素×256像素)　(c) 低分辨率多光谱图像

(d) P+XS方法　(e) AVWP方法　(f) DTV方法

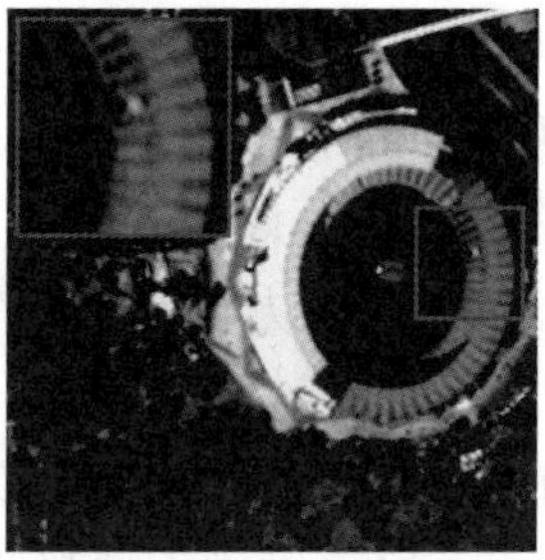

(g) FTV方法

图 7.10　不同变分方法在仿真 Pléiades 数据集上的融合结果比较(见彩图)

表 7.1　不同变分方法在仿真 Pléiades 数据集上融合结果的定量指标比较

指标	SAM	ERGAS	CC	Qave	Q4
P+XS	4.0116	2.5450	0.9771	0.8716	0.8405
AVWP	3.6319	2.5746	0.9784	0.8857	0.8398
DTV	3.2249	1.6653	0.9895	0.9162	0.8616
FTV	**2.8978**	**1.5487**	**0.9909**	**0.9228**	**0.8639**

最后，从算法收敛速度和融合精确度方面来说明变分融合方法的效率，图 7.11 显示了 P+XS、AVWP、DTV 和 FTV 方法在仿真 Pléiades 数据集图 7.10 上的相对误差(Relative Error)与迭代次数的关系图。其中，相对误差的表达式为 $\|\boldsymbol{u}^{(k)}-\boldsymbol{u}\|_{\mathrm{F}}/\|\boldsymbol{u}\|_{\mathrm{F}}$，$\boldsymbol{u}^{(k)}$ 表示第 k 次迭代时的融合图像，$\boldsymbol{u}$ 表示参考图像。

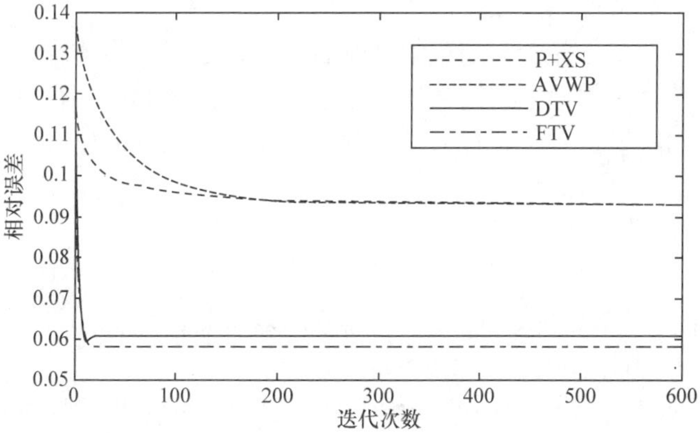

图 7.11　不同变分融合方法在仿真 Pléiades 数据集上相对误差与迭代次数之间的关系曲线图

如图 7.11 所示，P+XS 方法和 AVWP 方法不仅给出很差的相对误差结果，而且表现出很慢的收敛速度，至少需要 500 次迭代才能达到收敛。FTV 方法给出最小的相对误差，同时表现出较快的收敛速度，仅需要 100 次迭代即可取得最好的融合结果(即最小的相对误差)，该融合结果要远比 P+XS 方法和 AVWP 方法的融合结果更加精确。虽然 FTV 方法和 DTV 方法的收敛速度相差不大，但 FTV 方法得到的相对误差更小，即融合结果更加精确。相比于 P+XS 方法和 AVWP 方法，DTV 方法则表现出更快的收敛速度和更小的相对误差。因此，FTV 方法在算法收敛速度和融合精确度方面要优于 P+XS 方法、AVWP 方法和 DTV 方法。

7.5 本章小结

本章简要概述了代表性的空谱图像变分融合模型。P+XS 模型是变分模型的先驱者，虽然其原始的建模动机之一是让多光谱各波段图像的水平集与全色图像的水平集保持一种对齐性(或者梯度平行)，但最终表现为 TV 模型的正则化。由此，后续变分融合模型基本采取了 TV 模型或其变种、非局部推广形式和分数阶模型等作为图像正则化项。

对于数据保真项，其建模方式各有不同的出发点，在 P+XS 模型中，首次提出了一个光谱图像与全色图像之间的约束项，并基于光谱图像成像过程机理建立数据保真形式。这种基于物理机制的建模方式是值得关注的。然而，仅仅在全色波段覆盖多光谱波段时，光谱图像与全色图像之间的约束项的假设才具有较好的合理性，对于高光谱图像融合容易导致光谱失真，这启发变分小波全色锐化模型采取一个保持光谱特征的波段相似比保真项。

本章所介绍的变分融合模型非常具有启发性，建模过程体现了数学与物理成像机理的有机结合。数学上的简洁优美与物理过程的内涵体现在一个变分框架之内，在遥感数据融合这一个工程领域开创了一个生机勃勃的研究之路，这是数学之美，也是最优化之美。

参考文献

[1] Rudin L I, Osher S, Fatemi E. Nonlinear total variation based noise removal algorithms. Physica D: Nonlinear Phenomena, 1992, 60(1): 259-268.

[2] Aubert G, Kornprobst P. Mathematical Problems in Image Processing: Partial Differential Equations and the Calculus of Variations. New York: Springer, 2001.

[3] Chan T F, Shen J H. Image Processing and Analysis: Variational, PDE, Wavelet and Stochastic Methods. Philadelphia: SIAM, 2005.

[4] Candès E J, Donoho D L. Curvelets: A surprisingly effective nonadaptive representation for objects with edges. San Francisco: Stanford University, 2000.
[5] Buades A, Coll B, Morel J M. A review of image denoising methods, with a new one. SIAM Journal on Multiscale Modeling and Simulation, 2005, 4 (2): 490-530.
[6] Buades A, Coll B, Morel J M. A non local algorithm for image denoising. IEEE Computer Vision and Pattern Recognition, 2005, 2: 60-65.
[7] Kindermann S, Osher S, Jones P W. Deblurring and denoising of images by nonlocal functionals. SIAM Multiscale Modeling and Simulation, 2005, 4: 1091-1115.
[8] Gilboa G, Osher S J. Nonlocal image regularization and supervised segmentation. SIAM Multiscale Modeling and Simulation, 2007, 6: 595-630.
[9] 郭柏灵, 蒲学科, 黄凤辉. 分数阶偏微分方程及其数值解. 北京: 科学出版社, 2008.
[10] 张军, 肖亮, 韦志辉. 图像复原的全变差正则化及其推广模型与方法. 北京: 国防工业出版社, 2020.
[11] Zhang J, Wei Z. A class of fractional-order multi-scale variational models and alternating projection algorithm for image denoising. Applied Mathematical Modelling, 2011, 35(5): 2516-2528.
[12] Zhang J, Wei Z, Xiao L. Adaptive fractional-order multi-scale method for image denoising. Journal of Mathematical Imaging and Vision, 2012, 43(1): 39-49.
[13] Zhang J, Wei Z H, Xiao L. Fractional-order iterative regularization method for total variation based image denoising. Journal of Electronic Imaging, 2012, 21(4): 043005.
[14] Laghrib A, Ben-Loghfyry A, Hadri A, et al. A nonconvex fractional order variational model for multi-frame image super-resolution. Signal Processing: Image Communication, 2018, 67(9): 1-11.
[15] Attouch H, Buttazzo G, Michaille G. Variational analysis in sobolev and BV spaces, MPS-SIAM series on optimization. Society for Industrial and Applied Mathematics, 2006, 2: 3.
[16] Blomgren P, Chan T F. Color TV: Total variation methods for restoration of vector-valued images. IEEE Transactions on Image Processing, 1998, 7: 304-309.
[17] di Zenzo S. A note on the gradient of a multi-image. Computer Vision Graphics and Processing, 1986, 33: 116-125.
[18] Sochen N, Kimmel R, Malladi R. A genemetrical framework for low vision. IEEE Transactions on Image Processing, Special Issue on PDE based Image Processing, 1998, 7(3): 310-318.
[19] Sapiro G. Vector-valued active contours. Proceedings of the IEEE International Conference on Computer Vision and Pattern Recognition, San Francisco, 1996: 680-685.
[20] Bresson X, Chan T F. Fast dual minimization of the vectorial total variation norm and applications to color image processing. Inverse Problems and Imaging,2008, 2:455-484.
[21] Chambolle A, Pock T. A first-order primal-dual algorithm for convex problems with applications to imaging. Journal of Mathematical Imaging and Vision, 2011, 40(1): 120-145.
[22] Federer H. Geometric Measure Theory. Heidelberg: Springer, 2014.
[23] Goldlücke B, Strekalovskiy E, Cremers D. The natural vectorial total variation which arises from geometric measure theory. SIAM Journal on Imaging Sciences, 2012, 5(2): 537-563.
[24] Goldlücke B, Cremers D. An approach to vectorial total variation based on geometric measure theory. Proceedings of the IEEE International Conference on Computer Vision and Pattern

Recognition, San Francisco, 2010: 327-333.

[25] Ballester C, Caselles V, Igual L, et al. A variational model for P+XS image fusion. International Journal of Computer Vision, 2006, 69(1): 43-58.

[26] Moeller M, Wittman T, Bertozzi A L, et al. A variational approach for sharpening high dimensional images. SIAM Journal on Imaging Sciences, 2012, 5(1): 150-178.

[27] Duran J, Buades A, Coll B, et al. A nonlocal variational model for Pansharpening image fusion. SIAM Journal on Imaging Sciences, 2014, 7(2): 761-796.

[28] Chen C, Li Y, Liu W, et al. Image fusion with local spectral consistency and dynamic gradient sparsity. Proceedings of the IEEE International Conference on Computer Vision and Pattern Recognition, Columbus, 2014: 2760-2765.

[29] Liu P F, Xiao L, Tang S Z, et al. Fractional order variational PAN-sharpening. Proceedings of the IEEE International Geoscience and Remote Sensing Symposium, 2016: 2602-2605.

[30] 肖亮, 邵文泽, 韦志辉. 基于图像先验建模的超分辨增强理论与算法：变分 PDE、稀疏正则化与贝叶斯方法. 北京: 国防工业出版社, 2017.

[31] Duran J, Buades A, Coll B, et al. Implementation of nonlocal Pansharpening image fusion. Image Processing On Line, 2014, 4: 1-15.

[32] Osher S, Burger M, Goldfarb D, et al. An iterative regularization method for total variation-based image restoration. SIAM Multiscale Modeling and Simulation, 2005, 4(2): 460-489.

[33] Goldstein T, Osher S. The split Bregman method for L1 regularized problems. SIAM Journal on Imaging Sciences, 2009, 2(2): 323-343.

[34] Setzer S. Split Bregman algorithm, Douglas-Rachford splitting and frame shrinkage. Proceedings of the 2nd International Conference on Scale Space and Variational Methods in Computer Vision. Berlin: Springer, 2009: 464-476.

[35] Beck A, Teboulle M. A fast iterative shrinkage-thresholding algorithm for linear inverse problems. SIAM Journal on Imaging Sciences, 2009, 2(1): 183-202.

[36] Schmidt M W, Le Roux N, Bach F, et al. Convergence rates of inexact proximal-gradient methods for convex optimization. Proceedings of the Annual Conference on Neural Information Processing Systems, Granada, 2011: 1458-1466.

第 8 章 空间 Hessian 特征驱动的变分融合方法

8.1 引　言

融合的目标是充分利用观测的低分辨率多光谱图像和高分辨率全色图像之间的互补特性进行融合，从而得到潜在的高分辨率多光谱图像。本章主要研究变分融合方法。如第 7 章所介绍，P+XS[1]、AVWP[2]和 DTV[3]等变分融合方法能够取得较好的融合效果，但也会引起不同程度的光谱失真现象、空间块状效应、模糊现象，以及表现出计算复杂度高等缺点。同时，P+XS、AVWP 和 DTV 模型都是使用图像的梯度特征来刻画高分辨率多光谱图像和全色图像的空间结构信息，但缺少对高分辨率多光谱图像和全色图像中高层特征的深度挖掘。为了减少光谱失真，消除或降低空间模糊和块效应，以及提高计算效率，以达到进一步提高融合的效果，本章将重点研究如何挖掘有效的光谱先验知识和空间结构先验知识，进而建立更加有效的变分融合模型。

因此，本章提出了一种空间 Hessian 特征驱动的变分融合(Spatial Hessian Feature Guided Variational Pansharpening，SHFGVP)方法[4,5]。该方法的核心在于：一方面，将标准的 Hessian Frobenius 范数(Hessian Frobenius Norm，HFN)正则项[6-8](即对应单通道图像的情形)推广到向量化 HFN(Vectorial HFN，VHFN)正则项(即对应多通道图像的情形)以充分刻画并利用多通道图像中各个不同通道之间的相互关系；另一方面，基于下述两个假设，提出了 SHFGVP 模型。首先，假设高分辨率多光谱图像经空间模糊和下采样后应与低分辨率多光谱图像非常接近，提出了基于观测模型的光谱信息保真能量泛函。其次，利用高分辨率多光谱图像和全色图像之间的空间 Hessian 特征一致性以及高分辨率多光谱图像不同波段之间的内在相关性，提出了基于 VHFN 的空间信息保持能量泛函。特别地，与当前的典型变分融合模型[1,2]不同之处是，SHFGVP 模型将高分辨率多光谱图像的所有波段耦合在一起处理，而不是单独处理，充分利用了高分辨率多光谱图像中所有不同波段之间的内在相关性。然后，在算子分裂框架下实现 SHFGVP 模型的快速求解算法。最后，分析和比较 SHFGVP 模型的融合结果和效率。

本章内容具体安排如下：首先，给出了本章的建模动机，定义了 VHFN 正则项，并在变分框架下提出 SHFGVP 模型；然后，给出了模型的求解算法；最后，通过实验与多种融合方法进行比较，验证本章方法的有效性。

8.2　Hessian 变分融合模型

本节首先介绍融合的两个基本假设及其对应的能量泛函，然后建立变分融合模型。

为了方便分析，我们记由高分辨率多光谱图像构成的函数空间为 $\boldsymbol{X}$，即 $\boldsymbol{X}=\{\boldsymbol{u}\mid\boldsymbol{u}=(u_1,u_2,\cdots,u_N):\Omega\to\mathbf{R}^N\}$，记由低分辨率多光谱图像构成的函数空间为 $\boldsymbol{Y}$，即 $\boldsymbol{Y}=\{\boldsymbol{M}\mid\boldsymbol{M}=(M_1,M_2,\cdots,M_N):\Omega'\to\mathbf{R}^N\}$。对于 $\forall\boldsymbol{v},\boldsymbol{w}\in\boldsymbol{X}$，$\boldsymbol{X}$ 上的内积 $\langle\cdot,\cdot\rangle_X$ 和范数 $|\cdot|_X$ 分别定义为 $\langle\boldsymbol{v},\boldsymbol{w}\rangle_X=\sum_{i=1}^{N}v_iw_i$ 和 $|\boldsymbol{v}|_X=\sqrt{\langle\boldsymbol{v},\boldsymbol{v}\rangle_X}=\sqrt{\sum_{i=1}^{N}(v_i)^2}$。特别地，$\boldsymbol{Y}$ 上的内积 $\langle\cdot,\cdot\rangle_Y$ 和范数 $|\cdot|_Y$ 的定义与 $\boldsymbol{X}$ 上的完全一样。

我们定义 Hessian 算子为 $\nabla^2:C_c^2(\Omega;\mathbf{R}^N)\to C_c^2(\Omega;\mathbf{R}^{N\times2\times2})$，作用于向量值函数 $\boldsymbol{f}\in\boldsymbol{X}$ 得到 $\boldsymbol{f}$ 在 $\boldsymbol{x}=(x,y)\in\Omega$ 点的 Hessian 矩阵 $\nabla^2\boldsymbol{f}(\boldsymbol{x})$，表示为

$$\nabla^2\boldsymbol{f}(\boldsymbol{x})=\left(\nabla^2f_1(\boldsymbol{x}),\nabla^2f_2(\boldsymbol{x}),\cdots,\nabla^2f_N(\boldsymbol{x})\right)$$

其中

$$\nabla^2f_i(\boldsymbol{x})=\begin{bmatrix}\dfrac{\partial^2f_i(\boldsymbol{x})}{\partial x^2} & \dfrac{\partial^2f_i(\boldsymbol{x})}{\partial x\partial y}\\ \dfrac{\partial^2f_i(\boldsymbol{x})}{\partial y\partial x} & \dfrac{\partial^2f_i(\boldsymbol{x})}{\partial y^2}\end{bmatrix}$$

表示 f_i 在 $\boldsymbol{x}=(x,y)$ 点的二阶导数。同时，我们定义 Hessian 算子 ∇^2 的伴随算子为 $\mathrm{div}^2:C_c^2(\Omega;\mathbf{R}^{N\times2\times2})\to C_c^2(\Omega;\mathbf{R}^N)$。

令 $\boldsymbol{p}=(\boldsymbol{p}_1,\boldsymbol{p}_2,\cdots,\boldsymbol{p}_N)\in C_c^2(\Omega;\mathbf{R}^{N\times2\times2})$，即 $\boldsymbol{p}=(\boldsymbol{p}_1,\boldsymbol{p}_2,\cdots,\boldsymbol{p}_N):\Omega\to\mathbf{R}^{N\times2\times2}$，其中，每个分量 $\boldsymbol{p}_i\in C_c^2(\Omega;\mathbf{R}^{2\times2})$，即 $\boldsymbol{p}_i=\begin{bmatrix}p_i^{xx} & p_i^{xy}\\ p_i^{yx} & p_i^{yy}\end{bmatrix}:\Omega\to\mathbf{R}^{2\times2},\forall i=1,2,\cdots,N$。定义空间 $C(\Omega;\mathbf{R}^{2\times2})$ 上的内积 $\langle\cdot,\cdot\rangle$ 和范数 $|\cdot|$ 分别为 $\left\langle\boldsymbol{p}_i,\boldsymbol{p}_j\right\rangle=\sum_{k,h\in\{x,y\}}p_i^{kh}p_j^{kh}$ 和 $|\boldsymbol{p}_i|=\sqrt{\langle\boldsymbol{p}_i,\boldsymbol{p}_i\rangle}=\sqrt{\sum_{k,h\in\{x,y\}}\left(p_i^{kh}\right)^2}$。

记 $K=\left\{\boldsymbol{p}=(\boldsymbol{p}_1,\boldsymbol{p}_2,\cdots,\boldsymbol{p}_N)\in C_c^2(\Omega;\mathbf{R}^{N\times2\times2}):|\boldsymbol{p}|_K\leqslant1\right\}$，其中，对于 $\forall\boldsymbol{p},\boldsymbol{q}\in K$，$K$ 上的内积 $\langle\cdot,\cdot\rangle_K$ 和范数 $|\cdot|_K$ 分别定义为 $\langle\boldsymbol{p},\boldsymbol{q}\rangle_K=\sum_{i=1}^{N}\langle\boldsymbol{p}_i,\boldsymbol{q}_i\rangle=\sum_{i=1}^{N}\sum_{k,h\in\{x,y\}}p_i^{kh}q_i^{kh}$ 和

$|\boldsymbol{p}|_K = \sqrt{\sum_{i=1}^{N}\langle \boldsymbol{p}_i, \boldsymbol{p}_i\rangle} = \sqrt{\sum_{i=1}^{N}\sum_{k,h\in\{x,y\}}\left(p_i^{kh}\right)^2}$ 。

8.2.1　基于观测模型的光谱信息保真项

通常，观测的低分辨率多光谱图像 $\boldsymbol{M}$ 建模为高分辨率多光谱图像 $\boldsymbol{u}$ 经空间不变模糊和下采样后的图像，即线性表示为

$$\boldsymbol{M} = AB\boldsymbol{u} + \boldsymbol{n} \tag{8.1}$$

其中，$A:\boldsymbol{X}\to\boldsymbol{Y}$ 表示下采样算子(采样因子为 s)；$B:\boldsymbol{X}\to\boldsymbol{X}$ 表示线性的空间不变模糊算子；$\boldsymbol{n}$ 表示零均值加性高斯噪声。为简单起见，下面内容将定义合成算子 $S = AB:\boldsymbol{X}\to\boldsymbol{Y}$ 。

变分融合方法即将融合问题建模为能量泛函极小化问题，再通过求解极小化问题得到高分辨率多光谱图像 $\boldsymbol{u}$ 。因此，为了更清晰地建立变分融合模型，我们将给出以下的基本假设。

如文献[1] ~ [12]所述，许多变分融合方法假设全色图像是高分辨率多光谱图像的线性组合，并利用上采样后的低分辨率多光谱图像的先验信息来保持光谱信息。然而该线性假设容易导致融合图像中出现严重的光谱失真现象，同时上采样后的低分辨率多光谱图像通常是非常模糊的，不能较好地描述和保持高分辨率多光谱图像的光谱信息。由于原始的低分辨率多光谱图像 $\boldsymbol{M}$ 本身就具有丰富的光谱信息，因此，根据观测模型(8.1)，我们直接假设高分辨率多光谱图像 $\boldsymbol{u}$ 经空间模糊和下采样后应与低分辨率多光谱图像 $\boldsymbol{M}$ 非常接近，并提出如下光谱信息保真能量泛函：

$$E_1(\boldsymbol{u}) = \frac{1}{2}\int_{\Omega}\left|S\boldsymbol{u} - \boldsymbol{M}\right|_Y^2 \mathrm{d}\boldsymbol{x} \tag{8.2}$$

8.2.2　Hessian 特征驱动的空间信息保持项

1. 建模动机

相比于低分辨率多光谱图像 $\boldsymbol{M}$ ，全色图像 P 则包含了丰富的空间结构信息。此外，由于全色图像 P 和高分辨率多光谱图像 $\boldsymbol{u}$ 都是描述同一场景的遥感图像，它们之间具有较强的地理位置相关性，因此，我们需要在融合过程中将全色图像 P 的空间结构信息融入高分辨率多光谱图像 $\boldsymbol{u}$ 。接下来，我们将充分挖掘空间先验知识来描述高分辨率多光谱图像和全色图像之间的关系。

如文献[1]～[3]和[10]～[13]所介绍，图像的空间结构信息一般可以用梯度来表示，因而，基于梯度的先验模型被广泛应用于融合问题。目前，著名的 Hessian 范数正则项充分利用了图像二阶导数的先验信息，被成功应用于图像处理反问题，并成为当前图像处理反问题的研究热点[6-8]。此外，在计算机视觉和模式识别等领域，著名的 Hessian 检测器[14]和快速 Hessian 检测器[15]都是基于二阶导数矩阵(即所谓的

Hessian 矩阵)而设计的，在兴趣点检测问题中起到了至关重要的作用。这些检测器首先通过计算图像在每个像素点的二阶导数；然后通过使用基于 3×3 窗口的非极大值抑制方法来寻找使得 Hessian 矩阵行列式取得极大值的像素点；最后，检测器的响应主要位于图像的角点、斑点和强纹理区域等。更多相关细节，请参考文献[14]和[15]。

考虑一幅灰度级图像，即实值函数 $u:\Omega\to\mathbf{R}$，则其在每一像素点 $\boldsymbol{x}=(x,y)\in\Omega$ 的Hessian矩阵定义为 $\nabla^2u(\boldsymbol{x})=\begin{bmatrix}u_{xx}(\boldsymbol{x}) & u_{xy}(\boldsymbol{x})\\ u_{xy}(\boldsymbol{x}) & u_{yy}(\boldsymbol{x})\end{bmatrix}$，其中，$u_{xx}(\boldsymbol{x})$、$u_{xy}(\boldsymbol{x})$ 和 $u_{yy}(\boldsymbol{x})$ 分别表示 u 在像素点 $\boldsymbol{x}$ 的二阶导数。因此，Hessian矩阵 $\nabla^2u(\boldsymbol{x})$ 的两个特征值 $\lambda_1(\boldsymbol{x})$ 和 $\lambda_2(\boldsymbol{x})$ 分别表示为

$$
\begin{aligned}
\lambda_1(\boldsymbol{x})&=\frac{1}{2}\left(u_{xx}(\boldsymbol{x})+u_{yy}(\boldsymbol{x})+\sqrt{(u_{xx}(\boldsymbol{x})-u_{yy}(\boldsymbol{x}))^2+4(u_{xy}(\boldsymbol{x}))^2}\right)\\
\lambda_2(\boldsymbol{x})&=\frac{1}{2}\left(u_{xx}(\boldsymbol{x})+u_{yy}(\boldsymbol{x})-\sqrt{(u_{xx}(\boldsymbol{x})-u_{yy}(\boldsymbol{x}))^2+4(u_{xy}(\boldsymbol{x}))^2}\right)
\end{aligned}
\tag{8.3}
$$

其中，$\lambda_1(\boldsymbol{x})\geqslant\lambda_2(\boldsymbol{x})$ 在每一像素点 $\boldsymbol{x}$ 处恒成立。特别地，特征值 $\lambda_1(\boldsymbol{x})$ 对应图像 $\boldsymbol{u}$ 在像素点 $\boldsymbol{x}$ 的最大局部变化，而特征值 $\lambda_2(\boldsymbol{x})$ 对应图像 $\boldsymbol{u}$ 在像素点 $\boldsymbol{x}$ 的最小局部变化。因此，我们得到 $\lambda_1(\boldsymbol{x})\approx\lambda_2(\boldsymbol{x})$ 对应于图像的均匀区域，$\lambda_1(\boldsymbol{x})\gg\lambda_2(\boldsymbol{x})$ 对应于图像的边缘区域，$\lambda_1(\boldsymbol{x})\geqslant\lambda_2(\boldsymbol{x})$ 对应于图像的噪声区域。

基于以上分析，在本章中，我们假设遥感图像为分片线性函数，则对应的 Hessian 范数是稀疏的且趋于零，而其中非零的位置可能对应于图像的角点、边缘和强纹理区域。由于全色图像和高分辨率多光谱图像都是描述同一场景的遥感图像，因此，高分辨率多光谱图像和全色图像之间通常都假设具有类似的空间结构信息。例如，P+XS 和 AVWP 方法都假设高分辨率多光谱图像和全色图像中的几何水平线的法向具有一致性，即边缘方向的一致性。特别地，为了描述高分辨率多光谱图像和全色图像之间的空间联系，本章将全色图像看作参考图像，并假设高分辨率多光谱图像和全色图像中角点、边缘和强纹理区域等空间显著性特征保持一致，称这种关系为空间显著性特征一致性。

为了清晰地阐述高分辨率多光谱图像和全色图像之间的空间显著性特征一致性关系，图 8.1 给出了仿真 WorldView-2 数据集上的分析结果，其中，仿真 WorldView-2 数据集包含仿真的高分辨率多光谱图像和全色图像。如图 8.1 所示，图 8.1(a)(由上至下)分别是高分辨率多光谱图像的蓝、绿、红和近红外波段，以及全色图像。图 8.1(b)(由上至下)分别是图 8.1(a)中各个图像的 Hessian Frobenius 范数映射图。特别地，我们使用快速 Hessian 检测器[15]来分别检测高分辨率多光谱图像的蓝、绿、红和近红外波段，以及全色图像中的兴趣点。图 8.1(c)(由上至下)分别显示了图 8.1(a)中各个图像被快速 Hessian 检测器检测得到的兴趣点分布图。

为了更好地分析高分辨率多光谱图像各个波段与全色图像中兴趣点之间的关系，图 8.1(d)(由上至下)分别显示了高分辨率多光谱图像的蓝、绿、红、近红外波段与全色图像中兴趣点之间的匹配关系，特别地，为了视觉上更好地比较，我们只显示了前 30 对兴趣点之间的匹配关系。如图 8.1(b)所示，我们看到高分辨率多光谱图像与全色图像具有非常相似的空间结构。同时，如图 8.1(c)和图 8.1(d)所示，高分辨率多光谱图像各个波段与全色图像中兴趣点等显著性特征几乎保持一致。因此，图 8.1 充分验证了空间显著性特征一致性的假设。

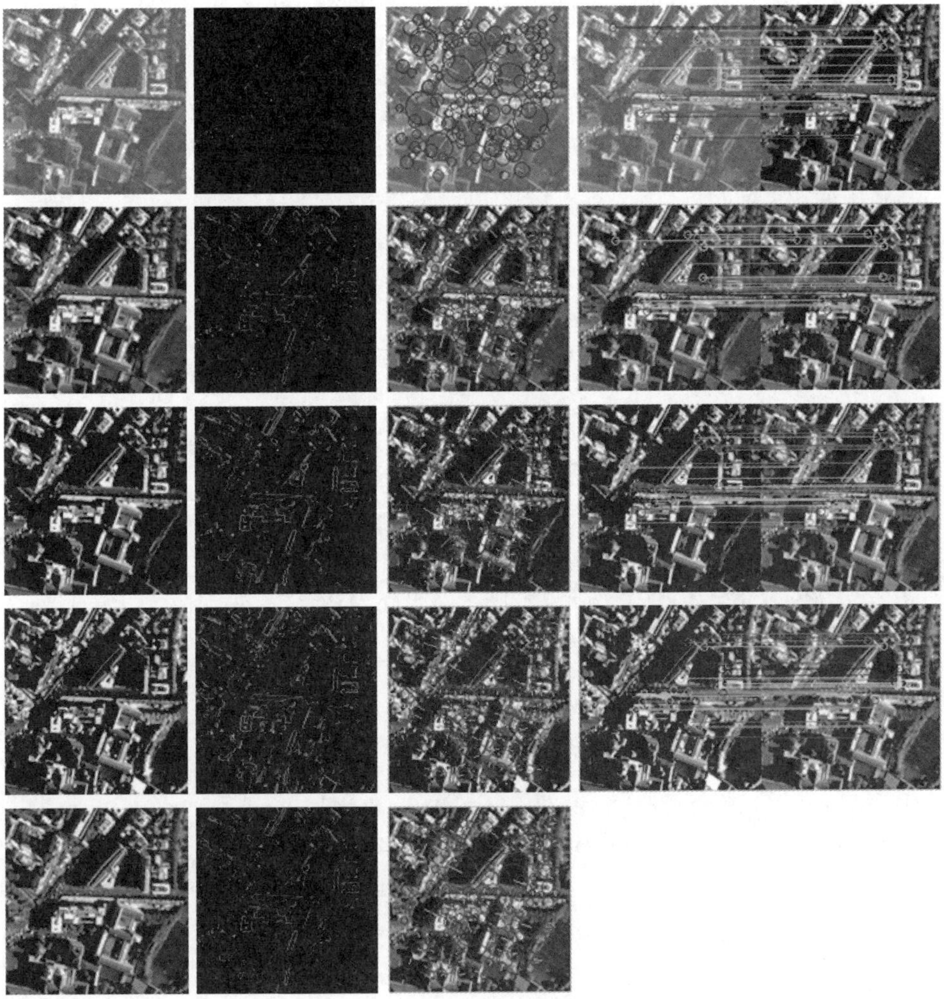

(a) (由上至下)高分辨率多光谱图像的蓝、绿、红和近红外波段，以及全色图像　(b) 图8.1(a)中各个图像的Hessian Frobenius范数映射图　(c) 图8.1(a)中各个图像被快速Hessian检测器检测得到的兴趣点分布图　(d) 高分辨率多光谱图像的蓝、绿、红、近红外波段与全色图像中兴趣点之间的匹配关系图

图 8.1　仿真 WorldView-2 数据集上的空间显著性特征一致性分析结果

2. 提出的空间信息保持项

为了充分利用高分辨率多光谱图像所有不同波段之间的内在相关性，我们接下来将实值函数的 Hessian Frobenius 范数正则项[6-8]推广至向量值函数的情形，即 VHFN 正则项，进而提出基于 VHFN 的空间信息保持项。

定义 8.1 给定任一向量值函数 $\boldsymbol{f}\in C_c^2(\Omega;\mathbf{R}^N)$ 和上述的集合 K，函数 $\boldsymbol{f}$ 的 VHFN 定义为

$$\int_\Omega \left|D^2\boldsymbol{f}\right|\mathrm{d}\boldsymbol{x}=\sup_{\boldsymbol{p}\in K}\left\{\int_\Omega \left\langle \boldsymbol{f},\mathrm{div}^2\boldsymbol{p}\right\rangle_X \mathrm{d}\boldsymbol{x}\right\} \tag{8.4}$$

其中，$D^2\boldsymbol{f}$ 表示向量值函数 $\boldsymbol{f}$ 的分布二阶导数；算子 div^2 作用于 $\boldsymbol{p}\in K$ 使得 $\mathrm{div}^2\boldsymbol{p}=(\mathrm{div}^2\boldsymbol{p}_1,\mathrm{div}^2\boldsymbol{p}_2,\cdots,\mathrm{div}^2\boldsymbol{p}_N):\Omega\to\mathbf{R}^N$，且 $\mathrm{div}^2\boldsymbol{p}_i=\sum_{h,k\in\{x,y\}}\partial h\partial k\, p_i^{hk}:\Omega\to\mathbf{R}$，$\forall i=1,2,\cdots,N$。

根据前面给出的空间 $\boldsymbol{X}$ 和 K 上的内积定义，则式(8.4)定义的 VHFN 可表示为

$$\begin{aligned}\int_\Omega \left|D^2\boldsymbol{f}\right|\mathrm{d}\boldsymbol{x}&=\sup_{\boldsymbol{p}\in K}\left\{\int_\Omega \left\langle \boldsymbol{f},\mathrm{div}^2\boldsymbol{p}\right\rangle_X \mathrm{d}\boldsymbol{x}\right\}\\&=\sup_{\boldsymbol{p}\in K}\left\{\int_\Omega \left\langle \nabla^2\boldsymbol{f},\boldsymbol{p}\right\rangle_K \mathrm{d}\boldsymbol{x}\right\}\\&=\sup_{\boldsymbol{p}\in K}\left\{\int_\Omega \sum_{i=1}^N\left\langle \nabla^2 f_i,\boldsymbol{p}_i\right\rangle \mathrm{d}\boldsymbol{x}\right\}\end{aligned} \tag{8.5}$$

明显地，对于 $\forall\boldsymbol{p}\in K$，式(8.5)取得上确界的必要条件为

$$\boldsymbol{p}_i=\frac{\nabla^2 f_i}{\left|\nabla^2\boldsymbol{f}\right|_K},\quad \nabla^2\boldsymbol{f}\neq\boldsymbol{0};i=1,2,\cdots,N \tag{8.6}$$

因此，式(8.5)中的 VHFN 可进一步表示为

$$\begin{aligned}\int_\Omega \left|D^2\boldsymbol{f}\right|\mathrm{d}\boldsymbol{x}&=\int_\Omega \frac{\sum_{i=1}^N\left\langle \nabla^2 f_i,\nabla^2 f_i\right\rangle}{\left|\nabla^2\boldsymbol{f}\right|_K}\mathrm{d}\boldsymbol{x}\\&=\int_\Omega \sqrt{\sum_{i=1}^N\left|\nabla^2 f_i\right|^2}\mathrm{d}\boldsymbol{x}\\&=\int_\Omega \left|\nabla^2\boldsymbol{f}\right|_K \mathrm{d}\boldsymbol{x}\end{aligned} \tag{8.7}$$

如式(8.7)所示，本章提出的 VHFN 将图像的所有通道耦合处理，而不是分开单独处理，充分利用了不同通道之间内在相互关系。

特别地，我们定义向量值函数 $\boldsymbol{P}=(P_1,P_2,\cdots,P_N):\Omega\to\mathbf{R}^N$，其中，每个分量 $P_i=P$，$i=1,2,\cdots,N$。

综上所述，为了同时刻画高分辨率多光谱图像和全色图像之间的空间显著性特征一致性假设，以及利用高分辨率多光谱图像各个波段之间的相互内在联系，我们基于 VHFN 提出如下空间信息保持能量泛函(即 Hessian 特征驱动的空间信息保持项)，表示为

$$\begin{aligned}E_2(\boldsymbol{u})&=\int_\Omega\sqrt{\sum_{i=1}^{N}\left|\nabla^2u_i-\nabla^2P\right|^2}\mathrm{d}\boldsymbol{x}\\&=\int_\Omega\left|\nabla^2\boldsymbol{u}-\nabla^2\boldsymbol{P}\right|_K\mathrm{d}\boldsymbol{x}\end{aligned}\tag{8.8}$$

特别地，在式(8.8)中，若没有参考的全色图像，即 $\boldsymbol{P}=\mathbf{0}$，则 $E_2(\boldsymbol{u})$ 退化为 VHFN 正则项。

为了进一步说明式(8.8)中提出的空间信息保持项 $E_2(\boldsymbol{u})$ 的合理性，图 8.2 给出了仿真 QuickBird 数据集上 Hessian 特征 $\nabla^2(\boldsymbol{u}-\boldsymbol{P})$ 的统计分析结果。其中，仿真 QuickBird 数据集包含了高分辨率多光谱图像 $\boldsymbol{u}$ (大小：4096像素×4096像素×4)和全色图像 $\boldsymbol{P}$ (大小：4096像素×4096像素)。如图 8.2 所示的统计分布图，我们可以发现 Hessian 特征 $\nabla^2(\boldsymbol{u}-\boldsymbol{P})$ 的 Hessian 分量 $(\boldsymbol{u}-\boldsymbol{P})_{xx}$、$(\boldsymbol{u}-\boldsymbol{P})_{xy}$ 和 $(\boldsymbol{u}-\boldsymbol{P})_{yy}$ 中各个波段的统计分布图是非常相似且几乎一致的。基于以上分析，本节提出的空间信息保持项 $E_2(\boldsymbol{u})$ 耦合了 $\left|\nabla^2\boldsymbol{u}-\nabla^2\boldsymbol{P}\right|_K$，可以同时约束高分辨率多光谱图像和全色图像之间的 Hessian 特征一致性。因此，$E_2(\boldsymbol{u})$ 可以较好地保证将全色图像 $\boldsymbol{P}$ 的空间结构信息融入高分辨率多光谱图像 $\boldsymbol{u}$。

(a) 高分辨率多光谱图像$\boldsymbol{u}$(为方便起见，只显示了$\boldsymbol{u}$的红、绿、蓝波段)

(b) 全色图像$\boldsymbol{P}$

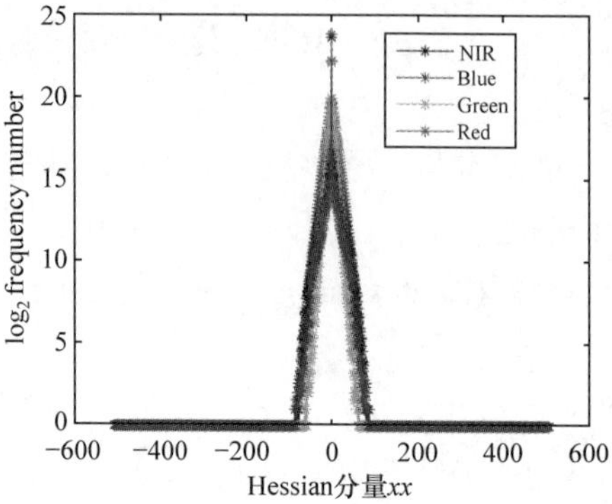

(c) Hessian分量$(\boldsymbol{u}-\boldsymbol{P})_{xx}$的统计分布图

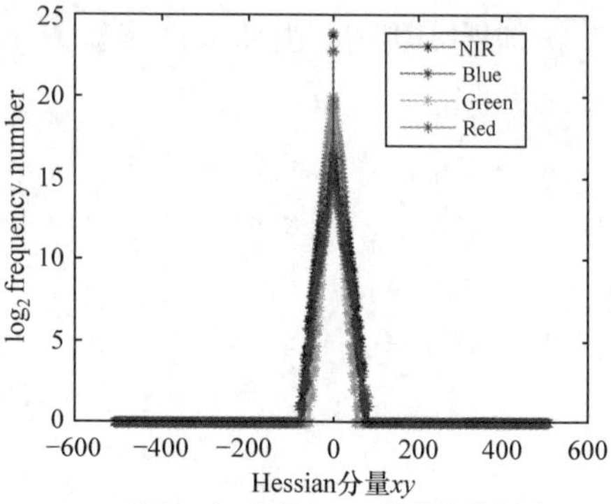

(d) Hessian分量$(\boldsymbol{u}-\boldsymbol{P})_{xy}$的统计分布图

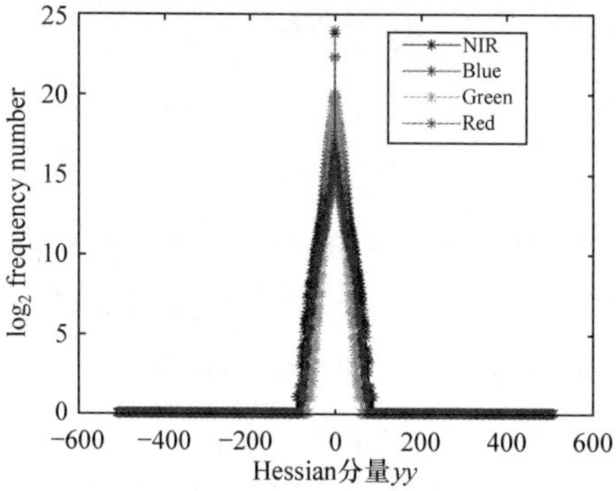

(e) Hessian分量$(\boldsymbol{u}-\boldsymbol{P})_{yy}$的统计分布图

图 8.2　仿真 QuickBird 数据集上 Hessian 特征的统计分析结果(见彩图)

frequency number 表示频数

正如我们所知，P+XS、AVWP 和 DTV 等变分融合方法都是使用高分辨率多光谱图像和全色图像之间的梯度特征一致性假设，因此它们可以保持图像的边缘。与基于梯度特征一致性的空间信息保持项相比，本章提出的基于 VHFN 的空间信息保持项 $E_2(\boldsymbol{u})$ 具有以下两个优点。

(1) 通过利用图像二阶导数的信息，$E_2(\boldsymbol{u})$ 可以捕获图像高强度边缘，而不仅仅是分片常数的图像成分，同时可以较好地抑制阶梯效应。

(2) 由式(8.3)中的 Hessian 特征值分析可知，$E_2(\boldsymbol{u})$ 能够约束高分辨率多光谱图像和全色图像之间更加精细的几何结构的一致性，因此，可以保持更多的图像显著性特征，如图像角点、边缘和强纹理区域等。

8.2.3　空间 Hessian 特征驱动的变分融合模型

在建立总能量泛函之前，我们首先给 $\boldsymbol{u}$ 定义一个候选空间以便于可以在其中搜索最小值。

如文献[8]所述，由具有连续二阶导数的实值函数构成的有界变差空间，也称为二阶有界变差空间，表示为 $\mathrm{BV}^2(\Omega;\mathbf{R})=\left\{u_i\in L^1(\Omega;\mathbf{R}):\int_\Omega\left|D^2u_i\right|\mathrm{d}\boldsymbol{x}<\infty\right\}$。由于其倾向于分片线性函数的性质，很适合描述图像的性质，因而被广泛应用于许多图像处理问题。因此，本章定义由具有连续二阶导数的向量值函数构成的有界变差空间为 $\mathrm{BV}^2(\Omega;\mathbf{R}^N)=\left\{\boldsymbol{u}\in L^1(\Omega;\mathbf{R}^N):\int_\Omega\left|D^2\boldsymbol{u}\right|\mathrm{d}\boldsymbol{x}<\infty\right\}$。特别地，若对空间 $\mathrm{BV}^2(\Omega;\mathbf{R}^N)$ 赋予范数 $\|\boldsymbol{u}\|_{L^1(\Omega;\mathbf{R}^N)}+\int_\Omega\left|D^2\boldsymbol{u}\right|\mathrm{d}\boldsymbol{x}$，则 $\mathrm{BV}^2(\Omega;\mathbf{R}^N)$ 为 Banach 空间。因此，我们选择 $\mathrm{BV}^2(\Omega;\mathbf{R}^N)$ 作为 $\boldsymbol{u}$ 的候选解空间。

基于以上分析，本章提出的变分融合模型的总能量泛函表示为

$$\begin{aligned}E(\boldsymbol{u})&=E_1(\boldsymbol{u})+\lambda E_2(\boldsymbol{u})\\&=\frac{1}{2}\int_\Omega\left|S\boldsymbol{u}-\boldsymbol{M}\right|_Y^2\mathrm{d}\boldsymbol{x}+\lambda\int_\Omega\left|\nabla^2\boldsymbol{u}-\nabla^2\boldsymbol{P}\right|_K\mathrm{d}\boldsymbol{x}\end{aligned}\tag{8.9}$$

其中，λ 是权衡 $E_1(\boldsymbol{u})$ 和 $E_2(\boldsymbol{u})$ 作用的正则化参数。

定义总能量泛函 $E(\boldsymbol{u})$ 的候选空间为 $\Lambda=\mathrm{BV}^2(\Omega;\mathbf{R}^N)\cap L^2(\Omega;\mathbf{R}^N)$，从而本章提出的空间 Hessian 特征驱动的变分融合模型，即 SHFGVP 模型表示为

$$\hat{\boldsymbol{u}}=\arg\min_{\boldsymbol{u}\in\Lambda}E(\boldsymbol{u})\tag{8.10}$$

8.3　模型求解的前向后向分裂算法

本节将详细讨论 SHFGVP 模型(8.10)的求解算法。由于 $E_2(\boldsymbol{u})$ 关于变量 $\boldsymbol{u}$ 不可导，如果使用经典的梯度下降算法求解模型(8.10)，则需要使用一个很小的正数来避免出现分母为零的情形，然而这种方法常常会导致不准确的结果和很慢的收敛速度。为了克服这些困难，我们将在算子分裂框架下设计模型(8.10)的高效快速求解算法。

特别地，由于 $E_1(\boldsymbol{u})$ 关于变量 $\boldsymbol{u}$ 可导，具有 Lipschitz 连续梯度且 Lipschitz 常数的上界为 $|||S|||^2$，其中，$|||\cdot|||$ 表示谱范数算子，因此，在算子分裂框架下使用著名的前向后向分裂(Forward-Backward Splitting，FBS)算法[16]来求解模型(8.10)，其具体迭代步骤如下：

$$\begin{cases}\boldsymbol{g}^{(k)}=\boldsymbol{u}^{(k)}-\alpha S^*(S\boldsymbol{u}^{(k)}-\boldsymbol{M})\\\boldsymbol{u}^{(k+1)}=\arg\min\limits_{\boldsymbol{u}\in\Lambda}\left\{\dfrac{1}{2\alpha}\int_\Omega\left|\boldsymbol{u}-\boldsymbol{g}^{(k)}\right|_X^2\mathrm{d}\boldsymbol{x}+\lambda\int_\Omega\left|\nabla^2\boldsymbol{u}-\nabla^2\boldsymbol{P}\right|_K\mathrm{d}\boldsymbol{x}\right\}\end{cases}\tag{8.11}$$

其中，$S^*:\boldsymbol{Y}\to\boldsymbol{X}$ 表示 S 的伴随算子；$\alpha\in(0,2/|||S|||^2)$ 为邻近迭代步长。特别地，

如式(8.11)所示，$\boldsymbol{g}^{(k)}$-子问题称为前向步骤，$\boldsymbol{u}^{(k+1)}$-子问题则称为后向步骤。

接下来，我们将讨论$\boldsymbol{u}^{(k+1)}$-子问题的求解算法。

针对$\boldsymbol{u}^{(k+1)}$-子问题的求解，我们将从原始-对偶原理的角度来设计更有效的算法。为了更方便地分析和实现算法，我们首先简记$\boldsymbol{f}=\boldsymbol{u}-\boldsymbol{P}$和$\tau=\alpha\lambda$，由于Hessian算子$\nabla^2$是线性算子，因此，$\boldsymbol{u}^{(k+1)}$-子问题可以等价表示为

$$\boldsymbol{f}^{(k+1)}=\arg\min_{\boldsymbol{f}\in\Lambda}\left\{\frac{1}{2}\int_{\Omega}\left|\boldsymbol{f}-(\boldsymbol{g}^{(k)}-\boldsymbol{P})\right|_X^2\mathrm{d}\boldsymbol{x}+\tau\int_{\Omega}\left|\nabla^2\boldsymbol{f}\right|_K\mathrm{d}\boldsymbol{x}\right\}\tag{8.12}$$

特别地，如式(8.12)所示，若将$\boldsymbol{g}^{(k)}-\boldsymbol{P}$看作含噪声的观测图像，则$\boldsymbol{f}^{(k+1)}$-子问题可以理解成基于VHFN正则化的向量值图像去噪问题。

记$\boldsymbol{z}^{(k)}=\boldsymbol{g}^{(k)}-\boldsymbol{P}$，使用定义8.1中VHFN的对偶定义，则$\boldsymbol{f}^{(k+1)}$-子问题(式(8.12))可以进一步表示为如下极小极大化问题：

$$\min_{\boldsymbol{f}\in\Lambda}\max_{\boldsymbol{q}\in K}\left\{J(\boldsymbol{f},\boldsymbol{q})=\frac{1}{2}\int_{\Omega}\left|\boldsymbol{f}-\boldsymbol{z}^{(k)}\right|_X^2\mathrm{d}\boldsymbol{x}+\tau\int_{\Omega}\left\langle\boldsymbol{f},\mathrm{div}^2\boldsymbol{q}\right\rangle_X\mathrm{d}\boldsymbol{x}\right\}\tag{8.13}$$

由于模型(8.13)中的目标泛函$J(\boldsymbol{f},\boldsymbol{q})$关于$\boldsymbol{f}$严格凸，关于$\boldsymbol{q}$严格凹，因此模型(8.13)中的求极小值和求极大值运算可以交换位置。为了求得模型(8.13)的鞍点$(\boldsymbol{f}^{(k+1)},\hat{\boldsymbol{q}})$，我们首先对变量$\boldsymbol{f}$求极小，即等价于求解如下欧拉-拉格朗日方程：

$$\boldsymbol{f}^{(k+1)}=\boldsymbol{z}^{(k)}-\tau\mathrm{div}^2\hat{\boldsymbol{q}}\tag{8.14}$$

将式(8.14)代入模型(8.13)，则$\hat{\boldsymbol{q}}$等价于求解如下有约束最大化问题：

$$\max_{\boldsymbol{q}\in K}\left\{-\frac{\tau^2}{2}\int_{\Omega}\left|\mathrm{div}^2\boldsymbol{q}\right|_X^2\mathrm{d}\boldsymbol{x}+\tau\int_{\Omega}\left\langle\boldsymbol{z}^{(k)},\mathrm{div}^2\boldsymbol{q}\right\rangle_X\mathrm{d}\boldsymbol{x}\right\}\tag{8.15}$$

进而等价于如下最小化问题：

$$\min_{\boldsymbol{q}\in K}\left\{\int_{\Omega}\left|\mathrm{div}^2\boldsymbol{q}-\boldsymbol{z}^{(k)}/\tau\right|_X^2\mathrm{d}\boldsymbol{x}\right\}\tag{8.16}$$

使用拉格朗日乘子法和最优化的必要条件，则模型(8.16)等价于在每一像素点$\boldsymbol{x}$处求解如下欧拉-拉格朗日方程：

$$\nabla^2(\mathrm{div}^2\boldsymbol{q}-\boldsymbol{z}^{(k)}/\tau)+\mu\boldsymbol{q}=\boldsymbol{0}\tag{8.17}$$

其中，μ是与约束条件$\left|\boldsymbol{q}\right|_K\leqslant 1$相关的拉格朗日乘子。特别地，若$\left|\boldsymbol{q}\right|_K<1$，则$\mu=0$和$\nabla^2(\mathrm{div}^2\boldsymbol{q}-\boldsymbol{z}^{(k)}/\tau)=\boldsymbol{0}$；反之，若$\left|\boldsymbol{q}\right|_K=1$，则$\mu=\left|\nabla^2(\mathrm{div}^2\boldsymbol{q}-\boldsymbol{z}^{(k)}/\tau)\right|_K$；从而$\mu=\left|\nabla^2(\mathrm{div}^2\boldsymbol{q}-\boldsymbol{z}^{(k)}/\tau)\right|_K$在每一像素点$\boldsymbol{x}$处都成立。

因此，模型(8.17)可以进一步表示为

$$\nabla^2(\mathrm{div}^2\boldsymbol{q}-\boldsymbol{z}^{(k)}/\tau)+\left|\nabla^2(\mathrm{div}^2\boldsymbol{q}-\boldsymbol{z}^{(k)}/\tau)\right|_K\boldsymbol{q}=\boldsymbol{0} \tag{8.18}$$

为了更有效地求解模型(8.18)，我们使用半隐式固定点迭代算法，选取 $\boldsymbol{q}^{(0)}=\boldsymbol{0}$ 和 $t>0$ ，则有

$$\boldsymbol{q}^{(n+1)}=\boldsymbol{q}^{(n)}-t\left(\nabla^2(\mathrm{div}^2\boldsymbol{q}^{(n)}-\boldsymbol{z}^{(k)}/\tau)+\left|\nabla^2(\mathrm{div}^2\boldsymbol{q}^{(n)}-\boldsymbol{z}^{(k)}/\tau)\right|_K\boldsymbol{q}^{(n+1)}\right) \tag{8.19}$$

进而有

$$\boldsymbol{q}^{(n+1)}=\frac{\boldsymbol{q}^{(n)}-t\nabla^2(\mathrm{div}^2\boldsymbol{q}^{(n)}-\boldsymbol{z}^{(k)}/\tau)}{1+t\left|\nabla^2(\mathrm{div}^2\boldsymbol{q}^{(n)}-\boldsymbol{z}^{(k)}/\tau)\right|_K} \tag{8.20}$$

即

$$\boldsymbol{q}_i^{(n+1)}=\frac{\boldsymbol{q}_i^{(n)}-t\nabla^2(\mathrm{div}^2\boldsymbol{q}_i^{(n)}-z_i^{(k)}/\tau)}{1+t\sqrt{\sum_{i=1}^{N}\left|\nabla^2(\mathrm{div}^2\boldsymbol{q}_i^{(n)}-z_i^{(k)}/\tau)\right|^2}},\quad i=1,2,\cdots,N \tag{8.21}$$

理论上，$\boldsymbol{q}^{(n+1)}$ 收敛于模型(8.15)的解 $\hat{\boldsymbol{q}}$ ，则 $\hat{\boldsymbol{q}}$ 可以表示为

$$\hat{\boldsymbol{q}}=\lim_{n\to\infty}\boldsymbol{q}^{(n+1)} \tag{8.22}$$

联合式(8.12)、式(8.14)、式(8.20)和式(8.22)，则 $\boldsymbol{u}^{(k+1)}$ -子问题(式(8.11))的解可表示为

$$\boldsymbol{u}^{(k+1)}=\boldsymbol{f}^{(k+1)}+\boldsymbol{P}=\boldsymbol{g}^{(k)}-\tau\mathrm{div}^2\hat{\boldsymbol{q}} \tag{8.23}$$

综上所述，对于提出的 SHFGVP 模型，本章在算子分裂框架下设计的前向后向分裂算法如算法 8.1 所示。

算法 8.1 SHFGVP 模型的前向后向分裂算法

输入：低分辨率多光谱图像 $\boldsymbol{M}$ ，全色图像 P 和向量值图像 $\boldsymbol{P}$ ，$\alpha\in(0,2/|||S|||^2)$ ，
λ ，$\tau=\alpha\lambda$ ，$t>0$ ，Inneriter 和 Maxiter 。

初始化：$k=1$ ，$n=0$ ，$\boldsymbol{u}^{(1)}$ ，$\boldsymbol{q}^{(0)}=\boldsymbol{0}$ 。

迭代：

for $k=1$ **to** Maxiter **do**

$\boldsymbol{g}^{(k)}=\boldsymbol{u}^{(k)}-\alpha S^*(S\boldsymbol{u}^{(k)}-\boldsymbol{M})$;

$\boldsymbol{z}^{(k)}=\boldsymbol{g}^{(k)}-\boldsymbol{P}$;

for $n=0$ **to** Inneriter -1 **do**

$\boldsymbol{q}^{(n+1)}=\dfrac{\boldsymbol{q}^{(n)}-t\nabla^2(\mathrm{div}^2\boldsymbol{q}^{(n)}-\boldsymbol{z}^{(k)}/\tau)}{1+t\left|\nabla^2(\mathrm{div}^2\boldsymbol{q}^{(n)}-\boldsymbol{z}^{(k)}/\tau)\right|_K}$;

end for

$$\boldsymbol{u}^{(k+1)} = \boldsymbol{g}^{(k)} - \tau \mathrm{div}^2 \boldsymbol{q}^{(\text{Inneriter})};$$

end for

输出：高分辨率多光谱图像 $\boldsymbol{u}$，即模型(8.10)的解。

8.4 实验结果与分析

8.4.1 实验数据集和实验设置

为了验证本章 SHFGVP 方法的有效性，我们在 GeoEye-1、QuickBird、WorldView-2 和 Pléiades 等卫星提供的全色图像和多光谱图像数据集上进行实验。接下来我们简单介绍以上四种卫星数据集的基本信息，具体如下。

(1) GeoEye-1 数据集：GeoEye-1 卫星提供空间分辨率为 0.5m 的全色图像和空间分辨率为 2m 的多光谱图像(包含蓝、绿、红和近红外等四个波段)。

(2) QuickBird 数据集：QuickBird 卫星提供空间分辨率为 0.61m 的全色图像和空间分辨率为 2.44m 的多光谱图像(包含蓝、绿、红和近红外等四个波段)。

(3) WorldView-2 数据集：WorldView-2 卫星提供空间分辨率为 0.5m 的全色图像和空间分辨率为 1.8m 的多光谱图像(包含蓝、绿、红、近红外-1、海岸、黄、红边和近红外-2 等八个波段)。

(4) Pléiades 数据集：Pléiades 卫星提供空间分辨率为 0.5m 的全色图像和空间分辨率为 2m 的多光谱图像(包含蓝、绿、红和近红外等四个波段)。

首先，为了系统地测试本章 SHFGVP 方法的性能，我们在 GeoEye-1、QuickBird、WorldView-2 和 Pléiades 等卫星数据集上分别进行了两类实验：仿真数据实验和真实数据实验。在仿真数据实验中，我们将原始分辨率的多光谱图像当作仿真的高分辨率多光谱图像，即参考图像。同时根据 Wald 协议[17]，将原始分辨率的多光谱图像和全色图像分别进行空间分辨率退化，包含调制传递函数(MTF)滤波和采样因子为 4 的下采样操作，从而产生仿真的低分辨率多光谱图像和全色图像数据集。而在真实数据实验中，原始分辨率的多光谱图像和全色图像即为测试数据集，此时并没有高分辨率多光谱图像作为参考图像。

然后，我们将本章 SHFGVP 方法与以下几种具有代表性的方法进行比较，包括 AIHS[18]、PCA[19]、BT[20]、小波(Wavelet)[21]、AWLP[22]加性注入模型的 GLP[23]、基于抠图模型的 MMP(Matting Model-Based Pansharpening)[24]、P+XS[1]、AVWP[2]和 DTV[3]等方法。其中，AWLP 方法获得了 2006 年 IEEE 数据融合竞赛第一名。特别地，开源软件集成了 AIHS、PCA、BT、Wavelet 和 P+XS 等方法的实现代码，而 MMP 方法的实现代码可通过网址 http://xudongkang.weebly.com 下载。特别地，

我们在 Wavelet 方法中使用“Haar”小波，且分解水平 $L=2$ 。为了体现算法比较的公平性，所有方法中的参数均设置为默认参数。同时，我们将全色图像和多光谱图像的亮度值范围均归一化至[0,1]。实验所采用的计算机硬件环境为 Intel Xeon CPU 2.67GHz、内存 4GB，软件环境为 Microsoft Windows 7、MATLAB 7.10。

最后，我们使用定性分析法和定量分析法来评价融合方法的性能，即评价融合结果的好与坏。定性分析法又称为主观分析法，即利用人类视觉系统直接观察融合结果进行分析的方法，通过观察融合图像的空间结构细节和颜色变化程度来分析不同融合方法的好坏，该方法简单实用。定量分析法又称为客观分析法，即通过客观指标来评价融合结果的质量，稳定性高。

8.4.2　参数选取

对于本章 SHFGVP 方法的参数选取问题，如算法 8.1 所描述，我们在实验中分别选取 $\alpha=1$ ，$t=1/64$ [8]，Inneriter $=10$ 和 Maxiter $=100$ 。特别地，如图 8.12 所示，最大迭代次数 Maxiter $=100$ 足以保证 SHFGVP 算法取得优越的融合结果。而对于正则化参数 λ 的选取，常用的方法有经验法、广义交叉验证法和 L 曲线法等。在本章中，为了方便起见，我们使用经验法选取正则化参数 λ ，以使得融合结果在 SAM 和 RMSE 指标之间达到最优效果。为了选取最优参数 λ ，我们在许多数据集上(图 8.4、图 8.6、图 8.8 和图 8.10)进行了大量实验，同时图 8.3 显示了 SHFGVP 方法在这些数据集上的平均 SAM 和 RMSE 结果与 λ 之间的关系图。如图 8.3 所示，我们发现本章 SHFGVP 方法对于 λ 的选取不是特别敏感，$\lambda\in[0.5\times10^{-3}, 1.5\times10^{-3}]$ 都可以接受。因此，在本章实验中，我们选取 $\lambda=1.3\times10^{-3}$ 为默认参数。

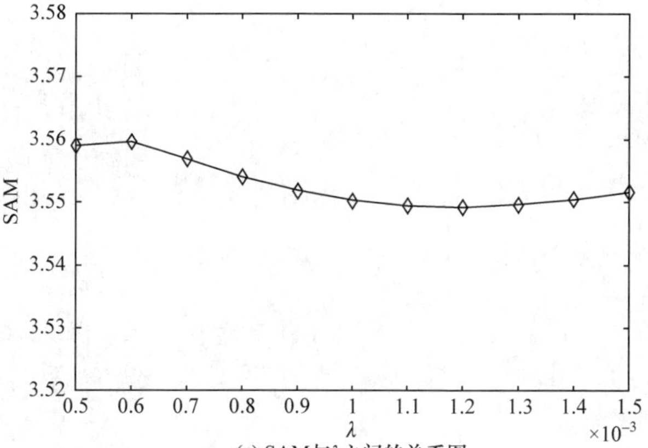

(a) SAM与λ之间的关系图

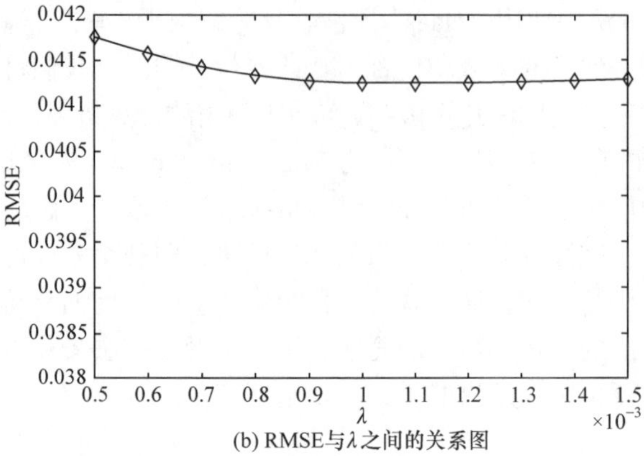

(b) RMSE与λ之间的关系图

图 8.3　SHFGVP 方法在图 8.4、图 8.6、图 8.8 和图 8.10 中数据集上的平均 SAM 和 RMSE 结果与 λ 之间的关系图

8.4.3　仿真数据实验

在本节中，我们分别在 GeoEye-1、WorldView-2 和 Pléiades 等仿真数据集上进行仿真实验来验证本章 SHFGVP 方法的有效性。其中，测试数据集包含了多种不同类型的地物目标，如土地、草坪、树木、水体、植被、游泳池、建筑和道路等。图 8.4～图 8.9 分别显示了不同方法在这些测试数据集上的融合结果。同时，表 8.1～表 8.3 分别给出了相应的客观评价指标的对比结果。在实验中，为了视觉上方便比较，我们只显示多光谱图像的红、绿、蓝三个波段。

(a) 参考高分辨率多光谱图像　(b) 全色图像(大小:256像素×256像素)　(c) 低分辨率多光谱图像

(d) AIHS方法　(e) PCA方法　(f) BT方法

(g) Wavelet方法

(h) AWLP方法

(i) GLP方法

(j) MMP方法

(k) P+XS方法

(l) AVWP方法

(m) DTV方法

(n) SHFGVP方法

图 8.4　各方法在仿真 GeoEye-1 数据集上的融合结果比较

(a) AIHS方法

(b) PCA方法

(c) BT方法

(d) Wavelet方法

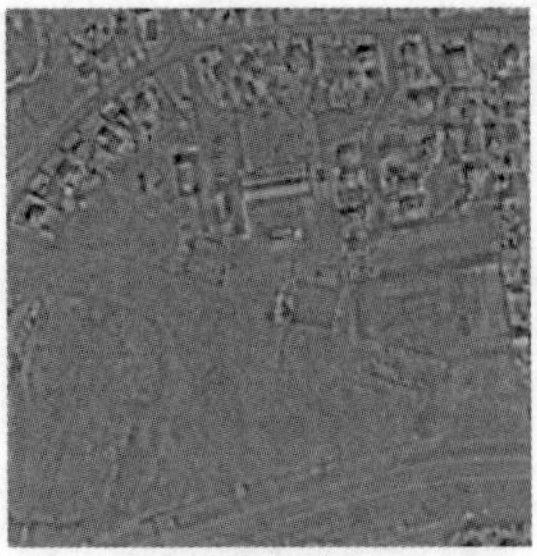

(e) AWLP方法

(f) GLP方法

(g) MMP方法

(h) P+XS方法

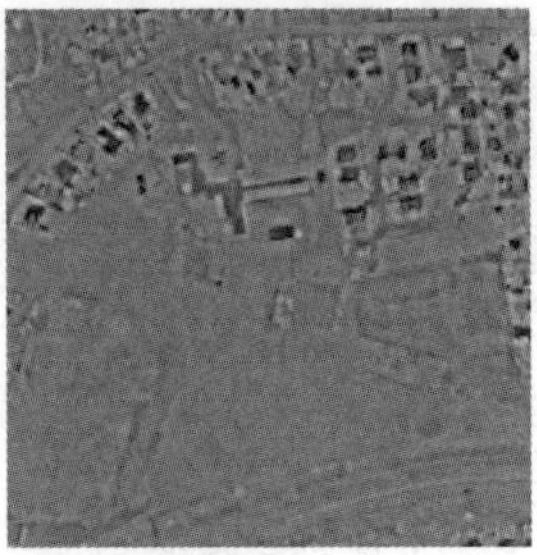

(i) AVWP方法

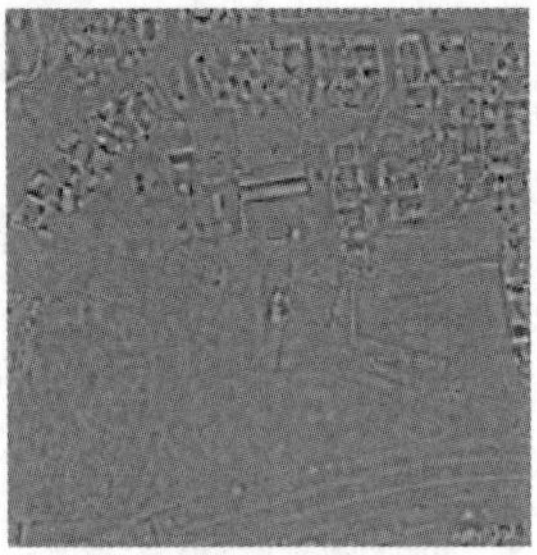

(j) DTV方法

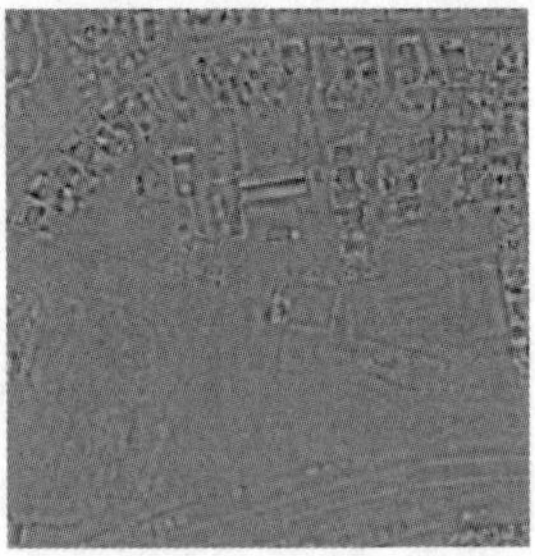

(k) SHFGVP方法

图 8.5　各方法在仿真 GeoEye-1 数据集上的融合图像与参考图像之间的残差图像比较

表 8.1　不同方法在仿真 GeoEye-1 数据集上融合结果的定量指标比较

方法	指标					
	SAM	ERGAS	CC	Qave	RMSE	Q4
AIHS[18]	3.4414	2.5427	0.9467	0.8008	0.0509	0.7495
PCA[19]	7.1463	5.9725	0.6531	0.5449	0.1184	0.5173
BT[20]	3.3784	3.9339	0.8624	0.7891	0.0801	0.6898
Wavelet[21]	3.9262	2.9911	0.9230	0.7566	0.0599	0.7281
AWLP[22]	3.4183	2.6286	0.9413	0.8006	0.0527	0.7505
GLP[23]	3.2233	2.6322	0.9444	0.8240	0.0527	0.7552
MMP[24]	3.2652	2.6138	0.9432	0.8035	0.0521	0.7492
P+XS[1]	3.7646	2.9110	0.9280	0.7793	0.0581	0.7308
AVWP[2]	3.5304	2.7447	0.9387	0.7897	0.0549	0.7380
DTV[3]	3.1165	2.2283	0.9582	0.8189	0.0446	0.7651
SHFGVP	**3.0086**	**2.1566**	**0.9609**	**0.8319**	**0.0431**	**0.7699**

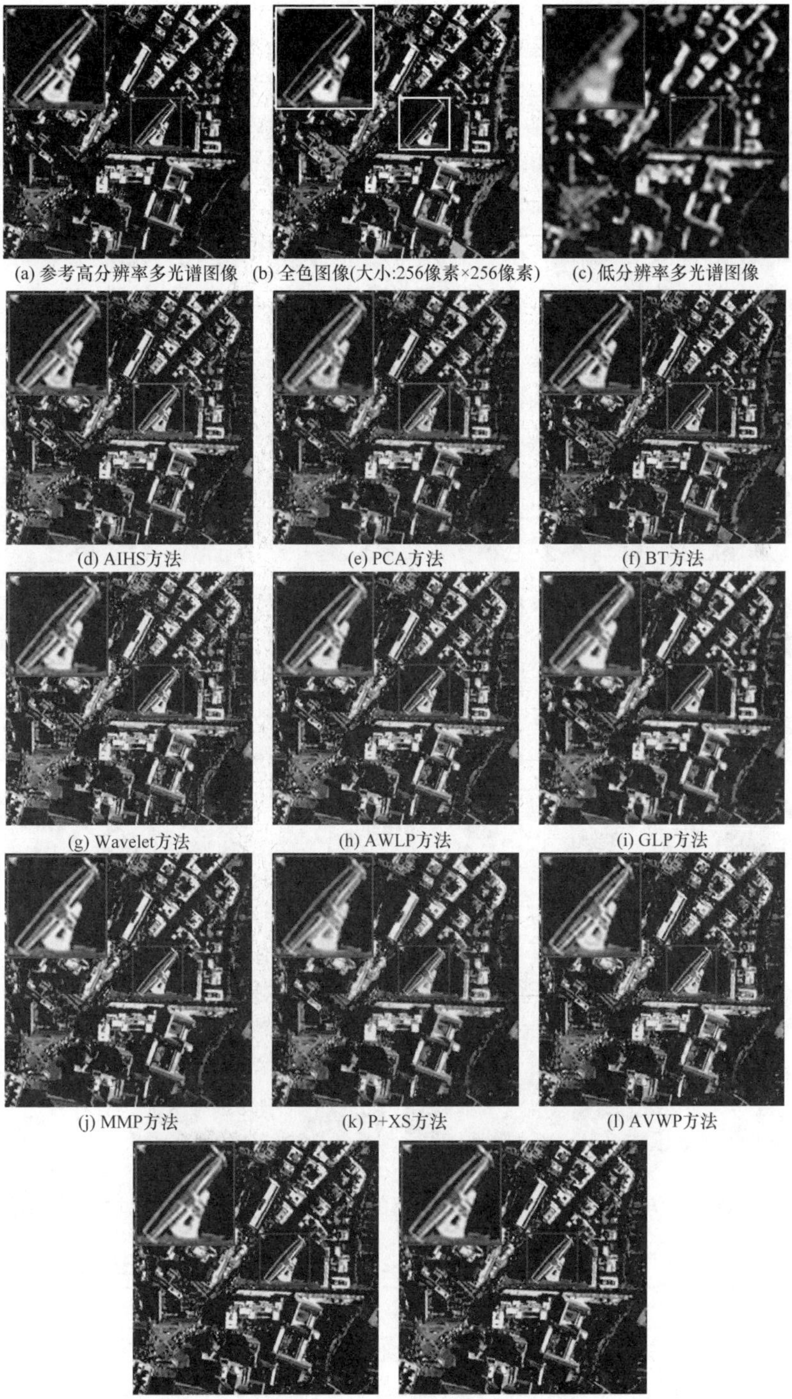

(a) 参考高分辨率多光谱图像　(b) 全色图像(大小:256像素×256像素)　(c) 低分辨率多光谱图像

(d) AIHS方法　(e) PCA方法　(f) BT方法

(g) Wavelet方法　(h) AWLP方法　(i) GLP方法

(j) MMP方法　(k) P+XS方法　(l) AVWP方法

(m) DTV方法　(n) SHFGVP方法

图 8.6　各方法在仿真 WorldView-2 数据集上的融合结果比较(见彩图)

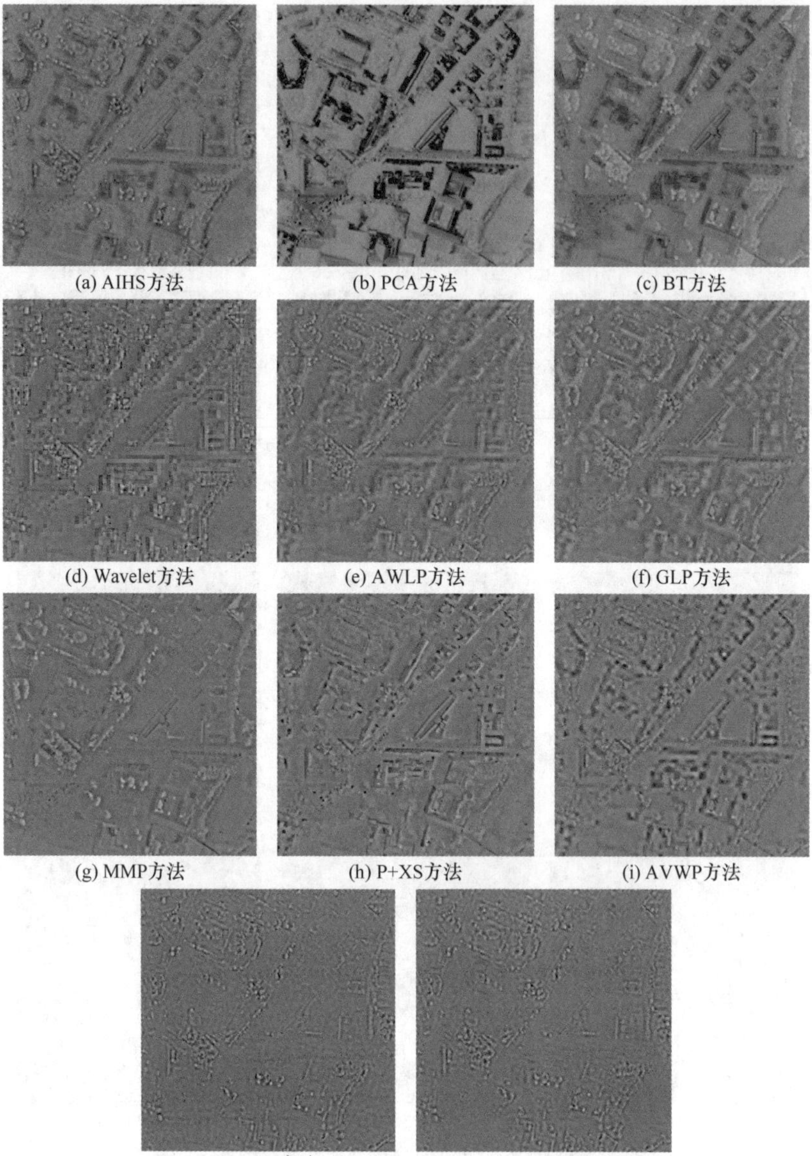

(a) AIHS方法　(b) PCA方法　(c) BT方法

(d) Wavelet方法　(e) AWLP方法　(f) GLP方法

(g) MMP方法　(h) P+XS方法　(i) AVWP方法

(j) DTV方法　(k) SHFGVP方法

图 8.7　各方法在仿真 WorldView-2 数据集上的融合图像与参考图像之间的残差图像比较

表 8.2　不同方法在仿真 WorldView-2 数据集上融合结果的定量指标比较

方法	指标					
	SAM	ERGAS	CC	Qave	RMSE	Q4
AIHS[18]	4.0290	3.4313	0.9711	0.8962	0.0523	0.8412
PCA[19]	5.9551	7.6212	0.9224	0.8778	0.1116	0.6519
BT[20]	4.6984	4.3552	0.9432	0.8705	0.0682	0.8186

续表

方法	指标					
	SAM	ERGAS	CC	Qave	RMSE	Q4
Wavelet[21]	4.4471	3.9619	0.9498	0.8741	0.0619	0.8312
AWLP[22]	3.9607	3.4649	0.9636	0.8954	0.0529	0.8449
GLP[23]	3.6594	3.3114	0.9715	**0.9200**	0.0494	0.8511
MMP[24]	**2.8563**	2.6361	0.9794	0.9103	0.0399	0.8582
P+XS[1]	3.5310	3.9126	0.9584	0.9100	0.0574	0.8351
AVWP[2]	4.7533	4.2595	0.9513	0.8747	0.0641	0.8207
DTV[3]	3.3520	2.4737	0.9792	0.9116	0.0403	0.8588
SHFGVP	3.0968	**2.3827**	**0.9805**	0.9154	**0.0390**	**0.8601**

(a) 参考高分辨率多光谱图像

(b) 全色图像(大小：400像素×400像素)

(c) 低分辨率多光谱图像

(d) AIHS方法

(e) PCA方法

(f) BT方法

(g) Wavelet方法

(h) AWLP方法

(i) GLP方法

(j) MMP方法

(k) P+XS方法

(l) AVWP方法

(m) DTV方法

(n) SHFGVP方法

图 8.8 各方法在仿真 Pléiades 数据集上的融合结果比较(见彩图)

(a) 参考高分辨率多光谱图像

(b) AIHS方法

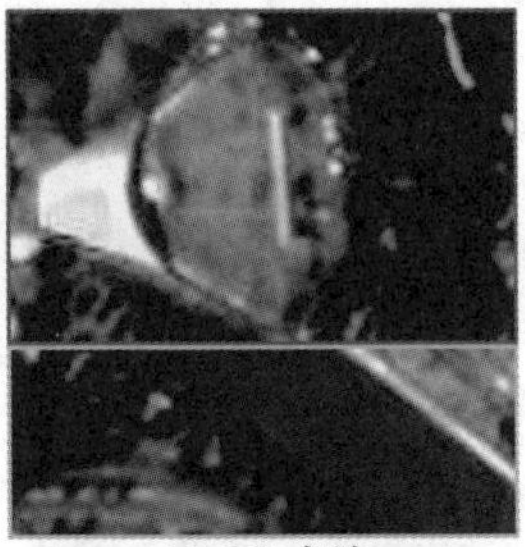

(c) PCA方法

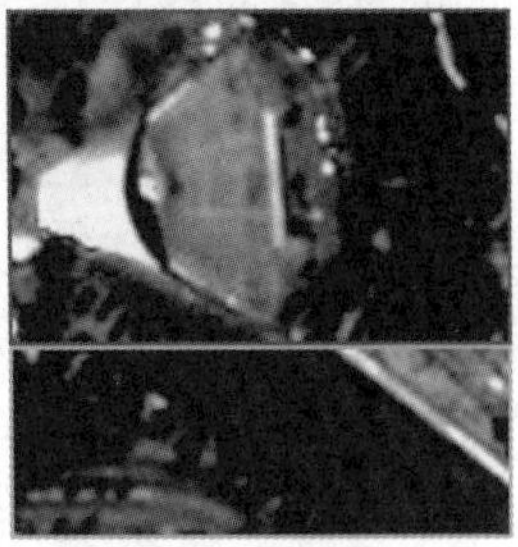

(d) BT方法

(e) Wavelet方法

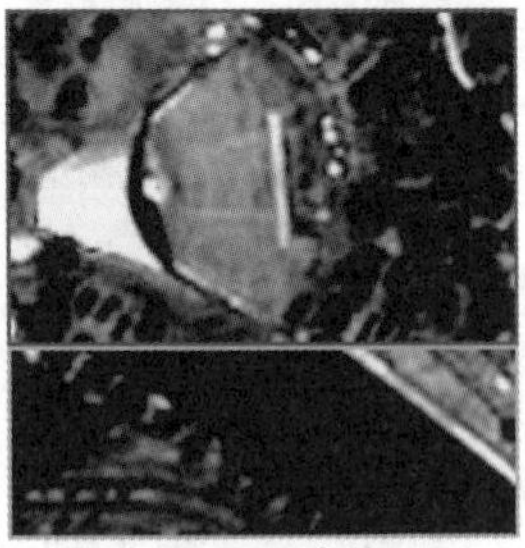

(f) AWLP方法

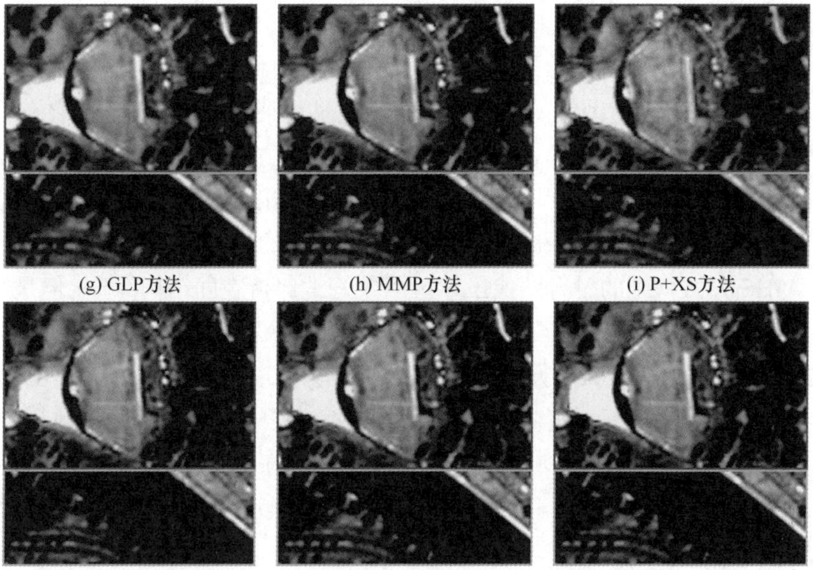

(g) GLP方法　(h) MMP方法　(i) P+XS方法

(j) AVWP方法　(k) DTV方法　(l) SHFGVP方法

图 8.9　各方法在仿真 Pléiades 数据集上融合结果的局部放大图比较(见彩图)

表 8.3　不同方法在仿真 Pléiades 数据集上融合结果的定量指标比较

方法	指标					
	SAM	ERGAS	CC	Qave	RMSE	Q4
AIHS[18]	3.4852	2.4243	0.9723	0.9000	0.0452	0.7749
PCA[19]	5.1141	5.2326	0.8995	0.8755	0.0907	0.6575
BT[20]	3.6436	3.9500	0.9289	0.8789	0.0717	0.7313
Wavelet[21]	4.3318	3.0838	0.9537	0.8628	0.0573	0.7535
AWLP[22]	3.5043	2.6172	0.9676	0.8995	0.0483	0.7728
GLP[23]	3.7637	2.8798	0.9636	0.8885	0.0535	0.7690
MMP[24]	4.0341	2.5337	0.9678	0.8843	0.0483	0.7664
P+XS[1]	4.2451	2.9899	0.9572	0.8703	0.0553	0.7562
AVWP[2]	3.9423	3.0351	0.9612	0.8834	0.0545	0.7549
DTV[3]	3.2046	2.0337	0.9792	0.9143	0.0387	0.7850
SHFGVP	**2.9361**	**1.9227**	**0.9814**	**0.9230**	**0.0366**	**0.7877**

图 8.4 显示了各方法在仿真 GeoEye-1 数据集上的融合结果。图 8.4(a)为原始的空间分辨率为 2m 的 GeoEye-1 多光谱图像，被当作参考的高分辨率多光谱图像，即参考图像。图 8.4(b)为仿真的空间分辨率为 2m 的 GeoEye-1 全色图像。图 8.4(c)为仿真的空间分辨率为 8m 的 GeoEye-1 低分辨率多光谱图像。图 8.4(d)～

(n)分别为 AIHS、PCA、BT、Wavelet、AWLP、GLP、MMP、P+XS、AVWP、DTV 和本章 SHFGVP 方法的融合图像。如图 8.4 所示，我们发现所有的 11 种方法都可以很好地提高多光谱图像的空间分辨率。通过仔细观察得到的融合图像，并与参考图像(图 8.4(a))进行对比，我们不难发现 PCA 方法和 BT 方法不仅提高空间分辨率的效果不够，而且特别是在草坪和土地区域出现了严重的色彩变化现象，即光谱信息失真现象。Wavelet 方法特别是在草坪的边界区域出现了严重的块状效应。AIHS 方法得到的融合图像虽然可以较好地保持空间结构信息，但是光谱信息保持能力较弱，如在土地区域也出现了一些色彩失真。AWLP 方法和 GLP 方法都可以较好地消除 Wavelet 方法所出现的块状效应，但是它们在土地区域也出现了不同程度的色彩失真。如图 8.4(j)所示，MMP 方法在草坪和土地区域出现了一些色彩失真，同时在草坪区域出现了空间细节模糊的现象。P+XS 方法出现了明显的空间结构细节模糊现象。AVWP 方法可以得到较好的融合图像，但是其同样会出现一些块状效应。DTV 方法可以得到高光谱质量且高空间质量的融合图像。相比之下，本章 SHFGVP 方法得到了最好的融合图像，不仅可以保持高分辨率的光谱信息，而且可以保持高分辨率的空间结构信息。

为了视觉上更加明显地比较各方法的融合结果，我们显示了各方法的融合图像与参考高分辨率多光谱图像之间的残差图像，如图 8.5 所示。特别地，为了达到方便显示和清晰比较残差图像的目的，实验中，残差图像的计算表达式为 $\hat{\boldsymbol{u}}-\boldsymbol{u}+0.5$，其中，$\hat{\boldsymbol{u}}$ 表示融合图像，$\boldsymbol{u}$ 表示参考图像。如图 8.5 所示，我们可以清楚看到，本章 SHFGVP 方法在绝大部分图像区域出现最低程度的光谱失真和空间结构丢失现象(图 8.5(k))，而其他方法都出现更大程度的光谱失真和空间结构丢失现象(图 8.5(a)～(j))。

图 8.6 显示了各方法在仿真 WorldView-2 数据集上的融合结果。图 8.7 则显示了对应的融合图像与参考图像之间的残差图像。如图 8.6 和图 8.7 所示，我们可以清晰看见 AIHS、PCA、BT、Wavelet、AWLP、GLP、MMP、P+XS 和 AVWP 方法都出现不同程度的光谱失真现象、空间模糊现象或块状效应。DTV 方法可以取得较好且令人满意的融合结果。如图 8.7(k)所示，本章 SHFGVP 方法表现出最好的融合结果，出现最低程度的光谱失真和空间结构丢失现象。特别地，为了更明显地比较各个方法在空间结构保持方面上的差异性，图 8.6(红色矩形框，对应于图像中的建筑屋顶区域)同时显示了各方法得到的融合图像的局部区域放大图。与图 8.6(a)中的红色矩形区域比较可知，Wavelet 方法出现了明显的块状效应，AVWP 方法同样出现了一些块状效应，而 AWLP 方法、GLP 方法和 MMP 方法出现了一些混叠效应和振铃效应，P+XS 方法出现了严

重的空间模糊现象。AIHS 方法、PCA 方法和 BT 方法不仅出现了严重的颜色失真，而且不能较好地保持建筑屋顶的边缘。DTV 方法可以较好地保持建筑屋顶的边缘。特别地，如图 8.6(n)所示，与其他方法相比，本章 SHFGVP 方法可以保持建筑屋顶的边缘更加锐利，同时表现出与参考图像和全色图像基本一致的空间结构信息。

图 8.8 显示了各方法在仿真 Pléiades 数据集上的融合结果。同时，为了空间局部细节保持效果的比较，图 8.9 显示了各个方法对应的局部区域放大图。其中，局部区域见图 8.8(a)中的红色矩形区域和绿色矩形区域。特别地，各方法表现出与图 8.4、图 8.6 中类似的融合效果。如图 8.9(l)所示，相比于其他方法，本章 SHFGVP 方法可以保持融合图像的边缘更加锐利。

基于上述例子，我们总结出本章 SHFGVP 方法在保持光谱信息和空间结构信息方面可以取得较好的视觉融合效果。因此，上述例子充分说明了本章 SHFGVP 方法对于融合问题的有效性。

最后，表 8.1～表 8.3 分别给出了各方法在图 8.4、图 8.6 和图 8.8 中得到的各项客观评价指标对比结果，其中，我们使用粗体字标注每个评价指标的最优结果。如表 8.1～表 8.3 所列，除了图 8.6 中 MMP 方法给出最好的 SAM 结果和 GLP 给出最好的 Qave 结果，本章 SHFGVP 方法都取得最好的 SAM、ERGAS、CC、Qave、RMSE 和 Q4 结果，从而说明本章 SHFGVP 方法表现出最好的融合质量，即光谱质量和空间质量。因此，这些融合例子进一步说明了本章 SHFGVP 方法的有效性。

8.4.4　真实数据实验

本节分别在 WorldView-2 和 QuickBird 等真实数据集上直接进行实验来验证本章 SHFGVP 方法的有效性。

图 8.10 显示了各方法在真实 WorldView-2 数据集上的融合结果。图 8.10(a)为原始的低分辨率 WorldView-2 多光谱图像。图 8.10(b)为原始的高分辨率 WorldView-2 全色图像。图 8.10(c)～(m)分别为 AIHS、PCA、BT、Wavelet、AWLP、GLP、MMP、P+XS、AVWP、DTV 和本章 SHFGVP 方法的融合图像。如图 8.10 所示，与图 8.10(a)中的低分辨率多光谱图像相比，我们可以发现 PCA 方法、AIHS 方法和 BT 方法特别在草地和建筑屋顶区域出现了明显的颜色失真现象。Wavelet 方法特别在建筑屋顶和道路的边界区域出现了严重的块状效应。P+XS 方法特别在建筑屋顶和道路区域出现了明显的空间细节模糊现象。AWLP 方法、GLP 方法、MMP 方法、AVWP 方法和 DTV 方法都可以得到较好的融合效果，有效地避免了

颜色失真和空间信息丢失现象。特别地，本章 SHFGVP 方法得到的融合图像不仅在空间结构上与全色图像基本保持一致，而且较好地保持了低分辨率多光谱图像中的光谱信息。同时，与其他方法相比，本章 SHFGVP 方法可以保持融合图像中的边缘细节更加清晰和锐利。

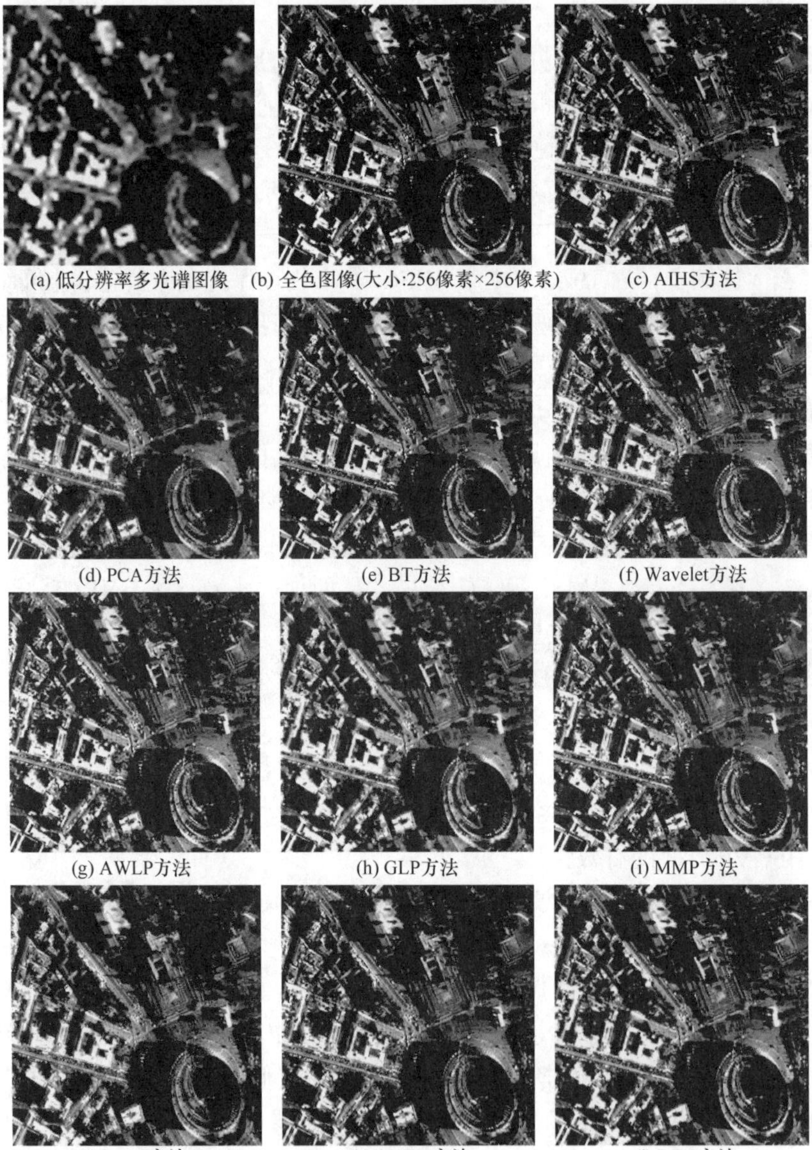

(a) 低分辨率多光谱图像　(b) 全色图像(大小:256像素×256像素)　(c) AIHS方法

(d) PCA方法　(e) BT方法　(f) Wavelet方法

(g) AWLP方法　(h) GLP方法　(i) MMP方法

(j) P+XS方法　(k) AVWP方法　(l) DTV方法

(m) SHFGVP方法

图 8.10　各方法在真实 WorldView-2 数据集上的融合结果比较

图 8.11 显示了各方法在真实 QuickBird 数据集上的融合结果。为了突出各方法对空间结构细节保持的效果，图 8.11 同时显示了各方法融合结果的局部区域放大图。其中，局部区域见图 8.11(a)中的红色矩形区域。特别地，各方法表现出与真实 WorldView-2 数据实验中类似的融合效果。

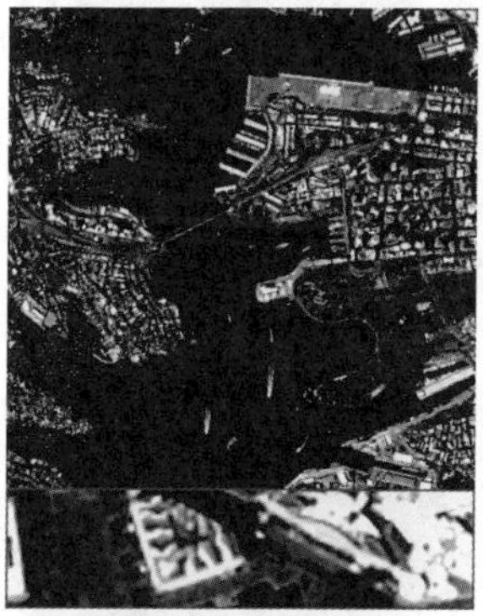

(a) 低分辨率多光谱图像

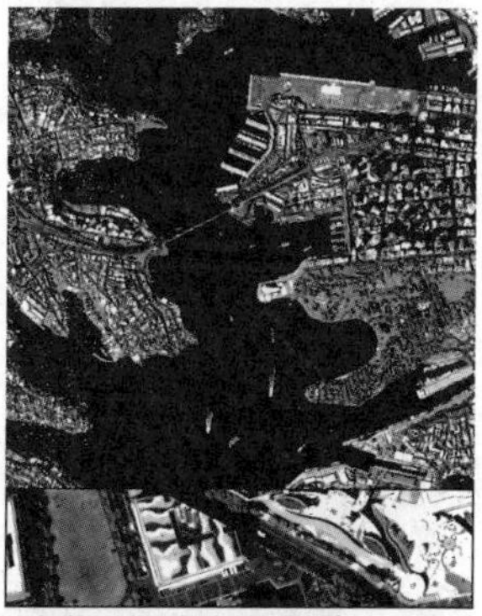

(b) 全色图像(大小:256像素×256像素)

(c) AIHS方法

(d) PCA方法

(e) BT方法

(f) Wavelet方法

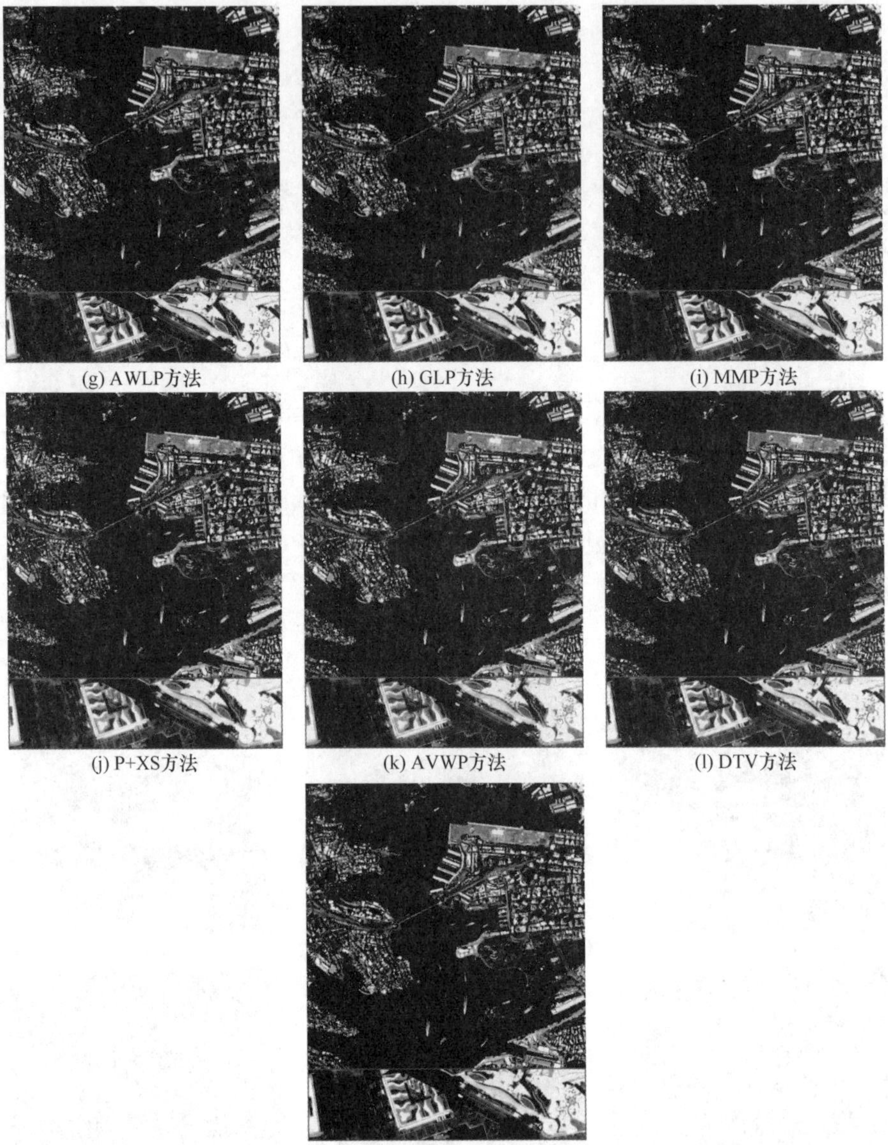

(g) AWLP方法 (h) GLP方法 (i) MMP方法

(j) P+XS方法 (k) AVWP方法 (l) DTV方法

(m) SHFGVP方法

图 8.11 各方法在真实 QuickBird 数据集上的融合结果比较(见彩图)

最后，表 8.4 和表 8.5 分别列出了各方法在 WorldView-2 和 QuickBird 真实数据上对应的客观评价指标结果，即 QNR、D_λ 和 D_s 结果。如表 8.4 所示，本章 SHFGVP 方法给出最好的 D_λ、D_s 和 QNR 结果。如表 8.5 所列，AIHS 给出最好的 D_λ 结果，本章 SHFGVP 方法给出最好的 D_s 和 QNR 结果。由此可以看出，本章 SHFGVP 方法得到的全局图像质量指标 QNR 结果是最好的，进而说明了本章

SHFGVP 方法的融合效果最好。因此，这些真实数据实验结果充分表明了本章 SHFGVP 方法的有效性。

表 8.4　不同方法在真实 WorldView-2 数据集上融合结果的定量指标比较

方法	指标		
	D_λ	D_s	QNR
AIHS[18]	0.0540	0.0473	0.9012
PCA[19]	0.0219	0.1628	0.8188
BT[20]	0.0353	0.0785	0.8891
Wavelet[21]	0.0677	0.0654	0.8713
AWLP[22]	0.0606	0.0404	0.9015
GLP[23]	0.0337	0.0267	0.9404
MMP[24]	0.0436	0.0835	0.8766
P+XS[1]	0.0659	0.0466	0.8906
AVWP[2]	0.0479	0.0343	0.9195
DTV[3]	0.0297	0.0445	0.9271
SHFGVP	**0.0180**	**0.0241**	**0.9583**

表 8.5　不同方法在真实 QuickBird 数据集上融合结果的定量指标比较

方法	指标		
	D_λ	D_s	QNR
AIHS[18]	**0.0162**	0.0413	0.9432
PCA[19]	0.1321	0.1230	0.7611
BT[20]	0.0279	0.0725	0.9016
Wavelet[21]	0.0472	0.0454	0.9095
AWLP[22]	0.0461	0.0478	0.9082
GLP[23]	0.0458	0.0489	0.9076
MMP[24]	0.0454	0.0506	0.9063
P+XS[1]	0.0575	0.1096	0.8392
AVWP[2]	0.0597	0.0654	0.8787
DTV[3]	0.0291	0.0379	0.9341
SHFGVP	0.0232	**0.0110**	**0.9661**

8.4.5　计算效率分析与比较

为了评价本章 SHFGVP 方法的计算效率，我们综合计算时间代价和算法收敛速度两方面因素，进一步将本章 SHFGVP 方法与 P+XS、AVWP 和 DTV 等变分方法进行比较。

一方面，从算法运行时间方面来说明变分融合方法的效率，我们将本章 SHFGVP 方法、P+XS 方法、AVWP 方法和 DTV 方法分别在图 8.4、图 8.6、图 8.8 和图 8.10 中的数据集上进行实验，并记录下各个方法的平均运行时间(表 8.6)。由表 8.6 可以看出，DTV 方法需要的时间最少，即计算代价最小，本章 SHFGVP

方法需要的时间第二少。特别地，本章 SHFGVP 方法需要的时间远比 P+XS 方法和 AVWP 方法需要的时间少。相比于基于梯度特征一致性的 P+XS、AVWP 和 DTV 模型(仅考虑了图像的一阶导数信息)，尽管在模型复杂度层面上本章 SHFGVP 模型(考虑了图像的二阶导数信息)更加复杂，但是由于本章 SHFGVP 方法使用了算子分裂算法，在运行时间比较层面上本章 SHFGVP 方法同样具有优势和竞争力。进而说明了本章 SHFGVP 方法的高效性。

表 8.6 不同变分融合方法的平均运行时间比较

方法	P+XS[1]	AVWP[2]	DTV[3]	SHFGVP
运行时间/s	72.3926	54.2631	**15.3343**	34.8626

另一方面，从算法收敛速度和融合精确度方面来说明变分融合方法的效率，图 8.12 显示了 P+XS、AVWP、DTV 和 SHFGVP 方法在图 8.4 上的相对误差与迭代次数的关系图。其中，相对误差的表达式为 $\|\boldsymbol{u}^{(k)}-\boldsymbol{u}\|/\|\boldsymbol{u}\|$，$\boldsymbol{u}^{(k)}$ 表示第 k 次迭代时的融合图像，$\boldsymbol{u}$ 表示参考图像。如图 8.12 所示，本章 SHFGVP 方法给出最小的相对误差，同时表现出最快的收敛速度，仅需要 100 次迭代即可取得最好的融合结果(即最小的相对误差)，该融合结果要远比 P+XS 方法和 AVWP 方法的融合结果更加精确，同时也稍微比 DTV 方法的融合结果精确。相比于 P+XS 方法和 AVWP 方法，DTV 方法表现出更快的收敛速度，大约需要 150 次迭代即可取得更小的相对误差。然而，与本章 SHFGVP 方法相比，P+XS 方法和 AVWP 方法不仅给出更差的相对误差结果，而且表现出更慢的收敛速度，至少需要 500 次迭代才能达到收敛。因此，本章 SHFGVP 方法在计算效率上要优于 P+XS 方法、AVWP 方法和 DTV 方法。

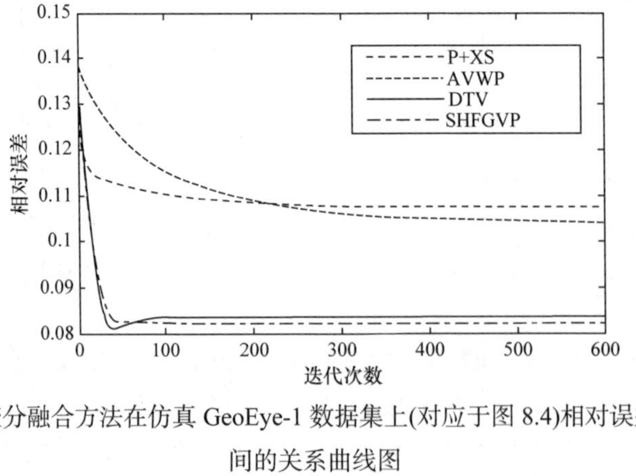

图 8.12 不同变分融合方法在仿真 GeoEye-1 数据集上(对应于图 8.4)相对误差与迭代次数之间的关系曲线图

8.5 本章小结

为了从观测的低分辨率多光谱图像和高分辨率全色图像中获得潜在的高分辨率多光谱图像，本章提出了一种空间 Hessian 特征驱动的变分融合模型(即 SHFGVP 模型)。该模型包含一个基于观测模型的光谱信息保真项和一个 Hessian 特征驱动的空间信息保持项，同时通过耦合处理多光谱图像的所有波段能够充分利用不同波段之间的内在关系，有利于空间结构信息和光谱信息的保持。在 SHFGVP 模型中，低分辨率多光谱图像与高分辨率多光谱图像之间的关系被建模成基于观测模型的光谱信息保真项。同时，全色图像和高分辨率多光谱图像都是描述同一场景的遥感图像并具有很强的空间几何结构一致性，因此，将高分辨率多光谱图像与全色图像之间的关系建模为空间 Hessian 特征一致性，并提出了一个基于 VHFN 的空间信息保持项(即 Hessian 特征驱动的空间信息保持项)，来同时刻画高分辨率多光谱图像与全色图像之间的空间 Hessian 特征一致性以及高分辨率多光谱图像不同波段之间的内在相关性，实现全色图像的空间结构信息融入高分辨率多光谱图像。在算子分裂框架下，设计了 SHFGVP 模型的高效求解算法。大量实验结果(包括仿真数据实验结果和真实数据实验结果)充分验证了本章 SHFGVP 方法的有效性，同时表明了本章 SHFGVP 方法在主观视觉效果、客观质量评价和计算效率等方面优于其他方法，取得了较好的融合效果。

参考文献

[1] Ballester C, Caselles V, Igual L, et al. A variational model for P+XS image fusion. International Journal of Computer Vision, 2006, 69(1):43-58.

[2] Moeller M, Wittman T, Bertozzi A L, et al. A variational approach for sharpening high dimensional images. SIAM Journal on Imaging Sciences, 2012, 5(1): 150-178.

[3] Chen C, Li Y, Liu W, et al. Image fusion with local spectral consistency and dynamic gradient sparsity. Proceedings of the IEEE International Conference on Computer Vision and Pattern Recognition, Columbus, 2014: 2760-2765.

[4] Liu P, Xiao L, Zhang J, et al. Spatial-Hessian-Feature-Guided variational model for PAN-sharpening. IEEE Transactions on Geoscience and Remote Sensing, 2016, 54(4): 2235-2253.

[5] 刘鹏飞. 图像恢复与 PAN-sharpening 的高阶变分模型及算法. 南京: 南京理工大学, 2016.

[6] Lysaker M, Lundervold A, Tai X C. Noise removal using fourth-order partial differential equation with applications to medical magnetic resonance images in space and time. IEEE Transactions on Image Processing, 2013, 12, (12): 1579-1590.

[7] Chen H, Song J, Tai X C. A dual algorithm for minimization of the LLT model. Advances in Computational Mathematics, 2009, 31:115-130.

[8] Lefkimmiatis S, Bourquard A, Unser M. Hessian-based norm regularization for image restoration

with biomedical applications. IEEE Transactions on Image Processing, 2012, 21(3):983-995.

[9] Duran J, Buades A, Coll B, et al. A nonlocal variational model for Pansharpening image fusion. SIAM Journal on Imaging Sciences, 2014, 7(2): 761-796.

[10] He X, Condat L, Bioucas-Dias J M, et al. A new Pansharpening method based on spatial and spectral sparsity priors. IEEE Transactions on Image Processing, 2014, 23(9): 4160-4174.

[11] Palsson F, Sveinsson J R, Ulfarsson M O, et al. A new Pansharpening method using an explicit image formation model regularized via total variation. IEEE International Geoscience and Remote Sensing Symposium, 2012: 2288-2291.

[12] Palsson F, Sveinsson J R, Ulfarsson M O. A new Pansharpening algorithm based on total variation. IEEE Geoscience and Remote Sensing Letters, 2014, 11(1): 318-322.

[13] He X, Condat L, Chanussot J, et al. Pansharpening using total variation regularization . IEEE International Geoscience and Remote Sensing Symposium, Munich, 2012: 166-169.

[14] Beaudet P R. Rotationally invariant image operators. International Joint Conference on Pattern Recognition, Tokyo, 1978: 579-583.

[15] Bay H, Tuytelaars T, van Gool L. SURF: Speeded up robust features. European Conference on Computer Vision, Graz, 2006: 404-417.

[16] Combettes P L, Wajs V R. Signal recovery by proximal forward-backward splitting. Multiscale Modeling and Simulation, 2005, 4(4): 1168-1200.

[17] Wald L, Ranchin T, Mangolini M. Fusion of satellite images of different spatial resolutions: Assessing the quality of resulting images. Photogrammetric Engineering and Remote Sensing, 1997, 63(6): 691-699.

[18] Rahmani S, Strait M, Merkurjev D, et al. An adaptive IHS Pansharpening method. IEEE Geoscience and Remote Sensing Letters, 2010, 7(4): 746-750.

[19] Shah V P, Younan N H, King R L. An efficient Pansharpening method via a combined adaptive PCA approach and contourlets. IEEE Transactions on Geoscience and Remote Sensing, 2008, 46(5): 1323-1335.

[20] Gillespie A R, Kahle A B, Walker R E. Color enhancement of highly correlated images. I. decorrelation and HSI contrast stretches. Remote Sensing of Environment, 1986, 20(3): 209-235.

[21] Zhou J, Civco D L, Silander J A. A wavelet transform method to merge Landsat TM and SPOT Panchromatic data. International Journal of Remote Sensing, 1998, 19(4): 743-757.

[22] Otazu X, González-Audícana M, Fors O, et al. Introduction of sensor spectral response into image fusion methods. Application to wavelet-based methods. IEEE Transactions on Geoscience and Remote Sensing, 2005, 43(10): 2376-2385.

[23] Aiazzi B, Alparone L, Baronti S, et al. Context-driven fusion of high spatial and spectral resolution images based on oversampled multiresolution analysis. IEEE Transactions on Geoscience and Remote Sensing, 2002, 40(10): 2300-2312.

[24] Kang X D, Li S T, Benediktsson J A. Pansharpening with matting model. IEEE Transactions on Geoscience and Remote Sensing, 2014, 52(8): 5088-5099.

第 9 章　高阶几何结构信息迁移的变分融合方法

9.1　引　　言

如第 7 章所介绍，P+XS[1]、AVWP[2]和 DTV[3]等方法都是使用图像的梯度特征来刻画高分辨率多光谱图像和全色图像的空间结构信息，从而将全色图像中与梯度特征相关的空间结构信息融入高分辨率多光谱图像。然而，图像的梯度特征并不能较好地刻画图像的高层几何结构信息，如曲率信息。虽然 P+XS、AVWP 和 DTV 等方法能取得一定的融合效果，但是缺少对高分辨率多光谱图像和全色图像中高层特征的深度挖掘，不利于高层图像特征的保持。为此，第 8 章提出了一种空间 Hessian 特征驱动的变分融合方法(即 SHFGVP 方法)[4,5]，通过综合利用高分辨率多光谱图像与全色图像之间的空间 Hessian 特征一致性以及高分辨率多光谱图像各个波段之间的内在相互关系，以保持图像中的角点、边缘和强纹理区域，并取得了令人满意的融合效果。

本章主要解决在融合过程中如何有效地将全色图像的几何结构信息融入(或迁移)至高分辨率多光谱图像，同时保持较高的光谱质量，进一步提出了一种高阶几何结构信息迁移的变分融合方法[5,6]。与 P+XS、AVWP、DTV 和 SHFGVP 等方法不同，该方法引入图像的向量化 Hessian 特征来刻画图像的几何结构信息，并提出了一个新的高阶几何结构信息迁移正则项，被称为向量化 Hessian 结构特征的一致性(Vectorial Hessian Feature Consistence，VHFC)，实现全色图像的几何结构信息(如曲率信息)迁移至高分辨率多光谱图像。同时，为了更好地保持光谱信息，我们使用基于观测模型的光谱信息保真项、基于 Wavelet 融合的光谱信息保真项，然后，通过联合上述的数据保真项和高阶几何结构信息迁移正则项，建立了高阶几何结构信息迁移的变分融合模型，并在快速迭代收缩阈值算法(FISTA)框架下设计了一种高效的求解算法。最后，分析和比较本章方法的融合结果和效率。

本章内容具体安排如下：首先，给出本章的基本假设及其对应的能量泛函，并建立了高阶几何结构信息迁移的变分融合模型；然后，在 FISTA 框架下设计模型的求解算法；最后，通过数值实验与多种融合方法进行比较，验证本章方法的有效性。

9.2　高阶结构迁移变分融合模型

为了方便分析，我们首先引入如下的记号和定义；然后，提出三个融合基本假设，并在变分框架下给出对应的能量泛函；最后，建立统一的变分融合模型。

令实值函数 $P:\Omega\to\mathbf{R}$ 为全色图像，其中，$\Omega\subset\mathbf{R}^2$ 是一个具有 Lipschitz 边界的有界开集区域，表示 P 的定义域。令向量值函数 $\boldsymbol{u}=(u_1,u_2,\cdots,u_N):\Omega\to\mathbf{R}^N$ 为高分辨率多光谱图像，其中，每个分量 $u_i:\Omega\to\mathbf{R}$ 为实值函数，N 是图像 $\boldsymbol{u}$ 的波段数，$u_i(\boldsymbol{x})$ 表示 u_i 在像素点 $\boldsymbol{x}=(x,y)\in\Omega$ 的灰度值，$i=1,2,\cdots,N$。令 $\boldsymbol{M}=(M_1,M_2,\cdots,M_N):\Omega'\to\mathbf{R}^N$ 为低分辨率多光谱图像，其中，$\Omega'\subset\Omega$ 表示 $\boldsymbol{M}$ 的定义域。同时，令 $\boldsymbol{v}=(v_1,v_2,\cdots,v_N):\Omega\to\mathbf{R}^N$ 为经双三次插值上采样后的低分辨率多光谱图像，其每个波段图像的大小与全色图像的大小相同。

特别地，$|\cdot|$ 表示欧氏范数，$\|\cdot\|_\mathrm{F}$ 表示 Frobenius 范数。

9.2.1　基于观测模型的光谱信息保真项

已知全色图像 P 和低分辨率多光谱图像 $\boldsymbol{M}$，融合目标即估计出高分辨率多光谱图像 $\boldsymbol{u}$。

通常，观测的低分辨率多光谱图像 $\boldsymbol{M}$ 建模为高分辨率多光谱图像 $\boldsymbol{u}$ 经空间不变模糊和下采样后的退化图像，即

$$M_i=ABu_i+n_i,\quad i=1,2,\cdots,N \tag{9.1}$$

其中，A 表示下采样算子(采样因子为 s)；B 表示线性的空间不变模糊算子；n_i 表示零均值加性高斯噪声。定义合成算子 $S=AB$。

为了保持低分辨率多光谱图像 $\boldsymbol{M}$ 中的光谱信息，同时在变分框架中体现模型(9.1)中的假设，提出光谱信息保真项：

$$E_1(\boldsymbol{u})=\frac{1}{2}\sum_{i=1}^{N}\int_\Omega(Su_i-M_i)^2\,\mathrm{d}\boldsymbol{x} \tag{9.2}$$

9.2.2　基于 Wavelet 融合的光谱信息保真项

进一步，为了尽可能多地保持光谱信息，我们同时假设高分辨率多光谱图像 u_i 与上采样的低分辨率多光谱图像 v_i 应在图像的均匀区域(即含有少量的边缘和纹理结构的区域)非常接近，并提高图像边缘区域的对比度。借鉴AVWP方法[2]的思想，我们采用基于Wavelet融合[7]的约束项来描述上述假设。特别地，我们使用

作用于全色图像的指数边缘检测器 $\exp\left(-d/|\nabla P|^2\right)$ 来检测图像中的边缘和纹理，其中，∇ 表示梯度算子，d 是常数。记小波融合图像为 $\boldsymbol{W}=(W_1,W_2,\cdots,W_N)$，联合上采样的低分辨率多光谱图像 v_i 的均匀区域与小波融合图像 W_i 的边缘和纹理区域，我们构造如下匹配图像 $\boldsymbol{Z}=(Z_1,Z_2,\cdots,Z_N)$，表示为

$$Z_i=\exp\left(-d/|\nabla P|^2\right)W_i+\left(1-\exp\left(-d/|\nabla P|^2\right)\right)v_i \tag{9.3}$$

基于上述分析，我们提出如下基于Wavelet融合的光谱信息保真项，即描述高分辨率多光谱图像应与构造的匹配图像接近，表示为

$$E_2(\boldsymbol{u})=\frac{1}{2}\sum_{i=1}^{N}\int_{\Omega}\left(u_i-Z_i\right)^2\mathrm{d}\boldsymbol{x} \tag{9.4}$$

9.2.3　高阶几何结构信息迁移项

由于全色图像包含了丰富的空间结构信息，我们需要在融合过程中将全色图像的空间结构信息迁移至高分辨率多光谱图像。然而，在图像处理问题中，如何有效地表示和刻画图像的几何结构信息是重要且困难的问题。为了达到这个目的，我们接下来将介绍一种新颖且有效的特征表示方法来刻画图像的几何结构信息。进而，挖掘描述高分辨率多光谱图像和全色图像之间的几何结构先验知识。

在众多图像处理问题中，图像的几何结构信息通常由图像的梯度来刻画。因此，基于梯度先验的方法被广泛应用于融合问题。特别地，P+XS 和 AVWP 方法假设图像的几何结构信息包含在图像的水平线中，进而假设高分辨率多光谱图像和全色图像中水平线的法线方向相同，即 $\dfrac{\nabla u_i}{|\nabla u_i|}=\boldsymbol{\theta}$ 且 $|\nabla u_i|-\boldsymbol{\theta}\cdot\nabla u_i=0$ 在每一像素点 $\boldsymbol{x}$ 处成立，其中，$\boldsymbol{\theta}(\boldsymbol{x})=\dfrac{\nabla P(\boldsymbol{x})}{|\nabla P(\boldsymbol{x})|}\in\mathbf{R}^2$ 表示全色图像 P 在像素点 $\boldsymbol{x}$ 的单位法向量，∇ 表示梯度算子，$\cdot$ 表示向量内积算子。因此，P+XS和AVWP模型提出的几何结构信息保持项，表示为

$$E_G(\boldsymbol{u})=\sum_{i=1}^{N}\int_{\Omega}\left(|\nabla u_i|-\nabla^*(\boldsymbol{\theta})u_i\right)\mathrm{d}\boldsymbol{x} \tag{9.5}$$

其中，$\nabla^*=-\mathrm{div}$ 为 ∇ 的伴随算子，div 为散度算子。

特别地，P+XS和 AVWP 模型中几何结构信息保持项 $E_G(\boldsymbol{u})$ 的合理性在于其假设高分辨率多光谱图像和全色图像之间的梯度特征一致性。然而，图像的梯度特征并不能刻画图像的高层几何结构信息，如曲率信息。因此，促使我们在融合问题中研究更加有效的几何结构特征一致性作为几何结构信息迁移项。当前，图像的Hessian特征被用于刻画图像的几何信息，并成功应用于图像处理反问题[8-11]。

接下来，我们将介绍图像 Hessian 特征的机理，并给出了向量化 Hessian 结构特征一致性作为几何结构信息迁移项的动机。

给定灰度图像u，即实值函数$u:\Omega\to\mathbf{R}$，由8.2节中 Hessian 算子∇^2的定义可知，u在每一像素点$\boldsymbol{x}$的Hessian矩阵表示为$\nabla^2 u(\boldsymbol{x})=\begin{bmatrix} u_{xx}(\boldsymbol{x}) & u_{xy}(\boldsymbol{x}) \\ u_{xy}(\boldsymbol{x}) & u_{yy}(\boldsymbol{x}) \end{bmatrix}$，其中，$u_{xx}(\boldsymbol{x})$、$u_{xy}(\boldsymbol{x})$和$u_{yy}(\boldsymbol{x})$分别表示$u$在像素点$\boldsymbol{x}$的二阶导数。特别地，Hessian 矩阵$\nabla^2 u(\boldsymbol{x})$的两个特征值$\lambda_1(\boldsymbol{x})$和$\lambda_2(\boldsymbol{x})$可以刻画图像$u$在每一点$\boldsymbol{x}$的局部形状结构，其中，$\lambda_1(\boldsymbol{x})$和$\lambda_2(\boldsymbol{x})$的计算表达式见式(8.3)。

如文献[12]所述，如果我们将图像的亮度u看作三维微分曲面，则曲面在每一点$\boldsymbol{x}$的局部形状特征可由 Hessian 矩阵$\nabla^2 u(\boldsymbol{x})$进行刻画。特别地，文献[12]将主曲率图像 PC 定义为

$$\mathrm{PC}(\boldsymbol{x})=\max(\lambda_1(\boldsymbol{x}),0)\text{ 或 }\mathrm{PC}(\boldsymbol{x})=\min(\lambda_2(\boldsymbol{x}),0) \tag{9.6}$$

在每一像素点$\boldsymbol{x}$处成立。

基于以上观点，我们接下来将考虑如何将全色图像 Hessian 特征驱动的几何结构信息迁移至高分辨率多光谱图像。为了达到这个目的，我们将全色图像和高分辨率多光谱图像的各个波段建模为三维微分曲面，这是与 P+XS 和 AVWP 方法的不同之处，因为 P+XS 和 AVWP 方法均将其建模为二元函数。此外，我们定义向量化 Hessian 算子$\boldsymbol{H}=(\partial_{xx},\partial_{yy},\sqrt{2}\partial_{xy})^{\mathrm{T}}$，从而图像$u$的向量化 Hessian 特征表示为$\boldsymbol{H}u=(u_{xx},u_{yy},\sqrt{2}u_{xy})^{\mathrm{T}}$，其中，$(\cdot)^{\mathrm{T}}$表示转置算子。

如前所述，P+XS、AVWP 和 DTV 等方法使用图像的梯度特征来刻画图像的几何结构信息，而第 8 章 SHFGVP 方法则使用图像的矩阵化 Hessian 特征来刻画图像的几何结构信息。因此，在本章中，我们同样基于图像的 Hessian 特征展开深入研究，但与第 8 章 SHFGVP 方法的明显不同之处在于，我们将使用图像的向量化 Hessian 特征来刻画图像的几何结构信息。特别地，我们定义全色图像P的向量化 Hessian 特征为$\boldsymbol{\vartheta}(\boldsymbol{x})=\dfrac{\boldsymbol{H}P(\boldsymbol{x})}{|\boldsymbol{H}P(\boldsymbol{x})|}$在每一像素点$\boldsymbol{x}$处成立，也可看作三维空间中的一个单位向量。进而，我们假设高分辨率多光谱图像每个波段u_i与全色图像P具有相同的向量化 Hessian 特征，即$\dfrac{\boldsymbol{H}u_i}{|\boldsymbol{H}u_i|}=\boldsymbol{\vartheta}$且$|\boldsymbol{H}u_i|-\boldsymbol{\vartheta}\cdot\boldsymbol{H}u_i=0$在每一像素点$\boldsymbol{x}$处成立。对上式等号左边作用积分和分部积分得$\int_\Omega\left(|\boldsymbol{H}u_i|-\boldsymbol{H}^*(\boldsymbol{\vartheta})u_i\right)\mathrm{d}\boldsymbol{x}$，其中，$\boldsymbol{H}^*$为$\boldsymbol{H}$的伴随算子，定义为$\boldsymbol{H}^*(\boldsymbol{\vartheta})=\partial_x\partial_x\vartheta_1+\partial_y\partial_y\vartheta_2+\sqrt{2}\partial_x\partial_y\vartheta_3$，$\boldsymbol{\vartheta}=(\vartheta_1,\vartheta_2,\vartheta_3)^{\mathrm{T}}$在每一像素点$\boldsymbol{x}$处成立。为了将全色图像的几何结构信息迁移至高分辨率

多光谱图像，我们提出如下高阶几何结构信息迁移项，表示为

$$E_3(\boldsymbol{u})=\sum_{i=1}^{N}\int_{\Omega}\left(\left|\boldsymbol{H}u_i\right|-\boldsymbol{H}^*(\boldsymbol{\vartheta})u_i\right)\mathrm{d}\boldsymbol{x} \tag{9.7}$$

同时，由式(9.7)可得

$$\begin{aligned}\int_{\Omega}\left|\boldsymbol{H}u_i(\boldsymbol{x})\right|\mathrm{d}\boldsymbol{x}&=\int_{\Omega}\left\|\nabla^2u_i(\boldsymbol{x})\right\|_{\mathrm{F}}\mathrm{d}\boldsymbol{x}\\&=\int_{\Omega}\left|\boldsymbol{\lambda}(\boldsymbol{x})\right|\mathrm{d}\boldsymbol{x}\end{aligned} \tag{9.8}$$

其中，$\boldsymbol{\lambda}(\boldsymbol{x})=\left(\lambda_1(\boldsymbol{x}),\lambda_2(\boldsymbol{x})\right)^{\mathrm{T}}\in\mathbf{R}^2$。从而，式(9.8)中所列的正则项即为 HFN 正则项[8-11]。

基于以上分析，本章提出的高阶几何结构信息迁移项 $E_3(\boldsymbol{u})$ 耦合了 HFN 正则项。特别地，如文献[11]所述，如果将图像 u_i 的亮度函数看作三维微分曲面，则像素点 $\boldsymbol{x}$ 处的 Hessian 矩阵 $\nabla^2u_i(\boldsymbol{x})$ 的两个特征值即为三维微分曲面在点 $\boldsymbol{x}$ 的主曲率，其反映了曲面在该点沿不同方向的弯曲程度。同时，Hessian 矩阵的 Frobenius 范数是微分几何中常用的纯量曲率指标，量化说明曲面在特定点的平坦度欠缺程度。从而，HFN 正则项可理解为局部曲面块的纯量曲率度量，表明了 HFN 正则项包含了图像的曲率信息。

因此，对于融合问题，我们可以得出：式(9.7)中提出的高阶几何结构信息迁移项 $E_3(\boldsymbol{u})$，可理解为高分辨率多光谱图像和全色图像之间的向量化 Hessian 特征一致性，其结合并利用了图像的曲率信息，有利于图像高阶几何结构的保持。

在融合问题中，比较 P+XS 和 AVWP 模型中提出的几何信息保持项 $E_G(\boldsymbol{u})$ 与式(9.7)中提出的高阶几何结构信息迁移项 $E_3(\boldsymbol{u})$，我们需要最小化 $E_G(\boldsymbol{u})$ 和 $E_3(\boldsymbol{u})$，从而估计出高分辨率多光谱图像 $\boldsymbol{u}$。为了达到这个目的，我们希望 ∇u_i 和 $\boldsymbol{H}u_i$ 可以较好地描述图像 u_i 的空间几何结构信息，同时 $\nabla^*(\boldsymbol{\theta})$ (即 $-\mathrm{div}(\boldsymbol{\theta})$)和 $\boldsymbol{H}^*(\boldsymbol{\vartheta})$ 在空间几何结构上应尽可能多地接近于图像 u_i。

图 9.1 说明了本章提出的高阶几何结构信息迁移项 $E_3(\boldsymbol{u})$ 的合理性，以及与 P+XS 和 AVWP 模型中提出的几何信息保持项 $E_G(\boldsymbol{u})$ 之间的差异性。如图 9.1(b)、(d)和(e)所示，主曲率图像响应于图像的线状和边缘特征，与梯度模图像相比，主曲率图像可以产生更清晰和更锐利的图像结构描述图。同时，如图 9.1(c)和(f)所示，与图像 $-\mathrm{div}(\boldsymbol{\theta})$ 相比，图像 $\boldsymbol{H}^*(\boldsymbol{\vartheta})$ 提供了更多的图像结构信息，而且图像 $\boldsymbol{H}^*(\boldsymbol{\vartheta})$ 在空间结构上更接近于原始图像 $\boldsymbol{u}$。因此，图 9.1 清晰地说明了本章提出的高阶几何结构信息迁移项 $E_3(\boldsymbol{u})$ 的合理性，以及较 P+XS 和 AVWP 模型中提出的几何信息保持项 $E_G(\boldsymbol{u})$ 的优越性。

(a) 原始Butterfly图像$\boldsymbol{u}$　(b) 梯度模响应$|\nabla u(\boldsymbol{x})|$　(c) 负散度响应$-\mathrm{div}(\boldsymbol{\theta})(\boldsymbol{\theta}(\boldsymbol{x})=\nabla u(\boldsymbol{x})/|\nabla u(\boldsymbol{x})|)$

(d) 主曲率响应$\mathrm{PC}(\boldsymbol{x})=\max(\lambda_1(\boldsymbol{x}),0)$　(e) 主曲率响应$\mathrm{PC}(\boldsymbol{x})=\min(\lambda_2(\boldsymbol{x}),0)$　(f) 响应$\boldsymbol{H}^*(\boldsymbol{\vartheta})(\boldsymbol{\vartheta}(\boldsymbol{x})=\boldsymbol{H}u(\boldsymbol{x})/|\boldsymbol{H}u(\boldsymbol{x})|)$在每一像素点$\boldsymbol{x}$处成立

图 9.1　Butterfly 图像上的梯度模响应与主曲率响应的比较

采用文献[12]的算法

9.2.4　高阶几何结构信息迁移的变分融合模型

基于以上分析，我们建立如下总能量泛函，表示为

$$
\begin{aligned}
E(\boldsymbol{u}) &= E_1(\boldsymbol{u}) + \mu E_2(\boldsymbol{u}) + \gamma E_3(\boldsymbol{u}) \\
&= \frac{1}{2}\sum_{i=1}^{N}\int_{\Omega}\left(Su_i - M_i\right)^2 \mathrm{d}\boldsymbol{x} + \frac{\mu}{2}\sum_{i=1}^{N}\int_{\Omega}\left(u_i - Z_i\right)^2 \mathrm{d}\boldsymbol{x} \\
&\quad + \gamma\sum_{i=1}^{N}\int_{\Omega}\left(\left|\boldsymbol{H}u_i\right| - \boldsymbol{H}^*(\boldsymbol{\vartheta})u_i\right)\mathrm{d}\boldsymbol{x}
\end{aligned} \tag{9.9}
$$

其中，μ 和 γ 是正则化参数。

为了估计出高分辨率多光谱图像 $\boldsymbol{u}$ ，我们提出高阶几何结构信息迁移的变分融合模型，表示为

$$
\hat{\boldsymbol{u}} = \arg\min_{\boldsymbol{u}} E(\boldsymbol{u}) \tag{9.10}
$$

9.3　模型求解的 FISTA 算法

本节将给出模型(9.10)的数值求解算法。为此，我们首先给出模型(9.10)的离

散表示形式。

现在，我们给出如下的离散记号。特别地，在离散情况下，为了方便分析，大小为 $m\times n$ 的图像 $g\in\mathbf{R}^{m\times n}$ 被当作大小为 $L=m\times n$ 的向量形式 $\boldsymbol{g}\in\mathbf{R}^L$ 进行处理，即图像 $p\in\mathbf{R}^{m\times n}$ 的第 (r,s) 个像素点映射为向量 $\boldsymbol{p}$ 的第 $j=(s-1)m+r$ 个元素，即 $p(r,s)=\boldsymbol{p}_j$，其中，$r=1,2,\cdots,m$，$s=1,2,\cdots,n$，$j=1,2,\cdots,L$。

因此，记全色图像(大小：$m\times n$)为 $\boldsymbol{P}\in\mathbf{R}^L$ ($L=m\times n$)。记低分辨率多光谱图像的第 i 个波段(大小：$\frac{m}{s}\times\frac{n}{s}$)为 $\boldsymbol{M}_i\in\mathbf{R}^K$ ($K=L/s^2$)，其中，s 为采样因子。记高分辨率多光谱图像的第 i 个波段(大小：$m\times n$)为 $\boldsymbol{u}_i\in\mathbf{R}^L$。记上采样的低分辨率多光谱图像的第 i 个波段(大小：$m\times n$)为 $\boldsymbol{v}_i\in\mathbf{R}^L$。记小波融合图像的第 i 个波段(大小：$m\times n$)为 $\boldsymbol{W}_i\in\mathbf{R}^L$。记式(9.3)中构造的匹配图像的第 i 个波段(大小：$m\times n$)为 $\boldsymbol{Z}_i\in\mathbf{R}^L$。$\boldsymbol{S}\in\mathbf{R}^{K\times L}$ 表示算子 S 的离散形式，$\boldsymbol{\vartheta}\in\mathbf{R}^{3\times L}$ 表示 ϑ 的离散形式。

同时，我们假设图像满足 Neumann 边界条件，并使用向前有限差分来离散计算式(9.7)中提出的高阶几何结构信息迁移项 $E_3(\boldsymbol{u})$ 中的二阶导数。

接下来，我们定义向量 Hessian 算子 $\boldsymbol{H}$ 的离散算子为 $\boldsymbol{H}:\mathbf{R}^L\to\mathbf{R}^{3\times L}$，且伴随算子 $\boldsymbol{H}^*$ 的离散算子为 $\boldsymbol{H}^{\mathrm{T}}:\mathbf{R}^{3\times L}\to\mathbf{R}^L$。特别地，对于 $\boldsymbol{p}\in\mathbf{R}^L$，则有 $\boldsymbol{Hp}\in\mathbf{R}^{3\times L}$，表示为

$$[\boldsymbol{Hp}]_j=\left([\varDelta_{r_1r_1}\boldsymbol{p}]_j,[\varDelta_{r_2r_2}\boldsymbol{p}]_j,\sqrt{2}[\varDelta_{r_1r_2}\boldsymbol{p}]_j\right)^{\mathrm{T}}\tag{9.11}$$

其中，$[\cdot]_j$ 表示矩阵的第 j 列元素，$j=1,2,\cdots,L$；$\varDelta_{r_1r_1}$、$\varDelta_{r_2r_2}$ 和 $\varDelta_{r_1r_2}$ 分别表示前向有限差分算子[11]，定义为

$$\begin{aligned}
&[\varDelta_{r_1r_1}\boldsymbol{p}]_j=\begin{cases}p_{r+2,s}-2p_{r+1,s}+p_{r,s}, & 1\leqslant r\leqslant m-2\\ p_{m-1,s}-p_{m,s}, & r\geqslant m-1\end{cases}\\
&[\varDelta_{r_2r_2}\boldsymbol{p}]_j=\begin{cases}p_{r,s+2}-2p_{r,s+1}+p_{r,s}, & 1\leqslant s\leqslant n-2\\ p_{r,n-1}-p_{r,n}, & s\geqslant n-1\end{cases}\\
&[\varDelta_{r_1r_2}\boldsymbol{p}]_j=\begin{cases}p_{r+1,s+1}-p_{r+1,s}-p_{r,s+1}+p_{r,s}, & 1\leqslant r\leqslant m-1,\ 1\leqslant s\leqslant n-1\\ 0, & \text{其他}\end{cases}
\end{aligned}\tag{9.12}$$

其中，$p\in\mathbf{R}^{m\times n}$ 表示 $\boldsymbol{p}\in\mathbf{R}^L$ 对应的矩阵形式。同时，对于 $\boldsymbol{q}=(\boldsymbol{q}_1,\boldsymbol{q}_2,\cdots,\boldsymbol{q}_L)\in\mathbf{R}^{3\times L}$，$\boldsymbol{q}_j\in\mathbf{R}^3$，$j=1,2,\cdots,L$，则有 $\boldsymbol{H}^{\mathrm{T}}\boldsymbol{q}\in\mathbf{R}^L$，表示为

$$[\boldsymbol{H}^{\mathrm{T}}\boldsymbol{q}]_j=[\varDelta_{r_1r_1}^{\mathrm{T}}\boldsymbol{q}^{(1)}]_j+[\varDelta_{r_2r_2}^{\mathrm{T}}\boldsymbol{q}^{(2)}]_j+\sqrt{2}[\varDelta_{r_1r_2}^{\mathrm{T}}\boldsymbol{q}^{(3)}]_j\tag{9.13}$$

其中，$\boldsymbol{q}^{(l)}\in\mathbf{R}^L$ 表示 $\boldsymbol{q}$ 的第 l 行元素，$l=1,2,3$；$\varDelta_{r_1r_1}^{\mathrm{T}}$、$\varDelta_{r_2r_2}^{\mathrm{T}}$ 和 $\varDelta_{r_1r_2}^{\mathrm{T}}$ 分别表示前向有

限差分算子 $\Delta_{r_1r_1}$ 、 $\Delta_{r_2r_2}$ 和 $\Delta_{r_1r_2}$ 的伴随算子，即后向有限差分算子[11]。

由以上分析可知，对于 $\boldsymbol{\vartheta}\in\mathbf{R}^{3\times L}$ ，有 $\boldsymbol{H}^{\mathrm{T}}\boldsymbol{\vartheta}\in\mathbf{R}^{L}$ 。基于 $\boldsymbol{q}=(\boldsymbol{q}_1,\boldsymbol{q}_2,\cdots,\boldsymbol{q}_L)\in\mathbf{R}^{3\times L}$ 的混合 ℓ_1-ℓ_2 范数定义为 $\|\boldsymbol{q}\|_{1,2}=\sum_{j=1}^{L}\|\boldsymbol{q}_j\|_2$ ，其中， $\|\cdot\|_2$ 表示欧氏空间上的 ℓ_2 范数，从而，式(9.7)中提出的高阶几何结构信息迁移项 $E_3(\boldsymbol{u})$ 的离散形式可表示为

$$E_3(\boldsymbol{u})=\sum_{i=1}^{N}\left(\|\boldsymbol{H}\boldsymbol{u}_i\|_{1,2}-\boldsymbol{u}_i^{\mathrm{T}}\boldsymbol{H}^{\mathrm{T}}\boldsymbol{\vartheta}\right) \tag{9.14}$$

因此，模型(9.10)的离散形式表示为

$$\hat{\boldsymbol{u}}=\arg\min_{\boldsymbol{u}}\left\{E(\boldsymbol{u})=\underbrace{\frac{1}{2}\sum_{i=1}^{N}\|\boldsymbol{S}\boldsymbol{u}_i-\boldsymbol{M}_i\|_2^2}_{E_1(\boldsymbol{u})}+\underbrace{\frac{\mu}{2}\sum_{i=1}^{N}\|\boldsymbol{u}_i-\boldsymbol{Z}_i\|_2^2}_{\mu E_2(\boldsymbol{u})}+\underbrace{\gamma\sum_{i=1}^{N}\left(\|\boldsymbol{H}\boldsymbol{u}_i\|_{1,2}-\boldsymbol{u}_i^{\mathrm{T}}\boldsymbol{H}^{\mathrm{T}}\boldsymbol{\vartheta}\right)}_{\gamma E_3(\boldsymbol{u})}\right\} \tag{9.15}$$

如模型(9.15)所示，我们可以通过逐分量求解 $\boldsymbol{u}_i$ 进而得到模型(9.15)的解 $\hat{\boldsymbol{u}}$ 。特别地， $E_1(\boldsymbol{u})$ 关于变量 $\boldsymbol{u}$ 可导，具有 Lipschitz 连续梯度且 Lipschitz 常数的上界为 $|||\boldsymbol{S}|||^2$ 。其中，$|||\cdot|||$ 表示谱范数。因此，我们使用 FISTA 算法[13]来求解模型(9.15)中的每个分量 $\boldsymbol{u}_i$ 。特别地，作为一阶优化方法，FISTA 算法可以取得最优的收敛速度。在 FISTA 框架下，模型(9.15)中的每个分量 $\boldsymbol{u}_i$ 可以通过如下迭代形式进行求解：

$$\begin{cases}\boldsymbol{g}_i^{(k)}=\boldsymbol{u}_i^{(k)}-\boldsymbol{S}^{\mathrm{T}}(\boldsymbol{S}\boldsymbol{u}_i^{(k)}-\boldsymbol{M}_i)/\alpha\\ \boldsymbol{u}_i^{(k+1)}=\arg\min\limits_{\boldsymbol{u}_i}\dfrac{\alpha}{2}\left\|\boldsymbol{u}_i-\boldsymbol{g}_i^{(k)}\right\|_2^2+\dfrac{\mu}{2}\|\boldsymbol{u}_i-\boldsymbol{Z}_i\|_2^2+\gamma\left(\|\boldsymbol{H}\boldsymbol{u}_i\|_{1,2}-\boldsymbol{u}_i^{\mathrm{T}}\boldsymbol{H}^{\mathrm{T}}\boldsymbol{\vartheta}\right)\end{cases} \tag{9.16}$$

其中， $\alpha>|||\boldsymbol{S}|||^2$ ；上标 (k) 表示第 k 次迭代。

等价地，模型(9.16)中的 $\boldsymbol{u}_i^{(k+1)}$ 子问题可以进一步简化为

$$\boldsymbol{u}_i^{(k+1)}=\arg\min_{\boldsymbol{u}_i}\frac{1}{2}\left\|\boldsymbol{u}_i-\left(\alpha\tau\boldsymbol{g}_i^{(k)}+\mu\tau\boldsymbol{Z}_i+\gamma\tau\boldsymbol{H}^{\mathrm{T}}\boldsymbol{\vartheta}\right)\right\|_2^2+\gamma\tau\|\boldsymbol{H}\boldsymbol{u}_i\|_{1,2} \tag{9.17}$$

其中， $\tau=1/(\alpha+\mu)$ 。

特别地，如果将 $\alpha\tau\boldsymbol{g}_i^{(k)}+\mu\tau\boldsymbol{Z}_i+\gamma\tau\boldsymbol{H}^{\mathrm{T}}\boldsymbol{\vartheta}$ 看作含噪声的观测图像，则模型(9.17)可以理解为基于 HFN 正则化的图像去噪问题。因此，我们使用快速投影梯度(Fast Projected Gradient，FPG)算法[10]求解模型(9.17)。

综上所述，对于本章提出的高阶几何结构信息迁移的变分融合模型，我们基于 FISTA 框架设计的完整求解算法如算法 9.1 所示。

算法 9.1　高阶几何结构信息迁移的变分融合模型的 FISTA 算法

输入：$\boldsymbol{M}$ ，$\boldsymbol{v}$ ，$\boldsymbol{P}$ ，μ ，γ ，α ，$\tau = 1/(\alpha+\mu)$ ，Maxiter 。

初始化：设置 $k=1$ ，$\boldsymbol{u}^{(1)}=\boldsymbol{v}$ 。

迭代：

for $i=1$ **to** N **do**

求解小波融合图像 $\boldsymbol{W}_i$ ；

根据式(9.3)求解匹配图像 $\boldsymbol{Z}_i$ ；

end for

for $k=1$ **to** Maxiter **do**

for $i=1$ **to** N **do**

$\boldsymbol{g}_i^{(k)} = \boldsymbol{u}_i^{(k)} - \boldsymbol{S}^{\mathrm{T}}(\boldsymbol{S}\boldsymbol{u}_i^{(k)} - \boldsymbol{M}_i)/\alpha$ ；

使用 FPG 算法[10]求解 $\boldsymbol{u}_i^{(k+1)}$ 子问题(9.17)；

end for

end for

输出：高分辨率多光谱图像 $\boldsymbol{u}$ ，即模型(9.15)的解。

9.4　实验结果与分析

9.4.1　实验设置

为了全面地验证本章变分融合方法的有效性，我们同样在第 8 章所介绍的 GeoEye-1、QuickBird、WorldView-2 和 Pléiades 等卫星提供的全色图像和多光谱图像数据集上分别进行了两类实验，即仿真数据实验和真实数据实验。在仿真数据实验中，我们将原始分辨率的多光谱图像当作仿真的高分辨率多光谱图像，即参考图像。同时根据 Wald 协议[14]，将原始分辨率的多光谱图像和全色图像分别进行空间分辨率退化，即包含 MTF 滤波和采样因子为 4 的下采样操作，从而产生仿真的低分辨率多光谱图像和全色图像数据集。而在真实数据实验中，原始分辨率的多光谱图像和全色图像即为测试数据集，此时并没有高分辨率多光谱图像作为参考图像。在实验中，我们将全色图像和多光谱图像的亮度值范围均归一化至[0,1]。

对于本章提出的变分融合方法，我们显示了两种融合结果，一种为基于 HFN 正则化融合(HFN-based Variational Pansharpening，HFNVP)方法的结果，即对应于模型(9.10)中 $\mu=0$ 的情形。另一种为基于小波和 HFN 正则化融合(Wavelet- and

HFN-based Variational Pansharpening，WHFNVP)方法的结果。注意，在 Wavelet 方法中，我们使用 Haar 小波，且分解水平 $L=2$ 。

在实验中，我们将本章 HFNVP 和 WHFNVP 方法与以下几种具有代表性的方法进行比较，包括 AIHS [15]、BT [16]、Wavelet [7]、AWLP [17]、MMP [18]、P+XS [1]、AVWP [2]、SparseFI [19]、DTV [3]和第 8 章的 SHFGVP 方法[4,5]。为了体现算法比较的公平性，所有方法中的参数均设置为默认参数。实验所采用的计算机硬件环境为 Intel Xeon CPU 2.67GHz、内存 4GB，软件环境为 Microsoft Windows 7、MATLAB 7.10。

最后，我们使用定性分析法和定量分析法来评价各方法的融合结果。如第 8 章所述，在仿真数据实验中，由于有参考的高分辨率多光谱图像，我们使用有参考质量评价指标，包括 SAM[20]、ERGAS[20]、CC[2]、Qave[21]、RMSE[22]和 Q4[23]。而在真实数据实验中，由于无参考的高分辨率多光谱图像，我们使用无参考质量评价指标 QNR[24]、D_λ [24]和 D_s [24]，分别刻画融合图像的全局质量、光谱信息失真情况和空间信息失真情况。特别地，CC、Qave、Q4 和 QNR 的最优值为 1，而 SAM、ERGAS、RMSE、D_λ 和 D_s 的最优值为 0。

对于算法 9.1 中的参数设置问题，在实验中，首先，我们设置 $\alpha=|||S|||^2$ 和 $\mathrm{Maxiter}=100$ 。如图 9.7 所示，当最大迭代次数 $\mathrm{Maxiter}=100$ 时，本章 HFNVP 和 WHFNVP 方法足以取得较好的融合结果。其次，FPG 算法中的参数全部设置为默认参数[10]。最后，我们选择正则化参数 μ 和 γ 使得 WHFNVP 方法取得最佳的 RMSE 和 Q4 结果。实验中选择 $\mu=0.3\times10^{-3}$ 和 $\gamma=1\times10^{-3}$ 。特别地，在实验中，我们发现当 $\mu\gg0.3\times10^{-3}$ 时，WHFNVP 方法的融合结果会出现一些光谱失真现象；当 $\gamma\gg1\times10^{-3}$ 时，WHFNVP 方法的融合结果会出现光滑化的现象。

9.4.2　仿真数据实验

我们通过仿真数据实验来验证本章 HFNVP 和 WHFNVP 方法的有效性。为了在视觉上方便比较，我们在实验中只显示多光谱图像的红、绿、蓝三个波段。

图 9.2～图 9.4 分别显示了各方法在 GeoEye-1、WorldView-2 和 Pléiades 等仿真数据集上的融合结果。其中，这些数据集包含了多种地物目标，如土地、草坪、植被、树木、建筑、游泳池和道路等。图 9.2(a)～(c)、9.3(a)～(c)、9.4(a)～(c)分别为参考高分辨率多光谱图像、仿真的全色图像和上采样后的低分辨率多光谱图像。图 9.2(d)～(o)、9.3(d)～(o)、9.4(d)～(o)分别为 AIHS、BT、Wavelet、AWLP、MMP、P+XS、AVWP、SparseFI、DTV、SHFGVP、HFNVP 和 WHFNVP 方法的融合结果。

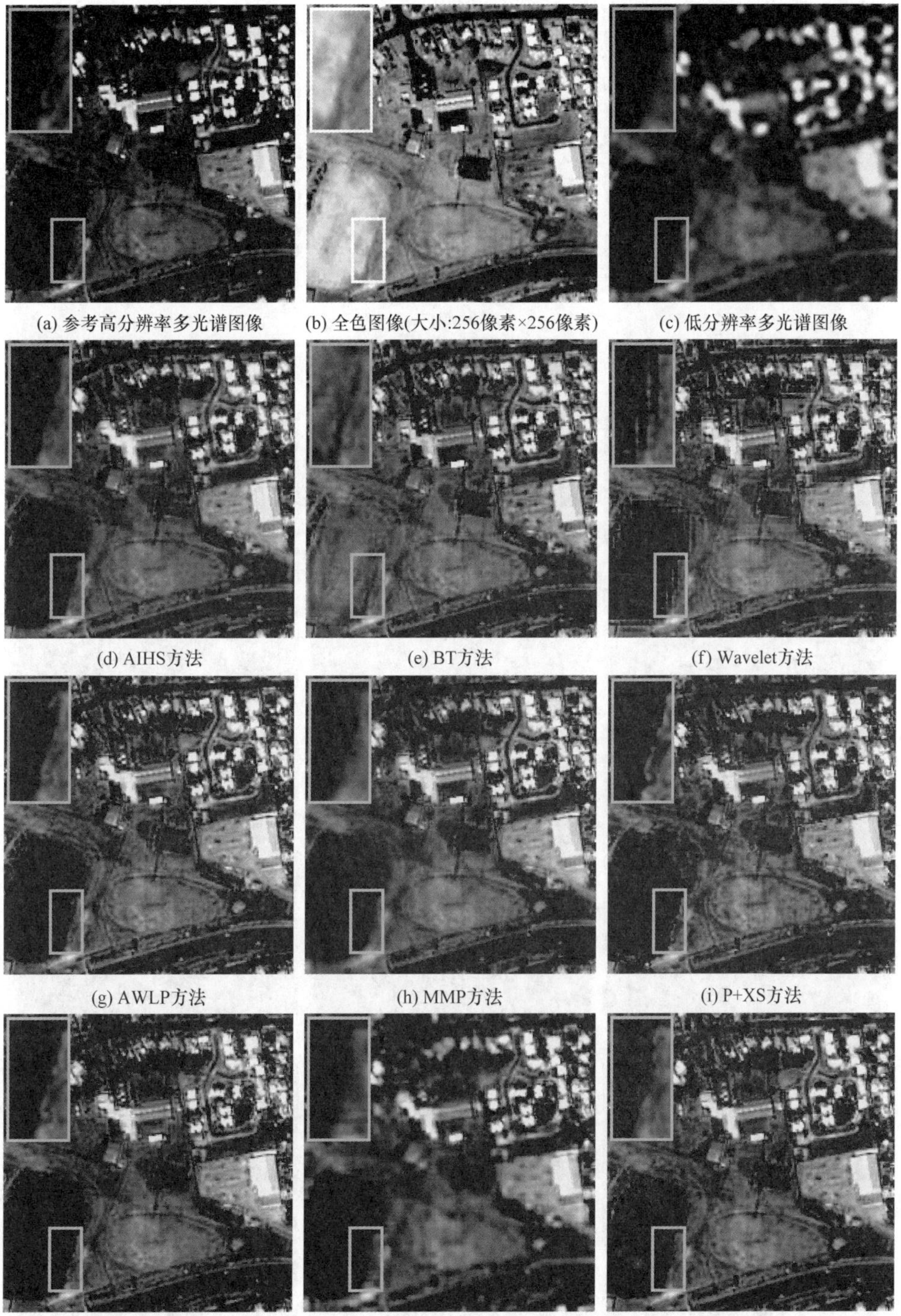

(a) 参考高分辨率多光谱图像　(b) 全色图像(大小:256像素×256像素)　(c) 低分辨率多光谱图像

(d) AIHS方法　(e) BT方法　(f) Wavelet方法

(g) AWLP方法　(h) MMP方法　(i) P+XS方法

(j) AVWP方法　(k) SparseFI方法　(l) DTV方法

(m) SHFGVP方法　　(n) HFNVP方法　　(o) WHFNVP方法

图 9.2　各方法在仿真 GeoEye-1 数据集上的融合结果比较

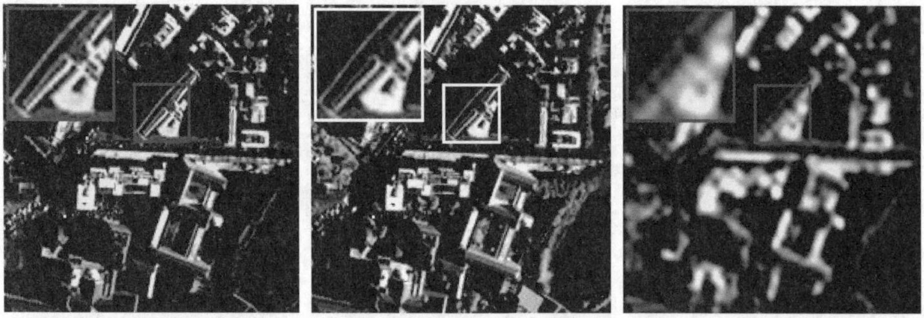

(a) 参考高分辨率多光谱图像　　(b) 全色图像(大小:200像素×200像素)　　(c) 低分辨率多光谱图像

(d) AIHS方法　　(e) BT方法　　(f) Wavelet方法

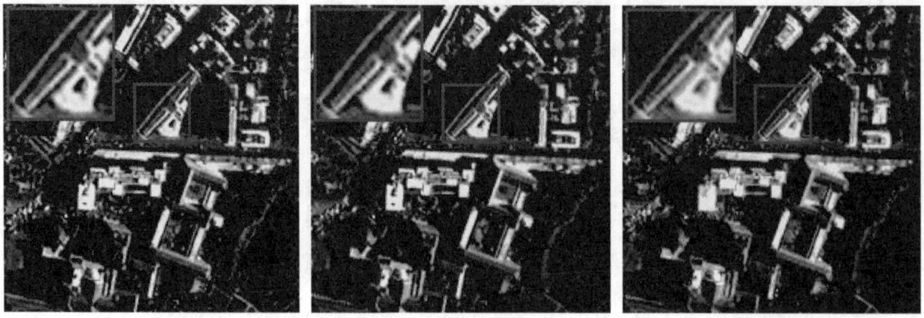

(g) AWLP方法　　(h) MMP方法　　(i) P+XS方法

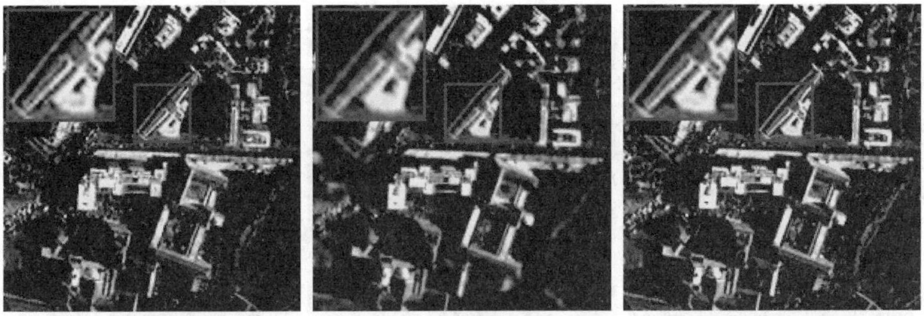

(j) AVWP方法　(k) SparseFI方法　(l) DTV方法

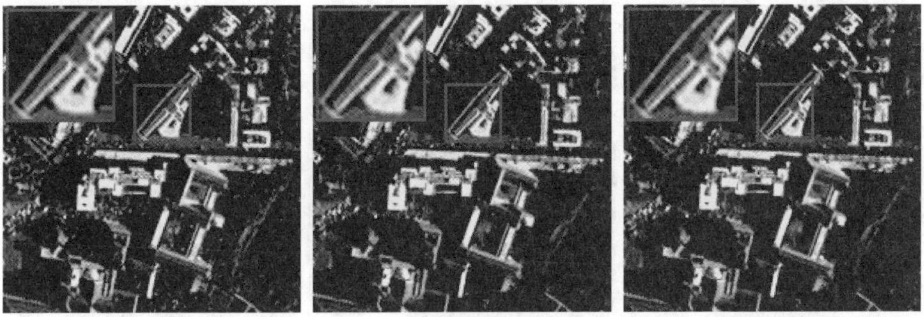

(m) SHFGVP方法　(n) HFNVP方法　(o) WHFNVP方法

图 9.3　各方法在仿真 WorldView-2 数据集上的融合结果比较

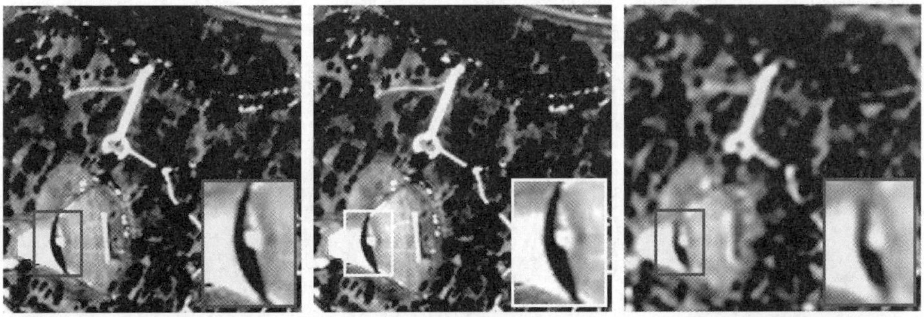

(a) 参考高分辨率多光谱图像　(b) 全色图像(大小:256像素×256像素)　(c) 低分辨率多光谱图像

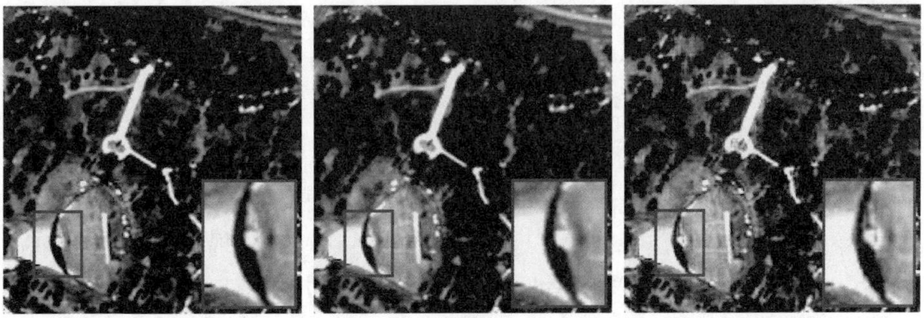

(d) AIHS方法　(e) BT方法　(f) Wavelet方法

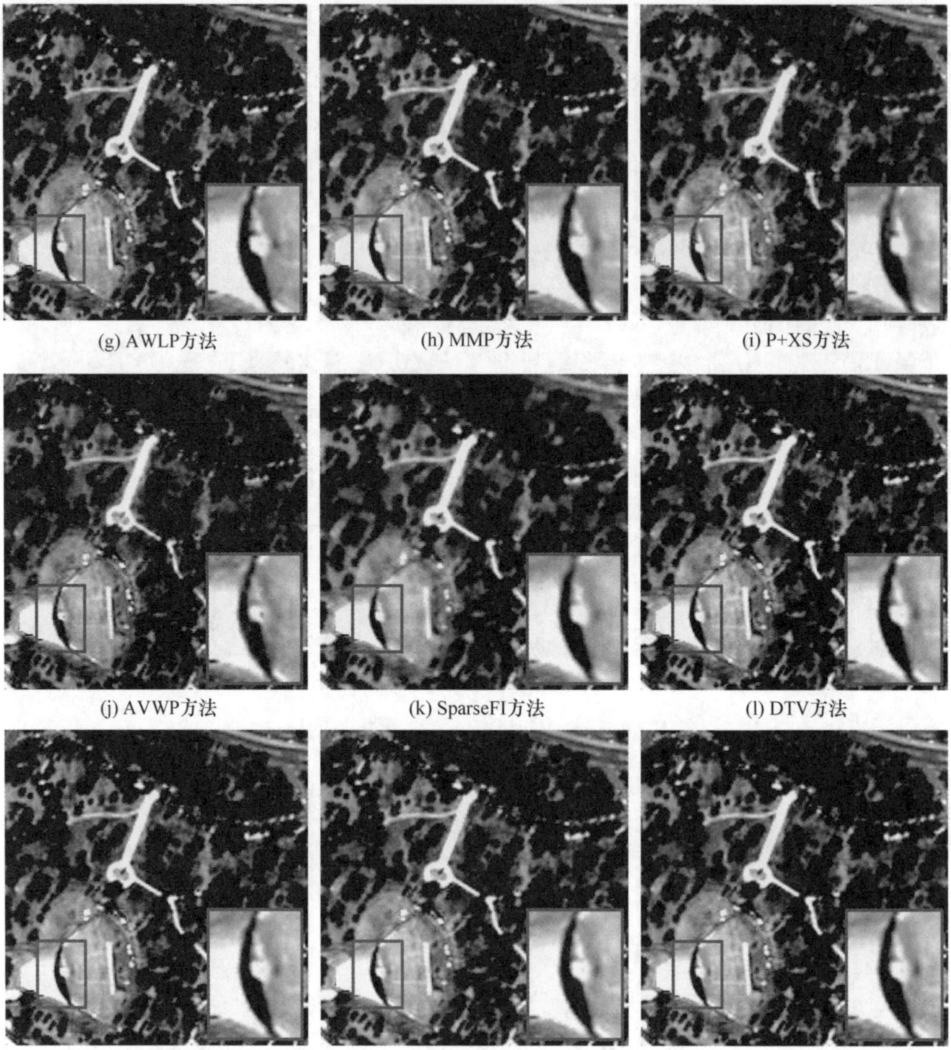

(g) AWLP方法　(h) MMP方法　(i) P+XS方法

(j) AVWP方法　(k) SparseFI方法　(l) DTV方法

(m) SHFGVP方法　(n) HFNVP方法　(o) WHFNVP方法

图 9.4　各方法在仿真 Pléiades 数据集上的融合结果比较

如图 9.2～图 9.4 所示，我们发现所有被比较的 12 种融合方法都可以提高低分辨多光谱图像的空间分辨率。通过与参考图像进行对比，我们不难发现 AIHS 方法得到的融合图像可以较好地保持空间结构信息，但是光谱信息保持效果不够，易出现色彩变化现象，即光谱失真现象。BT 方法则会出现明显且严重的光谱信息失真现象。Wavelet 方法特别是在地物目标的边界区域会出现严重的块状效应。AWLP 方法可以较好地消除 Wavelet 方法中所出现的块状效应，但是也出现了不同程度的色彩失真现象。MMP 方法会出现一些色彩失真现象，有时也会出现空间细节模糊的现象。P+XS 方法出现了明显的空间结构细节模糊现象。AVWP 方法可以得到较好的融合图像，但是也出现了一些块状效应。SparseFI 方法可以较好地保持光谱信息，但是出现了明显的空间细节模糊现象。DTV 方法可以较好地保持光谱信息和空间结构信息(特别是图像边缘)，从而得到高质量的融合图像，可是有时在图像的平坦区域仍会出现一些阶梯效应。SHFGVP 方法可以有效地消除块状效应、阶梯效应和模糊现象，同时可以较好地保持光谱信息和空间结构信息，从而表现出较好的融合效果。相比于其他方法，本章 HFNVP 和 WHFNVP 方法可以得到更高质量的融合图像，在保持图像空间结构细节信息的同时也可以较好地保持光谱信息。

为了更好地比较不同融合方法的空间结构信息保持效果，图 9.2～图 9.4 同时显示了各方法得到的融合图像的局部区域放大图。特别地，各个方法在不同例子中都表现出类似的融合效果。因此，不失一般性，如图 9.3 所示融合例子中的建筑区域，AIHS、BT、AWLP 和 MMP 方法在一定程度上可以较好地保持建筑屋顶的边缘，但它们会出现不同程度的光谱失真现象。Wavelet 和 AVWP 方法尤其在建筑屋顶的边缘区域出现了严重的块效应。P+XS 方法在建筑屋顶的边缘区域出现了严重的空间细节模糊现象。SparseFI 方法同样出现明显的空间细节模糊现象。DTV 方法可以较好地保持建筑屋顶的边缘。SHFGVP 方法同样可以较好地保持建筑屋顶的边缘。相比之下，本章 HFNVP 和 WHFNVP 方法则出现更少的光谱失真现象，同时保持建筑屋顶的边缘更加锐利。基于上述融合例子，我们可以总结出本章 HFNVP 和 WHFNVP 方法在保持光谱信息和空间结构信息方面可以取得较好的视觉融合效果。因此，上述例子充分说明了本章 HFNVP 和 WHFNVP 方法的有效性和优越性。

为了定量比较各方法的融合效果，我们在表 9.1～表 9.3 中分别给出了各方法在图 9.2～图 9.4 中得到的各项客观评价指标对比结果。如表 9.1～表 9.3 所示，与其他方法相比，在 SAM、ERGAS、CC、Qave、RMSE 和 Q4 质量评价指标上，本章 HFNVP 和 WHFNVP 方法都给出更好的结果，进而说明本章 HFNVP 和 WHFNVP 方法表现出更好的融合质量。其中，HFNVP 和 WHFNVP 方法给出非常接近的数值评价结果，但 WHFNVP 方法在大多数情况下略优于 HFNVP 方法。因此，上述例子进一步验证了本章 HFNVP 和 WHFNVP 方法的有效性。

表 9.1　不同方法在仿真 GeoEye-1 数据集上融合结果的定量指标比较

方法	指标					
	SAM	ERGAS	CC	Qave	RMSE	Q4
AIHS[15]	3.4414	2.5427	0.9467	0.8008	0.0509	0.7495
BT[16]	3.3784	3.9339	0.8624	0.7891	0.0801	0.6898
Wavelet[7]	3.9262	2.9911	0.9230	0.7566	0.0599	0.7281

续表

方法	指标					
	SAM	ERGAS	CC	Qave	RMSE	Q4
AWLP[17]	3.4183	2.6286	0.9413	0.8006	0.0527	0.7505
MMP[18]	3.2652	2.6138	0.9432	0.8035	0.0521	0.7492
P+XS[1]	3.7646	2.9110	0.9280	0.7793	0.0581	0.7308
AVWP[2]	3.5304	2.7447	0.9387	0.7897	0.0549	0.7380
SparseFI[19]	2.7862	2.3979	0.9516	0.8431	0.0479	0.7537
DTV[3]	3.1165	2.2283	0.9582	0.8189	0.0446	0.7651
SHFGVP[4]	3.0086	2.1566	0.9609	0.8319	0.0431	0.7699
HFNVP	**2.7113**	2.1078	0.9630	**0.8591**	0.0420	0.7740
WHFNVP	2.7176	**2.0863**	**0.9639**	0.8573	**0.0416**	**0.7747**

表 9.2　不同方法在仿真 WorldView-2 数据集上融合结果的定量指标比较

方法	指标					
	SAM	ERGAS	CC	Qave	RMSE	Q4
AIHS[15]	3.8643	3.3760	0.9731	0.9038	0.0515	0.7797
BT[16]	4.5137	4.3584	0.9450	0.8782	0.0685	0.7592
Wavelet[7]	4.2460	3.8740	0.9537	0.8837	0.0607	0.7723
AWLP[17]	3.7978	3.4728	0.9647	0.9028	0.0532	0.7814
MMP[18]	2.7171	2.5571	0.9809	0.9172	0.0392	0.7941
P+XS[1]	3.5475	4.0452	0.9572	0.9138	0.0593	0.7702
AVWP[2]	4.4902	4.3060	0.9527	0.8848	0.0647	0.7592
SparseFI[19]	2.6453	2.7060	0.9803	0.9429	0.0406	0.7926
DTV[3]	3.2299	2.3780	0.9814	0.9196	0.0389	0.7956
SHFGVP[4]	2.9026	2.2689	0.9829	0.9241	0.0373	0.7966
HFNVP	1.7442	1.5941	**0.9923**	**0.9571**	**0.0250**	**0.8037**
WHFNVP	**1.7440**	**1.5910**	**0.9923**	**0.9571**	**0.0250**	**0.8037**

表 9.3　不同方法在仿真 Pléiades 数据集上融合结果的定量指标比较

方法	指标					
	SAM	ERGAS	CC	Qave	RMSE	Q4
AIHS[15]	3.4455	2.1051	0.9638	0.8938	0.0469	0.7713
BT[16]	3.6635	3.0833	0.9283	0.8814	0.0651	0.7329
Wavelet[7]	4.2417	2.7045	0.9397	0.8624	0.0592	0.7489
AWLP[17]	3.4812	2.3323	0.9569	0.8933	0.0503	0.7682
MMP[18]	4.0342	2.2008	0.9568	0.8796	0.0508	0.7621
P+XS[1]	4.0432	2.6177	0.9477	0.8695	0.0556	0.7561
AVWP[2]	3.9395	2.6645	0.9520	0.8805	0.0554	0.7514
SparseFI[19]	2.9246	1.9356	0.9695	0.9220	0.0425	0.7781
DTV[3]	3.0136	1.7302	0.9736	0.9087	0.0396	0.7835
SHFGVP[4]	2.8832	1.6570	0.9757	0.9159	0.0379	0.7860
HFNVP	2.6964	1.6354	0.9766	0.9227	0.0375	0.7868
WHFNVP	**2.5824**	**1.5744**	**0.9781**	**0.9261**	**0.0362**	**0.7885**

9.4.3　真实数据实验

我们在WorldView-2和Pléiades等真实数据集上直接进行实验来测试本章HFNVP和WHFNVP方法的融合性能。

图9.5显示了不同方法在真实WorldView-2数据集上的融合结果。图9.5(a)和图9.5(b)分别为真实的低分辨率多光谱图像和全色图像。图9.5(c)～(n)分别为AIHS、BT、Wavelet、AWLP、MMP、P+XS、AVWP、SparseFI、DTV、SHFGVP、HFNVP和WHFNVP方法的融合结果。为了比较各方法对空间结构细节保持的效果，图9.5同时显示了融合结果的局部区域放大图。如图9.5所示，我们可以观察到AIHS和BT方法特别在草地和建筑屋顶区域出现了明显的颜色失真现象。Wavelet方法特别在建筑屋顶和道路的边界区域出现了严重的块状效应。P+XS方法特别在建筑屋顶和道路区域出现了明显的空间细节模糊现象。尽管SparseFI方法也出现了明显的空间细节模糊现象，但是可以较好地保持光谱信息。AWLP、MMP、AVWP、DTV和SHFGVP方法都可以取得较好的融合效果，有效地减少了颜色失真和空间信息丢失现象。特别地，与其他方法相比，本章HFNVP和WHFNVP方法得到

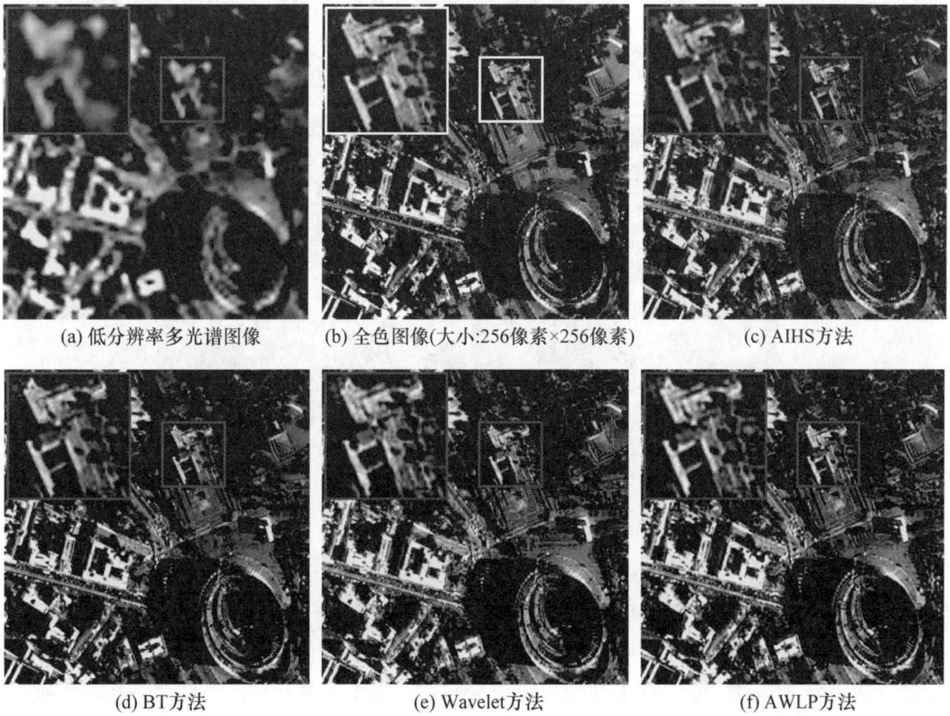

(a) 低分辨率多光谱图像　(b) 全色图像(大小:256像素×256像素)　(c) AIHS方法

(d) BT方法　(e) Wavelet方法　(f) AWLP方法

(g) MMP方法

(h) P+XS方法

(i) AVWP方法

(j) SparseFI方法

(k) DTV方法

(l) SHFGVP方法

(m) HFNVP方法

(n) WHFNVP方法

图 9.5　各方法在真实 WorldView-2 数据集上的融合结果比较(见彩图)

的融合图像不仅在空间结构上与全色图像基本保持一致，而且较好地保持了低分辨率多光谱图像中的光谱信息。同时，本章HFNVP和WHFNVP方法可以保持融合图像中的边缘细节更加锐利。

图9.6显示了不同方法在真实Pléiades数据集上的融合结果以及局部区域放大图。特别地，各方法表现出与真实WorldView-2数据实验中类似的融合效果。

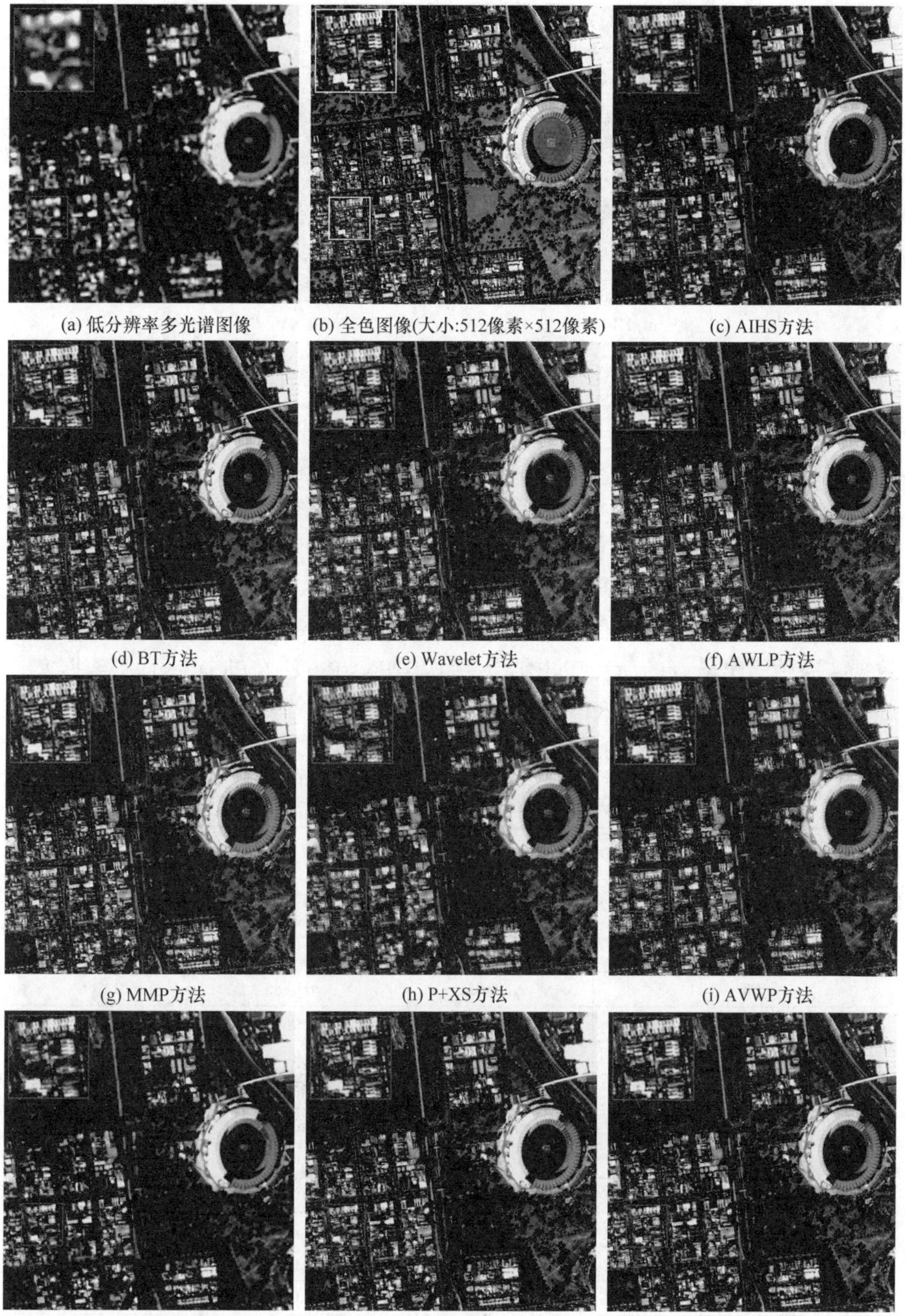

(a) 低分辨率多光谱图像　(b) 全色图像(大小:512像素×512像素)　(c) AIHS方法

(d) BT方法　(e) Wavelet方法　(f) AWLP方法

(g) MMP方法　(h) P+XS方法　(i) AVWP方法

(j) SparseFI方法　(k) DVT方法　(l) SHFGVP方法

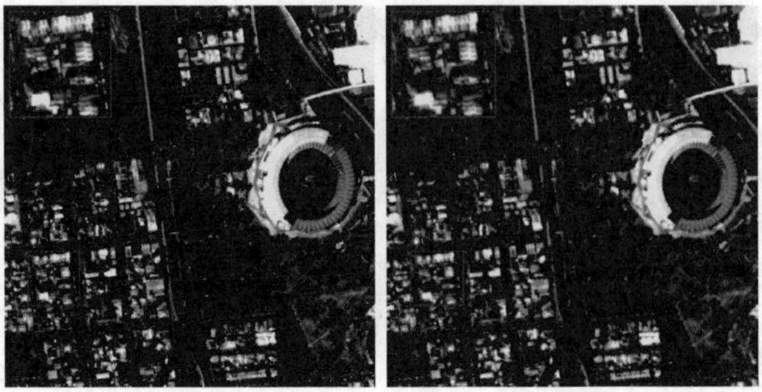

(m) HFNVP方法　　(n) WHFNVP方法

图 9.6　各方法在真实 Pléiades 数据集上的融合结果比较

同时，表9.4和表9.5分别列出了不同方法在WorldView-2和Pléiades真实数据上对应的客观评价指标D_λ、D_s和QNR结果。特别地，我们给出了EXP方法[25]对应的D_λ、D_s和QNR结果，其中，EXP方法对原始的低分辨率多光谱图像使用23个系数的多项式核进行插值从而得到上采样的多光谱图像。如表9.4和表9.5所示，EXP方法给出最好的D_λ结果。此外，与其他方法相比，本章HFNVP和WHFNVP方法整体上给出更好的D_s和QNR结果。具体地，HFNVP方法在WorldView-2真实数据实验中给出最好的D_s和QNR结果，而WHFNVP方法在Pléiades真实数据实验中则给出最好的D_s和QNR结果。因此，真实数据实验结果充分验证了本章HFNVP和WHFNVP方法的有效性。

表 9.4　不同方法在真实 WorldView-2 数据集上融合结果的定量指标比较

方法	指标		
	D_λ	D_s	QNR
EXP[25]	**0.0108**	0.1900	0.8012
AIHS[15]	0.0540	0.0473	0.9012
BT[16]	0.0353	0.0785	0.8891
Wavelet[7]	0.0677	0.0654	0.8713
AWLP[17]	0.0606	0.0404	0.9015
MMP[18]	0.0436	0.0835	0.8766
P+XS[1]	0.0659	0.0466	0.8906
AVWP[2]	0.0479	0.0343	0.9195
SparseFI[19]	0.0130	0.0675	0.9203
DTV[3]	0.0297	0.0445	0.9271
SHFGVP[4]	0.0180	0.0241	0.9583
HFNVP	0.0230	**0.0179**	**0.9596**
WHFNVP	0.0279	0.0256	0.9472

表 9.5　不同方法在真实 Pléiades 数据集上融合结果的定量指标比较

方法	指标		
	D_λ	D_s	QNR
EXP[25]	**0.0191**	0.2091	0.7758
AIHS[15]	0.0490	0.0354	0.9174
BT[16]	0.1310	0.1012	0.7810
Wavelet[7]	0.1126	0.0674	0.8276
AWLP[17]	0.1289	0.0790	0.8022
MMP[18]	0.1298	0.0896	0.7922
P+XS[1]	0.0896	0.0471	0.8675
AVWP[2]	0.0736	0.0329	0.8959
SparseFI[19]	0.0387	0.0863	0.8784
DTV[3]	0.0618	0.0687	0.8738
SHFGVP[4]	0.0597	0.0654	0.8788
HFNVP	0.0454	0.0232	0.9324
WHFNVP	0.0377	**0.0181**	**0.9449**

9.4.4　计算效率分析与比较

本节将从算法运行时间和算法收敛速度的观点来分析与比较 P+XS、AVWP、DTV、SHFGVP、HFNVP 和 WHFNVP 等变分方法之间的计算效率。

在算法运行时间比较方面，如表 9.6 所示，我们分别记录了 P+XS、AVWP、DTV、SHFGVP、HFNVP 和 WHFNVP 等变分方法在图 9.2～图 9.6 中的数据集上进行实验得到的平均运行时间。由表 9.6 可以看出，DTV 方法的运行时间最短，即计算代价最小；SHFGVP 方法的运行时间第二短；本章 HFNVP 方法的运行时间第三短；本章 WHFNVP 方法包含了 Wavelet 融合的步骤，从而导致运行时间略多于 HFNVP 方法。特别地，本章 HFNVP 和 WHFNVP 方法的运行时间远比 P+XS 和 AVWP 方法的运行时间短。在模型复杂度层面上，相比于基于梯度一致性的 P+XS、AVWP 和 DTV 模型(仅考虑了图像的一阶导数信息)，尽管本章 HFNVP 和 WHFNVP 模型(考虑了图像的二阶导数信息)更加复杂，但是本章 HFNVP 和 WHFNVP 方法使用了 FISTA 算法，使得在运行时间比较层面上本章 HFNVP 和 WHFNVP 方法同样具有优势和竞争力。

表 9.6　不同变分融合方法的平均运行时间比较

方法	P+XS[1]	AVWP[2]	DTV[3]	SHFGVP[4]	HFNVP	WHFNVP
运行时间/s	80.1580	66.7251	**20.1215**	37.8773	46.0250	48.3863

在算法收敛速度和融合精确度方面，图 9.7 显示了所有变分方法在图 9.2 上对应的相对误差与迭代次数的关系图。其中，相对误差的表达式为 $\|\boldsymbol{u}^{(k)}-\boldsymbol{u}\|/\|\boldsymbol{u}\|$，$\boldsymbol{u}^{(k)}$ 表示第 k 次迭代时的融合图像，$\boldsymbol{u}$ 表示参考图像。如图 9.7 所示，本章 WHFNVP 方法给出最小的相对误差，同时表现出最快的收敛速度，仅需要 100~150 次迭代即可取得最好的融合结果(即最小的相对误差)，而且该融合结果要远比 P+XS 方法和 AVWP 方法的融合结果精确，同时也略比 DTV 方法、SHFGVP 方法和 HFNVP 方法的融合结果精确。相比于 HFNVP 方法和 DTV 方法，SHFGVP 方法表现出更快的收敛速度，同时给出更小的相对误差结果。此外，与 HFNVP 方法相比，DTV 方法则表现出更快的收敛速度，并给出略小的相对误差结果。然而，相比于本章 HFNVP 和 WHFNVP 方法，P+XS 方法和 AVWP 方法不仅给出更差的相对误差结果，而且表现出更慢的收敛速度，至少需要 500 次迭代才能达到收敛。因此，本章 WHFNVP 方法在计算效率上要优于 P+XS 方法、AVWP 方法、DTV 方法和 SHFGVP 方法。

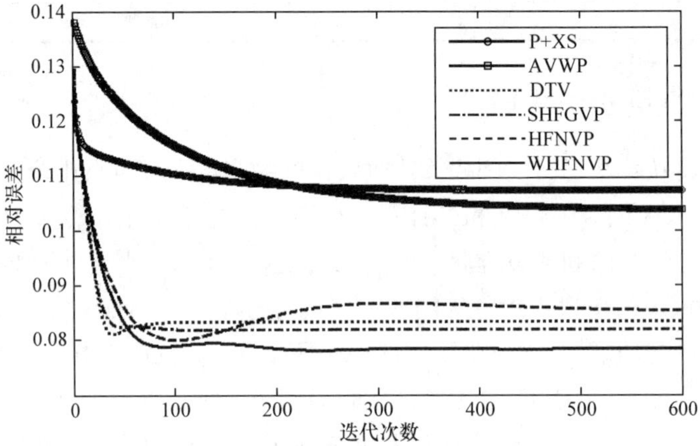

图 9.7　不同变分融合方法在仿真 GeoEye-1 数据集上(对应于图 9.2)相对误差与迭代次数之间的关系曲线图

9.5　本 章 小 结

为了提高低分辨率多光谱图像的空间分辨率的同时保持全色图像的空间结构信息，本章提出了一种高阶几何结构信息迁移的变分融合方法。除了使用基于观测模型的光谱信息保真项和基于 Wavelet 融合的光谱信息保真项，我们在融合的过程中同样约束高分辨率多光谱图像和全色图像在 Hessian 结构信息上的几何结构一致性。特别地，为了描述高分辨率多光谱图像和全色图像之间的几何结构一致性，本章提出了一个新的基于向量化 Hessian 特征一致性的高阶几何结构信息迁移正则项。通过联合基于观测模型的光谱信息保真项、基于 Wavelet 融合的光谱信息保真项和高阶几何结构信息迁移项，建立了统一的变分融合模型。在 FISTA 框架下，设计了一种高效的模型求解算法。大量实验结果验证了本章方法的有效性。与多种融合方法相比，本章方法在融合图像的空间质量和光谱质量方面均优于其他方法，表现出更优的融合效果。除了能够较好地保持光谱信息，本章方法同时融入了图像的曲率信息同样能够有效地消除块效应和空间模糊效应。此外，与多种变分融合方法的计算效率进行比较，进一步验证了本章方法的高效性。总而言之，本章提出了一种新颖且有效的变分融合方法。尽管如此，我们未来的工作仍将包括研究更加有效的图像几何特征表示模型，如稀疏表示模型和低秩表示模型，以及本章方法的并行和 GPU 实现。

参 考 文 献

[1] Ballester C, Caselles V, Igual L, et al. A variational model for P+XS image fusion. International Journal of Computer Vision, 2006, 69(1): 43-58.

[2] Moeller M, Wittman T, Bertozzi A L, et al. A variational approach for sharpening high dimensional images. SIAM Journal on Imaging Sciences, 2012, 5(1): 150-178.

[3] Chen C, Li Y, Liu W, et al. Image fusion with local spectral consistency and dynamic gradient sparsity. Proceedings of the IEEE International Conference on Computer Vision and Pattern Recognition, Columbus, 2014: 2760-2765.

[4] Liu P, Xiao L, Zhang J, et al. Spatial-Hessian-Feature-Guided variational model for PAN-sharpening, IEEE Transactions on Geoscience and Remote Sensing, 2016, 54(4): 2235-2253.

[5] 刘鹏飞. 图像恢复与 PAN-sharpening 的高阶变分模型及算法. 南京：南京理工大学，2016.

[6] Liu P, Xiao L, Tang S. A new geometry enforcing variational model for PAN-sharpening. IEEE Journal of Selected Topics in Applied Earth Observations and Remote Sensing, 2016, 9(12): 5726-5739.

[7] Zhou J, Civco D L, Silander J A. A wavelet transform method to merge Landsat TM and SPOT Panchromatic data. International Journal of Remote Sensing, 1998, 19(4): 743-757.

[8] Lysaker M, Lundervold A, Tai X C. Noise removal using fourth-order partial differential equation with applications to medical magnetic resonance images in space and time. IEEE Transactions on Image Processing, 2003, 12(12): 1579-1590.

[9] Lefkimmiatis S, Bourquard A, Unser M. Hessian-based norm regularization for image restoration with biomedical applications. IEEE Transactions on Image Processing, 2012, 21(3): 983-995.

[10] Lefkimmiatis S, Unser M. A projected gradient algorithm for image restoration under Hessian matrix-norm regularization. IEEE International Conference on Image Processing, 2012: 3029-3032.

[11] Lefkimmiatis S, Ward J P, Unser M. Hessian Schatten-norm regularization for linear inverse problems. IEEE Transactions on Image Processing, 2013, 22(5): 1873-1888.

[12] Deng H, Zhang W, Mortensen E, et al. Principal curvature-based region detector for object recognition. IEEE Conference on Computer Vision and Pattern Recognition,Minneapolis, 2007: 1-8.

[13] Beck A, Teboulle M. Fast gradient-based algorithms for constrained total variation image denoising and deblurring problems. IEEE Transactions on Image Processing, 2009, 18(11): 2419-2434.

[14] Wald L, Ranchin T, Mangolini M. Fusion of satellite images of different spatial resolutions: Assessing the quality of resulting images. Photogrammetric Engineering and Remote Sensing, 1997, 63(6): 691-699.

[15] Rahmani S, Strait M, Merkurjev D, et al. An adaptive IHS Pansharpening method. IEEE Geoscience and Remote Sensing Letters, 2010, 7(4): 746-750.

[16] Gillespie A R, Kahle A B, Walker R E. Color enhancement of highly correlated images. I. Decorrelation and HSI contrast stretches. Remote Sensing of Environment, 1986, 20(3): 209-235.

[17] Otazu X, González-Audícana M, Fors O,et al. Introduction of sensor spectral response into image fusion methods. Application to wavelet-based methods. IEEE Transactions on Geoscience and Remote Sensing, 2005, 43(10): 2376-2385.

[18] Kang X D, Li S T, Benediktsson J A. Pansharpening with matting model. IEEE Transactions on Geoscience and Remote Sensing, 2014, 52(8): 5088-5099.

[19] Zhu X X, Bamler R. A sparse image fusion algorithm with application to PAN-sharpening. IEEE Transactions on Geoscience and Remote Sensing, 2013, 51(5): 2827-2836.

[20] Alparone L, Wald L, Chanussot J, et al. Comparison of Pansharpening algorithms: Outcome of the 2006 GRS-S data-fusion contest. IEEE Transactions on Geoscience and Remote Sensing, 2007, 45(10): 3012-3021.

[21] Wang Z, Bovik A C. A universal image quality index. IEEE Signal Processing Letters, 2002, 9(3): 81-84.

[22] Ranchin T, Wald L. Fusion of high spatial and spectral resolution images: The ARSIS concept and its implementation. Photogrammetric Engineering and Remote Sensing, 2000, 66(1): 49-61.

[23] Alparone L, Baronti S, Garzelli A, et al. A global quality measurement of PAN-sharpened multispectral imagery. IEEE Geoscience and Remote Sensing Letters, 2004, 1(4): 313-317.

[24] Alparone L, Aiazzi B, Baronti S, et al. Multispectral and Panchromatic data fusion assessment without reference. Photogrammetric Engineering and Remote Sensing, 2008, 74(2): 193-200.

[25] Vivone G, Alparone L, Chanussot J, et al. A critical comparison among Pansharpening algorithms. IEEE Transactions on Geoscience and Remote Sensing, 2015, 53(5): 2565-2586.

第 10 章　分数阶几何与空谱低秩先验的变分融合方法

10.1　引　　言

如第 7 章所介绍，P+XS[1]、AVWP[2]和 DTV[3]等融合方法都使用图像的梯度特征来刻画全色与多光谱图像的空间结构信息，从而将全色图像中与梯度特征相关的空间结构信息融入高分辨率多光谱图像。然而，图像的梯度特征并不能较好地刻画图像的纹理和精细结构细节，不利于纹理和精细结构细节的保持。同时，P+XS、AVWP 和 DTV 等方法未充分挖掘多光谱图像自身的空谱信息，不利于空谱联合信息的保持。因此，本章主要研究如何将全色图像的纹理和精细结构细节信息迁移至低分辨率多光谱图像，同时挖掘多光谱图像自身的空谱联合信息以保持较高的空谱融合质量，进而提出了一种基于空间分数阶几何与空谱低秩先验的变分融合计算模型与方法[4]。

与 P+XS、AVWP 和 DTV 等方法不同的是，本章模型的核心在于使用图像的空间分数阶梯度刻画图像的几何结构信息，实现分数阶几何特征的高效迁移，同时施加非局部空谱低秩约束以进一步保持多光谱图像的空谱信息。特别地，本章所提出模型的主要创新在于充分利用了空间分数阶几何先验的空间细节和纹理的表达能力，以及低秩先验的空谱相关性保持能力。

首先，提出了一个新的基于分数阶 TV 的空间分数阶几何先验项，约束多光谱图像与全色图像的分数阶梯度特征的一致性，实现全色图像的空间细节和纹理等几何信息迁移至多光谱图像。此外，充分挖掘低/高分辨率多光谱图像之间的非局部低秩稀疏性，提出基于加权核范数的空谱低秩先验项，实现空谱相关性的保持。同时，使用数据生成式保真项，刻画高分辨率多光谱图像经模糊和下采样应与低分辨率多光谱图像接近的关系，实现局部光谱保真。然后，通过联合上述的数据生成式保真项、空间分数阶几何先验项和空谱低秩先验项，提出了统一的基于空间分数阶几何与空谱低秩先验的变分融合模型，并利用变量分裂和 ADMM 方法，设计了一种高效的模型求解方法。最后，分析和比较了本章方法的融合结果和效率。

本章内容具体安排如下：首先，给出本章的基本假设，进而建立基于空间分数阶几何与空谱低秩先验的变分融合模型；然后，在 ADMM 框架下设计模型的求解方法；最后，与多种主流的空谱融合方法进行实验比较，验证本章方法的有效性。

10.2 分数阶几何与空谱低秩先验的变分融合模型

本节首先引入如下的记号和定义。然后，我们提出三个基本的空谱融合假设，并在变分框架下给出对应的能量函数。最后，建立统一的变分融合计算模型。为了方便分析，大小为 $n \times n$ 的图像 $\boldsymbol{G} \in \mathbf{R}^{n \times n}$ 被当作大小为 $L = n^2$ 的向量形式 $\boldsymbol{g} \in \mathbf{R}^L$ 进行处理，即图像 $\boldsymbol{G} \in \mathbf{R}^{n \times n}$ 的第 (r,s) 个像素点映射为向量 $\boldsymbol{g}$ 的第 $j = (s-1)n + r$ 个元素，即 $\boldsymbol{G}(r,s) = \boldsymbol{g}_j$，其中，$r = 1,2,\cdots,n$，$s = 1,2,\cdots,n$，$j = 1,2,\cdots,L$。

令 $\boldsymbol{P} \in \mathbf{R}^L$ ($L = n^2$)表示 PAN 图像，其大小为 $n \times n$，$\boldsymbol{u} = (\boldsymbol{u}_1, \boldsymbol{u}_2 \cdots, \boldsymbol{u}_N) \in \mathbf{R}^{L \times N}$ 表示高分辨率 MS 图像(即待求的融合图像)，其中 $\boldsymbol{u}_i \in \mathbf{R}^L$ ($i = 1,2,\cdots,N$)为第 i 个谱波段，大小为 $n \times n$，N 为 $\boldsymbol{u}$ 的波段数目。$\boldsymbol{M} = (\boldsymbol{M}_1, \boldsymbol{M}_2 \cdots, \boldsymbol{M}_N) \in \mathbf{R}^{K \times N}$ 表示低分辨率 MS 图像，各谱波段图像 $\boldsymbol{M}_i \in \mathbf{R}^K$ ($K = L / c^2$) 的大小为 $\frac{n}{c} \times \frac{n}{c}$，其中 c 是低分辨率 MS 图像与 PAN 图像之间空间分辨率的比值。$\breve{\boldsymbol{M}} = \left(\breve{\boldsymbol{M}}_1, \breve{\boldsymbol{M}}_2 \cdots, \breve{\boldsymbol{M}}_N\right) \in \mathbf{R}^{L \times N}$ 为经双三次插值上采样后的低分辨率 MS 图像，其各谱波段图像的大小与 PAN 图像 $\boldsymbol{P}$ 的大小相同。特别地，$\|\cdot\|_2$ 表示欧氏范数，$\|\cdot\|_{\mathrm{F}}$ 表示 Frobenius 范数，$(\cdot)^{\mathrm{T}}$ 表示转置运算。

1. 数据生成式保真项

已知全色图像 $\boldsymbol{P}$ 和低分辨率多光谱图像 $\boldsymbol{M}$，全色锐化融合问题的目标即估计出高分辨率多光谱图像 $\boldsymbol{u}$。通常，观测的低分辨率多光谱图像 $\boldsymbol{M}_i$ 建模为高分辨率多光谱图像 $\boldsymbol{u}_i$ 经空间不变模糊和下采样后的退化图像，即线性表示为

$$\boldsymbol{M}_i = \boldsymbol{S}\boldsymbol{u}_i + \boldsymbol{n}_i \tag{10.1}$$

其中，$\boldsymbol{S} \in \mathbf{R}^{K \times L}$ 表示同时建模空间不变模糊和下采样的退化矩阵；$\boldsymbol{n}_i$ 表示零均值的高斯噪声。

为了保持低分辨率多光谱图像 $\boldsymbol{M}$ 中的局部光谱信息，我们使用如下数据生成式保真项：

$$E_1(\boldsymbol{u}) = \frac{1}{2}\sum_{i=1}^{N}\|\boldsymbol{S}\boldsymbol{u}_i - \boldsymbol{M}_i\|_2^2 \tag{10.2}$$

2. 空间分数阶几何先验项

由于全色图像包含了丰富的空间结构信息，我们需要在融合过程中将全色图

像的空间结构信息迁移至高分辨率多光谱图像。然而，在图像处理问题中，如何有效地表示和刻画图像的几何结构信息是重要且困难的问题。为了达到这个目的，接下来将介绍一种新颖且有效的特征表示方法来刻画图像的几何结构信息。进而，挖掘描述高分辨率多光谱图像和全色图像之间的几何结构先验知识。

在众多图像处理问题中，图像的几何结构信息通常由图像的梯度来刻画。因此，基于梯度先验的方法被广泛应用于全色锐化融合问题。特别地，P+XS和AVWP方法假设图像的几何结构信息包含在图像的水平线中，进而假设高分辨率多光谱图像和全色图像中水平线的法线方向相同，即 $\nabla \boldsymbol{u}_i / \|\nabla \boldsymbol{u}_i\|_2 = \nabla \boldsymbol{P} / \|\nabla \boldsymbol{P}\|_2$ 其中，∇ 表示离散梯度算子。另外，DTV模型假设高分辨率多光谱图像与全色图像之间共享梯度特征的一致性，即 $\nabla \boldsymbol{u}_i = \nabla \boldsymbol{P}$。特别地，P+XS、AVWP和DTV模型均可视为基于梯度特征一致性先验的全色锐化融合模型，并产生基于TV的空间几何先验项，实现全色图像的空间几何信息迁移至多光谱图像(尤其是图像的边缘)。然而，P+XS、AVWP和DTV模型容易产生阶梯效应，并引起图像纹理的丢失。为了抑制阶梯效应并保持图像的纹理，分数阶变分模型被广泛应用于图像处理反问题[5-7]。因此，我们将在融合问题中使用图像的分数阶梯度特征来刻画图像的几何信息。

为此，我们假设图像的几何信息可由图像的分数阶梯度特征来刻画，并约束高分辨率多光谱图像与全色图像之间共享分数阶梯度特征的一致性，即

$$\nabla^{\alpha} \boldsymbol{u}_i = \nabla^{\alpha} \boldsymbol{P} \tag{10.3}$$

其中，$\nabla^{\alpha} : \mathbf{R}^L \to \mathbf{R}^{2\times L}$ $(1<\alpha<2)$ 表示离散分数阶梯度算子；$[\nabla^{\alpha}\boldsymbol{P}]_j = \left([D_h^{\alpha}\boldsymbol{P}]_j, [D_v^{\alpha}\boldsymbol{P}]_j\right)^{\mathrm{T}} \in \mathbf{R}^2$，$[\cdot]_j$ 表示矩阵的第 j 列元素，$D_h^{\alpha} : \mathbf{R}^L \to \mathbf{R}^{1\times L}$ 和 $D_v^{\alpha} : \mathbf{R}^L \to \mathbf{R}^{1\times L}$ 分别表示水平方向和垂直方向的有限分数阶前向差分算子[5-7]，定义如下：

$$\begin{aligned} [D_h^{\alpha}\boldsymbol{P}]_j &= \sum_{l=0}^{J-1} w_l^{(\alpha)} P(r+l, s) \\ [D_v^{\alpha}\boldsymbol{P}]_j &= \sum_{l=0}^{J-1} w_l^{(\alpha)} P(r, s+l) \end{aligned} \tag{10.4}$$

其中，$P \in \mathbf{R}^{n\times n}$ 表示 $\boldsymbol{P} \in \mathbf{R}^L$ 对应的矩阵形式；$w_l^{(\alpha)} = (-1)^l C_l^{\alpha}$，$C_l^{\alpha} = \Gamma(\alpha+1) / (\Gamma(l+1)\Gamma(\alpha-l+1))$ 表示广义二项式系数，$\Gamma(\cdot)$ 表示伽马函数；$J \geqslant 3$。

特别地，图10.1给出了图像梯度和分数阶梯度的计算比较。

基于 $\boldsymbol{v} = (\boldsymbol{v}_1, \boldsymbol{v}_2, \cdots, \boldsymbol{v}_L) \in \mathbf{R}^{2\times L}$ 的 $\ell_{1,2}$ 范数定义为 $\|\boldsymbol{v}\|_{1,2} = \sum_{j=1}^{L} \|\boldsymbol{v}_j\|_2$ [8]，因此，$\boldsymbol{P}$ 的分数阶TV可表示为

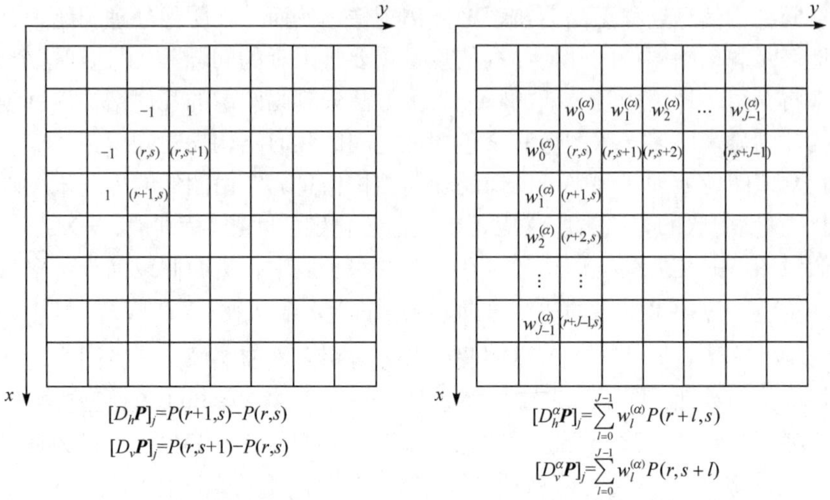

(a) 图像梯度的计算　　(b) 图像分数阶梯度的计算

图 10.1　图像梯度和分数阶梯度的计算比较

$$\mathrm{TV}^\alpha(\boldsymbol{P}) = \sum_{j=1}^{L} \left\| [\nabla^\alpha \boldsymbol{P}]_j \right\|_2 = \left\| \nabla^\alpha \boldsymbol{P} \right\|_{1,2} \tag{10.5}$$

基于上述分析，为了在变分框架下体现分数阶梯度特征的一致性假设(10.3)，我们提出一种新的基于分数阶TV的空间分数阶几何先验项：

$$E_2(\boldsymbol{u}) = \sum_{i=1}^{N} \left\| \nabla^\alpha \boldsymbol{u}_i - \nabla^\alpha \boldsymbol{P} \right\|_{1,2} \tag{10.6}$$

如上所述，P+XS、AVWP 和 DTV 模型均使用梯度特征一致性假设，并产生 TV 先验。相比之下，本章基于分数阶梯度特征一致性假设所提出的空间分数阶几何先验项则产生分数阶 TV 先验，主要优点体现在如下两方面。

(1) 如式(10.4)和图 10.1 所示，TV 是局部先验，仅仅依靠相邻像素点来惩罚图像在每一个像素点的变差，没有考虑该像素点的大邻域范围的像素点信息。而分数阶 TV 先验则充分考虑了像素点的大邻域范围的像素点信息以惩罚图像在该像素点的分数阶变差。因此，保证了所提出的基于分数阶 TV 的空间分数阶几何先验项能更好地保持图像纹理信息。

(2) 与 TV 相比较，分数阶 TV 能避免图像高频成分的过度增强，从而所提出的基于分数阶 TV 的空间分数阶几何先验项能保持更好的对比度，减少阶梯效应，以及避免边缘附近的较大振荡。

3. 空谱低秩先验项

遥感图像中包含许多自相似结构，如建筑物、道路、树、河流等，因此，在全色锐化融合问题中利用这些非局部自相似性和稀疏性变得尤为重要。为此，我们使用图像块编组来刻画自相似性，并使用低秩逼近来约束稀疏性。特别地，如图 10.2 所示，对于每一个目标图像块(用红框表示)，可以寻找一组与之相似的图像块(用黄框表示)，进行编组构成低秩矩阵。因此，我们将在变分融合模型中引入基于非局部图像块的低秩性质。

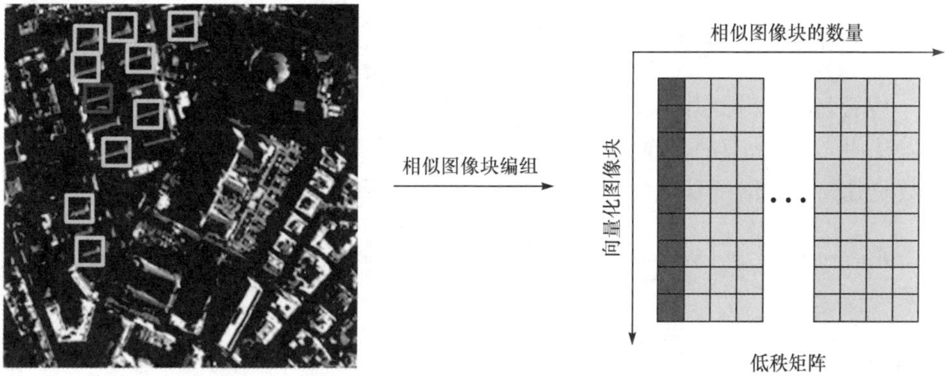

图 10.2　遥感图像中的基于非局部图像块的低秩属性(见彩图)

对于高分辨率 MS 图像 $\boldsymbol{u}_i$ ，我们将其分成 B 个大小为 $\sqrt{d}\times\sqrt{d}$ 的重叠图像块。定义位置 j 处的图像块抽取算子 $\boldsymbol{R}_j$ $(j=1,2,\cdots,B)$，我们可以得到 $\boldsymbol{u}_i$ 在位置 j 处大小为 $\sqrt{d}\times\sqrt{d}$ 的目标图像块 $\boldsymbol{R}_j\boldsymbol{u}_i\in\mathbf{R}^d$ (用向量形式表示)。对于任一目标图像块 $\boldsymbol{R}_j\boldsymbol{u}_i\in\mathbf{R}^d$，我们在大小为 40×40 的局部窗口内使用 K 最近邻方法搜索与其最相似的 m 个图像块，进行编组构成低秩矩阵 $\tilde{\boldsymbol{R}}_j\boldsymbol{u}_i\overset{\Delta}{=}(\boldsymbol{R}_{j_1}\boldsymbol{u}_i,\boldsymbol{R}_{j_2}\boldsymbol{u}_i,\cdots,\boldsymbol{R}_{j_m}\boldsymbol{u}_i)\in\mathbf{R}^{d\times m}$，其中 $\tilde{\boldsymbol{R}}_j\boldsymbol{u}_i$ 的每一列表示与 $\boldsymbol{R}_j\boldsymbol{u}_i$ 相似的图像块(包括 $\boldsymbol{R}_j\boldsymbol{u}_i$ 自身)。为了更好地体现 $\tilde{\boldsymbol{R}}_j\boldsymbol{u}_i$ 的低秩性质，我们提出使用加权核范数正则化，而不是常用的秩最小化或者核范数正则化，表示如下：

$$E(\boldsymbol{u})=\sum_{i=1}^{N}\sum_{j=1}^{B}\left\|\tilde{\boldsymbol{R}}_j\boldsymbol{u}_i\right\|_{\omega,*}\tag{10.7}$$

其中，$\|\cdot\|_{\omega,*}$ 表示加权核范数[9]，定义为 $\|\boldsymbol{q}\|_{\omega,*}=\sum\limits_{t=1}^{\min\{d,m\}}\omega_t\sigma_t(\boldsymbol{q})$ (对于任意的 $\boldsymbol{q}\in\mathbf{R}^{d\times m}$)，$\sigma_t(\boldsymbol{q})$ 表示 $\boldsymbol{q}$ 的第 t 个奇异值；$\boldsymbol{\omega}=(\omega_1,\omega_2,\cdots,\omega_t)^{\mathrm{T}}$ 表示权重向量，$\omega_t\geqslant0$ 是 $\sigma_t(\boldsymbol{q})$ 对应的非负权重。

特别地，相比于原始的核范数正则项，式(10.7)中加权核范数正则项使用的权重向量将增强低秩表示能力，因此，可以进一步在融合过程中保持图像的空间结构信息。我们希望不仅仅保持图像的空间结构信息，还同时保持低分辨率多光谱图像 $\breve{\boldsymbol{M}}$ 的光谱信息，因此提出一种新的基于加权核范数的空谱联合先验项，表示为

$$E_3(\boldsymbol{u})=\sum_{i=1}^{N}\sum_{j=1}^{B}\left\|\tilde{\boldsymbol{R}}_j(\boldsymbol{u}_i-\breve{\boldsymbol{M}}_i)\right\|_{\boldsymbol{\omega},*} \tag{10.8}$$

4. 提出的变分模型

基于上述分析，我们联合数据生成式保真项 $E_1(\boldsymbol{u})$、基于分数阶 TV 的空间分数阶几何先验项 $E_2(\boldsymbol{u})$ 和基于加权核范数的空谱低秩先验项 $E_3(\boldsymbol{u})$，建立基于空间分数阶几何与空谱低秩先验的变分融合模型，表示为

$$\hat{\boldsymbol{u}}=\arg\min_{\boldsymbol{u}}\frac{1}{2}\sum_{i=1}^{N}\left\|\boldsymbol{S}\boldsymbol{u}_i-\boldsymbol{M}_i\right\|_2^2+\lambda\sum_{i=1}^{N}\left\|\nabla^{\alpha}\boldsymbol{u}_i-\nabla^{\alpha}\boldsymbol{P}\right\|_{1,2}+\tau\sum_{i=1}^{N}\sum_{j=1}^{B}\left\|\tilde{\boldsymbol{R}}_j(\boldsymbol{u}_i-\breve{\boldsymbol{M}}_i)\right\|_{\boldsymbol{\omega},*} \tag{10.9}$$

其中，λ 和 τ 是正则化参数。

10.3 变分融合计算方法

本节将给出模型(10.9)的数值求解算法。

如模型(10.9)所示，各个波段 $\boldsymbol{u}_i$ ($i=1,2,\cdots,N$) 可以独立进行求解，表示为

$$\hat{\boldsymbol{u}}_i=\arg\min_{\boldsymbol{u}_i}\frac{1}{2}\left\|\boldsymbol{S}\boldsymbol{u}_i-\boldsymbol{M}_i\right\|_2^2+\lambda\left\|\nabla^{\alpha}\boldsymbol{u}_i-\nabla^{\alpha}\boldsymbol{P}\right\|_{1,2}+\tau\sum_{j=1}^{B}\left\|\tilde{\boldsymbol{R}}_j(\boldsymbol{u}_i-\breve{\boldsymbol{M}}_i)\right\|_{\boldsymbol{\omega},*} \tag{10.10}$$

使用变量分裂和罚函数法，我们可以将模型(10.10)转化为

$$\begin{aligned}(\hat{\boldsymbol{u}}_i,\hat{\boldsymbol{L}}_j)=\arg\min_{\boldsymbol{u}_i,\boldsymbol{L}_j}&\frac{1}{2}\left\|\boldsymbol{S}\boldsymbol{u}_i-\boldsymbol{M}_i\right\|_2^2+\lambda\left\|\nabla^{\alpha}\boldsymbol{u}_i-\nabla^{\alpha}\boldsymbol{P}\right\|_{1,2}\\&+\mu\sum_{j=1}^{B}\left\|\tilde{\boldsymbol{R}}_j(\boldsymbol{u}_i-\breve{\boldsymbol{M}}_i)-\boldsymbol{L}_j\right\|_{\mathrm{F}}^2+\tau\sum_{j=1}^{B}\left\|\boldsymbol{L}_j\right\|_{\boldsymbol{\omega},*}\end{aligned} \tag{10.11}$$

其中，μ 为惩罚参数。

给定初始值 $\boldsymbol{u}_i^{(0)}$ 和 $\boldsymbol{L}_j^{(0)}$，模型(10.11)可以通过如下迭代格式进行求解：

$$\begin{cases}\boldsymbol{L}_j^{(k+1)}=\arg\min_{\boldsymbol{L}_j}\frac{1}{2}\left\|\tilde{\boldsymbol{R}}_j(\boldsymbol{u}_i^{(k)}-\breve{\boldsymbol{M}}_i)-\boldsymbol{L}_j\right\|_{\mathrm{F}}^2+\gamma\left\|\boldsymbol{L}_j\right\|_{\boldsymbol{\omega}^{(k)},*}\\ \boldsymbol{u}_i^{(k+1)}=\arg\min_{\boldsymbol{u}_i}\frac{1}{2}\left\|\boldsymbol{S}\boldsymbol{u}_i-\boldsymbol{M}_i\right\|_2^2+\mu\sum_{j=1}^{B}\left\|\tilde{\boldsymbol{R}}_j(\boldsymbol{u}_i-\breve{\boldsymbol{M}}_i)-\boldsymbol{L}_j^{(k+1)}\right\|_{\mathrm{F}}^2+\lambda\left\|\nabla^{\alpha}\boldsymbol{u}_i-\nabla^{\alpha}\boldsymbol{P}\right\|_{1,2}\end{cases} \tag{10.12}$$

其中，上标(k)代表第k次迭代；$\gamma=\tau/(2\mu)$；$\left\|\boldsymbol{L}_j\right\|_{\boldsymbol{\omega}^{(k)},*}=\sum_{t=1}^{\min\{d,m\}}\omega_t^{(k)}\sigma_t(\boldsymbol{L}_j)$表示权重为$\omega_t^{(k)}=1\Big/\left(\sigma_t(\boldsymbol{L}_j^{(k)})+\varepsilon\right)$的加权核范数，$\varepsilon$是较小的正数以避免分母为 0。

1. $\boldsymbol{L}_j$ 子问题的求解

注意到，奇异值$\sigma_t(\boldsymbol{L}_j^{(k)})$是递减顺序排列的，权重$\omega_t^{(k)}=1\Big/\left(\sigma_t(\boldsymbol{L}_j^{(k)})+\varepsilon\right)$是递增顺序排列的。根据文献[9]的定理 1 和引理 1，$\boldsymbol{L}_j^{(k+1)}$子问题可以得到如下闭式解，表示为

$$\boldsymbol{L}_j^{(k+1)}=\boldsymbol{U}_j\mathfrak{I}_{\boldsymbol{\omega}^{(k)},\gamma}(\boldsymbol{\Sigma}_j)\boldsymbol{V}_j^{\mathrm{T}} \tag{10.13}$$

其中，$\tilde{\boldsymbol{R}}_j(\boldsymbol{u}_i^{(k)}-\breve{\boldsymbol{M}}_i)=\boldsymbol{U}_j\boldsymbol{\Sigma}_j\boldsymbol{V}_j^{\mathrm{T}}$是$\tilde{\boldsymbol{R}}_j(\boldsymbol{u}_i^{(k)}-\breve{\boldsymbol{M}}_i)$的奇异值分解表示形式；$\mathfrak{I}_{\boldsymbol{\omega}^{(k)},\gamma}(\boldsymbol{\Sigma}_j)\in\mathbf{R}^{d\times m}$表示权重向量为$\boldsymbol{\omega}^{(k)}$的广义软阈值算子[9]，其对角元素为

$$\mathfrak{I}_{\boldsymbol{\omega}^{(k)},\gamma}(\boldsymbol{\Sigma}_j)_{t,t}=\max\left\{(\boldsymbol{\Sigma}_j)_{t,t}-\gamma\omega_t^{(k)},0\right\},\quad t=1,2,\cdots,\min\{d,m\} \tag{10.14}$$

而剩下的元素均为 0。

2. $\boldsymbol{u}_i$ 子问题的求解

由以上分析得到$\boldsymbol{L}_j$子问题的解$\hat{\boldsymbol{L}}_j$后，我们将讨论如何有效地求解$\boldsymbol{u}_i$子问题。由于∇^α是线性算子，我们简记$\boldsymbol{f}_i=\boldsymbol{u}_i-\boldsymbol{P}$，可将$\boldsymbol{u}_i$子问题等价表示为

$$\hat{\boldsymbol{f}}_i=\arg\min_{\boldsymbol{f}_i}\frac{1}{2}\left\|\boldsymbol{S}\boldsymbol{f}_i-(\boldsymbol{M}_i-\boldsymbol{S}\boldsymbol{P})\right\|_2^2+\mu\sum_{j=1}^{B}\left\|\tilde{\boldsymbol{R}}_j(\boldsymbol{f}_i+\boldsymbol{P}-\breve{\boldsymbol{M}}_i)-\hat{\boldsymbol{L}}_j\right\|_{\mathrm{F}}^2+\lambda\left\|\nabla^\alpha\boldsymbol{f}_i\right\|_{1,2} \tag{10.15}$$

为了更有效地求解$\hat{\boldsymbol{f}}_i$子问题(10.15)，我们首先引入一些辅助变量，将无约束$\hat{\boldsymbol{f}}_i$子问题转化为如下等价的有约束优化问题，表示为

$$\begin{aligned}&\min_{\boldsymbol{f}_i,\boldsymbol{q}_i,\boldsymbol{g}_i}\frac{1}{2}\left\|\boldsymbol{S}\boldsymbol{f}_i-(\boldsymbol{M}_i-\boldsymbol{S}\boldsymbol{P})\right\|_2^2+\mu\sum_{j=1}^{B}\left\|\tilde{\boldsymbol{R}}_j\boldsymbol{q}_i-\hat{\boldsymbol{L}}_j\right\|_{\mathrm{F}}^2+\lambda\left\|\nabla^\alpha\boldsymbol{g}_i\right\|_{1,2}\\&\text{s.t.}\quad\boldsymbol{q}_i=\boldsymbol{f}_i+\boldsymbol{P}-\breve{\boldsymbol{M}}_i,\quad\boldsymbol{g}_i=\boldsymbol{f}_i\end{aligned} \tag{10.16}$$

然后，可以得到如下增广拉格朗日函数：

$$\begin{aligned}F(\boldsymbol{f}_i,\boldsymbol{q}_i,\boldsymbol{g}_i,\boldsymbol{b}_i,\boldsymbol{c}_i)=&\frac{1}{2}\left\|\boldsymbol{S}\boldsymbol{f}_i-(\boldsymbol{M}_i-\boldsymbol{S}\boldsymbol{P})\right\|_2^2+\mu\sum_{j=1}^{B}\left\|\tilde{\boldsymbol{R}}_j\boldsymbol{q}_i-\hat{\boldsymbol{L}}_j\right\|_{\mathrm{F}}^2\\&+\beta\left\|\boldsymbol{f}_i+\boldsymbol{P}-\breve{\boldsymbol{M}}_i-\boldsymbol{q}_i-\boldsymbol{b}_i\right\|_2^2+\frac{\eta}{2}\left\|\boldsymbol{f}_i-\boldsymbol{g}_i-\boldsymbol{c}_i\right\|_2^2+\lambda\left\|\nabla^\alpha\boldsymbol{g}_i\right\|_{1,2}\end{aligned} \tag{10.17}$$

因此，使用 ADMM 方法[10-12]来求解无约束最小化问题(10.17)。给定初始值 $\boldsymbol{q}_i^{(0)}$、$\boldsymbol{g}_i^{(0)}$、$\boldsymbol{f}_i^{(0)}$、$\boldsymbol{b}_i^{(0)}$ 和 $\boldsymbol{c}_i^{(0)}$，我们可以使用如下迭代格式来求解无约束最小化问题(10.17)，表示为

$$\begin{cases} \boldsymbol{q}_i^{(l+1)} = \arg\min\limits_{\boldsymbol{q}_i} \mu \sum\limits_{j=1}^{B} \left\| \tilde{\boldsymbol{R}}_j \boldsymbol{q}_i - \hat{\boldsymbol{L}}_j \right\|_{\mathrm{F}}^2 + \beta \left\| \boldsymbol{f}_i^{(l)} + \boldsymbol{P} - \breve{\boldsymbol{M}}_i - \boldsymbol{q}_i - \boldsymbol{b}_i^{(l)} \right\|_2^2 \\ \boldsymbol{g}_i^{(l+1)} = \arg\min\limits_{\boldsymbol{g}_i} \dfrac{\eta}{2} \left\| \boldsymbol{f}_i^{(l)} - \boldsymbol{g}_i - \boldsymbol{c}_i^{(l)} \right\|_2^2 + \lambda \left\| \nabla^{\alpha} \boldsymbol{g}_i \right\|_{1,2} \\ \boldsymbol{f}_i^{(l+1)} = \arg\min\limits_{\boldsymbol{f}_i} \dfrac{1}{2} \left\| \boldsymbol{S}\boldsymbol{f}_i - (\boldsymbol{M}_i - \boldsymbol{S}\boldsymbol{P}) \right\|_2^2 + \beta \left\| \boldsymbol{f}_i + \boldsymbol{P} - \breve{\boldsymbol{M}}_i - \boldsymbol{q}_i^{(l+1)} - \boldsymbol{b}_i^{(l)} \right\|_2^2 \\ \qquad\qquad + \dfrac{\eta}{2} \left\| \boldsymbol{f}_i - \boldsymbol{g}_i^{(l+1)} - \boldsymbol{c}_i^{(l)} \right\|_2^2 \\ \boldsymbol{b}_i^{(l+1)} = \boldsymbol{b}_i^{(l)} + \boldsymbol{q}_i^{(l+1)} - \boldsymbol{f}_i^{(l+1)} - \boldsymbol{P} + \breve{\boldsymbol{M}}_i \\ \boldsymbol{c}_i^{(l+1)} = \boldsymbol{c}_i^{(l)} + \boldsymbol{g}_i^{(l+1)} - \boldsymbol{f}_i^{(l+1)} \end{cases} \tag{10.18}$$

对于 $\boldsymbol{q}_i^{(l+1)}$ 子问题，我们可以得到其闭式解为

$$\boldsymbol{q}_i^{(l+1)} = \left(\mu \sum_{j=1}^{B} \tilde{\boldsymbol{R}}_j^{\mathrm{T}} \tilde{\boldsymbol{R}}_j + \beta \boldsymbol{I} \right)^{-1} \left(\beta \left(\boldsymbol{f}_i^{(l)} + \boldsymbol{P} - \breve{\boldsymbol{M}}_i - \boldsymbol{b}_i^{(l)} \right) + \mu \sum_{j=1}^{B} \tilde{\boldsymbol{R}}_j^{\mathrm{T}} \hat{\boldsymbol{L}}_j \right) \tag{10.19}$$

其中，$\boldsymbol{I}$ 为单位矩阵。

$\boldsymbol{g}_i^{(l+1)}$ 子问题，即为基于分数阶 TV 的图像去噪问题，因此我们使用高效的原始-对偶算法[7]进行求解。

对于 $\boldsymbol{f}_i^{(l+1)}$ 子问题，我们需要计算如下法方程：

$$\left(\boldsymbol{S}^{\mathrm{T}} \boldsymbol{S} + 2\beta \boldsymbol{I} + \eta \boldsymbol{I} \right) \boldsymbol{f}_i = \boldsymbol{S}^{\mathrm{T}} \left(\boldsymbol{M}_i - \boldsymbol{S}\boldsymbol{P} \right) + 2\beta \left(\breve{\boldsymbol{M}}_i - \boldsymbol{P} + \boldsymbol{q}_i^{(l+1)} + \boldsymbol{b}_i^{(l)} \right) + \eta \left(\boldsymbol{g}_i^{(l+1)} + \boldsymbol{c}_i^{(l)} \right) \tag{10.20}$$

因此可以使用预共轭梯度算法对其进行有效求解。

由以上分析可知，一旦得到式(10.20)的最优解 $\hat{\boldsymbol{f}}_i$，我们可以得到最终的融合图像 $\hat{\boldsymbol{u}}$，表示为

$$\hat{\boldsymbol{u}}_i = \hat{\boldsymbol{f}}_i + \boldsymbol{P}, \quad i = 1, 2, \cdots, N \tag{10.21}$$

因此，算法 10.1 列出了求解 $\boldsymbol{u}_i$ 子问题的完整 ADMM 算法。

算法 10.1　求解 $\boldsymbol{u}_i$ 子问题的 ADMM 算法

输入: $\boldsymbol{M}_i$，$\boldsymbol{P}$，$\boldsymbol{L}_j$，$i = 1, 2, \cdots, N$，$j = 1, 2, \cdots, B$

初始化：

设置参数 λ，μ，β，η，Iter；

初始化 $\boldsymbol{u}_i^{(0)}=\boldsymbol{S}^{\mathrm{T}}\boldsymbol{M}_i$，$\boldsymbol{f}_i^{(0)}=\boldsymbol{u}_i^{(0)}-\boldsymbol{P}$，$\boldsymbol{q}_i^{(0)}$，$\boldsymbol{g}_i^{(0)}$，$\boldsymbol{b}_i^{(0)}$ 和 $\boldsymbol{c}_i^{(0)}$。

迭代：

for $l=0$ **to** $\text{Iter}-1$ **do**

使用式(10.19)求解 $\boldsymbol{q}_i^{(l+1)}$；

使用原始-对偶算法[7]求解 $\boldsymbol{g}_i^{(l+1)}$；

使用预共轭梯度算法求解 $\boldsymbol{f}_i^{(l+1)}$；

使用式(10.18)更新 $\boldsymbol{b}_i^{(l+1)}$；

使用式(10.18)更新 $\boldsymbol{c}_i^{(l+1)}$；

end for

输出：$\boldsymbol{u}_i^{(k+1)}=\boldsymbol{f}_i^{(\text{Iter})}+\boldsymbol{P}$。

3. PSFGS^{2}LR 算法

综上所述，算法 10.2 列出了完整的空间分数阶几何与空谱低秩先验全色锐化(Pansharpening Based on Spatial Fractional Order Geometry and Spectral-Spatial Low Rank Priors，PSFGS^{2}LR)算法。

算法 10.2　PSFGS^{2}LR 算法

输入: $\boldsymbol{M}$, $\boldsymbol{P}$

初始化：

设置参数 λ，τ，μ，$\gamma=\tau/(2\mu)$，β，η，Maxiter，Iter；

初始化 $\boldsymbol{u}^{(0)}=\boldsymbol{S}^{\mathrm{T}}\boldsymbol{M}$，$\boldsymbol{\omega}^{(0)}=(1,1,\cdots,1)^{\mathrm{T}}$，$\boldsymbol{L}_j^{(0)}=\boldsymbol{R}_j\boldsymbol{u}_i^{(0)}$，$j=1,2,\cdots,B$。

迭代：

for $k=0$ **to** $\text{Maxiter}-1$ **do**

for $i=1$ **to** N **do**

更新权重向量 $\boldsymbol{\omega}^{(k)}=1/\left(\boldsymbol{\sigma}(\boldsymbol{L}_j^{(k)})+\varepsilon\right)$；

使用式(10.13)和式(10.14)求解 $\boldsymbol{L}_j^{(k+1)}$；

使用算法 10.1 求解 $\boldsymbol{u}_i^{(k+1)}$；

end for

end for

输出：高分辨率多光谱图像 $\hat{\boldsymbol{u}}=\boldsymbol{u}^{(\text{Maxiter})}$。

10.4　实验结果与分析

1. 实验设置

为了全面地验证本章变分融合方法的有效性，我们同样在第 8 章所介绍的 QuickBird、GeoEye-1、WorldView-2 和 Pléiades 等卫星提供的全色图像和多光谱图像数据集上分别进行了两类实验，即仿真数据实验和真实数据实验。在仿真数据实验中，我们将原始分辨率的多光谱图像当作仿真的高分辨率多光谱图像，即参考图像。同时根据 Wald 协议[13]，将原始分辨率的多光谱图像和全色图像分别进行空间分辨率退化，即包含 MTF 滤波和采样因子为 4 的下采样操作，从而产生仿真的低分辨率多光谱图像和全色图像数据集。而在真实数据实验中，原始分辨率的多光谱图像和全色图像即为测试数据集，此时并没有高分辨率多光谱图像作为参考图像。

为了系统地验证本章所提出的空间分数阶几何先验项和空谱低秩先验项的作用，我们显示两种方法对应的结果：

(1) PSFGS^2LR 方法；

(2) 仅仅空间分数阶几何先验融合方法(简记为 PSFG 方法)，记对应模型(10.9)中的 $\tau=0$ 。

在实验中，我们将本章PSFGS^2LR和PSFG方法与以下几种具有代表性的方法进行比较，包括AIHS[14]、BDSD[15]、GSA[16]、MMP[17]、AWLP[18]、GLP-HPM[19,20]、GLP-CBD[20,21]、P+XS[1]、AVWP[2]和DTV[3]。为了体现算法比较的公平性，所有方法中的参数均设置为默认参数。实验所采用的计算机硬件环境为Intel Xeon CPU 2.67GHz、内存4GB，软件环境为Microsoft Windows 7、MATLAB 7.10。

最后，我们使用定性分析法和定量分析法来评价各方法的融合结果。如前所述，在仿真数据实验中，由于有参考的高分辨率多光谱图像，我们使用有参考质量评价指标，包括SAM[14]、ERGAS[14]、CC[2]、Qave[22]、RMSE[23]、Q4[24]和FCC[2]。而在真实数据实验中，由于无参考的高分辨率多光谱图像，我们使用无参考质量评价指标QNR[25]、D_λ[25]和D_s[25]，分别刻画融合图像的全局质量、光谱信息失真情况和空间信息失真情况。特别地，CC、Qave、Q4、FCC和QNR的最优值为1，而SAM、ERGAS、RMSE、D_λ和D_s的最优值为0。

2. 参数分析

本章 PSFGS^2LR 算法的主要参数设置如下。

我们设置图像块的大小为 6×6 (即 $d=36$)，与目标图像块最相似块的数目为

45(即 $m=45$), 沿水平和垂直方向每隔 5 个像素抽取目标图像块。同时, 我们设置 μ=1, β=0.01, η=4, Iter=3, Maxiter=10, 其中 Maxiter=10 足以确保得到较好的融合效果。

对于分数阶 TV 的阶数 α, 我们通过大量实验从光谱质量和空间质量两方面来选择最优值。特别地, 图 10.3 给出了仿真数据集上平均 SAM、ERGAS、Q4 和 FCC 结果与 α 的关系。图 10.4 则给出了真实数据集上平均 D_λ、D_s 和 QNR 结果与 α 的关系。如图 10.3 和图 10.4 所示, 我们在实验中默认选择 α=1.3。

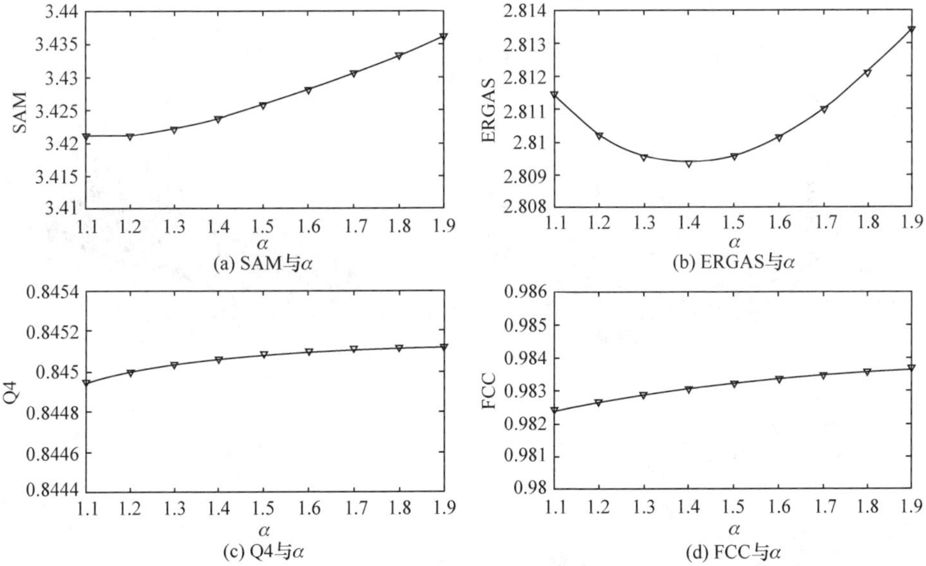

(a) SAM与α　(b) ERGAS与α　(c) Q4与α　(d) FCC与α

图 10.3　仿真数据集上平均 SAM、ERGAS、Q4 和 FCC 结果与 α 的关系

对于正则化参数 λ 和 τ, 我们均从 $\{10^{-3},10^{-2},10^{-1},10^{0},10^{1},10^{2},10^{3}\}$ 来选取, 图 10.5～图 10.7 给出了不同仿真数据集上 SAM 和 FCC 结果与 λ 和 τ 的关系。而图 10.8 则给出了不同真实数据集上 QNR 结果与 λ 和 τ 的关系。

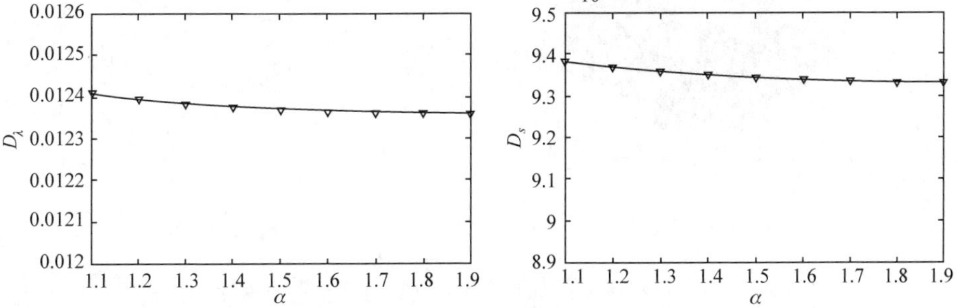

(a) D_λ与α　(b) D_s与α

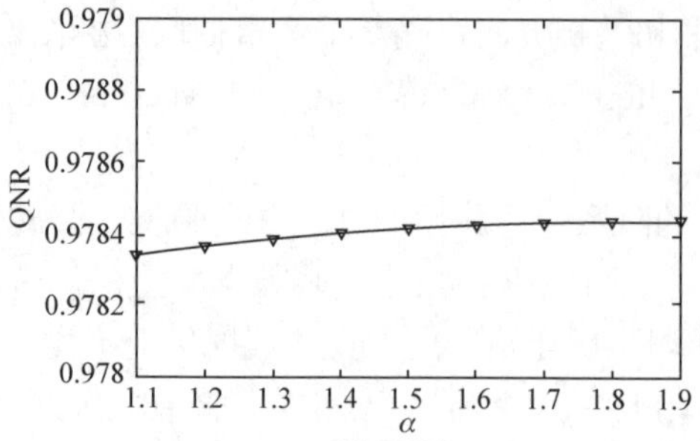

(c) QNR与α

图 10.4　真实数据集上平均 D_λ、D_s 和 QNR 结果与 α 的关系

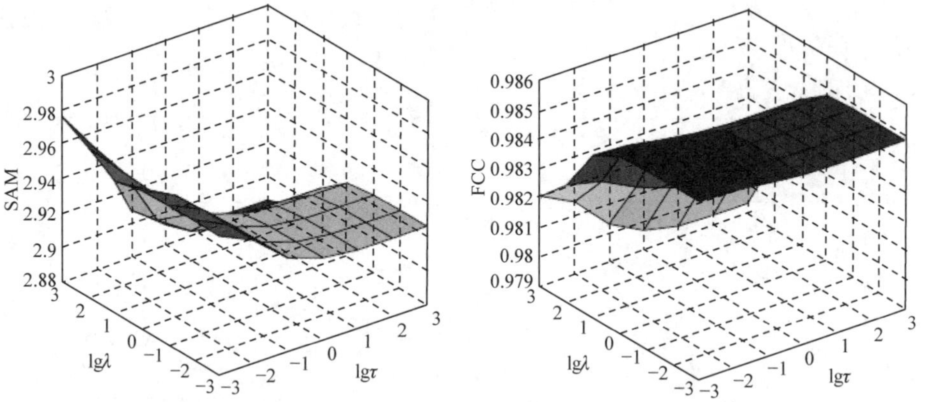

(a) SAM与λ和τ　　(b) FCC与λ和τ

图 10.5　仿真 Pléiades 数据集上 SAM 和 FCC 结果与 λ 和 τ 的关系

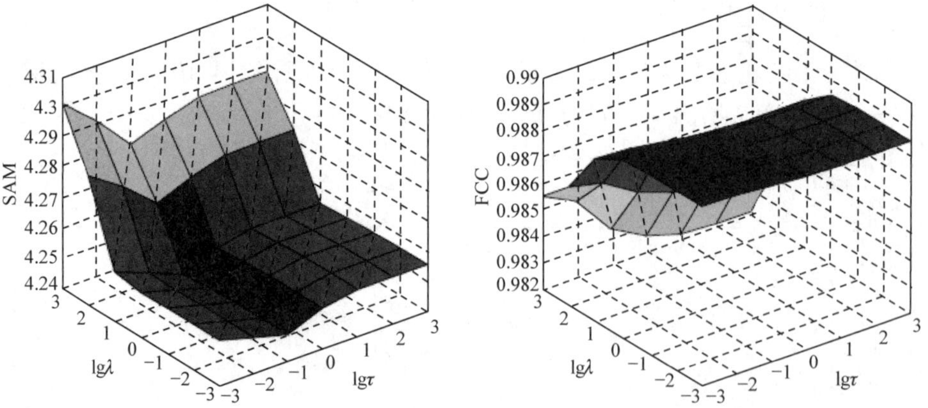

(a) SAM与λ和τ　　(b) FCC与λ和τ

图 10.6　仿真 GeoEye-1 数据集上 SAM 和 FCC 结果与 λ 和 τ 的关系

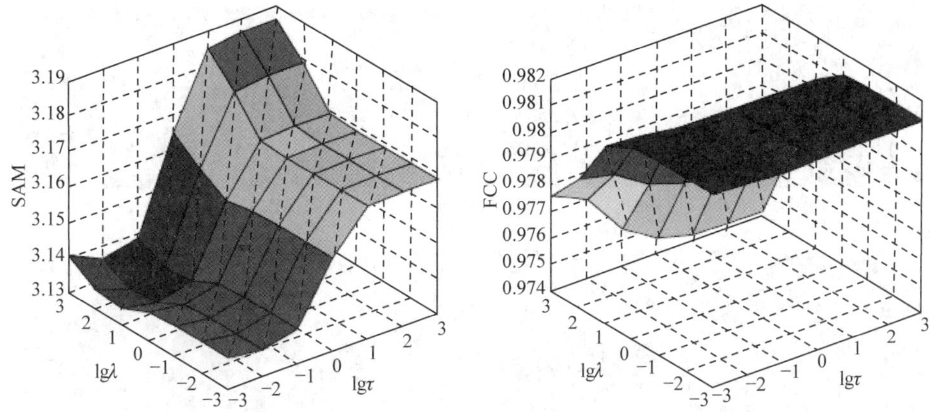

(a) SAM与λ和τ　　(b) FCC与λ和τ

图 10.7　仿真 QuickBird 数据集上 SAM 和 FCC 结果与 λ 和 τ 的关系

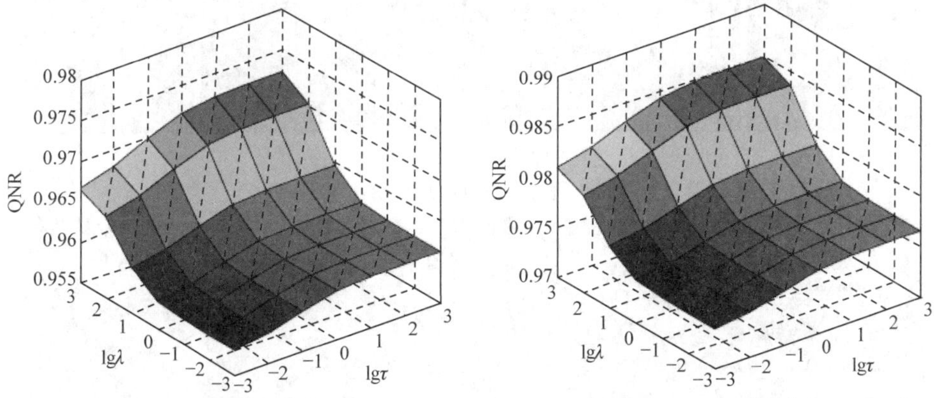

(a) 真实QuickBird数据集上QNR与λ和τ　　(b) 真实WorldView-2数据集上QNR与λ和τ

图 10.8　不同真实数据集上 QNR 结果与 λ 和 τ 的关系

3. 仿真数据实验

我们通过仿真数据实验来验证本章 PSFGS^{2}LR 和 PSFG 方法的有效性。为了在视觉上方便比较，我们在实验中只显示多光谱图像的红、绿、蓝三个波段。

图 10.9～图 10.11 分别显示了各方法在 Pléiades、GeoEye-1 和 QuickBird 等仿真数据集上的融合结果。其中，这些数据集包含了多种地物目标，如土地、草坪、植被、树木、建筑、船只、河流和道路等。图 10.9～图 10.11 中的(a)～(c)分别为参考高分辨率多光谱图像、仿真的全色图像和上采样后的低分辨率多光谱图像。图 10.9～图 10.11 中的(d)～(o)分别为 AIHS、BDSD、GSA、MMP、AWLP、GLP-HPM、GLP-CBD、P+XS、AVWP、DTV、PSFG 和 PSFGS^{2}LR 方法的融合结果。为了比较各方法对空间结构细节保持的效果，我们同时显示了融合结果的局部区域放大图。

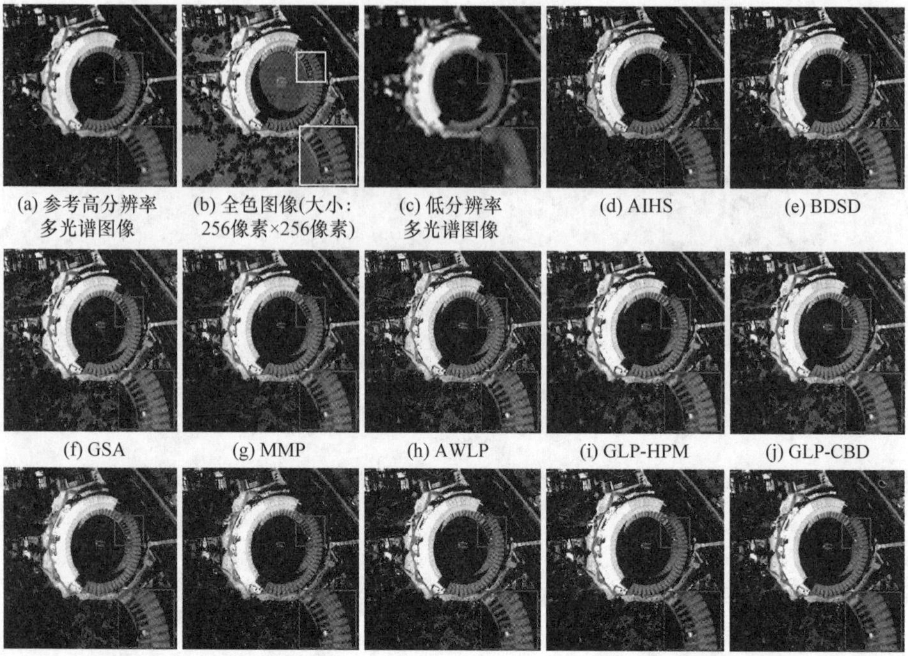

(a) 参考高分辨率多光谱图像　(b) 全色图像(大小: 256像素×256像素)　(c) 低分辨率多光谱图像　(d) AIHS　(e) BDSD
(f) GSA　(g) MMP　(h) AWLP　(i) GLP-HPM　(j) GLP-CBD
(k) P+XS　(l) AVWP　(m) DTV　(n) PSFG　(o) $\mathrm{PSFGS^2LR}$

图 10.9　各方法在仿真 Pléiades 数据集上的融合结果比较

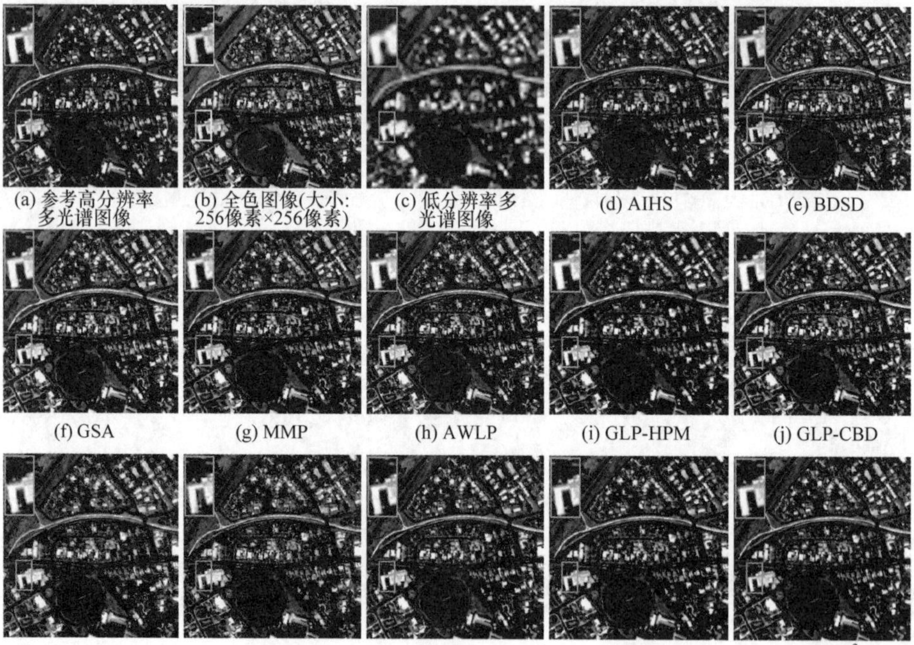

(a) 参考高分辨率多光谱图像　(b) 全色图像(大小: 256像素×256像素)　(c) 低分辨率多光谱图像　(d) AIHS　(e) BDSD
(f) GSA　(g) MMP　(h) AWLP　(i) GLP-HPM　(j) GLP-CBD
(k) P+XS　(l) AVWP　(m) DTV　(n) PSFG　(o) $\mathrm{PSFGS^2LR}$

图 10.10　各方法在仿真 GeoEye-1 数据集上的融合结果比较

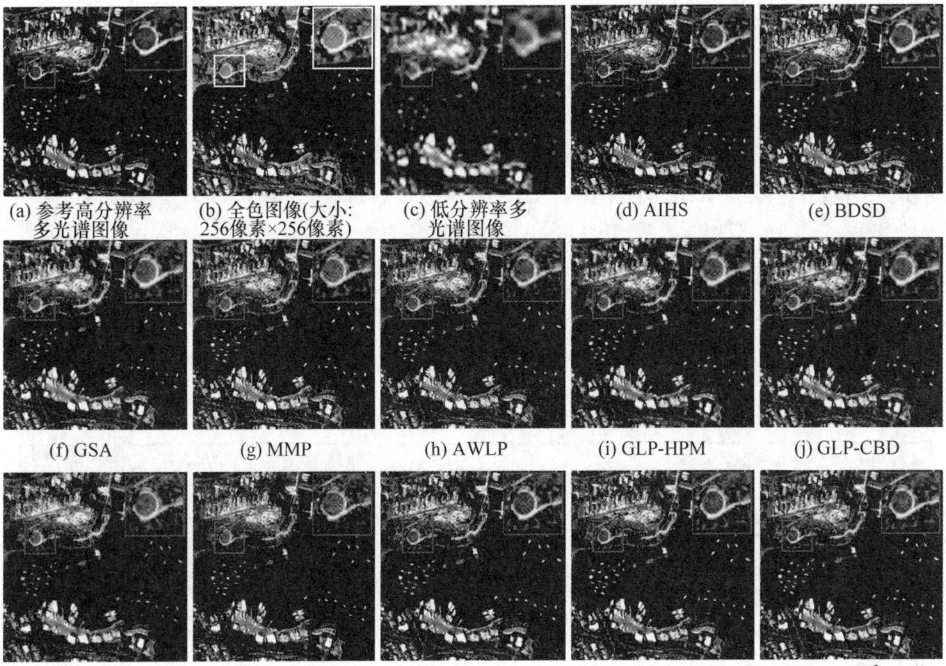

(a) 参考高分辨率多光谱图像　(b) 全色图像(大小: 256像素×256像素)　(c) 低分辨率多光谱图像　(d) AIHS　(e) BDSD

(f) GSA　(g) MMP　(h) AWLP　(i) GLP-HPM　(j) GLP-CBD

(k) P+XS　(l) AVWP　(m) DTV　(n) PSFG　(o) PSFGS^{2}LR

图 10.11　各方法在仿真 QuickBird 数据集上的融合结果比较(见彩图)

如图 10.9～图 10.11 所示，我们发现所有 Pansharpening 方法都可以提高低分辨多光谱图像的空间分辨率，而且所有方法在不同的数据集上表现出相似的融合结果。AIHS 方法得到的融合图像可以较好地保持空间结构信息，但是光谱信息保持效果不够，易出现光谱失真现象，如图 10.10(d)的道路区域和图 10.11(d)的河流区域所示。BDSD 和 GSA 方法表现出不错的融合结果，但仍然引起光谱失真现象，如 BDSD 方法在图 10.11(e)的河流区域和 GSA 方法在图 10.10(f)的草坪区域所示。MMP 方法会出现一些光谱失真现象，有时也会出现空间振铃现象，特别如图 10.10(g)的建筑区域所示。AWLP 方法也出现光谱失真现象，特别如图 10.9(h)的绿色植被区域所示。GLP-HPM 和 GLP-CBD 方法可以较好地减少光谱失真现象，并表现出较好的融合质量，相比 GLP-CBD 算法更优。P+XS 方法出现了明显的空间细节模糊现象。AVWP 方法出现了一些块状效应，如图 10.10(l)的建筑区域所示。DTV 方法可以较好地保持光谱信息和空间结构信息(特别是图像边缘)，从而得到高质量的融合图像，可是有时在图像的平坦区域仍会出现一些阶梯效应，如图 10.9(m)的体育馆区域和图 10.10(m)的绿色植被区域，以及图 10.11(m)的河流区域所示。相比之下，本章 PSFG 和 PSFGS^{2}LR 方法可以有效地消除块状效应、阶梯效应和模糊现象，同时保持图像边缘和纹理更加锐利，较好地保持光谱信息和空间结构信息，从而表现出更好的融合效果。相比于 PSFG 方法，PSFGS²LR 方法表现出相对更优的融合效果。

为了定量比较各方法的融合效果，我们在表 10.1～表 10.3 中分别给出了各方法在图 10.9～图 10.11 中得到的各项客观评价指标对比结果。如表 10.1～表 10.3 所示，与其他方法相比，在 SAM、ERGAS、CC、Qave、RMSE、Q4 和 FCC 质量评价指标上，本章 PSFG 和 PSFGS²LR 方法在绝大多数情况下都给出相对更好的结果，进而说明本章 PSFG 和 PSFGS²LR 方法表现出更好的融合质量。其中，PSFG 和 PSFGS²LR 方法给出非常接近的数值结果，但 PSFGS²LR 方法在大多数情况下略优于 PSFG 方法。因此，上述例子进一步验证了本章 PSFGS²LR 方法的有效性。

表 10.1　不同方法在仿真 Pléiades 数据集上融合结果的定量指标比较

指标	SAM	ERGAS	CC	Qave	RMSE	Q4	FCC
参考值	0	0	1	1	0	1	1
AIHS	3.3059	2.7497	0.9721	0.8976	0.0469	0.8344	0.9743
BDSD	3.8859	3.1321	0.9703	0.9021	0.0527	0.8306	0.9830
GSA	3.7644	3.0715	0.9724	0.8854	0.0511	0.8315	0.9763
MMP	3.5136	2.5391	0.9764	0.8805	0.0431	0.8394	0.9734
AWLP	3.5151	3.3440	0.9617	0.8935	0.0569	0.8194	0.9758
GLP-HPM	**2.7323**	3.1116	0.9717	0.9104	0.0524	0.8317	0.9660
GLP-CBD	3.7155	3.0480	0.9713	0.8857	0.0508	0.8311	0.9718
P+XS	3.5482	2.6907	0.9730	0.8780	0.0459	0.8318	0.9109
AVWP	3.3924	2.9045	0.9688	0.8771	0.0494	0.8255	0.9538
DTV	3.2281	2.6027	0.9759	0.9097	0.0444	0.8401	0.9733
PSFG	2.9373	2.5419	0.9769	**0.9172**	0.0434	0.8425	**0.9843**
PSFGS²LR	2.8856	**2.2257**	**0.9817**	0.9154	**0.0382**	**0.8493**	0.9794

表 10.2　不同方法在仿真 GeoEye-1 数据集上融合结果的定量指标比较

指标	SAM	ERGAS	CC	Qave	RMSE	Q4	FCC
参考值	0	0	1	1	0	1	1
AIHS	4.7267	3.2597	0.9414	0.7387	0.0640	0.8006	0.9743
BDSD	4.9694	3.2772	0.9423	0.7663	0.0646	0.8210	0.9836
GSA	5.0136	3.4415	0.9402	0.7518	0.0669	0.8178	0.9802
MMP	5.4857	3.0855	0.9356	0.6929	0.0619	0.8141	0.9849
AWLP	4.6624	2.9770	0.9410	0.7396	0.0593	0.8218	0.9835
GLP-HPM	4.3557	2.9153	0.9454	0.7594	0.0584	0.8273	0.9766
GLP-CBD	4.8792	3.2069	0.9415	0.7537	0.0628	0.8222	0.9772

续表

指标	SAM	ERGAS	CC	Qave	RMSE	Q4	FCC
P+XS	5.1032	3.3802	0.9273	0.7141	0.0665	0.7990	0.9173
AVWP	5.1797	3.4754	0.9251	0.7018	0.0682	0.7924	0.9706
DTV	4.2657	2.6489	0.9534	0.7716	0.0531	0.8344	0.9735
PSFG	4.2955	2.6487	0.9540	**0.7769**	0.0529	0.8352	0.9833
PSFGS²LR	**4.2484**	**2.5812**	**0.9555**	0.7738	**0.0517**	**0.8363**	**0.9886**

表 10.3　不同方法在仿真 QuickBird 数据集上融合结果的定量指标比较

指标	SAM	ERGAS	CC	Qave	RMSE	Q4	FCC
参考值	0	0	1	1	0	1	1
AIHS	3.5291	4.5559	0.9645	0.9146	0.0540	0.8277	0.9737
BDSD	3.8195	4.5476	0.9640	0.9191	0.0543	0.8382	0.9731
GSA	3.8239	4.5253	0.9646	0.8896	0.0534	0.8348	0.9608
MMP	3.4235	4.2728	0.9652	0.9054	0.0508	0.8404	0.9725
AWLP	3.5110	4.3047	0.9648	0.9149	0.0514	0.8329	0.9696
GLP-HPM	**2.7854**	4.1111	0.9682	0.9198	0.0496	0.8417	0.9420
GLP-CBD	3.6554	4.5736	0.9621	0.8920	0.0543	0.8322	0.9546
P+XS	3.9026	5.0826	0.9517	0.9140	0.0605	0.7851	0.8801
AVWP	4.0576	5.2101	0.9487	0.8995	0.0626	0.7943	0.9549
DTV	3.8724	3.7541	0.9712	0.9226	0.0462	0.8393	0.9633
PSFG	3.1621	3.6481	0.9728	0.9242	0.0449	0.8492	**0.9821**
PSFGS²LR	3.1325	**3.6217**	**0.9732**	**0.9250**	**0.0445**	**0.8496**	0.9806

4. 真实数据实验

我们在QuickBird和WorldView-2等真实数据集上直接进行实验来测试本章PSFG和PSFGS²LR方法的融合性能。

图10.12显示了不同方法在真实QuickBird数据集上的融合结果。图10.12(a)和图10.12(b)分别为真实的低分辨率多光谱图像和全色图像。图10.12(c)～(n)分别为AIHS、BDSD、GSA、MMP、AWLP、GLP-HPM、GLP-CBD、P+XS、AVWP、DTV、PSFG和PSFGS²LR方法的融合结果。如图10.12所示，AIHS方法特别在草地区域出现了明显的光谱失真现象。P+XS方法出现了明显的空间模糊现象。BDSD、GSA、MMP、AWLP、GLP-HPM、GLP-CBD、P+XS、AVWP、DTV都可以取得较好的融合效果，有效地减少了光谱失真和空间信息丢失现象。特别地，与其他方法相比，本章PSFG和PSFGS²LR方法不仅可以较好地减少光谱失

真，而且可以保持融合图像中的边缘和纹理细节更加锐利。

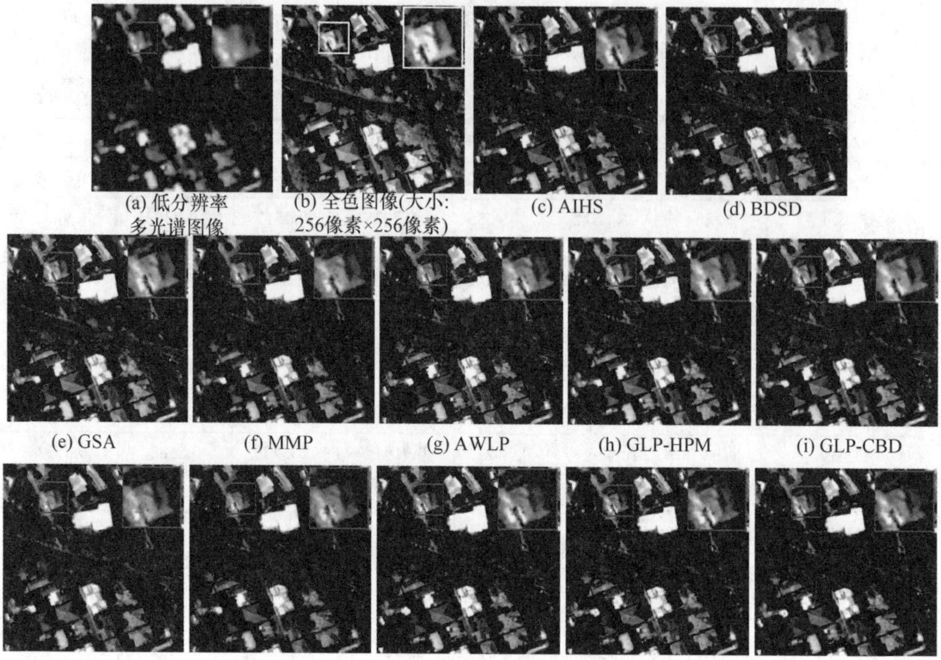

(a) 低分辨率多光谱图像　(b) 全色图像(大小: 256像素×256像素)　(c) AIHS　(d) BDSD

(e) GSA　(f) MMP　(g) AWLP　(h) GLP-HPM　(i) GLP-CBD

(j) P+XS　(k) AVWP　(l) DTV　(m) PSFG　(n) PSFGS^{2}LR

图 10.12　各方法在真实 QuickBird 数据集上的融合结果比较

图10.13显示了不同方法在真实WorldView-2数据集上的融合结果以及局部区域放大图。特别地，各方法表现出与真实QuickBird数据实验中类似的融合效果。

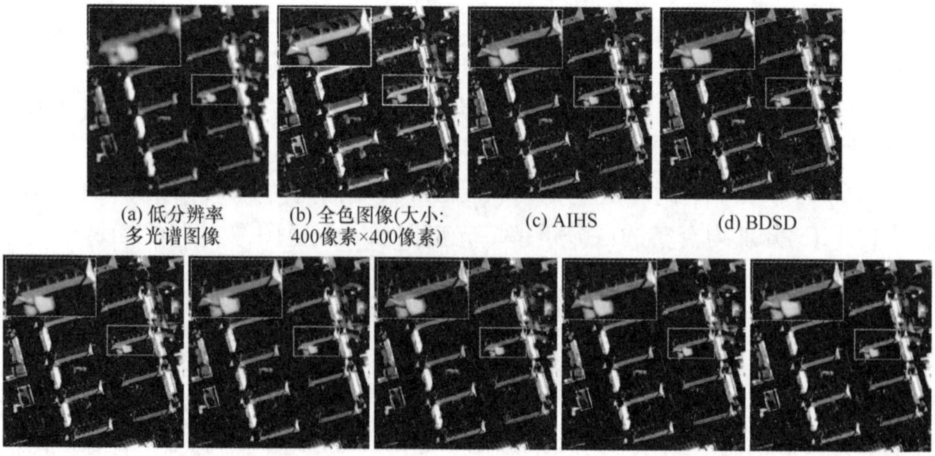

(a) 低分辨率多光谱图像　(b) 全色图像(大小: 400像素×400像素)　(c) AIHS　(d) BDSD

(e) GSA　(f) MMP　(g) AWLP　(h) GLP-HPM　(i) GLP-CBD

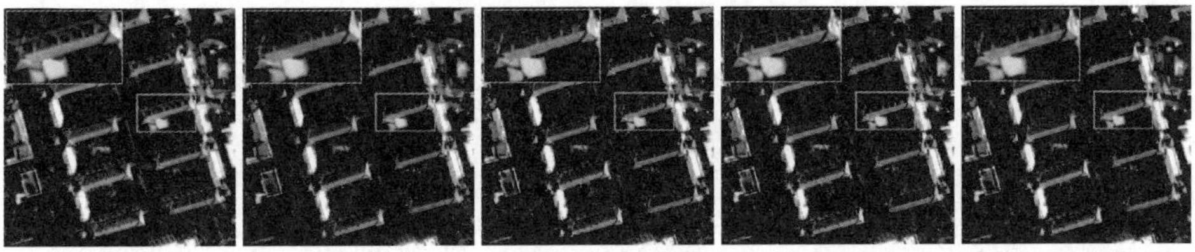

(j) P+XS　(k) AVWP　(l) DTV　(m) PSFG　(n) PSFGS²LR

图 10.13　各方法在真实 WorldView-2 数据集上的融合结果比较

同时，表10.4和表10.5分别列出了不同方法在QuickBird和WorldView-2真实数据集上对应的客观评价指标D_λ、D_s和QNR结果。与其他方法相比，本章PSFGS^{2}LR方法给出最好的D_λ、D_s和QNR结果。因此，真实数据实验结果充分验证了本章PSFGS^{2}LR方法的有效性。

表 10.4　不同方法在真实 QuickBird 数据集上融合结果的定量指标比较

指标	D_λ	D_s	QNR
参考值	0	0	1
AIHS	0.0212	0.0249	0.9544
BDSD	0.0592	0.0351	0.9077
GSA	0.0582	0.0591	0.8861
MMP	0.0598	0.0485	0.8946
AWLP	0.0356	0.0299	0.9355
GLP-HPM	0.0442	0.0387	0.9187
GLP-CBD	0.0509	0.0455	0.9060
P+XS	0.0668	0.0562	0.8808
AVWP	0.0205	0.0155	0.9643
DTV	0.0188	0.0161	0.9655
PSFG	0.0171	0.0151	0.9680
PSFGS^{2}LR	**0.0144**	**0.0138**	**0.9720**

表 10.5　不同方法在真实 WorldView-2 数据集上融合结果的定量指标比较

指标	D_λ	D_s	QNR
参考值	0	0	1
AIHS	0.0125	0.0144	0.9733
BDSD	0.0373	0.0152	0.9480
GSA	0.0323	0.0320	0.9367
MMP	0.0300	0.0230	0.9477
AWLP	0.0226	0.0169	0.9608

续表

指标	D_λ	D_s	QNR
GLP-HPM	0.0225	0.0207	0.9572
GLP-CBD	0.0291	0.0247	0.9469
P+XS	0.0535	0.0323	0.9159
AVWP	0.0157	0.0118	0.9727
DTV	0.0118	0.0076	0.9807
PSFG	0.0125	0.0054	0.9822
PSFGS^{2}LR	**0.0104**	**0.0049**	**0.9847**

5. 计算效率分析与比较

下面从算法运行时间和算法收敛性的观点来分析 PSFGS^{2}LR 方法的计算效率。不失一般性，图 10.14 给出了本章 PSFGS^{2}LR 方法在仿真 Pléiades、GeoEye-1 和 QuickBird 数据集上的收敛性曲线图，即对应的相对误差与迭代次数的关系图。其中，相对误差的表达式为 $\| \boldsymbol{u}^{(k)} - \boldsymbol{u}_{\text{ref}} \|_{\text{F}} / \| \boldsymbol{u}_{\text{ref}} \|_{\text{F}}$ ，$\boldsymbol{u}^{(k)}$ 表示第 k 次迭代时的融合图像，$\boldsymbol{u}_{\text{ref}}$ 表示参考图像。如图 10.14 所示，验证了本章 PSFGS^{2}LR 方法的收敛性，而且本章 PSFGS^{2}LR 方法大概从第 7 次迭代时开始收敛。因此，Maxiter = 10 足以确保本章 PSFGS^{2}LR 方法的收敛性。

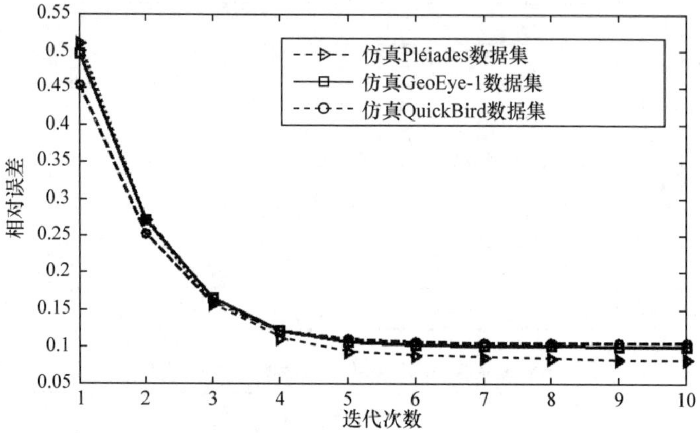

图 10.14　本章 PSFGS^{2}LR 方法在仿真 Pléiades、GeoEye-1 和 QuickBird 数据集上的收敛性曲线图

在算法运行时间比较方面，表 10.6 列出了不同方法在图 10.9～图 10.13 中的数据集上进行实验得到的平均运行时间。众所周知，成分替代和 MRA 方法具有较高的计算效率，而变分方法计算效率相对较低。由表 10.6 可以看出，GSA 方法

的运行时间最短，即计算代价最小，本章 PSFGS^{2}LR 方法的运行时间最长。尽管如此，在变分方法的比较中，相比于 DTV 方法，本章 PSFG 方法仍具有竞争力，而相比于 P+XS 和 AVWP 方法，本章 PSFG 方法则具有更高的计算效率。

表 10.6　不同方法的平均运行时间比较

方法	运行时间/s
AIHS	0.8590
BDSD	0.7642
GSA	**0.3752**
MMP	0.9160
AWLP	0.5169
GLP-HPM	0.4446
GLP-CBD	0.4223
P+XS	110.1313
AVWP	117.8603
DTV	32.3449
PSFG	68.4977
PSFGS^{2}LR	277.6113

10.5　本 章 小 结

为了提高低分辨率多光谱图像的空间分辨率以及保持全色图像的空间结构信息，本章提出了一种基于空间分数阶几何与空谱低秩联合先验的变分融合计算模型与方法。除了使用数据生成式保真项，我们在融合的过程中同样约束全色图像和高分辨率多光谱图像在空间分数阶梯度结构信息上的几何结构一致性以保持图像细节和纹理，提出了基于分数阶 TV 的空间分数阶几何先验项。同时，充分挖掘低/高分辨率多光谱图像之间的非局部低秩稀疏性，提出基于加权核范数的空谱低秩先验项，实现空谱相关性的保持。基于 ADMM 框架设计了一种有效的模型求解算法。大量实验结果验证了本章方法的有效性。除了较好地保持光谱信息之外，本章提出的方法同时融入空间分数阶几何信息与非局部空谱信息能够消除块状效应和空间模糊效应。总而言之，本章提出了一种新颖且有效的变分融合方法。尽管如此，我们未来的工作仍将包括研究更加有效的图像几何特征表示模型，如张量表示模型，以及本章方法的并行和 GPU 实现。

参 考 文 献

[1] Ballester C, Caselles V, Igual L, et al. A variational model for P+XS image fusion. International

Journal of Computer Vision, 2006, 69(1): 43-58.
[2] Moeller M, Wittman T, Bertozzi A L,et al. A variational approach for sharpening high dimensional images. SIAM Journal on Imaging Sciences, 2012, 5(1): 150-178.
[3] Chen C, Li Y, Liu W, et al. Image fusion with local spectral consistency and dynamic gradient sparsity. Proceedings of the IEEE International Conference on Computer Vision and Pattern Recognition,Columbus, 2014: 2760-2765.
[4] Liu P, Xiao L, Li T. A variational PAN-sharpening method based on spatial fractional-order geometry and spectral-spatial low-rank priors. IEEE Transactions on Geoscience and Remote Sensing, 2018, 56(3): 1788-1802.
[5] Zhang J , Wei Z. A class of fractional-order multi-scale variational models and alternating projection algorithm for image denoising. Applied Mathematical Modelling, 2011,35(5) :2516-2528.
[6] Chan R H, Lanza A, Morigi S, et al.An adaptive strategy for the restoration of textured images using fractional order regularization. Numerical Mathematics-Theory Methods and Applications, 2013, 6(1): 276-296.
[7] Chen D, Chen Y, Xue D. Fractional-order total variation image restoration based on primal-dual algorithm. Abstract and Applied Analysis, 2013, 2013:585310.
[8] Lefkimmiatis S, Unser M. A projected gradient algorithm for image restoration under Hessian matrix-norm regularization. Proceedings of the IEEE International Conference on Image Processing, Orlando, 2012: 3029-3032.
[9] Gu S, Xie Q, Meng D, et al. Weighted nuclear norm minimization and its applications to low level vision. International Journal of Computer Vision, 2017, 121(2): 183-208.
[10] He B, Liao L Z, Han D, et al. A new inexact alternating directions method for monotone variational inequalities. Mathematical Programming, 2002, 92 (1):103-118.
[11] Deng W, Yin W. On the global and linear convergence of the generalized alternating direction method of multipliers. Journal of Scientific Computing, 2016, 66(3): 889-916.
[12] Chan R H, Yang J, Yuan X. Alternating direction method for image inpainting in wavelet domains. SIAM Journal on Imaging Science, 2011, 4 (3): 807-826.
[13] Wald L, Ranchin T, Mangolini M. Fusion of satellite images of different spatial resolutions: Assessing the quality of resulting images. Photogrammetric Engineering and Remote Sensing, 1997, 63(6):691-699.
[14] Rahmani S, Strait M, Merkurjev D, et al. An adaptive IHS PAN-sharpening method. IEEE Geoscience and Remote Sensing Letters, 2010, 7(4):746-750.
[15] Garzelli A, Nencini F, Capobianco L. Optimal MMSE Pansharpening of very high resolution multispectral images. IEEE Transactions on Geoscience and Remote Sensing, 2008, 46(1):228-236.
[16] Aiazzi B, Baronti S, Selva M. Improving component substitution Pansharpening through multivariate regression of MS+PAN data. IEEE Transactions on Geoscience and Remote Sensing, 2007, 45(10): 3230-3239.
[17] Kang X, Li S, Benediktsson J A. Pansharpening with matting model. IEEE Transactions on Geoscience and Remote Sensing, 2014, 52(8):5088-5099.

[18] Otazu X, González-Audícana M, Fors O, et al. Introduction of sensor spectral response into image fusion methods. Application to wavelet-based methods. IEEE Transactions on Geoscience and Remote Sensing, 2005, 43(10):2376-2385.

[19] Vivone G, Restaino R, Mura M D, et al. Contrast and error-based fusion schemes for multispectral image Pansharpening. IEEE Geoscience and Remote Sensing Letters, 2014, 11(5):930-934.

[20] Aiazzi B, Alparone L, Baronti S, et al. MTF-tailored multiscale fusion of high-resolution MS and PAN imagery. Photogrammetric Engineering and Remote Sensing, 2006, 72(5): 591-596.

[21] Aiazzi B, Alparone L, Baronti S, et al. Context-driven fusion of high spatial and spectral resolution images based on oversampled multiresolution analysis. IEEE Transactions on Geoscience and Remote Sensing, 2002, 40(10):2300-2312.

[22] Wang Z, Bovik A C. A universal image quality index. IEEE Signal Processing Letters, 2002, 9(5):81-84.

[23] Ranchin T, Wald L. Fusion of high spatial and spectral resolution images: The ARSIS concept and its implementation. Photogrammetric Engineering and Remote Sensing, 2000, 66(1): 49-61.

[24] Alparone L, Baronti S, Garzelli A, et al. A global quality measurement of PAN-sharpened multispectral imagery. IEEE Geoscience and Remote Sensing Letters, 2004,1(4):313-317.

[25] Alparone L, Aiazzi B, Baronti S, et al. Multispectral and Panchromatic data fusion assessment without reference. Photogrammetric Engineering and Remote Sensing, 2008,74(2):193-200.

后　记

菩萨蛮

长日夏风熏日夏，夏日熏风夏日长。

香荷送畔柳，柳畔送荷香。

忙书落衫汗，汗衫落书忙。

郎喜书成稿，稿成书喜郎。

——南京理工大学 2019 年夏日完稿

本书完成之际，虽金陵夏日熏风，见那紫霞湖畔，荷花映日，香风拂柳，即使行走在去实验室路上挥汗如雨，心情却是大好，作上述《菩萨蛮》以记之。

正如古代诗人通常所作回文诗(主要是指可以倒读的诗篇)一样，一个作品不仅仅需要具有驾驭文字的能力，还需要作者斟酌推敲。作为遥感领域的一本图像融合专著，毕竟不是文人墨客卖弄文才的一种文字游戏，我们需要报以客观和严谨的态度审视近 20 年国际遥感界关于多光谱图像与全色图像、高光谱图像与全色图像、高光谱图像与多光谱图像融合的系列模型和机理。我们试图从学术脉络、建模机理和方法发展等几个方面给出相对系统的阐述，这对我们是一个巨大的挑战。

国际同行在此领域所作出的系列成果，散落在上百篇文献之中，如沧海遗珠，我们几易为稿，试图通过“双路不完全互补测量数据重建图像”这一数学反问题为主线，揭示互补信息融合的模型驱动建模机理和方法，将代表性空谱融合体系和方法归结为：空域细节注入体系、多分辨率方法的细节注入体系、贝叶斯模型优化融合的体系、变分计算融合体系。即便如此，本书仅作抛砖引玉，以期有所裨益。

由于空谱遥感图像融合涉及各类传感器光学成像机理，各类方法其使用的数学工具不同，我们通过整理和消化，试图给出自包容的知识体系，并通过大量的图解法给出直观性的解释。

需要指出的是，目前空谱遥感图像融合方法主要表现为模型驱动、数据驱动和混合驱动的方法。随着向量稀疏、矩阵低秩和张量表示以及深度学习方法的提出并被广泛应用，基于表示学习的融合方法，特别是深度融合方法正成为研究者关注的焦点。我们将在本书的姊妹篇《多源空谱遥感图像融合的表示学习方法》给以阐述，期待与大家共同探索。

肖亮

南京理工大学

计算机科学与工程学院/人工智能学院

彩　　图

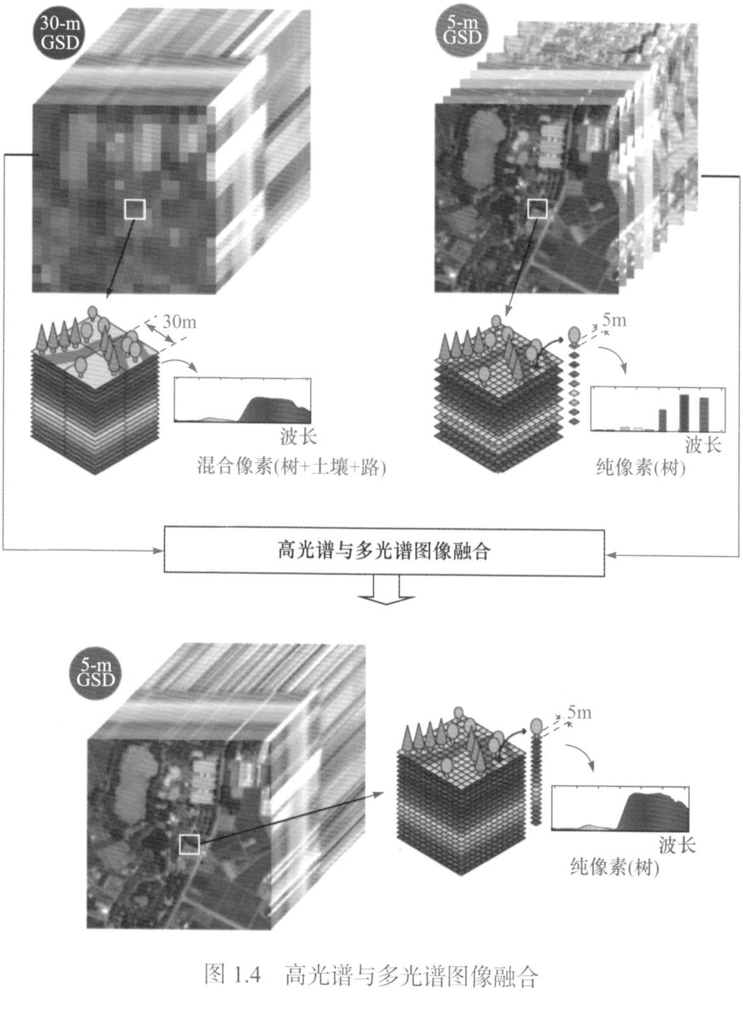

图 1.4　高光谱与多光谱图像融合

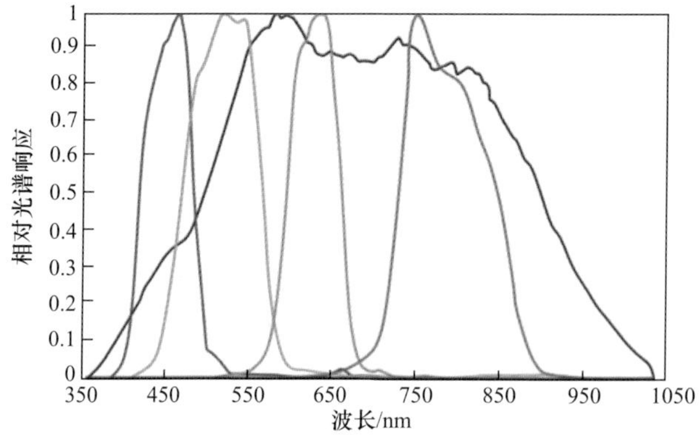

图 2.16　QuickBird 的相对光谱响应函数

黑色曲线为全色波段的相对光谱响应函数，不同彩色曲线对应不同波段的光谱响应函数

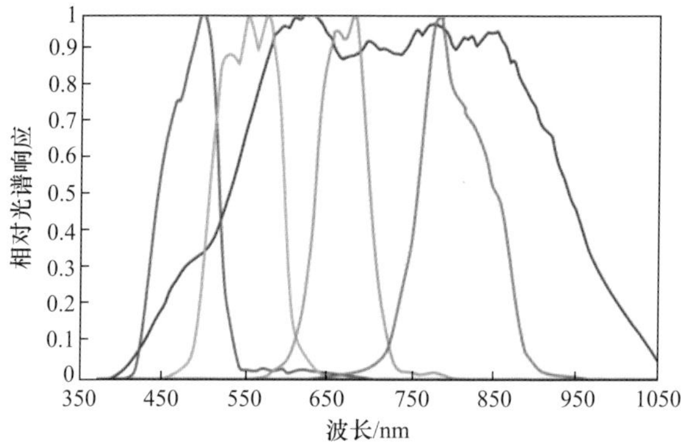

图 2.17　IKONOS 的相对光谱响应函数

黑色曲线为全色波段的相对光谱响应函数，不同彩色曲线对应不同波段的光谱响应函数

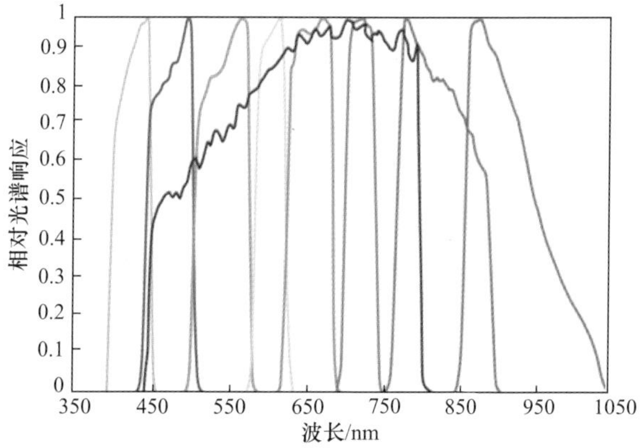

图 2.19　WorldView-2 的相对光谱响应函数

黑色曲线为全色波段的相对光谱响应函数，不同彩色曲线对应不同波段的光谱响应函数

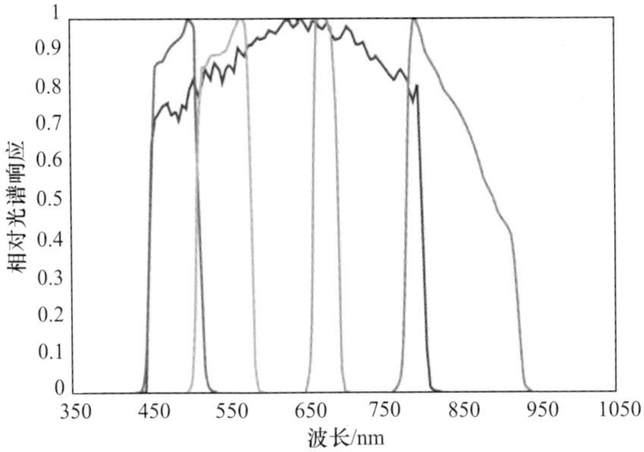

图 2.20　GeoEye-1 的相对光谱响应函数

黑色曲线为全色波段的相对光谱响应函数，不同彩色曲线对应不同波段的光谱响应函数

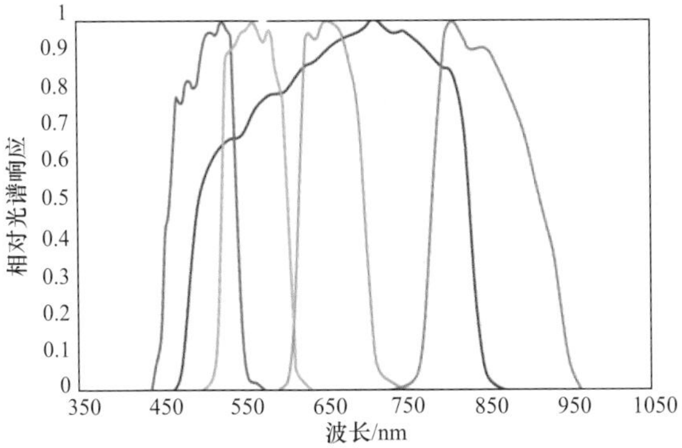

图 2.21　Pléiades 的相对光谱响应函数

黑色曲线为全色波段的相对光谱响应函数，不同彩色曲线对应不同波段的光谱响应函数

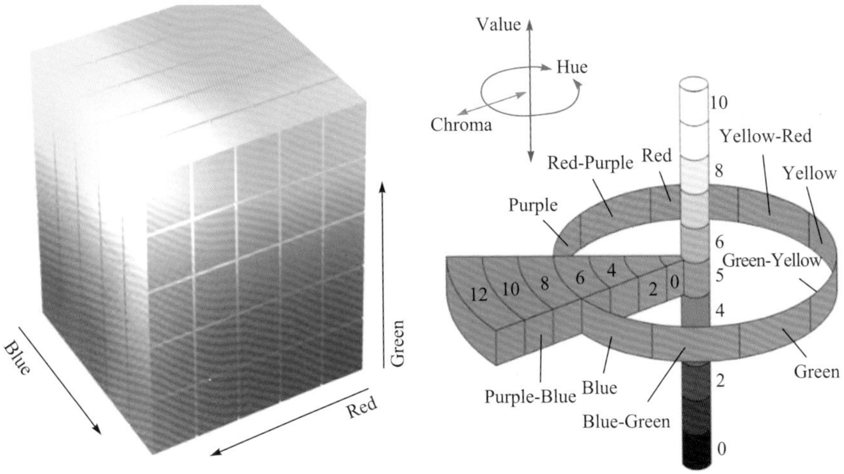

(a) RGB立方体　　(b) Munsell 的柱体IHS颜色模型

图 4.1　不同颜色空间模型

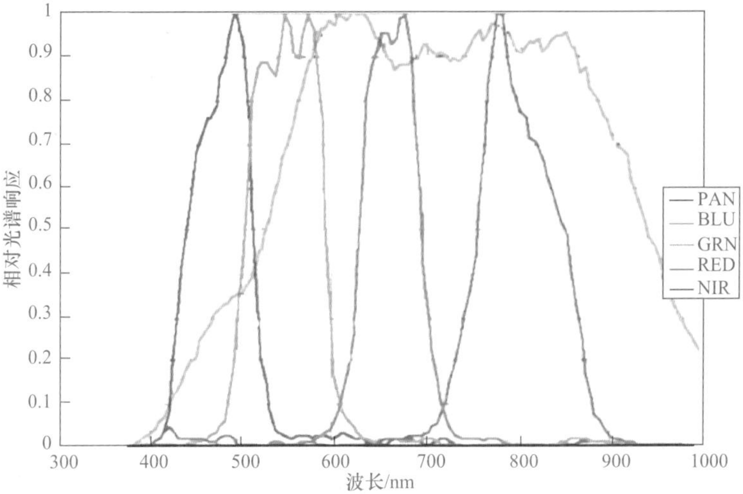

图 5.2　IKONOS 数据中四个波段图像与全色图像的相对光谱响应度曲线

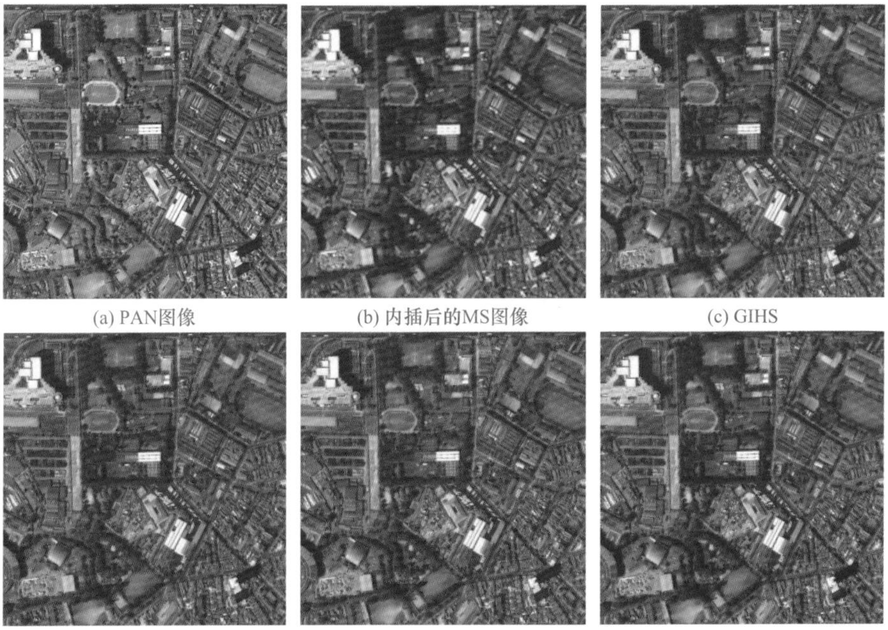

(a) PAN图像　(b) 内插后的MS图像　(c) GIHS

(d) PCA　(e) GS　(f) BT

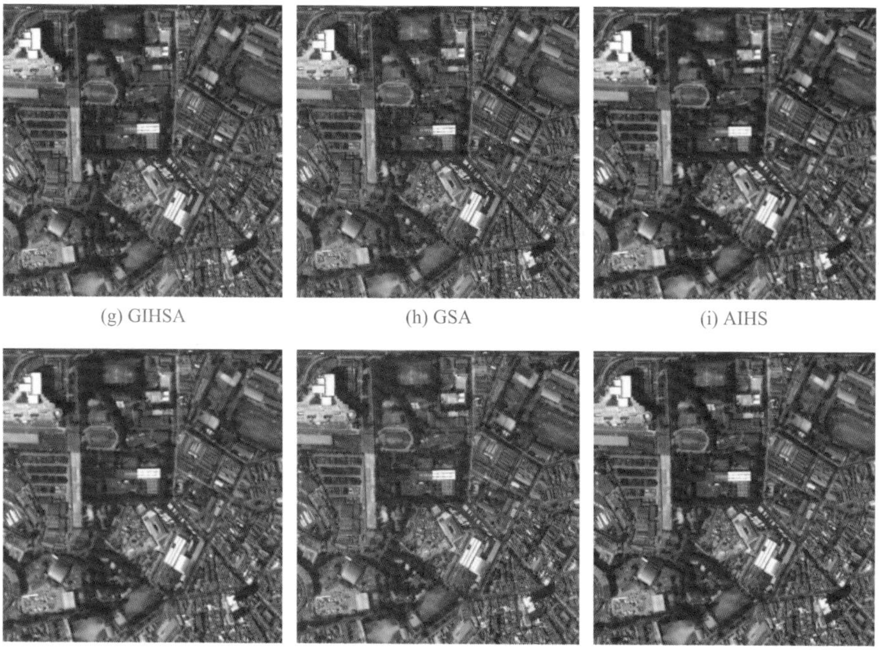

(g) GIHSA (h) GSA (i) AIHS

(j) BDAIHS (k) BDSD (l) PRACS

图 5.6 各方法在 IKONOS 真实数据集上的融合结果

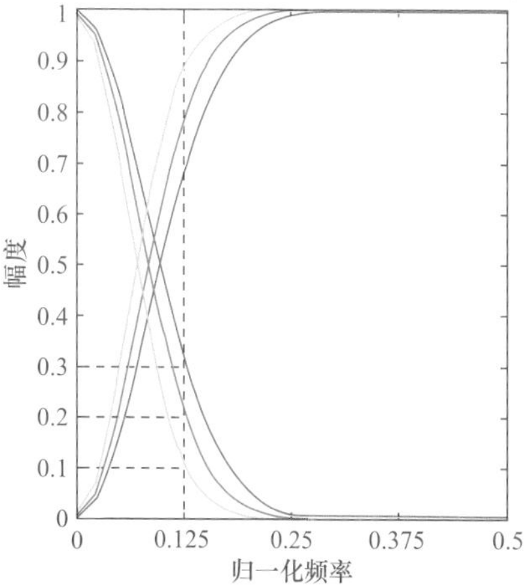

(a) 标准倍频程MTF定制

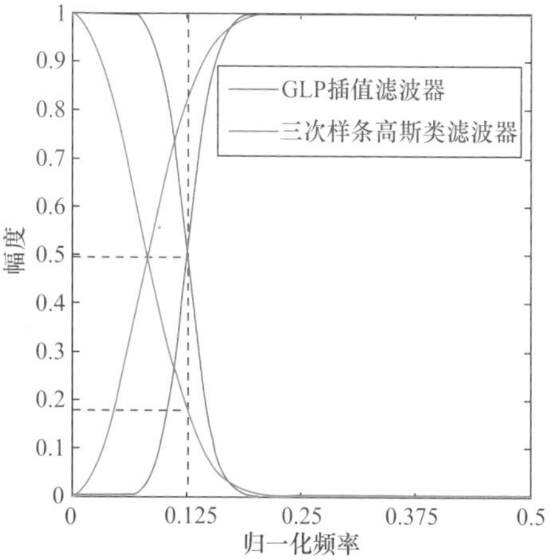

(b) GLP插值滤波器和三次样条高斯类滤波器的MTF定制

图 6.4 基于 MRA 定制 MTF

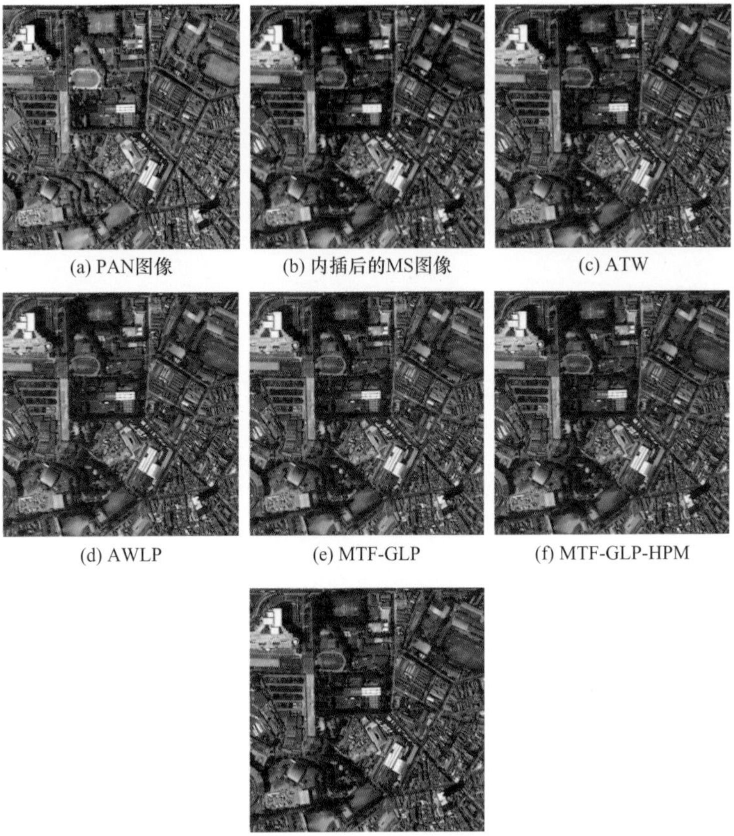

(a) PAN图像　(b) 内插后的MS图像　(c) ATW

(d) AWLP　(e) MTF-GLP　(f) MTF-GLP-HPM

(g) MTF-GLP-CBD

图 6.10　各方法在 IKONOS 真实数据集上的融合结果

(a) 含噪图像　(b) $TV_S(\boldsymbol{u})$的结果 (PSNR=21.67dB)　(c) $TV_F(\boldsymbol{u})$的结果 (PSNR=23.11dB)　(d) $TV_J(\boldsymbol{u})$的结果 (PSNR=23.48dB)　(e) 理想图像

图 7.4　一幅含有高斯噪声(方差为 0.2)彩色图像去噪结果[24]

(a) 参考高分辨率多光谱图像　(b) 全色图像(大小:256像素×256像素)　(c) 低分辨率多光谱图像

(d) P+XS方法　(e) AVWP方法　(f) DTV方法

(g) FTV方法

图 7.10　不同变分方法在仿真 Pléiades 数据集上的融合结果比较

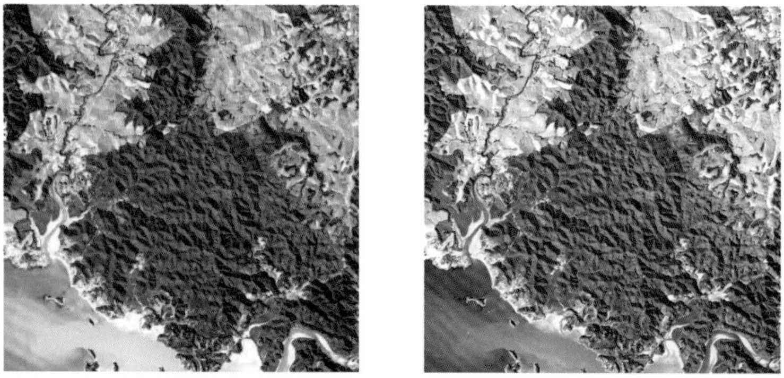

(a) 高分辨率多光谱图像$\boldsymbol{u}$(为方便起见，我们只显示了$\boldsymbol{u}$的红、绿、蓝波段)　(b) 全色图像$\boldsymbol{P}$

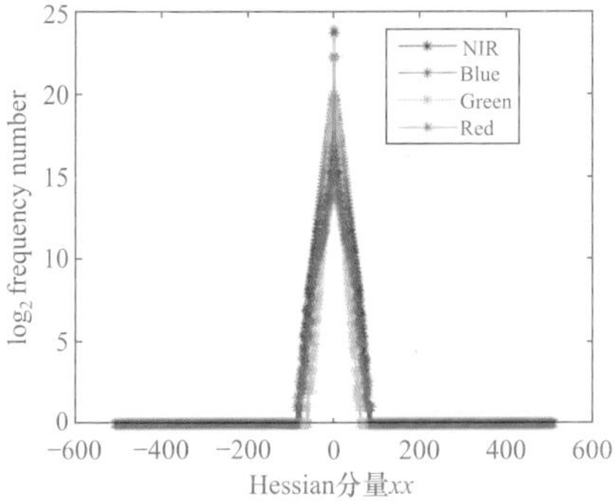

(c) Hessian分量$(\boldsymbol{u}\text{-}\boldsymbol{P})_{xx}$的统计分布图

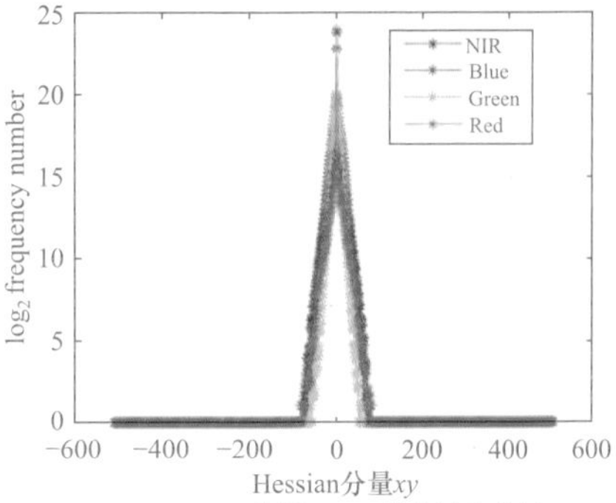

(d) Hessian分量$(\boldsymbol{u}\text{-}\boldsymbol{P})_{xy}$的统计分布图

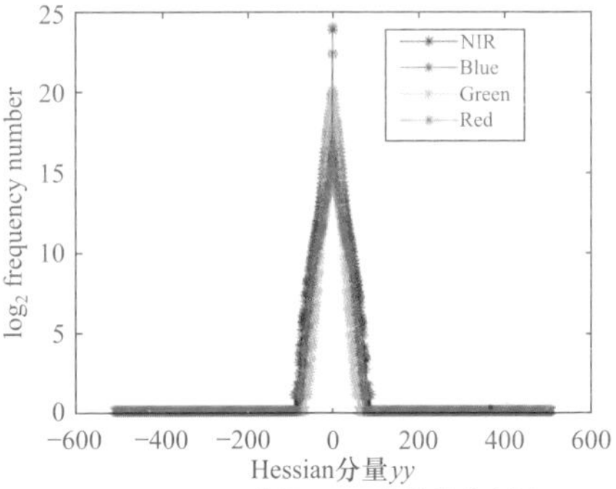

(e) Hessian分量$(\boldsymbol{u}\text{-}\boldsymbol{P})_{yy}$的统计分布图

图 8.2　仿真 QuickBird 数据集上 Hessian 特征的统计分析结果

frequency number 表示频数

(a) 参考高分辨率多光谱图像

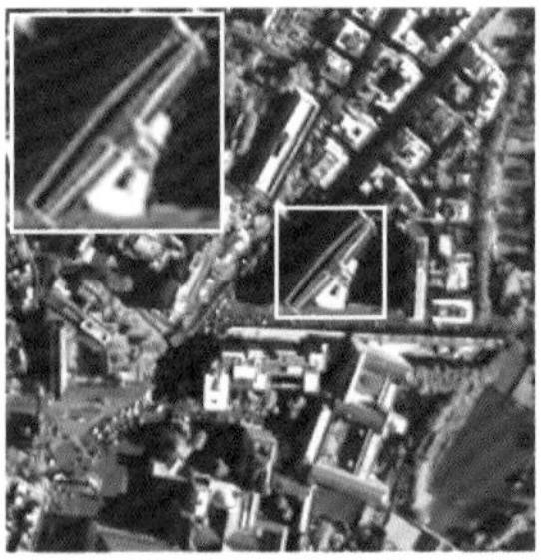

(b) 全色图像(大小:256像素×256像素)

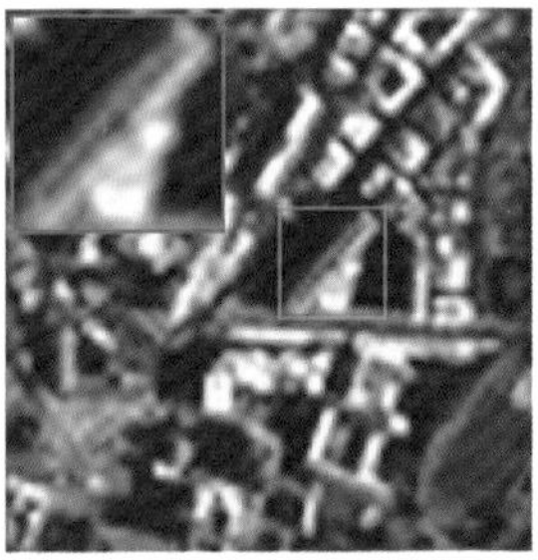

(c) 低分辨率多光谱图像

(d) AIHS方法

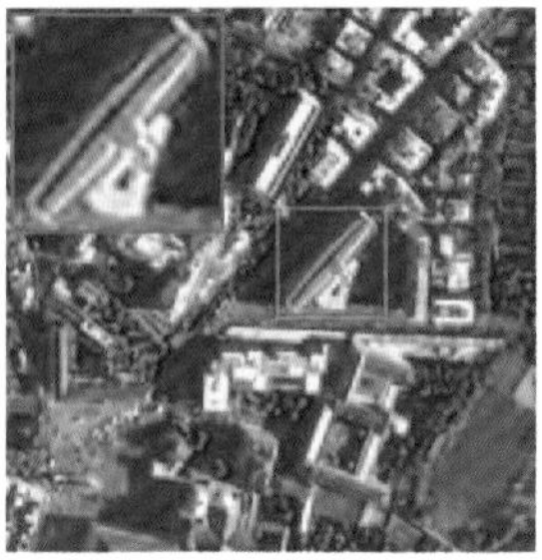

(e) PCA方法

(f) BT方法

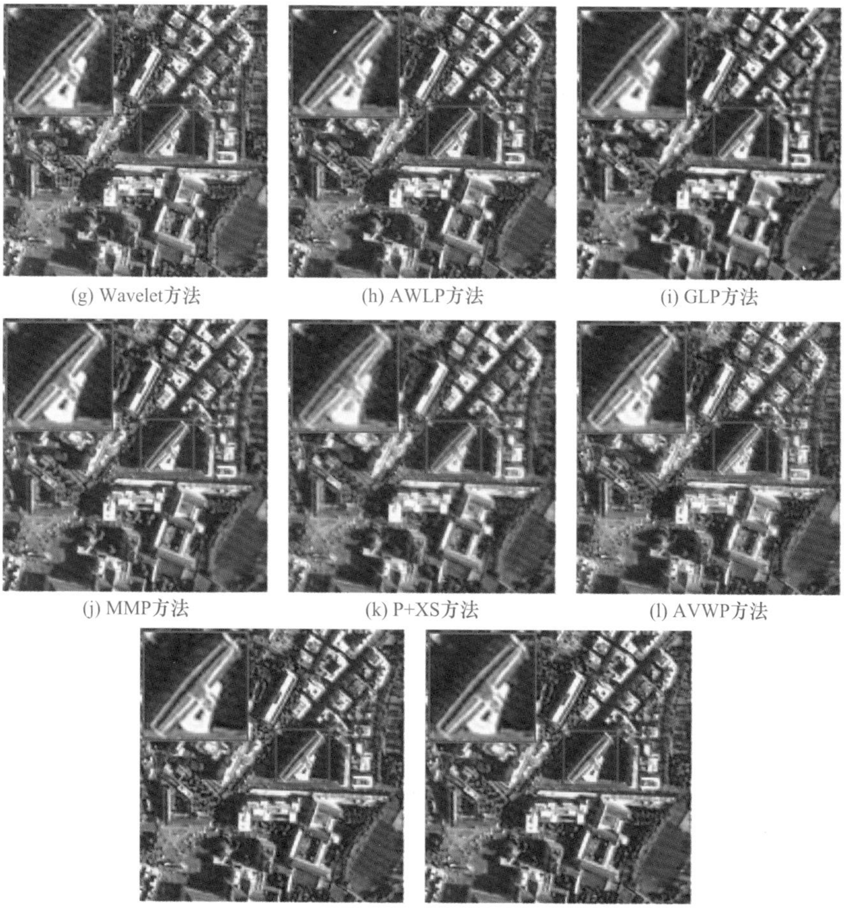

(g) Wavelet方法 (h) AWLP方法 (i) GLP方法

(j) MMP方法 (k) P+XS方法 (l) AVWP方法

(m) DTV方法 (n) SHFGVP方法

图 8.6 各方法在仿真 WorldView-2 数据集上的融合结果比较

(a) 参考高分辨率多光谱图像 (b) 全色图像(大小：400像素×400像素) (c) 低分辨率多光谱图像

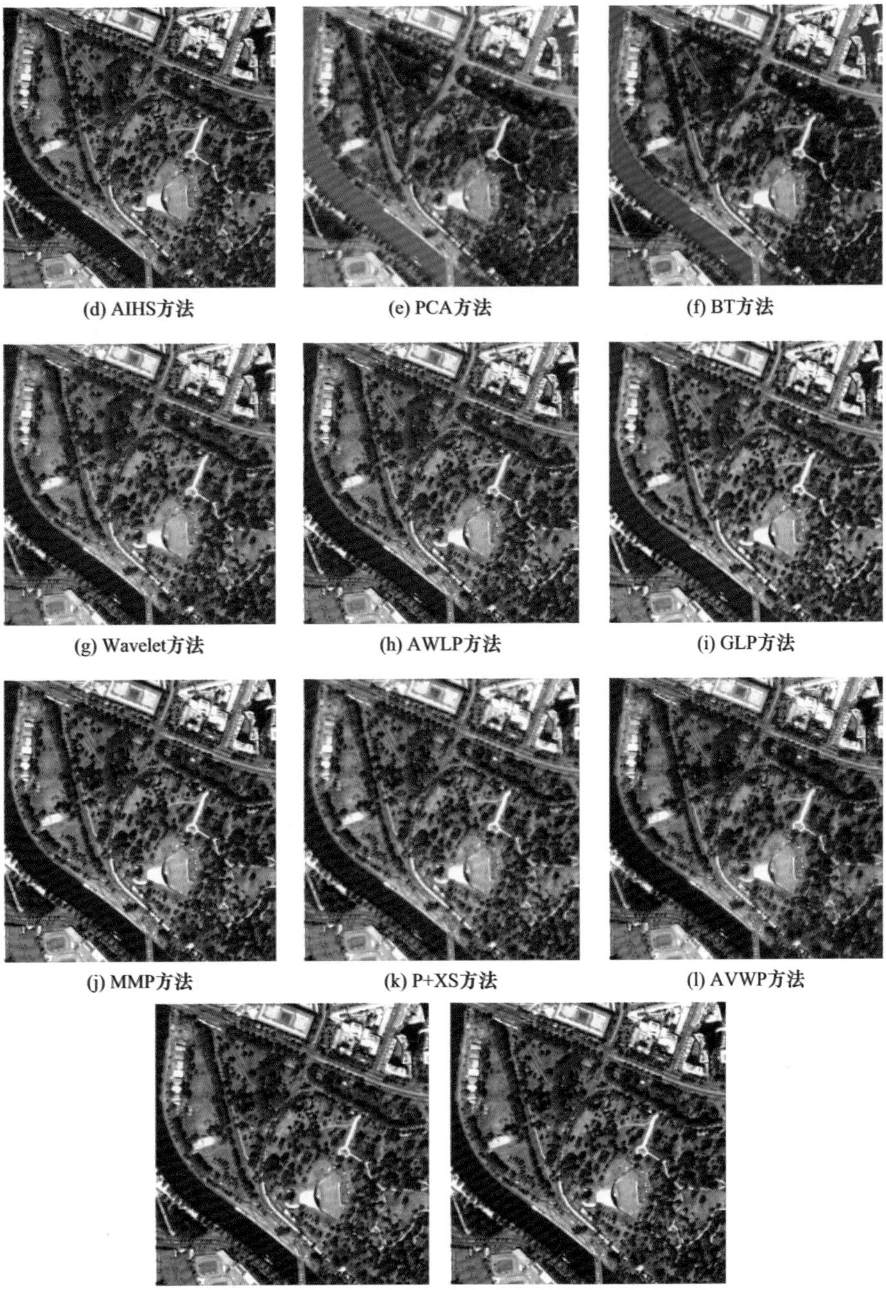

图 8.8　各方法在仿真 Pléiades 数据集上的融合结果比较

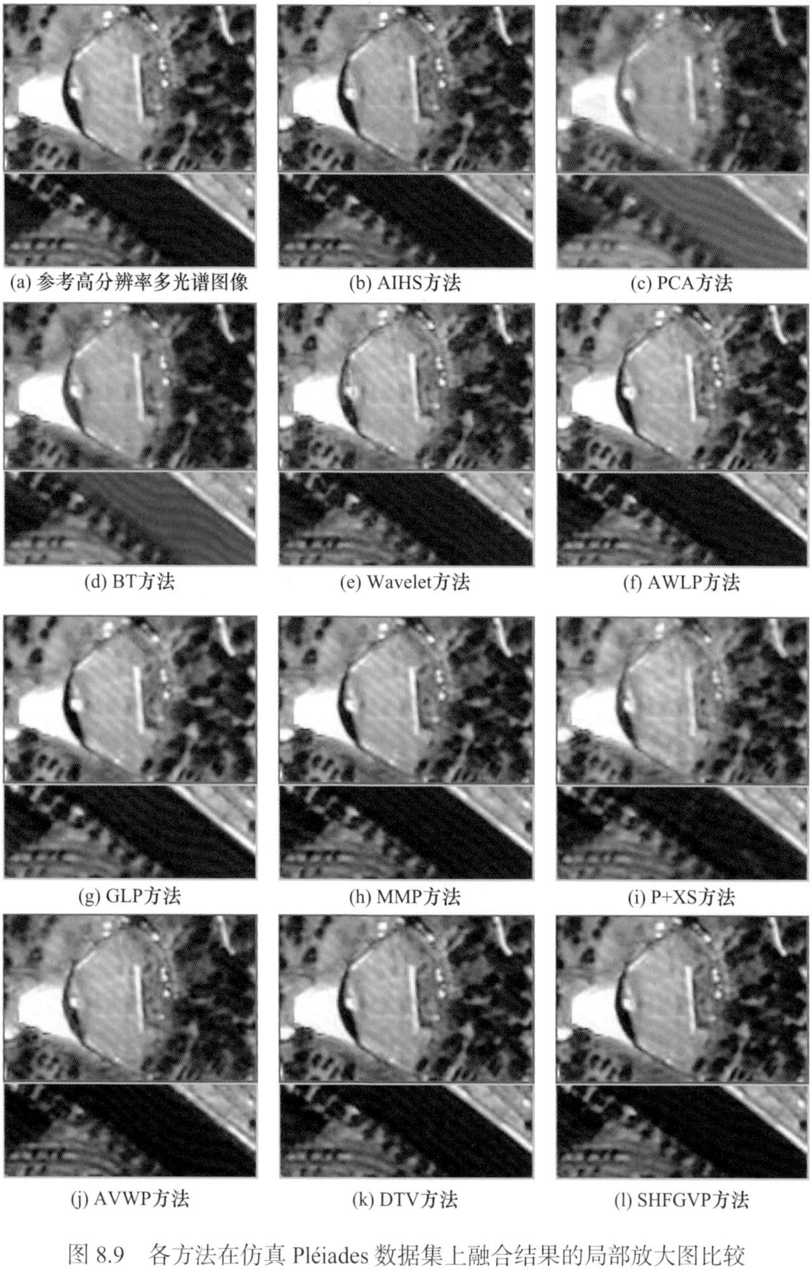

(a) 参考高分辨率多光谱图像　(b) AIHS方法　(c) PCA方法

(d) BT方法　(e) Wavelet方法　(f) AWLP方法

(g) GLP方法　(h) MMP方法　(i) P+XS方法

(j) AVWP方法　(k) DTV方法　(l) SHFGVP方法

图 8.9　各方法在仿真 Pléiades 数据集上融合结果的局部放大图比较

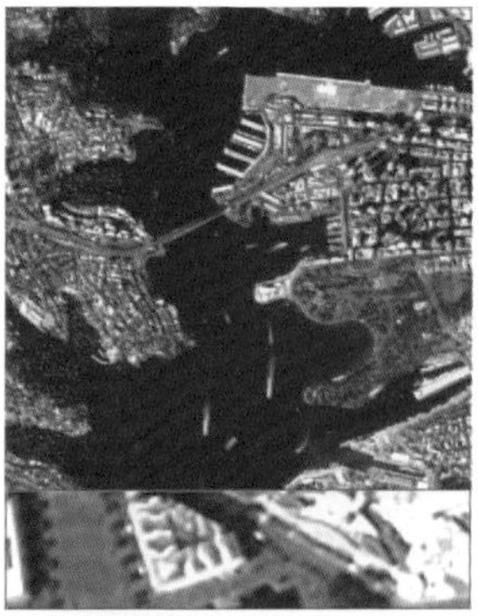

(a) 低分辨率多光谱图像

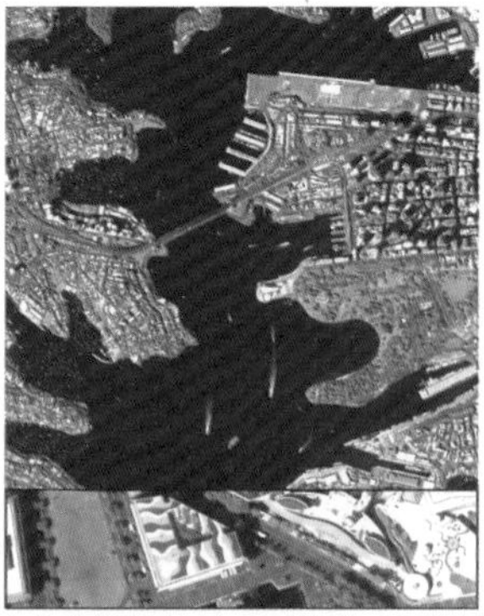

(b) 全色图像(大小:256像素×256像素)

(c) AIHS方法

(d) PCA方法

(e) BT方法

(f) Wavelet方法

(g) AWLP方法

(h) GLP方法

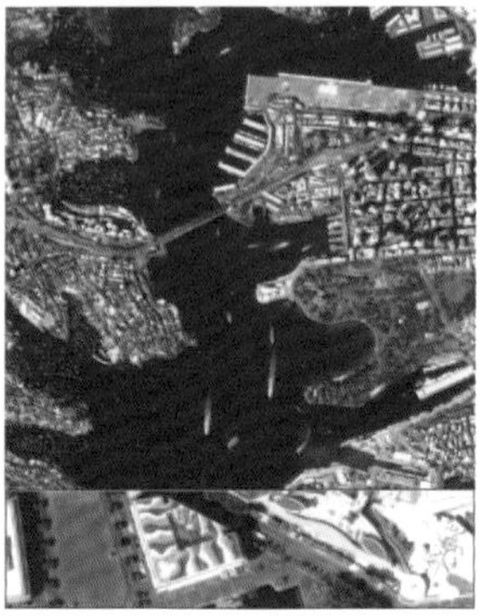

(i) MMP方法

(j) P+XS方法

(k) AVWP方法

(l) DTV方法

(m) SHFGVP方法

图 8.11　各方法在真实 QuickBird 数据集上的融合结果比较

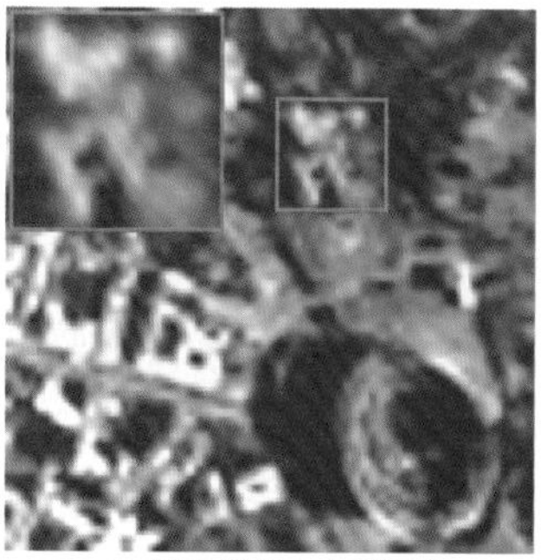

(a) 低分辨率多光谱图像

(b) 全色图像(大小:256像素×256像素)

(c) AIHS方法

(d) BT方法

(e) Wavelet方法

(f) AWLP方法

(g) MMP方法

(h) P+XS方法

(i) AVWP方法

(j) SparseFI方法

(k) DTV方法

(l) SHFGVP方法

(m) HFNVP方法

(n) WHFNVP方法

图 9.5 各方法在真实 WorldView-2 数据集上的融合结果比较

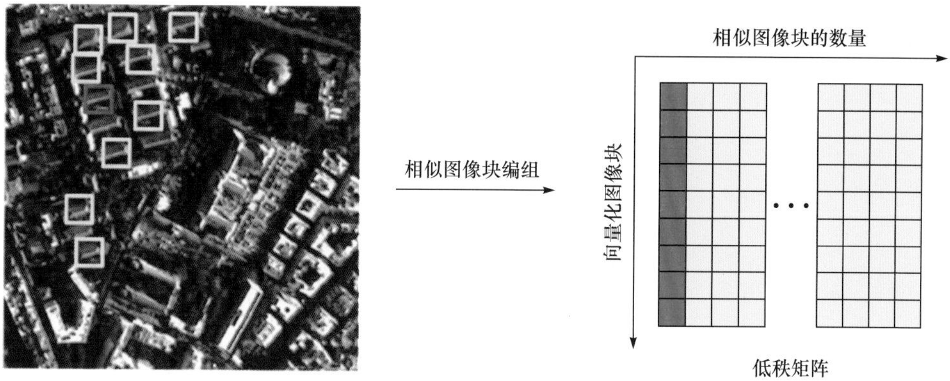

图 10.2　遥感图像中的基于非局部图像块的低秩属性

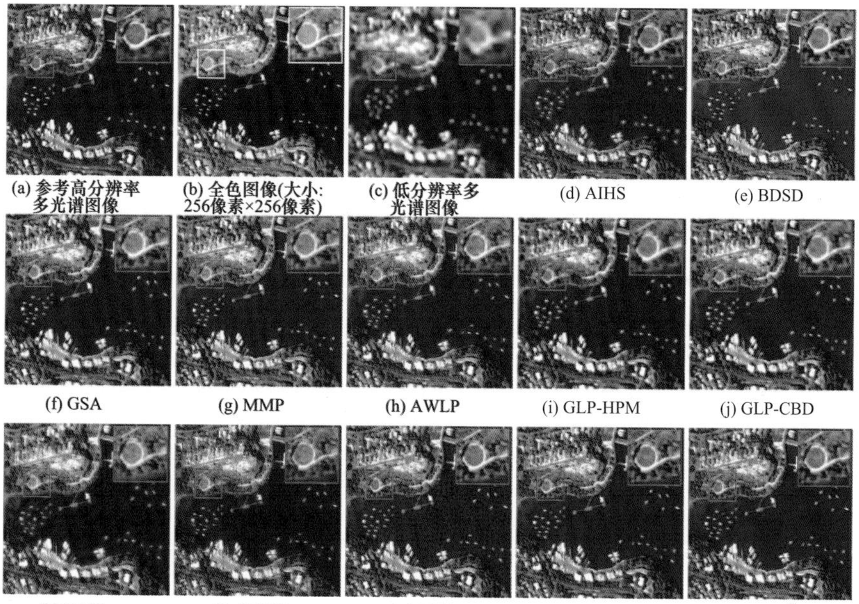

图 10.11　各方法在仿真 QuickBird 数据集上的融合结果比较